Ersatz- und Ergänzungsmethoden zu Tierversuchen

Herausgegeben von
H. Schöffl
H. Spielmann
H. A. Tritthart

Springer-Verlag Wien GmbH

H. Schöffl, H. Spielmann, J. Döhmer,
A. F. Goetschel, F. P. Gruber,
M. Liebsch, H. Juan (Hrsg.)

Forschung
ohne Tierversuche 1997

Springer-Verlag Wien GmbH

Dr. Harald Schöffl
zet - Zentrum für Ersatz- und Ergänzungsmethoden zu Tierversuchen, A-Linz

Prof. Dr. Horst Spielmann
ZEBET - Zentralstelle zur Erfassung und Bewertung von Ersatz- und Ergänzungsmethoden zum Tierversuch im BgVV – Bundesinstitut für gesundheitlichen Verbraucherschutz und Veterinärmedizin, D-Berlin

Prof. Dr. Helmut A. Tritthart
Institut für Medizinische Physik und Biophysik, Karl-Franzens-Universität, A-Graz, und zet - Zentrum für Ersatz- und Ergänzungsmethoden zu Tierversuchen, A-Linz

Prof. Dr. Johannes Döhmer
Institut für Toxiologie und Umwelthygiene, Technische Universität München, D-München

Dr. Antoine F. Goetschel
Stiftung für das Tier im Recht, CH-Zürich

PD Dr. Franz P. Gruber
FFVFF – Fonds für versuchstierfreie Forschung, CH-Zürich

Dr. Manfred Liebsch
ZEBET - Zentralstelle zur Erfassung und Bewertung von Ersatz- und Ergänzungsmethoden zum Tierversuch im BgVV – Bundesinstitut für gesundheitlichen Verbraucherschutz und Veterinärmedizin, D-Berlin

Prof. Dr. Heinz Juan
Zentrale Tierbiologische Einrichtung, Universität Graz, A-Graz

Mit zahlreichen Abbildungen

ISBN 978-3-211-83045-1 ISBN 978-3-7091-7500-2 (eBook)
DOI 10.1007/978-3-7091-7500-2

Vorwort

Wir können nun den 5. Band der Reihe *„Ersatz- und Ergänzungsmethoden zu Tierversuchen"* vorlegen. Der Inhalt gibt die Vorträge und Poster des *„5. Österreichischen internationalen Kongresses über Ersatz- und Ergänzungsmethoden zu Tierversuchen in der biomedizinischen Forschung"* in überarbeiteter Form wieder, der von 22.-24. September 1996 an der Universität Linz stattfand.

Schwerpunkte dieses Kongresses waren:

1. Gentechnologie
   1.1. Transgene Tiere
   1.2. In vitro-Methoden
   1.3. Recht & Ethik
2. Prüfung von Biomaterialien mit in vitro-Methoden
3. Umsetzung von EU-Recht
4. Ist ein Verzicht auf Tierversuche für Kosmetika an 1.1.1998 in der EU möglich?
5. Tierschutz und Tierversuche - Entwicklungen und Trends

Daß der mit dieser Kongreßreihe eingeschlagene Weg breite internationale Anerkennung findet, zeigt sich in der erfreulichen Tatsache, daß immer mehr Unternehmen diese Möglichkeit des Informationsaustausches nutzen und am Kongreß teilnehmen, sei es als Mitveranstalter oder als Aussteller.
Denjenigen, die am 5. Linzer Kongreß nicht teilnehmen konnten, gibt der vorliegende 5. Band die Gelegenheit, sich umfassend über die Aktivitäten und wissenschaftlichen Fortschritte im sensiblen Bereich der Entwicklung von Ersatz- und Ergänzungsmethoden zu Tierversuchen zu informieren.
Die Herausgeber des 5. Bandes der Reihe *„Ersatz- und Ergänzungsmethoden zu Tierversuchen"* möchten den Referenten sehr herzlich für ihre Mühe der Manuskriptabfassung und -überarbeitung danken.
Zu besonderem Dank sind wir all den Mitarbeitern verpflichtet, die mit beispiellosem Einsatz am Entstehen und an der Umsetzung dieser Kongreß- und Buchreihe mitgewirkt haben. Stellvertretend für alle Mitarbeiter gilt unser besonderer Dank:
Frau ERNESTINE SCHÖFFL für die außerordentlich aufwendigen Vorarbeiten sowie Herrn HELMUT APPL und Frau KARIN OBERER für die redaktionelle Bearbeitung aller bisherigen Bände dieser Buchreihe. Der Springer-Verlag, insbesondere Herr RAIMUND PETRI-WIEDER, hat uns wiederum großzügig unterstützt und uns jederzeit freie Hand bei der Gestaltung dieses Bandes gelassen.

Die Herausgeber

Inhaltsverzeichnis

Poster

Autor/inn/en

AMMAN, DANIEL, PD Dr., Büro für Umweltchemie, Hottingerstr. 32, CH-8001 Zürich

APEL, WOLFGANG, Präsident, Deutscher Tierschutzbund, c/o Bremer Tierschutzverein, Hemmstr. 491, D-28357 Bremen

BAUER, ANJA, Dipl. Biol., BSL BIOSERVICE Scientific Laboratories GmbH, Behringstr. 6, D-82152 Planegg/München

BAYERL, THOMAS M., Prof.Dr., Lehrstuhl für Experimentelle Physik 5 Biophysik, Physikalisches Institut der Universität Würzburg, Am Hubland, D-97047 Würzburg

BLOCH, IGNAZ, Dr., Kantonales Veterinäramt, Postfach 264, CH-4025 Basel

CERVINKA, MIROSLAV, Doz.Dr., Karls-Universität Hradec Kralove, Medizinische Fakultät, Lehrstuhl für Biologie, Simkova 870, CS-500 38 Hradec Kralove

DANNHORN, DIETER R., Dr., Dr. Müller Lierheim GmbH, mdt medical device testing, D-87700 Memmingen

EHINGER, ANDREAS M.,Dr., Institut für Pharmakologie, Pharmazie und Toxikologie, Veterinärmedizinische Fakultät, Universität Leipzig, Zwickauer Str. 55, D-04103 Leipzig

ENGEL, GEORG, DDr, Dr. Margarete Fischer-Bosch-Institut für Klinische Pharmakologie, Auerbachstr. 112, D-70376 Stuttgart

GELBKE, HANS PETER, Prof.Dr., BASF, ZHT -Z470, D-67056 Ludwigshafen

GIESCHEN, HILLE, Dr., Schering AG, TH-PhKK, Müllerstr. 178, D-13342 Berlin

GOETSCHEL, ANTOINE F., Dr., Stiftung für das Tier im Recht, Ilgenstr. 22, CH-8030 Zürich

GRUBER, FRANZ P., PD Dr., Fonds für versuchstierfreie Forschung (FFVFF), Biberlinstraße 5, CH-8032 Zürich

GRÜTTER, MYRIAM, Fürsprecherin, Seminar für öffentliches Recht, Universität Bern, Hochschulstr. 4, CH-3012 Bern

HANSSON, ULRIKA, Swedish Fund for Research without Animal Experiments, Gamla Huddingevägen 437, S-12542 Älvsjö

HARRER, FRIEDRICH, Prof. Dr., Universität Salzburg, Institut für Österreichisches und Internationales Handels- und Wirtschaftsrecht, Churfürststraße 1, A-5020 Salzburg

KEMPKA, GRAZYNA, Dr., PH-PDT Forschungstoxikologie, Bayer AG, Aprather Weg, D-42096 Wuppertal

KLÖCKING, HANS-PETER, Prof.DDr., Pharmazeutische Pharmakologie und Toxikologie, Friedrich-Schiller-Universität Jena/Bereich Erfurt, Nordhäuser Str. 78, D-99089 Erfurt

KOHLPOTH, MARTIN, Dr., Akademie für Tierschutz, Spechtstr. 1, D-85579 Neubiberg

KOLAR, ROMAN, Dipl. Biol., Akademie für Tierschutz, Spechtstr. 1, D-85579 Neubiberg

LEHMANN, MICHEL, Dr., Abteilung Tierschutz, Sektion Tierschutz und Alternativmethoden, Bundesamt für Veterinärwesen, Schwarzenburgstr. 161, CH-3003 Bern

MEIER, JÜRG, Prof.Dr., Pentapharm AG, Engelgasse 109, CH-4002 Basel

MÜLLER-DECKER, KARIN, Dr., Abteilung 0235, Deutsches Krebsforschungszentrum, Postfach 101949, D-69009 Heidelberg

REINHARDT, CHRISTOPH A., Dr., SAAT, Hardstr. 9, CH-8614 Bertschikon

RUHDEL, IRMELA W., Dr., Akademe für Tierschutz, Spechtstraße 1, D-85579 Neubiberg

RUSCHE, BRIGITTE, Dr., Akademie für Tierschutz, Spechtstraße 1, D-85579 Neubiberg

SCHEDLE, ANDREAS, Dr., Universitätsklinik für Zahn-, Mund-, und Kieferheilkunde, Universität Wien, Währingerstr. 25a, A-1090 Wien
SCHELLANDER, KARL, Prof.Dr., Institut für Tierzuchtwissenschaft, Universität Bonn, Endenicher Allee 15, D-53115 Bonn
SCHMALZ, GOTTFRIED, Prof.Dr., Poliklinik für Zahnerhaltung und Parodontologie, Universität Regensburg, Franz-Josef-Strauß-Allee 11, D-93053 Regensburg
SEWING, KARL-FRIEDRICH, Prof.Dr., Institut für Allgemeine Pharmakologie, Medizinische Hochschule Hannover, Konstanty-Gutschow-Str. 8, D-30623 Hannover
SPENGLER, JOCHEN, Dr., Wella AG, Berliner Allee 65, D-64274 Darmstadt
SPIELMANN, HORST, Dir.Prof.Dr., ZEBET im BgVV, Diedersdorfer Weg 1, D-12277 Berlin
ZAIGLER, MICHAEL, Dr., Institut für Pharmakologie der Universität zu Köln, Klinische Pharmakologie, Gleueler Str. 24, D-50924 Köln
ZELLER, WALTER, Dr., Veterinäramt Basel-Stadt, Schlachthofstr. 55, CH-4025 Basel

Posterautor/inn/en

APPL, HELMUT, zet - Zentrum für Ersatz- und Ergänzungsmethoden zu Tierversuchen, Bereich Marketing & Öffentlichkeitsarbeit, Postfach 39, A-1123 Wien

BARTMANN, Norbert, Drug Safety, Toxicology, Novartis Sandoz Pharma Ltd, WRO 1008.2.13, Postfach, CH-4002 Basel

BRILL, THOMAS, Dr., Institut für Experimentelle Chirurgie, TU München, Ismaninger Str. 22, D-81675 München

DAL TROZZO, MATTEO, Institut für pharmazeutische Chemie, Universität Graz, Schubertstraße 1, A-8010 Graz

DIEMBECK, WALTER, Dr., Bioverträglichkeit/Biochemie FZ-4232, Beiersdorf AG, Unnastr. 48, D-20245 Hamburg

FALKNER, ERWIN, c/o zet - Zentrum für Ersatz- und Ergänzungsmethoden zu Tierversuchen, Postfach 210, A-4021 Linz

GRAETSCHEL, GABRIELE, Dr., Fachbereich Chemikalienbewertung, Bundesinstitut für gesundheitlichen Verbraucherschutz und Veterinärmedizin (BgVV), Thielallee 88-92, D-14195 Berlin

GRUNE-WOLFF, BARBARA, Dr., Zentralstelle zur Erfassung und Bewertung von Ersatz- und Ergänzungsmethoden zum Tierversuch (ZEBET) im Bundesinstitut für gesundheitlichen Verbraucherschutz und Veterinärmedizin (BgVV), Diedersdorfer Weg 1, D-12277 Berlin

GSTRAUNTHALER, GERHARD, Prof.Dr., Institut für Physiologie, Universität Innsbruck, Fritz-Pregl-Str. 3, A-6010 Innsbruck

HAMMER, SUSANNE, Mag., Zentrale Tierbiologische Einrichtung, Universität Graz, Roseggerweg 48, A-8036 Graz

HÄRTL, ALBERT, Dr., Hans-Knöll-Institut für Naturstoff-Forschung e.V., Beutenbergstraße 11, D-07708 Jena

HECHT, JOACHIM, Dipl.Biol., Abteilung TB-Z4, Forschungszentrum Penzberg, Boehringer Mannheim GmbH, Nonnenwald 2, D-82377 Penzberg

KLEIN, SABINE, Physiologisch-Chemisches Institut, Universität Tübingen, Hoppe-Seyler-Str. 4, D-72076 Tübingen

KLÖCKING, HANS PETER, Prof.DDr., Institut für Pharmakologie und Toxikologie, Friedrich-Schiller-Universität, Nordhäuserstr. 78, D-99089 Erfurt

KRAUSE, EVA, Dr., Institut Pharmakologie und Toxikologie für Naturwissenschaftler, Fachbereich Pharmazie, Martin-Luther-Universität Halle-Wittenberg, D-06099 Halle (Saale)

KRUG, FLORIAN, Dr., Klinik für Chirurgie, Medizinische Universität zu Lübeck, Ratzeburger Allee, D-23568 Lübeck

KUNZI-RAPP, KARIN, Dipl.Biol., Institut für Lasertechnologien in der Medizin und Meßtechnik, Helmholzstr. 12, D-89081 Ulm

LIEBSCH, MANFRED, Dr., Zentralstelle zur Erfassung und Bewertung von Ersatz- und Ergänzungsmethoden zum Tierversuch (ZEBET) im Bundesinstitut für gesundheitlichen Verbraucherschutz und Veterinärmedizin (BgVV), Diedersdorfer Weg 1, D-12277 Berlin

MARX, THOMAS, Dr., Universitätsklinik für Anästhesiologie, Universität Ulm, Postfach 3880, D-89070 Ulm

MERTENS, CLAUDIA, Dipl. Zool., Zürcher Tierschutz, Zürichbergstr. 263, CH- 8044 Zürich

MUßLER, BERND, FB Chemie, Fachrichtung Lebensmittelchemie & Umwelttoxikologie, Universität Kaiserslautern, E.-Schröchingerstr. 52, D-67653 Kaiserslautern

PFALLER, WALTER, Prof.Dr., Institut für Physiologie, Universität Innsbruck, Fritz-Pregl-Str. 3, A-6010 Innsbruck

PITTERMANN, WOLFGANG, Dr., Henkel KGaA, Biologische Forschung und Produktsicherheit, D-40191 Düsseldorf

RÖSNER, HARALD, Prof.Dr., Zoologisches Institut, Universität Hohenheim-Stuttgart, Grabenstraße 30, D-70593 Stuttgart

SCHÄFER, DIRK, Dipl.Biol., Medizinische Klinik III, Abteilung f. Allergologie, Friedrich-Alexander-Universität Erlangen, Krankenhausstraße 12, D-91054 Erlangen

SCHEULE, ALBERTUS M., Dr., Klinik für Thorax-, Herz- und Gefäßchirurgie, Universität Tübingen, Hoppe-Seyler-Str. 3, D-72076 Tübingen

SCHÖFFL, HARALD, Dr., zet - Zentrum für Ersatz- und Ergänzungsmethoden zu Tierversuchen, Postfach 210, A-4021 Linz

SCHULTZ, OLAF, Dr., Medizinische Klinik III, Charité, Humboldt-Universität, D-10117 Berlin

SOUTHEE, JACQUELINE A., Dr., Microbiological Associates Ltd, Innovation Park, Hillfoots Road, Stirling, FK9 4NF, Scotland

SPIELMANN, HORST, Prof.Dr., Zentralstelle zur Erfassung und Bewertung von Ersatz- und Ergänzungsmethoden zum Tierversuch (ZEBET) im Bundesinstitut für gesundheitlichen Verbraucherschutz und Veterinärmedizin (BgVV), Diedersdorfer Weg 1, D-12277 Berlin

STABOULIDOU, EFTHIMIA, Dipl.Biol., Physiologisches Institut, Medizinische Hochschule Hannover, Konstanty-Gutschow-Str. 8, D-30625 Hannover

STARK, GERHARD, Univ.Doz.Ing.Dr., Institut für Medizinische Physik und Biophysik, Universität Graz, Harrachgasse 21, A-8010 Graz

TRITTHART, HELMUT A., Prof.Dr., Institut für Medizinische Physik und Biophysik, Universität Graz, Harrachgasse 21, A-8010 Graz

Die Entwicklung von Alternativmethoden - kritisch betrachtet

B. Rusche

Zusammenfassung

Aus der Sicht des Tierschutzes ist von den drei R - Replacement, Refinement, Reduction - allein der Ersatz eines Tierversuches durch eine tierversuchsfreie Methode als echte Alternative anzusehen. Gerade in diesem Bereich aber sind durchgreifende Erfolge bislang ausgeblieben. Während Tierversuche kaum kritisch hinterfragt werden, steht man Alternativmethoden von vorneherein skeptisch gegenüber. Bei Sicherheitsprüfungen werden Tierversuche abgehakt und selbst solche Versuche, mit denen bekanntermaßen keine sinnvolle Aussage getroffen werden kann, wie der Test auf anomale Toxizität bei Impfstoff- und Serumchargen, sind sogar in rechtsgültigen Vorschriften verankert. Auch neue Tierversuche finden problemlos Eingang in internationale Richtlinien, während für die Einführung und Anerkennung von tierversuchsfreien Methoden schier unüberwindliche und unakzeptable Hürden genommen werden müssen und notwendige politische Entscheidungen ausbleiben. Um hier einen entscheidenden Schritt vorankommen, brauchen wir kompetente und engagierte Partner in der Wissenschaft, die für tierversuchsfreie Methoden eintreten, und gut informierte Politiker. Der Deutsche Tierschutzbund hat darüber hinaus entschieden, selbst aktiv und kompetent seinen Beitrag zur Entwicklung und Anerkennung von tierversuchsfreien Methoden zu leisten. Hierfür gibt es drei Standbeine: die Gremienarbeit, die Datenbank zu Alternativmethoden und das Zellkulturlabor der Akademie für Tierschutz.

Summary

A critical view on the development of alternative methods

From the point of view of animal welfare only the one out of the Three Rs that stands for replacement can be regarded as a true alternative. However, it is particularly in this field where decisive success has not been reached yet. Whereas animal experiments are hardly ever questioned, alternatives are regarded in a sceptical way from the start. In safety testing animal experiments are simply checked off and even such experiments that do not give a sound result, as the abnormal toxicity test, are legally demanded. New animal experiments are incorporated into international guidelines without any problem whereas for the introduction and acceptance of animal-free methods almost unsurpassable obstacles must be overcome and necessary political decisions are still missing. To do a decisive step forward in this area we need competent and committed partners from science that stand up for animal-free methods and also well-informed politicians. The Deutscher Tierschutzbund (German

Animal Welfare Association) has decided to contribute actively and in a competent way to the development and acceptance of animal-free methods. Three pillars exist for this purpose: cooperation in political and regulatory committees, the database for alternative methods, and the cellculture laboratory of the Akademie für Tierschutz (Academy for Animal Protection).

1. Einleitung

Weltweit werden Tiere in vielfältiger Weise benutzt: um als Stellvertreter des Menschen mögliche Schäden von ihm abzuwenden, um wissenschaftliche Kenntnisse zu erweitern, um Krankheiten zu erforschen, um Behandlungsmethoden zu entwickeln oder um Impfstoffe und andere Produkte herzustellen. Die damit verbundenen Eingriffe und Behandlungen am Tier sind in der Regel mit Schmerzen, Leiden und Schäden verbunden. Da Tiere schmerzempfindlich und leidensfähig sind, und zwar in ähnlicher Weise wie wir, besteht die moralische Verpflichtung, alles dafür zu tun, ihnen ein Schicksal als Versuchstier zu ersparen. Tierschutzorganisationen setzen sich daher von jeher für die Abschaffung von Tierversuchen ein.

Bereits 1959, in einer Zeit, in der die tierexperimentelle Forschung einen Aufschwung erlebte, haben die beiden Wissenschaftler RUSSEL und BURCH in ihrem Buch „The principles of humane experimental technique“ (RUSSEL W.H.B. and BURCH A.L., 1959)auf die Notwendigkeit verwiesen, Tierversuche abzuschaffen. Ihrem Konzept der drei R liegt die Idee zugrunde, daß jeder Beitrag, Versuchstieren Schmerzen, Leiden oder Schäden zu ersparen - sei es als Replacement, Refinement oder Reduction - im Sinne des Tierschutzes eine Verbesserung ist. Doch ist, zumindest aus der Sicht des Deutschen Tierschutzbundes, allein der Ersatz von Tierversuchen durch tierversuchsfreie Methoden als echte Alternative anzusehen. Dabei ist die Einschränkung von Tierversuchen für eine bestimmte Fragestellung der erste Schritt auf dem Weg „weg vom Tierversuch“. Eher kritisch stehen Tierschützer dem Begriff Refinement - also der Verringerung der Belastung im Tierversuch - gegenüber. Das bedeutet nicht, daß wir nicht jede Anstrengung begrüßen, Tieren in einem Tierversuch weniger Schmerzen und weniger Leiden zuzufügen, doch Refinement-Methoden dürfen niemals ein Endpunkt sein, da sie keinen Ausweg aus dem System „Tierversuch“ bieten.

2. Hindernisse auf dem Weg zur tierversuchsfreien Forschung und Sicherheitsprüfung

Bis heute sind die Streichung, Einschränkung und der Ersatz von etablierten Tierversuchen ungleich schwieriger als die Einführung neuer Tierversuche. Dies ist keinesweg immer wissenschaftlich begründet, wie im folgenden beispielhaft aufgezeigt werden soll.

2.1. Unbegründete Tierversuche

Vor jeder Bemühung um Refinement, Reduction oder Replacement muß geprüft werden, ob mit dem betreffenden Tierversuch überhaupt eine Aussage getroffen werden kann. Die an sich selbstverständliche Frage nach dem Aussagewert eines Tierversuchs wird aber keineswegs immer gestellt und selbst wenn sie gestellt und beantwortet wird, ist das Problem noch lange nicht gelöst. Das gilt besonders dann, wenn Tierversuche, mit denen keine sinnvolle Aussage getroffen werden kann, in rechtsgültigen Vorschriften verankert sind. Ein Beispiel hierfür ist der Test auf anomale Toxizität, der bislang in der Europäischen Pharmacopoe als Testverfahren für Impfstoff- und Serumchargen auf mögliche toxische Verunreinigungen vorgeschrieben ist. Der beste Ersatz für diesen Tierversuch ist dessen ersatzlose Streichung. Das gilt auch für viele andere, ich nenne hier nur den Hund als zweite Spezies zur toxikologischen Sicherheitsprüfung für Pestizide. Nach jahrelangem Einsatz engagierter

Wissenschaftler und Tierschützer soll der Test auf anomale Toxizität in der Tat zum Ende dieses Jahres aus den Vorschriften weitgehend entfernt werden. Es bleibt zu hoffen, daß den Hunden schneller geholfen werden kann.

2.2. Zögerliche Anwendung neuer tierversuchsfreier Methoden

Ungleich größer werden die Probleme, wenn es darum geht, offene Fragen über einen anderen Weg als über den Tierversuch zu beantworten. Im Bereich der wissenschaftlichen Forschung steht oft alleine der Glaube an den Tierversuch und daran, daß nur er geeignet ist, Probleme zu lösen, der Anwendung neuer, tierversuchsfreier Methoden im Weg. Dabei gibt es bereits eine Reihe von Forschungsmodellen, die auch wissenschaftlich - abgesehen von allen ethischen Problemen - Vorteile gegenüber dem Tierversuch haben. Dies gilt gerade da, wo der Erkenntnisgewinn Relevanz für den Menschen haben soll. Längst ist klar, daß die Übertragbarkeit von Tierversuchsergebnissen auf den Menschen mit prinzipiellen Problemen behaftet ist und zudem noch die Resultate selbst aufgrund der Individualität der Versuchstiere von sehr zweifelhaftem Wert sind.

In der industriellen Forschung werden denn auch tierversuchsfreie Modelle bereits in größerem Maße aufgegriffen, da der Maßstab hier nicht die Tradition, sondern die Kosten-Nutzen-Rechnung ist. Schlägt sie zugunsten der Alternativmethode aus, wird diese auch eingesetzt. Allerdings leider auch nur in diesem Fall. Die teurere Alternativmethode ist auf freiwilliger Basis chancenlos. Nicht nur deshalb ist es bislang das größte Manko, daß tierversuchsfreie Methoden bisher nur in geringem Maß Eingang in die Gesetze gefunden haben. Das wäre aber besonders wichtig, da ein erheblicher Anteil der Tierversuche auf bestehende nationale und internationale Vorschriften zurückzuführen ist. Dabei stehen für alle vorgeschriebenen Sicherheitsprüfungen, egal ob es Chemikalien, Arzneistoffe oder medizinische Werkstoffe betrifft, eine ganze Reihe von alternativen Prüfverfahren zur Verfügung, die außerhalb der gesetzlichen Regelungen oftmals schon mit Erfolg angewendet werden (SPIELMANN H., 1996). Doch bevor ein neu entwickeltes alternatives Prüfverfahren in den Rechtsvorschriften verankert wird, müssen umfangreiche Studien zur Wiederholbarkeit und ortsunabhängigen Gültigkeit der Versuchsergebnisse durchgeführt, die Ergebnisse von unabhängigen Gremien bewertet und schließlich die offizielle Anerkennung erreicht werden.

2.3. Der Hindernislauf zu Anerkennung von tierversuchsfreien Methoden und Strategien

Ausgangspunkt für die Frage, ob eine neue tierversuchsfreie Methode oder eine Kombination mehrerer tierversuchsfreier Methoden einen Tierversuch ersetzen kann, ist in aller Regel gerade dieser Tierversuch. Liefern die tierversuchsfreien Methoden andere Ergebnisse als der Tierversuch, wird deren Vorhersagekraft in Frage gestellt. Doch solch umfangreiche Prüfungen auf Gültigkeit und Verläßlichkeit der Ergebnisse, wie sie heute für tierversuchsfreie Verfahren eingefordert werden, wurden für Tierversuche nicht verlangt.

Die Goldorfe ist beispielsweise als Versuchstier zur Bestimmung der Fischtoxizität von Abwässern im Abwasserabgabengesetz vorgeschrieben. Vergleicht man jedoch die für die Goldorfe in der Literatur angegebenen LC_{50}-Werte für verschiedene Chemikalien, so differieren die Werte bei ein und derselben Chemikalie oft erheblich (Tabelle 1)

Die LC_{50}-Konzentrationen, die in zwei verschiedenen Labors im Fischtest mit der Goldorfe bestimmt wurden, wiesen Unterschiede bis zum Faktor Hundert auf (JUHNKE I. und LÜDEMANN D., 1978). Trotzdem geht es bei der Suche nach einer Ersatzmethode nach wie vor darum, die Fischtestergebnisse möglichst genau zu erreichen. Wie sinn- und aussichtslos das sein muß, zeigt ein Vergleich von LC_{50}-Werten von Chemikalien, die mit verschiedenen Fischarten ermittelt wurden (Tabelle 2).

Die einzige Schlußfolgerung, die man aus diesen Daten ziehen kann, ist die, daß man schon in erhebliche Schwierigkeiten käme, sollte man die Goldorfe durch einen anderen Fisch ersetzen. Trotzdem gibt es, frei nach dem Motto „Tierversuche sind nicht validiert aber akzeptiert, während Alternativmethoden zwar validiert aber nicht akzeptiert sind“, Probleme, die gut reproduzierbare, validierte tierversuchsfreie Methode durchzusetzen.

Tabelle 1. Vergleich der minimalen und maximalen LC_{50}-Werte für bestimmte Substanzen, die mit der Goldorfe ermittelt wurden (angegeben in mg/l)

Chemikalie	Fischart	min. LC50	max. LC50	Faktor
Cyclohexan[1]	Goldorfe	55,00	763,00	13,9
Berylliumnitrat[1]	Goldorfe	8,00	114,00	14,3
n-Hexan[1]	Goldorfe	150,00	4480,00	29,8
Trichlorbenzol[2]	Goldorfe	0,68	50,00	73,5
Hexachlorbutadien[2]	Goldorfe	3,00	470,00	156,6
Chlorbenzol[1]	Goldorfe	0,02	24,00	1200,0

Quellen: [1] JUHNKE I. und LÜDEMANN D., 1978
[2] KBWS-Datenblätter, Umweltbundesamt, 1989

Tabelle 2 Vergleich der Sensibilität der Goldorfe im Vergleich zu anderen Fischarten (Konzentration der Substanzen in mg/l)

Substanzname	LC50 min.	Fischart	LC50 mid.	Fischart	LC50 max.	Fischart
Allylamin	6	Goldfisch	22,1	Zebrafisch	68	**Goldorfe**
1,2 Dichlorpropan	80	**Goldorfe**	116	Guppy	320	Bluegill
1,3 Dichlorpropan	4	Forelle	7	Sonnenfisch	10	**Goldorfe**
Essigsäureethylester	45	Bluegill	141	**Goldorfe**	160	Goldfisch
Pyrazophos	0,016	**Goldorfe**	0,48	Forelle	6,1	Karpfen
Tetrachlorethen	4,9	Forelle	13	Bluegill	130	**Goldorfe**
Trichlorphenol	0,45	Bluegill	1	**Goldorfe**	1,7	Goldfisch

Quelle: KBWS-Datenblätter, Umweltbundesamt, 1989

Auch in einer EU/COLIPA-Studie zur Validierung von in vitro-Testverfahren zur Phototoxizität (SPIELMANN H. et al., 1995) wäre die jetzt als gut bewertete Ersatzmethode beinahe an diesem Problem gescheitert. Zu Beginn der Studie wurde die Testsubstanz Piroxicam anhand von Tierversuchsdaten als phototoxisch eingestuft. Das in vitro-Testergebnis hingegen verneinte die Phototoxizität und wurde daher als falsch negativ bewertet. Da es ungleich problematischer ist, wenn mit einer neuen Methode eine potentielle Gefahr nicht erkannt, als daß eine nicht vorhandene Gefahr angezeigt wird, standen die Aussichten für den in vitro-Test danach eher schlecht. Letztlich zeigte sich aber anhand von Humandaten, daß das in vitro-Testergebnis korrekt war und das Tierversuchsergebnis falsch.

Leider liegen für die meisten Substanzen, die heute in Validierungsverfahren verwendet werden, keine hinreichenden Humandaten vor. Damit stößt man gerade bei der Prüfung der Aussagekraft von tierversuchsfreien Verfahren auf schier unüberwindliche Schwierigkeiten, die auf die Grenzen von Tierversuchen zurückzuführen sind. Mit anderen Worten: Die Mängel von Tierversuchen erschweren gerade den Ersatz eben dieser Tierversuche. Umgekehrt dagegen werden trotz all dieser Mängel neue Tierversuche auch heute noch ohne größeren Aufwand in Rechtsvorschriften aufgenommen. Ein Beispiel hierfür sind die neu in die OECD aufgenommenen Tierversuche an Nagern zur Reproduktionstoxikologie.

Doch ist nicht nur das Validierungsverfahren an sich mit den aufgezeigten Schwierigkeiten ein Hemmschuh für den anerkannten Ersatz von Tierversuchen durch tierversuchsfreie Verfahren. Vielleicht sogar noch unbefriedigender sind die Rahmenbedingungen, unter denen heute Validierungsstudien stattfinden. Bislang ist noch nicht verbindlich festgelegt, wann eine Methode ausreichend validiert ist. Kaum ist ein Validierungsverfahren nach Meinung der Beteiligten abgeschlossen, werden von irgendeiner Stelle neue Fragen aufgeworfen und neue Validierungen eingefordert.

Ein Beispiel hierfür ist wieder die Studie zur Phototoxizität. Nachdem gezeigt werden konnte, daß bei 26 von Fachleuten ausgewählten Stoffen, für die hinreichende Vergleichsdaten vorlagen, die tierversuchsfreien Methoden das phototoxische Potential richtig erkannt haben und das Testverfahren daher nach Meinung der Beteiligten als validiert eingestuft werden kann, meldet sich nun das für die Einschätzung der Sicherheit von kosmetischen Produkten und Inhaltsstoffen zuständige Beratende Gremium der Europäischen Kommission, das Wissenschaftliche Komitee für Kosmetik (SCC), zu Wort und verlangt eine weitere Validierungsstudie, in der alle bisher auf dem Markt befindlichen UV-Filter auf ihr phototoxisches Potential hin geprüft werden sollen (Commission of the European Communities, 1995).

Der Gesetzgeber schließlich, der entscheiden soll, ob ein neuer Test in die Gesetze aufgenommen werden kann, verweist darauf, daß sich die Experten noch nicht einig sind, ob die Methode jetzt hinreichend validiert ist. Folglich kann sie noch nicht anerkannt werden. So wird zur Zeit aus der Frage, ob ein Tierversuch durch eine tierversuchsfreie Methode ersetzt werden kann, eine unendliche Geschichte.

3. Schlußfolgerungen

Bei dem Vergleich von Daten bleiben die eigentlichen Fragen, die bei der Entscheidung „Tierversuch oder Alternativmethode“ gestellt werden sollten, unberührt. Zum Beispiel ist hier die Frage zu nennen, welche Prüfmethode welche Antworten liefern kann oder eben nicht, oder welche Prüfmethode welche Sicherheit für den Verbraucher bietet und wieviel Risiko wir für unsere Umwelt oder für uns als Verbraucher für welchen Preis eingehen müssen oder wollen. Das aber ist die eigentliche Entscheidung, die getroffen werden muß, und das ist nicht nur eine wissenschaftliche, sondern vor allem eine politische Entscheidung.

Um hier einen entscheidenden Schritt voranzukommen, brauchen wir kompetente Partner in der Wissenschaft, die für tierversuchsfreie Methoden eintreten, und gut informierte Politiker.

4. Der Beitrag des Deutschen Tierschutzbundes zum Thema

Der **Deutsche Tierschutzbund** hat darüber hinaus entschieden, selbst aktiv und kompetent seinen Beitrag zur Entwicklung und Anerkennung von tierversuchsfreien Methoden zu leisten. Hierfür gibt es drei Standbeine: die Gremienarbeit, die Datenbank zu Alternativmethoden und das Zellkulturlabor der Akademie für Tierschutz.

Gremienarbeit leisten wir im Stiftungsrat, der von Tierschutzorganisationen und Industrieverbänden gemeinsam gegründeten Stiftung zur Förderung von Ersatz- und Ergänzungsmethoden zur Einschränkung von Tierversuchen „set“. In dieser Stiftung entscheiden wir gemeinsam über die Förderung von Projekten zur Einschränkung und zum Ersatz von Tierversuchen und über Projekte zur Verbreitung bestehender tierversuchsfreier Methoden. Die Stiftung unterstützt auch dieses Symposium.

Wir arbeiten mit in der Beratenden Kommission bei der Zentralstelle zur Erfassung und Bewertung von Ersatz- und Ergänzungsmethoden zum Tierversuch, ZEBET, im Wissenschaftlichen Beirat des Europäischen Zentrums für die Validierung von Alternativmethoden,

ECVAM, und im wissenschaftlichen Beirat der Zeitschrift ALTEX, einer deutschsprachigen wissenschaftlichen Zeitschrift, die sich dem Thema „Alternativen zu Tierexperimenten" widmet.

Unsere Datenbank zu Alternativmethoden für Tierversuche wird seit 1986 kontinuierlich erweitert. Sie liefert einen Überblick über den Stand der Alternativmethodenforschung und umfaßt derzeit mehr als 15.000 wissenschaftliche Dokumente.

In unserem Zellkulturlabor beteiligt sich der Deutsche Tierschutzbund an der Weiterentwicklung und wissenschaftlichen Überprüfung von tierversuchsfreien Methoden zum Ersatz von Tierversuchen.

Literatur

Commission of the European Communities, Development, Validation on Legal Acceptance of Alternative Methods to Animal Experiments in the Field of Cosmetic Products, Report from the Commission, 1995

JUHNKE I. und LÜDEMANN D, Ergebnisse der Untersuchung von 200 chemischen Verbindungen auf akute Fischtoxizität mit dem Goldorfentest, Z. f. Wasser- und Abwasser-Forschung, 5, 161-164, 1978

KBWS-Datenblätter aus dem Abschlußbericht des Projektes „Bewertung wassergefährdender Stoffe", Umweltbundesamt, 1989

OECD-GUIDELINES 422, 423

RUSSELL W.H.B. and BURCH A.L., The Principles of Humane Experimental Technique, London: Methuen u. C. Ltd., 1959

SPIELMANN H, Unterschiedliche Konzepte der Risikobewertung in vivo und in vitro, ALTEX, 13 (4), 140-143, 1996

SPIELMANN H., LIEBSCH M., PAPE W.J.W., BALLS M., DUPUIS J., KLECAK G., LOVELL W.W., MAUER T., DE SILVA O., STEILING W., EEC/COLIPA in vitro photoirritancy program: Results of the first stage of validation, in: ELSNER P. and MAIBACH H.I. (eds), Irritant dermatitis. New clinical and experimental aspects. Current Problems in Dermatology, Basel: Karger, 23, 256-264, 1995

Toxikologische Untersuchungen in der chemischen Industrie: Strategien zum verminderten Einsatz von Versuchstieren

H.-P. Gelbke

Zusammenfassung

Toxikologische Untersuchungen in der chemischen Industrie sind durch gesetzliche Vorschriften für die Zulassung und Anmeldung eindeutig definiert. Sie erfordern den Einsatz einer großen Zahl an Versuchstieren, z.B. für die Registrierung eines Pflanzenschutzmittels - je nach Betrachtungsweise - etwa 2.300 bis 7.100 Säugetiere.

Ersatz- und Ergänzungsmethoden zur Minderung des Tiereinsatzes lassen sich nach den 3 „R" einteilen: Refinement, Reduction und Replacement. Aber auch das toxikologische Know How kann zu einer Einsparung von Tierversuchen beitragen, so z.B. die Berücksichtigung von Struktur-/Wirkungsbeziehungen.

Es werden die Möglichkeiten für eine Reduzierung des Tiereinsatzes in der Toxikologie der chemischen Industrie für die verschiedenen Untersuchungstypen dargestellt.

Da toxikologische Untersuchungen in der chemischen Industrie dem Schutz des Menschen dienen, ist die Aussageschärfe von Ersatz- und Ergänzungsmethoden von besonderer Bedeutung. Vor diesem Hintergrund werden ihre Stärken und Schwächen diskutiert.

Summary

Toxicological Investigations in Chemical Industry; Strategies for a Reduction of Experimental Animals

Toxicological investigations carried out in chemical industry are clearly defined by legal requirements for registration and notification. Large amounts of test animals are stipulated by the test guidelines, e.g. for the registration of a pesticide between approximately 2,300 and 7,100 mammals.

„Alternative" test methods for the reduction of experimental animals may be categorized according to the 3 „Rs": Refinement, Reduction and Replacement. But also the toxicological expertise can contribute in this respect, e.g. by considering structure activity relationships.

The possibilities and strategies for a reduction of experimental animals used for toxicological investigations in chemical industry are presented for the different endpoints.

The purpose of industrial toxicology is to prevent health damage to humans. Therefore, the predictive reliability of „alternative" methods is of utmost importance. In this respect, the strengths and weaknesses of these methods are discussed.

1. Einleitung

Der Schutz des Menschen vor möglichen Gefährdungen durch chemische Substanzen ist als wichtiges Ziel von allen Teilen der Gesellschaft anerkannt und wird vom Gesetzgeber durch entsprechende Verordnungen und Vorschriften sichergestellt. Der Verbraucher sieht es als eine selbstverständliche Vorgabe an, und die chemische Industrie hat sich diesem Schutz in Eigenverantwortung verpflichtet. Das rechtzeitige Erkennen möglicher Gefährdungen ist Aufgabe der experimentellen Toxikologie, die dafür eine breite Palette von Untersuchungsmethoden einsetzt - auch Tierversuche.

Damit kann es zum Konflikt mit einer anderen ethischen Grundnorm kommen, nämlich der Verpflichtung des Menschen, dem Tier als Mitgeschöpf keine unnötigen Leiden zuzufügen. Besteht somit ein Widerspruch zwischen dem Schutzanspruch des Menschen vor möglichen Gefährdungen durch chemische Substanzen und dem Tierschutzgedanken?

Toxikologische Untersuchungen in der chemischen Industrie sind in ein engmaschiges Geflecht gesetzlicher Vorschriften eingebunden. Das betrifft nicht nur die Art der Prüfungen, die für die Zulassung chemischer Substanzen, Pflanzenschutzmittel oder Arzneimittel erforderlich sind, sondern auch Einzelheiten und Umfang der experimentellen Durchführung. So werden zum Beispiel für die Registrierung eines Pflanzenschutzmittels - national und international fast gleichlautend - Prüfungen mit einmaliger bis zu lebenslanger Substanzverabreichung verlangt, in denen unterschiedliche Fragestellungen abgedeckt werden müssen, zum Beispiel nach allgemeiner Organschädigung, Fruchtschädigung, Fruchtbarkeitsschädigung, Erbgutveränderung oder krebserzeugender Wirkung. Grob geschätzt müssen dafür, je nach Betrachtungsweise, etwa 2.300 bis 7.100 Säugetiere eingesetzt werden (Tabelle 1).

Tabelle 1. Tiereinsatz für Registrierung eines Pflanzenschutzmittels

	Zahl	**Species**
akute Toxizität	50	Ratten
(akute Neurotoxizität	50	Ratten)
Reizwirkung	12	Kaninchen
Sensibilisierung	30	Meerschweinchen
Mehrfachgabe	350	Ratten
	150	Mäuse
	100	Hunde
Fruchtschädigung	200	Ratten
	100	Kaninchen
Fruchtbarkeitsbeeinträchtigung	300	Ratten
(incl. Nachkommen	4.800	Ratten)
krebserzeugende Wirkung	500	Ratten
	500	Mäuse
Gesamt	**ca. 2.300**	
(incl. Nachkommen	ca. 7.100)	

Ersatz- und Ergänzungsmethoden zur Minderung des Tiereinsatzes lassen sich nach den „3R“ einteilen:

- Refinement (verbesserte Untersuchungsmethode)
- Reduction (verminderte Tierzahl)
- Replacement (Ersatz von Tierversuchen durch schmerzunempfindliche Systeme)

Aber auch das Einbringen des gesamten toxikologischen Know How kann zu einer Einsparung von Tierversuchen beitragen, wenn sich aus der chemischen Struktur ausreichend sichere Voraussagen ableiten lassen. Aufgrund solcher Struktur-Wirkungs-Beziehungen kann dann auf Tierexperimente entweder ganz verzichtet werden, oder die Untersuchungen lassen sich für spezifische Fragestellungen maßschneidern. Einige einfache Bespiele sind in Tabelle 2 gegeben.

Tabelle 2. Struktur - Wirkungsbeziehungen (einfache Beispiele)

• Säuren/Basen (aliphatische Amine)	➢ Reiz-/Ätzwirkung
• Aromatische Amine	➢ Methb-Bildung (?) DNA-Schädigung (?)
• Aldehyde	➢ Reizwirkung ➢ Stoffwechsel zur Säure
• Ester	➢ Spaltung in Säure + Alkohol
• Acrylate	➢ Reizwirkung Sensibilisierung (?)
• Epoxide	➢ DNA-Schädigung

Im folgenden werden die Möglichkeiten für eine Reduzierung des Tiereinsatzes für die verschiedenen toxikologischen Untersuchungsmethoden entsprechend dem heutigen Kenntnis- und Entwicklungsstand kurz dargestellt.

2. Strategien

2.1. Akute Toxizität

Untersuchungen auf akute Toxizität mit einmaliger Substanzgabe dienen dem Erkennen möglicher Gefährdungen beim Unfallgeschehen, bei Betriebsstörungen, bei versehentlicher Substanzaufnahme usw. Dabei ist nicht nur das toxikologische Wirkprofil aufzuklären. Der Gesetzgeber fordert vielmehr auch die Bestimmung der tödlichen Dosis, nach der chemische Substanzen eingestuft und gekennzeichnet werden.

In den letzten Jahren wurden modifizierte Prüfvorschriften mit deutlich verringerter Tierzahl erarbeitet („Reduction"), z.B. die sogenannte Acute Toxic Class Method (ATC; SCHLEDE E. et al., 1995). Dabei orientiert sich die verabreichte Dosis allein an den Kennzeichnungsgrenzwerten. Auf die numerisch exakte Festlegung der LD_{50}, die nur mit mehreren Dosisgruppen möglich ist, kann verzichtet werden. Auch erfolgt die Untersuchung vorwiegend nur am empfindlicheren Geschlecht der Versuchstiere.

Aber auch im Sinne eines „Refinement" ist die akute Toxizitätsprüfung in den letzten Jahren ausgefeilt worden. Durch detaillierte Tierbeobachtung und Autopsie sowie gegebenenfalls durch zusätzliche feingewebliche Untersuchungen kann bereits bei dieser einfachen Untersuchung das toxikologische Wirkprofil recht genau erfaßt werden.

Schließlich ist dem Toxikologen durch Struktur-Wirkungs-Betrachtungen oftmals eine recht sichere quantitative Abschätzung der Toxizität möglich. So können die zu verabreichenden Dosierungen gleich richtig festgelegt werden, ohne daß in umfangreichen Vorversuchen zur Dosiswahl zusätzlich Tiere eingesetzt werden müssen.

2.2. Reizwirkung an Haut und Auge

Auch bei der Prüfung auf Reiz- oder Ätzwirkung an Haut und Auge konnte in den letzten Jahren die Versuchstierzahl reduziert werden („Reduction"). So reichen oftmals Prüfungen an einem Versuchstier aus, wenn damit schon eine eindeutige Aussage möglich ist. Auch brauchen Substanzen mit Ätzwirkung an der Haut am Auge nicht mehr untersucht zu werden, wobei gerade Untersuchungen ätzender Substanzen am Auge für das Versuchstier sehr belastend sind. Auch mit stark sauer oder alkalisch reagierenden Substanzen, denen eine Ätzwirkung unterstellt werden kann, sind tierexperimentelle Prüfungen an der Haut oder am Auge nicht erforderlich.

Die Untersuchung der Reizwirkung an Haut oder Schleimhaut ist heute geradezu das Paradebeispiel für einen erfolgversprechenden Einsatz von Ersatzmethoden („Replacement"), da die Zielstrukturen - nämlich Haut sowie Hornhaut oder Schleimhaut des Auges - klar definiert und die Mechanismen der Schadwirkung vergleichsweise einfach zu durchschauen sind. Zur Zeit wird an verschiedenen Versuchsmodellen gearbeitet, zum Beispiel an isolierten Rinderaugen aus dem Schlachthof, an Zellkulturen, am bebrüteten Hühnerei oder an künstlich aufgebauten Hautmodellen.

Die Methodenentwicklung ist allerdings nur der erste Schritt bei der Etablierung einer Ersatz- oder Ergänzungsmethode. Viel zeitaufwendiger ist die Validierung des Prüfverfahrens: Anhand einer breit gefächerten Substanzpalette mit unterschiedlicher Wirkung ist die Aussageschärfe des neuen Prüfverfahrens im Vergleich zum etablierten Tierversuch eingehend zu überprüfen. Der Anteil falsch-positiver und falsch-negativer Ergebnisse sowie quantitative Korrelationen müssen abgeschätzt werden. In den letzten Jahren wurden große Anstrengungen unternommen, die Untersuchung am bebrüteten Hühnerei (SPIELMANN H. et al., 1993) und an künstlichen Hautmodellen (BOTHAM P. et al., 1995) in zahlreichen Prüfinstituten zu validieren. Es ist damit zu rechnen, daß in einigen Jahren diese oder andere Ersatzmethoden auch von Behörden für die Registrierung anerkannt werden.

2.3. Schadwirkungen bei längerdauernder Exposition

Bei Untersuchungen auf allgemeine Schadwirkungen mit länger andauernder bis lebenslanger Substanzverbreichung sind die Schädigungsmöglichkeiten so vielfältig und die Wechselwirkungen der Substanz mit den unterschiedlichen Zielstrukturen und Organen so wenig vorhersehbar, daß breit einsetzbare Ersatzmethoden noch in weiter Ferne liegen. Die Bemühungen konzentrieren sich daher auf das „Refinement", um möglichst viele toxikologische Endpunkte in einem Versuchsansatz mit dem gleichen Tierkollektiv abzuklären. Fortschritte wurden insbesondere bei der Neurotoxizität erzielt, und erfolgversprechende Ansätze zeichnen sich in der Immuntoxikologie ab.

Eine ganz andere Möglichkeit zur Reduktion der Versuchstierzahlen, unabhängig von den Anforderungen des Gesetzgebers, hat für die industrielle Forschung und Entwicklung firmenintern besondere Bedeutung. Häufig werden Arznei- und Pflanzenschutzmittel mit ähnlicher Struktur und gleichartiger erwünschter biologischer Wirkung synthetisiert. Es ist dann zu entscheiden, mit welchem Kandidaten die langwierigen und aufwendigen toxikologischen Tierversuche durchgeführt werden sollen; welcher voraussichtlich wohl am ehesten den allgemeinen Sicherheitsanforderungen und Registrierungsvoraussetzungen entsprechen dürfte.

Durch vergleichende Prüfung ähnlicher Substanzen an wenigen Versuchstieren kann die am besten geeignete Substanz für die Weiterentwicklung ausgewählt werden. Würde nämlich eine Entwicklungssubstanz die strengen Hürden der behördlichen Registrierung nicht nehmen, dann wären letztlich alle Untersuchungen mit den ingesamt eingesetzten Versuchstieren unnötig gewesen. Dies kann durch das Fachwissen des Toxikologen und den gezielten Einsatz nur weniger Tiere in Vorversuchen vermieden werden.

Einen Spezialfall der Prüfungen mit länger andauernder Substanzgabe stellen die Untersuchungen auf Beeinträchtigung der Fruchtbarkeit dar, ein Endpunkt, der gerade in der letzten Zeit in das Interesse der Öffentlichkeit gerückt ist. Wegen der Komplexität der Reproduktionsorgane, des Fortpflanzungsgeschehens und der hormonellen Regulationsmechanismen gelten hier in bezug auf die Reduktion der Versuchstierzahlen die gleichen Überlegungen wie bei der Untersuchung der allgemeinen Schadwirkung.

Das Fortpflanzungsgeschehen zeigt jedoch im Vergleich zu anderen toxikologischen Endpunkten eine Besonderheit: Zahlreiche Phasen und Einzelschritte werden durch ein fein abgestimmtes hormonelles Regulierungssystem determiniert. Chemische Substanzen, die an Hormonrezeptoren binden, können dieses Regelwerk stören. Solche Rezeptor-Interaktionen sind im Prinzip durch in vitro-Methoden gut erfaßbar. Es ist daher damit zu rechnen, daß in Zukunft Screening-Methoden verfügbar sein werden, um die Bindung von Fremdstoffen an Hormonrezeptoren ohne umfangreiche Tierversuche nachweisen zu können.

2.4. Fruchtschädigende Wirkung

Bei der Prüfung auf fruchtschädigende Wirkung liegt ein relativ klar definiertes Zielgewebe vor, nämlich das Embryonalgewebe, anfänglich mit recht niedrigem Differenzierungsgrad bei hoher Zellteilungsfrequenz. Dementsprechend befinden sich hier zahlreiche Prüfmethoden an schmerzfreien Systemen in der Entwicklung („Replacement"), zum Beispiel Prüfungen an der Hydra, Untersuchungen auf interzelluläre Kommunikation an Zellkulturen, Prüfungen an Extremitätenknospen oder Embryonenkulturen mit bereits höherer Differenzierung.

Allerdings besteht zwischen dem sich entwickelnden Embryo und dem mütterlichen Organismus eine enge Wechselwirkung, die in diesen vereinfachten Prüfsystemen nicht simuliert werden kann. Daher ist die prädiktive Aussageschärfe dieser Ersatzmethoden teilweise noch unbefriedigend und schwer abschätzbar. Bis zur Übernahme in die behördliche Regulierungspraxis als allgemein anerkanntes „Replacement" wird wohl noch einige Zeit vergehen.

Andererseits bietet sich auch hier zur Reduktion der Versuchstierzahl, ähnlich wie bei den Prüfungen mit länger andauernder Verabreichung, die vergleichende Prüfung an wenigen Tieren an, vor allem für Substanzen mit ähnlicher Struktur.

In diesem Zusammenhang ist auch ein orientierender Tierversuch im Sinne eines Screenings auf fruchtschädigende Wirkung zu nennen, der Chernoff-Kavlock-Test (CHERNOFF N. and KAVLOCK R.J., 1982; WICKRAMARATNE G.A., 1987), der in seiner methodischen Entwicklung recht weit fortgeschritten ist und als Prüfsystem bereits eine breitere Anerkennung gewonnen hat.

2.5. Erbgutverändernde Wirkung

Da sich die erbgutverändernde Wirkung an der DNA als eindeutig definierte Zielstruktur abspielt, ist dieser Endpunkt für den Einsatz von Ersatzmethoden besonders prädisponiert („Replacement"). Die DNA ist bei allen Lebewesen chemisch identisch, so daß auf einfachste Organismen wie Bakterien, Pilze oder auch auf Zellkulturen zurückgegriffen werden kann. Deshalb ist gerade auf diesem Gebiet die Zahl der Prüfmodelle an schmerzfreier Materie besonders groß, und solche Tests haben breiten Eingang in die behördlichen Registrierungsanforderungen gefunden.

Da ferner die erbgutverändernde Wirkung meistens auf einer chemischen Reaktion zwischen DNA und Prüfsubstanz beruht, läßt deren chemische Struktur häufig recht sichere Schlußfolgerungen im Sinne von Struktur-Wirkungs-Beziehungen zu.

Daten über erbgutverändernde Eigenschaften weisen auf mögliche Schädigungen zukünftiger Generationen hin, sofern die Keimzellen betroffen sind. Erbgutveränderungen an Somazellen sind dagegen im Hinblick auf eine mögliche krebserzeugende Wirkung zu interpretieren, da der erste Schritt im vielstufigen Prozeß der Kanzerogenese als Initiation ein mutagenes Ereignis darstellt.

2.6. Resorbierbarkeit durch die Haut

Bei einer Risikobewertung muß nicht nur die Toxizität als inhärente Substanzeigenschaft berücksichtigt werden, sondern gleichrangig auch die Exposition des Menschen. Entscheidend ist, welche Substanzmengen in den Körper eindringen können. Die wichtigsten Eintrittspforten sind der Magen-/Darmtrakt, die Atemwege und die Haut. Dabei bereitet die Abschätzung der Hautpenetration oft besondere Schwierigkeiten.

Ähnlich wie bei der Reizwirkung auf die Haut bietet sich auch hier der Ersatz des Tierversuchs im Sinne eines „Replacement“ an. Die Geschwindigkeit des Durchtritts durch die Haut - häufig ein rein physikalischer, passiver Diffusionsprozeß - läßt sich recht einfach an isolierten Hautpräparaten quantitativ bestimmen. Es bietet sich die Haut von Schlachttieren, aber auch menschliche Haut von Operationspräparaten an. Vergleichende Untersuchungen mit der Haut von Mensch und Tier erlauben dann eine Übertragung von tierexperimentellen Daten auf den Menschen.

Auch die chemische Struktur einer Substanz kann Hinweise auf ihre Resorbierbarkeit über die Haut geben. Von besonderer Bedeutung sind in diesem Zusammenhang die Wasser- und Fettlöslichkeit sowie die Molekülgröße.

3. Zuverlässigkeit der Ersatzmethoden

Unabhängig von der ethischen Zielsetzung stellt sich die Frage nach den Stärken und Schwächen der hier diskutierten Ersatzmethoden im Vergleich zum klassischen Tierversuch (Tabelle 3). Entscheidend ist die Zuverlässigkeit einer toxikologischen Risikobewertung für den Menschen, die aus Ergebnissen solcher Ersatzmethoden abgeleitet wird.

Prüfungen an einfachen Systemen, wie Bakterien, Zellkulturen oder isolierten Geweben, liefern für mechanistische Fragestellungen wertvolle Aussagen. Je klarer die Zielstrukturen auf molekularer Ebene, zum Beispiel DNA, oder zellulärer Ebene, zum Beispiel Rezeptoren, definiert sind, um so zuverlässiger lassen sich solche Untersuchungen interpretieren. Sie sind daher besonders aussagekräftig für die Klärung toxikologischer Wirkmechanismen, aber auch im vergleichenden Screening ähnlicher Substanzen mit gleichartigen Angriffspunkten. Auch bei der Aufklärung des Stoffwechsels einer Substanz haben diese Methoden einen hohen Stellenwert. Hier liefern sie detaillierte Einblicke, die durch die vielfältigen Reaktions-möglichkeiten des Ganztiers oft verschleiert würden.

Dagegen lassen sich quantitative Angaben zur toxischen Dosis für den Gesamtorganismus aus solchen Studien im allgemeinen nicht ableiten, ebensowenig die Zielorgane der Wirksubstanz oder die Symptome und der zeitliche Verlauf einer Schadwirkung. Auch Effekte, die sich aus dem Wechselspiel verschiedener Organsysteme oder Gewebe im Gesamtorganismus ergeben, können mit diesen einfachen Systemen nicht erfaßt werden. So ist zum Beispiel denkbar, daß die Leber eine Substanz in ein toxisches Stoffwechselprodukt umwandelt, das von der Niere bis zu einer gewissen Schwellenkonzentration noch relativ gut ausgeschieden wird, bei höheren Konzentrationen dagegen ein drittes Organsystem, beispielsweise das Gehirn, spezifisch schädigt. Ebensowenig können komplexe Einflüsse auf das Versuchstier, wie Schmerzwirkungen, narkotische Effekte, Degeneration bestimmter Abschnitte im zentralen Nervensystem usw., durch diese Ersatzmethoden in ihrer gesamten Breite erkannt werden. Gleiches gilt für unterschiedliche Reaktionsweisen verschiedener Tierarten oder geschlechtsspezifische Reaktionen, die für die Zuverlässigkeit einer toxikologischen Risikobewertung ausschlaggebende Bedeutung haben können.

Tabelle 3. In vitro- („alternative") Methoden

Stärken
• Prinzip der Schädigung (Mechanismus) – Rezeptorinteraktion – makromolekulare Bindung – Enzymbeeinflussung – Membranschädigung – intrazelluläre Kommunikation
• Screening bei bekanntem Wirkungsprinzip (Mutagenität, Pharmakologie)
• Stoffwechselwege (Speziesvergleich)
Schwächen
• Quantifizierung der toxischen Dosis (mg/kg)
• Zielorgane/Symptome
• Zeitlicher Verlauf – Dauer – Reversibilität
• Geschlechts-, Speziesunterschiede
• Wechselwirkungen zwischen – verschiedenen Zelltypen – verschiedenen Organsystemen (z.B. Leber Niere) – Transportmechanismen (Resorption, Blut) – „Befindlichkeiten" (Schmerz, Verhalten)

4. Schlußfolgerung

Eine zusammenfassende Betrachtung ergibt folgende prinzipielle Möglichkeiten zur Reduktion des Einsatzes von Versuchstieren - einzeln oder in Kombination:

- Allein schon die chemische Struktur erlaubt eine ausreichend sichere Aussage, so daß auf einen Versuch verzichtet werden kann.
- Der Tierversuch kann durch ein Prüfsystem an schmerzfreier Materie ersetzt werden.
- Die Aussageschärfe des Tiermodells ist so hoch, daß mit einer reduzierten Tierzahl gearbeitet werden kann.
- Tierversuche zur Registrierung neuer Substanzen werden nur mit solchen Entwicklungskandidaten durchgeführt, die sich in einem vorausgegangenen Screening auf verschiedene toxikologische Endpunkte als besonders „erfolgversprechend" dargestellt haben.

Alle diese Möglichkeiten wurden in den letzten Jahren von der Industrie systematisch ausgeschöpft; sicherlich nicht nur unter ethischen, sondern auch unter ökonomischen Gesichtspunkten. Nur so läßt sich die stetige Abnahme des Einsatzes von Versuchstieren erklären. Betrachtet man zum Beispiel den Säugetiereinsatz für toxikologische Untersuchungen in der BASF, so wurden 1989 22.000 Versuchstiere eingesetzt und 1994 nur noch 15.000, also 30 Prozent weniger. Diese Zahlen belegen, daß ethische und ökonomische Gesichtspunkte einander nicht widersprechen müssen, sondern sich gegenseitig befruchten können. So können sowohl ökonomische Zielsetzungen als auch wissenschaftliche Erkenntnisse die Entwicklung von Ersatzmethoden vorantreiben, während ethische Aspekte und

Vorgaben des Gesetzgebers ihre Übernahme in die behördliche Bewertungspraxis beschleunigen sollten. Gleichgültig, welcher Gesichtspunkt im Einzelfall überwiegt, dem Tierschutzgedanken ist damit in jedem Fall gedient.

Literatur

BOTHAM P., CHAMBERLAIN M., BARRET M.D., CURREN R.D., ESDAILE D.J., GARDNER J.R., GORDON V.C., HILDEBRAND B., LEWIS R.D., LIEBSCH M., LOGEMANN P., OSBORNE R., PONEC M., RÉGNIER J.-F., STEILING W., WALKER A.P, BALLS M., A prevalidation study on in vitro skin corrosivity testing, The report and recommendations of ECVAM workshop 6, ATLA, 23, 219-255, 1995

CHERNOFF N. and KAVLOCK R.J., An in vitro teratology screen utilising pregnant mice, J. Toxicol. Environm. Hlth., 10, 541-550, 1982

SCHLEDE E., MISCHKE U., DIENER W., KAYSER D., The international validation study of the Acute Toxic Class Method (oral), Arch. Toxicol., 69, 659-670, 1995

SPIELMANN H., KALWEIT S., LIEBSCH M., WIRNSBERGER T., GERNER I., BERTRAM-NEIS E., KRAUSER K., KREILING R., MILTENBURGER H.G., PAPE W., STEILING W., Validation study of alternatives to the Draize eye irritation test in Germany: Cytotoxicity testing and HET-CAM Test with 136 industrial chemicals, Toxicol. In Vitro, 7, 4, 505-510, 1993

WICKRAMARATNE G.A., The Chernoff-Kavlock Assay; its validation and application to rats, Teratog. Carcinogen. Mutagen., 7, 73, 1987

Kultivierung von Zellinien in serumfreien Medien: Generelle Vorteile und spezielle Erfahrungen in einem Zytotoxizitätstest mit Fischzellen

M. Kohlpoth

Zusammenfassung

Die Verwendung des foetalen Kälberserums (FKS) als Medienzusatz für die Zellkultivierung ist sowohl aus Sicht des Tierschutzes als auch aus wissenschaftlichen Gründen kritisch zu hinterfragen und die Suche nach Alternativen zu fördern. Wegen der besonderen Problematik des FKS-Zusatzes bei der Prüfung von industriellen Abwässern in einem Zytotoxizitätstest mit der permanenten Fischzellinie RTG-2 wurden Alternativen zum FKS für diese Zellinie geprüft.

Die RTG-2 Zellen wurden erfolgreich an die beiden Ersatzlösungen Basal Medium Supplement (BMS) und Ultroser-G (U-G) adaptiert und anschließend charakterisiert. Bei beiden Subzellinien gab es in den Zellcharakteristika Wachstum, Anheftung, Vitalität und Sensibilität keine signifikanten Unterschiede im Vergleich zur Ursprungszellinie. Die RTG-2 Zellen, die in 10% BMS kultiviert wurden, reagierten bei der Prüfung von Abwasserproben deutlich sensibler als die Ursprungszellinie. Das bestätigt die Vermutung, daß das Serum mit Inhaltsstoffen der Abwasserproben reagiert und so die Ergebnisse verändern kann.

Gleichzeitig wurde ein synthetisches Medium für die RTG-2 Zellen konzipiert. Dazu wurden zur Ermittlung der proliferationsfördernden Wirkung von bisher 33 Einzelkomponenten Wachstumsversuche in 96-Well-Mikrotiterplatten durchgeführt. Die ersten Versuche nach Abschluß der Adaptation lassen erkennen, daß zur Optimierung des synthetischen Mediums noch weitere Untersuchungen nötig sind.

Summary

Cultivation of cell lines in serum-free media: general advantages and special experiences with a cytotoxicity assay using fish cells

The use of fetal calf serum (FCS) as standard medium additive for the cell cultivation must be regarded critically from the point of view of animal welfare as well as for scientific reasons and makes it necessary to look for alternatives.

The application of FCS is also a special problem with regard to the testing of industrial waste waters in a cytotoxicity test with the permanent fish cell line RTG-2 so that FCS-alternatives were tested for this cell line.

The RGT-2 cells were successfully adapted to the two solvents Basal Medium Supplement (BMS) and Ultroser-G (U-G) that are used to replace serum. The characterization of these adapted cell lines showed no significant differences in growth rate, adhesion rate, vitality and sensitivity in comparison to the original RTG-2 cells. On the determination of the cytotoxicity of industrial waste waters the RTG-2 cells adapted to the BMS medium indicated a clearly higher toxicity of the waste water samples than the original RTG-2 cells. This result confirms the hypothesis that serum components react with waste water elements and thus change the bioavailability of toxic compounds. Also a completely synthetic medium for the RTG-2 cells was developed proving the growth supporting effects of 32 components in a colorimetric multiwell growth assay. The first tests with RTG-2 cells after adaptation showed that further investigations are necessary to improve this synthetic medium.

1. Einleitung

Zu Beginn der in vitro-Kultivierung von Zellgeweben kurz nach der Jahrhundertwende wurden biologische Lösungen verschiedensten Ursprungs (Embryonalextrakte, Amnionflüssigkeit, Liquor, Kollostrum, Blutplasma u.a.) als Nährmedien verwendet, um das Überleben der Zellen zu gewährleisten (PRIME F., 1917). Die Schwierigkeiten bei der Handhabung von Zell- und Gewebekulturen lagen damals neben der mangelnden Sterilität vor allem in undefinierten Kulturbedingungen und der dadurch bedingten mangelnden Reproduzierbarkeit von Versuchen.

Durch die Entwicklung von definierten Kulturmedien (EAGLE H., 1955) wurde diese Situation deutlich verbessert. Allerdings mußte diesen Medien nach wie vor Serum zugegeben werden, um die Versorgung der Zellen auch mit den Nährstoffen und Spurenelementen sicherzustellen, die in den Medienrezepturen fehlten.

Dabei setzte sich das foetale Kälberserum (FKS) gegenüber anderen Lösungen als Standardzusatz nicht unbedingt wegen der besten wachstumsfördernden Eigenschaften, sondern wegen der ständigen Verfügbarkeit und den günstigen Transport- und Lagerungsmöglichkeiten durch.

Es gibt aber gewichtige Gründe, die Verwendung des FKS kritisch zu hinterfragen und nach Alternativen zu suchen. Zum einen ist die Gewinnung des FKS durchaus tierschutzrelevant, da es Berichten zufolge immer wieder vorkommt, daß Frühaborte für die Herstellung künstlich eingeleitet werden und nicht ausgeschlossen werden kann, daß den ungeborenen Kälbern selbst erhebliche Schmerzen und Leiden zugefügt werden. Zum anderen gibt es auch aus wissenschaftlicher Sicht Kritikpunkte.

Seren sind stets undefinierte Naturprodukte, deren genaue Zusammensetzung und einzelnen Inhaltsstoffe z.T. noch völlig unbekannt sind. Die einzelnen Serumchargen unterscheiden sich bezüglich der identifizierten Inhaltsstoffe sowohl qualitativ als auch quantitativ erheblich (LINDL T. und BAUER J., 1994) und erschweren so die Zellkultivierung unter definierten und kontrollierten Bedingungen.

Schon früh wurde deshalb versucht, synthetische Medien ohne Serumzusatz für die Zellkultivierung zu entwickeln (HAM R.G., 1965).

Diese Bemühungen wurden mit den Fortschritten in der Gewinnung und Aufreinigung einzelner Serumkomponenten wie z.B. Hormonen, Vitaminen und Wachstumsfaktoren (GRINNELL F. et al., 1977) sowie die Verwendung von serum- oder proteinfreien Medien für die Produktion von z.B. Antikörpern (CHANG T.H. et al., 1980) oder Proteinen (KEEN M.J. and RAPSON N.T., 1980) mit biotechnologischen Methoden deutlich intensiviert.

Vor allem wegen der letztgenannten Thematik sind inzwischen für eine Vielzahl von Säugerzellinien spezielle serum- und protenfreie Medien entwickelt worden (HIGUCHI K. and ROBINSON R.C., 1973).

Es gibt zwei verschiedene Wege, den FKS-Anteil im Nährmedium zu ersetzen:

Die erste Methode besteht in der Adaptation der Zellinie an eine der im Handel erhältlichen FKS-Ersatzlösungen. Diese werden inzwischen von fast allen Lieferanten von Seren für die verschiedensten Zelltypen angeboten.

Die zweite, wesentlich aufwendigere Methode besteht in der Entwicklung eines definierten, vollsynthetischen Mediums für die gewünschte Zellinie.

Beide Methoden haben ihre spezifischen Vor- und Nachteile (Tabelle 1).

Tabelle 1. Bewertung der Möglichkeiten des FKS-Ersatzes

FKS-Ersatzlösungen	
Vorteile	**Nachteile**
Schnelle Adaptation der Zellinie	undefinierte Zusätze (Plazentaextrakte)
Ersatzlösung für mehrere Zellinien anwendbar	weiterhin Chargenvariabilitäten
Kauf und Lagerung der Ersatzlösung wie FKS	Monopolstellung des Herstellers (Lieferengpässe)
i.d.R. unveränderte Kultivierung der Zellinie	Rezepturen unbekannt (Firmengeheimnis)
Synthetisches Medium	
Vorteile	**Nachteile**
definierte Medienrezeptur	aufwendige Versuchsserien zur Ermittlung der benötigten Zusätze
Chargenvariabilitäten minimiert	Kultivierung der Zellinien aufwendiger (Trypsininhibierung, Anheftungsfaktoren)
Standardisierung der Zellkultivierung	geringere Haltbarkeit des Mediums
bessere Reproduzierbarkeit und Vergleichbarkeit von Testresultaten	Medium nur für eine Zellinie anwendbar

2. Eigene Arbeiten

In der Akademie für Tierschutz wurde in den letzten Jahren ein Zytotoxizitätstest mit Fischzellen als Ersatzmethode zum Fischtest im Abwasserabgabengesetz evaluiert (RUSCHE B. and KOHLPOTH M., 1993) und in ersten Ringversuchen geprüft (SCHULTZ M. et al., 1995). Bei der Prüfung von industriellen Abwasserproben mit in vitro-Methoden tritt die besondere Problematik auf, daß nicht nur im Kälberserum, sondern auch in der Abwasserprobe unbekannte Einzelsubstanzen enthalten sein können, die durch unerkannte synergistische und antagonistische Wechselwirkungen die Ergebnisse verfälschen und somit die Korrelation der *in vitro*-Daten mit den vorliegenden *in vivo*-Daten erschweren können.

Aus diesem Grund wurde die Fischzellinie RTG-2, die als Standardzellinie für den Zytotoxizitätstest verwendet wird, an die 2 Serumersatzlösungen Basal Medium Supplement (BMS) von Biochrom und Ultroser-G (U-G) von Life Technologies adaptiert. Nach erfolgreicher Adaptation wurden die beiden neu entstandenen Subzellinien ausführlich charakterisiert und im Zytotoxizitätstest mit 26 Testsubstanzen und 44 zytotoxischen Abwasserproben geprüft.

Parallel dazu wurde damit begonnen, ein definiertes, synthetisches Medium für diese Zellinie zu entwickeln. Dazu wurden verschiedene Konzentrationen von Einzelkomponenten in Wachstumsversuchen auf ihre proliferationsfördernde Wirkung geprüft und im positiven Fall in die Medienrezeptur aufgenommen. Die Konzentrationen der geprüften Einzelkomponenten wurden aus verschiedenen Publikationen über erfolgreiche Umstellungen von Säugetierzellinien entnommen (BARNES D. and SATO G., 1980; FRESHNEY R.I., 1992).

3. Material und Methoden

3.1. Zellinie

Bei den RTG-2 Zellen handelt es sich um fibroblastoide Zellen, die aus den Kulturen von Gonadengewebe juveniler Regenbogenforellen isoliert wurden (WOLF K. and QUIMBY M.C., 1962). Die Kultivierung erfolgte in Minimum Essential Medium (MEM) mit Earles' Salzen unter Zugabe von Natriumbikarbonat (850mg/l), L-Glutamin (2mM), Neomycinsulfat (50mg/l) und 10% FKS. Die Inkubation erfolgte ohne CO_2-Begasung in einem Kühlbrutschrank bei einer Temperatur von 20°C. Die Subkultivierung erfolgte durch enzymatische Dissoziation mit einer Trypsin/EDTA (0,05%/0,02%)-Lösung.

3.2. Zytotoxizitätstest

96-Well-Mikrotiterplatten wurden mit je 0,1ml pro Well einer Zellsuspension von 3 x 10^5 Zellen/ml beimpft. Die äußersten Wellreihen wurden als Blanks nur mit Medium beimpft. Nach einer Anheftungszeit von 4 Stunden wurden der Mediumüberstand dekantiert und die Verdünnungsreihen der Abwasserproben bzw. der Testsubstanzen einpipettiert.

Die Reihen 2 und 11 auf der Platte wurden für die Kontrollwerte nur mit Medium beimpft. Anschließend wurden die Platten mit einer Deckfolie luftdicht verschlossen und für 20 Stunden bei 20°C inkubiert. Die Bestimmung der überlebenden Zellen wurde dann mit dem Vitalfarbstoff Neutralrot, der in den Lysosomen intakter Zellen gespeichert wird, durchgeführt (BORENFREUND E. and PUERNER J.A., 1985). Die Extinktion des rückgelösten Farbstoffs wurde mit einem Spektralphotometer bei 540nm gemessen.

Als Maß für die ermittelte Toxizität einer Probe wurde für Abwasserproben der GZ-Wert (G = Verdünnungsfaktor, Z = Zelle) ermittelt.

Der GZ-Wert ist der reziproke Wert derjenigen Verdünnungsstufe, bei der keine toxische Wirkung auf die Zellen mehr zu erkennen ist. Als toxisch galt eine Abweichung der photometrisch gemessenen Extinktion von mehr als 50% im Vergleich zur Kontrolle.

Für die Testsubstanzen wurde der IC_{50}-Wert (inhibitory concentration) durch Extrapolation ermittelt.

3.3. Anheftungstest

Um die Fähigkeit der Zellen, sich spontan an den Untergrund anzuheften, festzustellen, wurden 50ml-Zellkulturflaschen mit einer Zellsuspension von 3 x 10^5 Zellen in 5ml Medium beimpft. Nach einer Inkubationszeit von 4 Stunden wurden die nicht angehefteten Zellen durch Dekantierung des Mediums entfernt und die Zahl der angehefteten Zellen nach enzymatischer Dissoziation in einer Fuchs-Rosenthal-Zählkammer bestimmt.

3.4. Vitalitätstest

Während der routinemäßigen Subkultivierung der Zellinien wurde unmittelbar nach Abstoppen der Trypsinwirkung durch Zugabe des Mediums jeweils 1ml der Einzelzellsuspension mit 2ml einer Erythrosin-B Gebrauchslösung (0,2%) gemischt. Das Verhältnis der lebenden (ungefärbt) zu den toten (gefärbt) Zellen wurde in einer Fuchs-Rosenthal-Zählkammer bestimmt.

3.5. Wachstumstest in Zellkulturflaschen

Für jede Wachstumskurve wurden 5 x 50ml-Zellkulturflaschen mit je 3 x 10^5 Zellen in 5ml Medium beimpft. Die Inkubation erfolgte bei 20°C. In regelmäßigen Zeitabständen wurde die aktuelle Zellzahl der Kulturflaschen ausgezählt. Dazu wurde der Mediumüberstand dekantiert, der Zellrasen abtrypsiniert und die Zellzahl durch Auszählung in einer Fuchs-Rosenthal-Zählkammer bestimmt.

Die Berechnung der Verdopplungszeiten in der exponentiellen Wachstumsphase erfolgte nach der Formel von LINDL (LINDL T. und BAUER J., 1994).

3.6. Wachstumstest in Mikrotiterplatten

96-Well Mikrotiterplatten wurden mit je 1 x 10^4 Zellen/Well in 0,1ml Medium mit einem FKS-Anteil von 1% beimpft. Dieser FKS-Anteil hatte sich in Vorversuchen als geeignet erwiesen, das Wachstum der RTG-2 Zellen vollständig zu stoppen ohne gleichzeitig die Vitalität zu beeinträchtigen. Die Reihe 1 der Platte wurde zur Ermittlung der Blank-Werte nur mit Medium gefüllt. Nach einer Adaptationsphase von 24 Stunden wurde eine Platte mit Neutralrot gefärbt, um die Zahl der angehefteten Zellen zu erfassen. Bei den anderen Platten des Wachstumsversuchs wurden die verschiedenen Konzentrationen der Einzelkomponenten in je 0,1ml Medium/Well zugegeben. Für jede geprüfte Konzentration wurden 3 Reihen beimpft. Die Reihe 2 erhielt zur Prüfung des Normalwachstums 10% FKS und die Reihe 12 als Negativkontrolle nur 1% FKS ohne Zusätze. Die Färbungen der Platten erfolgten im Abstand von 2 Tagen.

4. Ergebnisse

Während der Adaptation erwies sich die Zugabe von 10% BMS und von 4% U-G für die RTG-2 Zellen als optimal für das jeweilige Wachstum.

Bei der anschließenden Charakterisierung zeigten alle 3 Zellinien ein sehr ähnliches Verhalten. Dies wurde an den ermittelten Verdopplungszeiten der exponentiellen Wachstumsphase von 48,2 Stunden für 10% FKS, 46,4 Stunden für 10% BMS und 48,2 Stunden für 4% U-G deutlich.

Die Anheftungsraten wiesen mit Werten von 84,3% für 10% FKS, 86,7% für 10% BMS und 90,2% für 4% U-G ebenfalls keine signifikanten Unterschiede auf.

Die Vitalitätswerte der 3 Subzellinien lagen mit Werten von 95,6% für 10% FKS, 96,2% für 10% BMS und 95,1% für 4% U-G ebenfalls alle in dem für permanente Zellinien erwarteten Bereich.

Die im Zytotoxizitätstest ermittelten IC_{50}-Werte von 26 Testsubstanzen verdeutlichen, daß durch die Umstellung der RTG-2 Zellen auf die FKS-Ersatzlösungen keine Veränderung in der Sensibilität stattgefunden hat (Tabelle 2).

Bei der Parallelprüfung von industriellen Abwasserproben mit allen 3 Zellinien fiel dagegen schon bei den ersten 10 Proben auf, daß die Zytotoxizitätstests mit den RTG-2 Zellen, die an 10% BMS adaptiert wurden, deutlich höhere GZ-Werte im Vergleich zu den beiden anderen Zellinien ergaben (Abb. 1).

Bei insgesamt 44 geprüften Abwasserproben wurden in 33 Fällen mit den RTG-2 Zellen, die in 10% BMS kultiviert wurden, und in 4 Fällen mit den Zellen, die an 4% U-G adaptiert wurden, die höchsten GZ-Werte ermittelt. Die mit den verbliebenen 7 Proben ermittelten Ergebnisse mit den 3 Zellinien waren vergleichbar.

Bei der Entwicklung des synthetischen Mediums für die RTG-2 Zellen zeigten 22 der 33 geprüften Einzelkomponenten eine deutliche Wachstumsförderung (Tabelle 3). Die Charakterisierung der RTG-2 Zellen, die an dieses Medium adaptiert wurden, zeigte aber eine deutlich verminderte Anheftungsrate von 48 %, eine niedrigere Vitalität von 71 % und mit Verdopplungszeiten von 4 bis 5 Tagen ein stark verzögertes Wachstum.

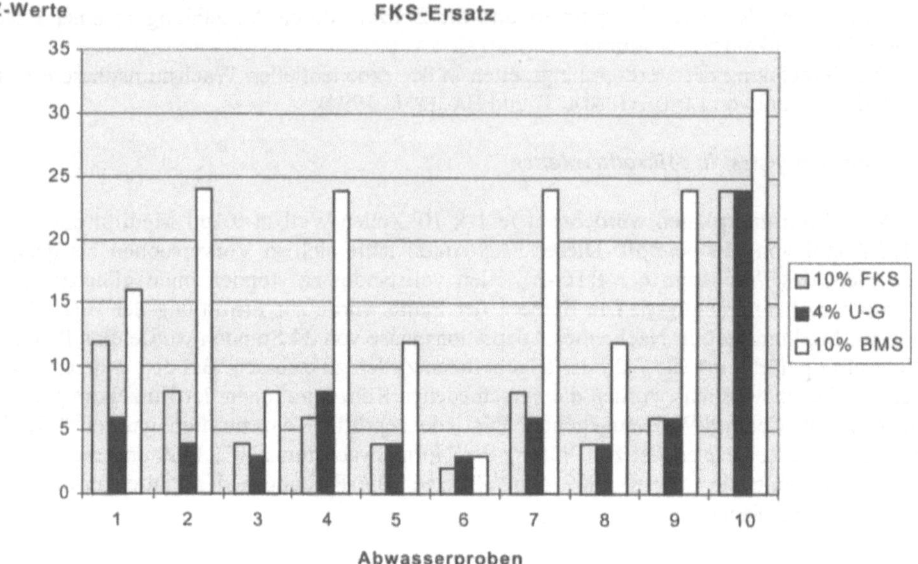

Abb. 1. Vergleich der GZ-Werte von RTG-2 Zellen, die mit verschiedenen Medienzusätzen kultiviert wurden

5. Ausblick

Die dargestellten Ergebnisse zeigen, daß eine Adaptation der Fischzellinie RTG-2 an FKS-Ersatzlösungen möglich ist.

Daß bei den Abwasserproben die ermittelten GZ-Werte bei der Prüfung mit den Subzellinien höher waren als bei der Ursprungszellinie, unterstützt die These, daß das Serum giftige Inhaltsstoffe des Abwassers bindet und damit dem Zielorgan Zelle entzieht.

Die Verwendung einer FKS-Ersatzlösung für die Kultivierung der RTG-2 Zellen wäre ein großer Vorteil für den Zytotoxizitätstest als Ersatzmethode für den Fischtest im Vollzug des Abwasserabgabengesetzes, da die negativen Auswirkungen der Variabilitäten verschiedener Serumchargen dadurch minimiert werden.

Die bisher vorliegenden Ergebnisse mit den RTG-2 Zellen, die an das synthetische Medium adaptiert wurden, verdeutlichen, daß die bisher geprüften Einzelkomponenten nur eine suboptimale Kultivierung ermöglichen und daß weitere Untersuchungen nötig sind.

Tabelle 2. Vergleich der IC_{50}-Werte

	Medienzusätze		
Substanznamen	**10% FKS**	**10% BMS**	**4% U-G**
Acrolein	1,24	0,89	0,39
Hexadecyl-trimethyl-ammoniumbromid	2,4	3,3	6,1
3,5-Dichlorphenol	30,1	27,1	28,7
Rhodamin-B	49	95,1	93,6
Natriumdodecylsulfat	62	29,7	38,9
Chloramin-T	73,8	57	71
Triton X-100	74	83	99,7
2,4-Dichlorphenol	93,3	112,2	128,7
3,4-Dichloranilin	119,2	171	141,9
4-Nitrophenol	142	199,5	317
Methylfuran	237,6	122,5	170,5
2,6-Dichloranilin	255	260	275
Kupfersulfat	272	290	190
Phosphorsäure	310	260	215
m-Kresol	496	493	320
Phenol	650	875	900
Phtalsäure	892	905	880
4-Nitroanilin	960	425	425
Na-tetraborat	2.120	1.190	6.000
Anilin	2.200	3.800	3.800
Ethylendiamin	2.390	2.300	2.770
EDTA	5.200	3.900	4.800
2,6-Dimethylheptanon	6.200	6.000	8.900
Nitrilotriessigsäure	9.500	10.700	12.400
Zitronensäure	13.500	18.500	19.600
Kaliumchlorid	18.900	27.800	30.600

Angegeben sind die Mittelwerte aus 2 Versuchen in mg/l

Tabelle 3. Konzentrationen der geprüften Einzelkomponenten zum Ersatz des FKS im Medium

	Konzentrationen			Wirkμng
Aminosäμren				
Alanin	**10 mg/l**	50 mg/l	100 mg/l	+
Asparaginsäμre	50 mg/l	100 mg/l	200 mg/l	-
Glycin	**1 mg/l**	10 mg/l	100 mg/l	+
Prolin	**10 mg/l**	50 mg/l	100 mg/l	+
Serin	10 mg/l	50 mg/l	**100 mg/l**	+
Proteine				
Albμmin	10 mg/l	**100mg/l**	1.000 mg/l	+
Glμthation	**10 μg/l**	100 μg/l	500 μg/l	+
Transferrin	1 mg/l	10 mg/l	100 mg/l	-
Vitamine				
Aminobenzoesäμre	**25 mg/l**	50 mg/l	100 mg/l	+
Ascorbinsäμre	0,1 mg/l	0,5 mg/l	1 mg/l	-
Biotin	0,1 mg/l	1 mg/l	10 mg/l	-
Cholesterin	**100 μg/l**	500 μg/l	1.000 μg/l	+
Ergocalciferol	**10 μg/l**	100 μg/l	500 μg/l	+
Retinol	**50 μg/l**	100 μg/l	500 μg/l	+
Thymidin	**0,1 mg/l**	1 mg/l	10 mg/l	+
Tocopherol	**10 μg/l**	50 μg/l	100 μg/l	+
Vitamin B12	1 μg/l	**10 μg/l**	100 μg/l	+
Hormone				
Dexamethason	**0,5 μg/l**	5 μg/l	50 μg/l	+
Estradiol	0,1 μg/l	1 μg/l	10 μg/l	-
Glμcagon	50 μg/l	100 μg/l	500 μg/l	-
Insμlin	0,1 mg/l	1 mg/l	**10 mg/l**	+
Progesteron	0,2 μg/l	2 μg/l	20 μg/l	-
Thyroxin	10 μg/l	50 μg/l	100 μg/l	-
Sonstige Komponenten				
Adenosintriphosphat	0,25 mg/l	**0,5 mg/l**	1 mg/l	+
EGF	**0,1 μg/l**	0,8 μg/l	1,4 μg/l	+
Eisensμlfat	**0,1 mg/l**	0,8 mg/l	1,4 mg/l	+
FGF	10 μg/l	50 μg/l	100 μg/l	-
Galaktose	**100 mg/l**	500 mg/l	1.000 mg/l	+
Glμkose	1.000 mg/l	1.500 mg/l	2.000 mg/l	-
Gμanin	0,1 mg/l	1 mg/l	**10 mg/l**	+
Hypoxanthin	**0,05 mg/l**	0,1 mg/l	0,5 mg/l	+
Na-Selenit	**2 μg/l**	10 μg/l	100 μg/l	+
Mracil	**0,1 mg/l**	1 mg/l	10 mg/l	+

Die Konzentrationen mit der optimalen Wachstumsförderung wurden durch Fettdruck gekennzeichnet.μ

Literatur

BARNES D. and SATO G., Serum-free cell culture: a unifying approach, Cell, 22, 649-655, 1980

BORENFREUND E. and PUERNER J.A., Toxicity determined in vitro by morphological alterations and neutral red absorption, Toxicology Letters, 24, 119-124, 1985

CHANG T.H., STEPLEWSKI Z., KOPROWSKI H., Produktion of monoclonal antibodies in serum free medium, Journal of Immunological Methods, 39, 369-375, 1980

EAGLE H., Nutrition needs of mammalian cells in tissue culture, Science, 122, 501-504, 1955

GRINELL F., HAYS D.G., MINTER D., Cell adhesion and spreading factor; Partial purifikation and properties, Experimental Cell Research, 110, 175-190, 1977

HAM R.G., Clonal growth of mammalian cells in a chemically defined, synthetic medium, P.N.A.S. (USA), 53, 288-293, 1965

HIGUCHI K. and ROBINSON R.C., Studies on the cultivation of mammalian cell lines in a serum-free, chemically defined medium, In Vitro, 9-2, 114-121, 1973

KEEN M.J. and RAPSON N.T., Development of a serum-free culture medium for the large scale production of recombinant protein from a Chinese hamster ovary cell line, Cytotechnology, 17, 153-163, 1995

LINDL T. und BAUER J., Zell- und Gewebekultur, Stuttgart: Gustav Fischer Verlag, 1994

MAURER H.R., Towards serum-free, chemically defined media for mammalian cell culture, in: Freshney R.I., Animal cell culture, New York: Oxford University Press, 15-43, 1992

PRIME F., Observations upon the effects of radium on tissue growth in vitro, Journal of Cancer Research, 2, 105-125, 1917

RUSCHE B. and KOHLPOTH M., The R1-cytotoxicity test as a replacement for the fish test stipulated in the German Waste Water Act, in: BRAUNBECK T., HANKE W., SEGNER H. (eds.), Fish-Ecotoxicology and Ecophysiology, Weinheim: VCH Verlagsgesellschaft, 81-92, 1993

SCHULZ M., LEWALD B., KOHLPOTH M., RUSCHE B., LORENZ K.H.J., UNRUH E., HANSEN P.-D., MILTENBURGER H.G., Fischzellinien in der toxikologischen Bewertung von Abwasserproben, ALTEX, 12 (4), 188-194, 1995

WOLF K. and QUIMBY M.C., Established eurythermic line of fish cells in vitro, Science, 135, 1065-1066, 1962

Untersuchungen zur Pharmakokinetik von Antibiotika am isoliert perfundierten Rindereuter

A.M. Ehinger und M. Kietzmann

Zusammenfassung

Am isoliert perfundierten Rindereuter (KIETZMANN M. et al., 1993) wurde Benzylpenicillin als ölige Suspension mit mikronisierten Partikeln von weniger als 20µm, mit einer Korngröße von durchschnittlich 200µm und als wäßrige Lösung intrazisternal verabreicht. Die jeweils pro Euterviertel applizierte Dosis betrug 3 Millionen I.E. Penicillin (enthalten in 15g der jeweiligen Darreichungsform). In Abständen von jeweils 30 Minuten wurden nach der Applikation Perfusatproben gewonnen. Nach drei Stunden wurde Drüsengewebe in unterschiedlichem Abstand von der Zitzenbasis sowie der regionale Lymphknoten entnommen. Die Bestimmung von Benzylpenicillin erfolgte mittels Hochdruckflüssigkeitschromatographie. Die erwartungsgemäßen Unterschiede der Wirkstoffkonzentration in den Proben bei verschiedenen Darreichungsformen lassen das Modell zur Durchführung von pharmakokinetischen Untersuchungen intrazisternal verabreichter Stoffe geeignet erscheinen.

Summary

Experiments concerning Pharmacokinetics of Antibiotics in the Isolated Perfused Bovine Udder

In the isolated perfused bovine udder (KIETZMANN M. et al., 1993) Penicillin G was instillated intracisternally as oily suspension with micronized particles (less than 20µm diameter), with sizes of 200µm in average and as aqueous solution. Per quarter of the udder a dose of 3 million I.U. Penicillin (contained in 15g of the formulation) was administered. In intervals of 30 minutes after injection perfusate samples were gained. After three hours gland tissue in different distances to the teat and the regional lymph node were sampled. The measurement of Penicillin G was done with high pressure liquid chromatography. The exspected differences in the concentration of the active principle in the samples from varying formulations obviously show that this model is useable for studying pharmacokinetics of intracisternally administered medicaments.

1. Einleitung

Im Rahmen der Entwicklung von Arzneimitteln spielen Untersuchungen zur Pharmakokinetik eine wichtige Rolle. Informationen zur Bioverfügbarkeit und Verteilung eines Arzneistoffes im Zielgewebe stammen aus der Messung von Blut- und Gewebespiegeln. Während die Bioverfügbarkeit systemisch applizierter Arzneistoffe *in vivo* an der jeweiligen Zielspezies untersucht wird, bieten sich für lokal angewendete Arzneimittel *in vitro*-Untersuchungen zur Pharmakokinetik an. So konnten die transdermale Penetration und Resorption verschiedener Wirkstoffe bereits am *in vitro*-Modell des isoliert perfundierten Rindereuters dargestellt werden (KIETZMANN M. et al., 1993, 1995). Da Antibiotika-enthaltende Zubereitungen bei Euterentzündungen des Rindes oft lokal (Applikation in die Zitzenzisterne) eingesetzt werden, stellte sich die Frage, ob das isoliert perfundierte Rindereuter auch zur Untersuchung der Hemmstoffverteilung im Milchdrüsengewebe geeignet ist.

Die Mastitis ist eines der größten Probleme bei der Milchproduktion in der modernen Landwirtschaft. Trotz züchterischer, melktechnischer und hygienischer Vorsorge kann eine - meist bakterielle - Infektion häufig nicht verhindert werden; sie erfaßt nicht nur Einzeltiere. Für die Wirksamkeit der dann eingesetzten Hemmstoffe ist zum einen die mikrobiologische Sensibilität entscheidend. Darüberhinaus müssen diese Wirkstoffe überhaupt die Krankheitserreger erreichen, was eine entsprechende Verteilung im Gewebe voraussetzt. Eine ölige Formulierung z.B. ist für die Euterschleimhaut schonender und transportiert das Antibiotikum weiter, bedeutet aber meist durch verzögerte Freisetzung eine längere Milchsperre im Vergleich zu wäßrigen Zubereitungen (FOLEY E.J., 1949). Unbefriedigend sind die bisher vorliegenden Kenntnisse bezüglich der Verteilung im Drüsengewebe, da sich die Probennahme in vivo auf Milch und Blut beschränkt. Die Antibiotikakonzentration in der ermolkenen Milch läßt nur bedingt Rückschlüsse auf die Spiegel in den verschiedenen Bereichen des Drüsenparenchyms zu.

Neben ethischen, ökonomischen und rechtlichen Aspekten bietet sich in vitro die Möglichkeit, sowohl uneingeschränkt Gewebeproben als auch Gefäßflüssigkeit unabhängig vom sonstigen Organismus bezüglich Metabolisierung und Exkretion zu entnehmen. Die Evaluierung des Modells für die bisher kaum durchgeführten Gewebemessungen war Ziel der durchgeführten Untersuchungen.

2. Untersuchungsgut und Methoden

2.1. Das isoliert perfundierte Rindereuter

Es wurden Euter gesunder, laktierender Schlachttiere mit angewärmter und begaster Tyrodelösung gemäß Beschreibung bei KIETZMANN M. (1993) perfundiert.

2.2. Testpräparate

Als Wirkstoff enthielten 15ml der jeweiligen Darreichungsformen 1,875g Benzylpenicillin-Kalium (entspr. 3 Millionen I.E. Penicillin), welches häufig bei Mastitiden eingesetzt wird. Mit folgenden Formulierungen wurden je 6 Vorder- und Hinterviertel behandelt:

- ölige Suspension mit mikronisierten Partikeln von weniger als 20µm (Handelspräparat Masticillin® 3 Mega)
- ölige Suspension mit Korngrößen von durchschnittlich 200µm
- wäßrige Lösung (0,9% NaCl)

2.3. Versuchsablauf

Nach einer Äquilibrierungsphase von 30 Minuten wurde die perfundierte Milchdrüse mit einer Eimermelkanlage unter manuellem Ausstreichen entleert. In dem ermolkenen Sekret wurde zur Kontrolle auf Störungen der Blut-Euterschranke durch Mastitis oder Autolyse der pH-Wert gemessen. Anschließend wurde der Inhalt je eines Injektors in die Zitzenzisterne des vorderen und hinteren Viertels einer Euterhälfte verabreicht. Zur Unterstützung der Verteilung wurde das Medikament nun der Praxis entsprechend hochmassiert, sodaß es zumindest die Drüsenzisterne sofort erreichte. In den folgenden 3 Stunden wurden halbstündlich Perfusatproben aus der kanülierten Vene der behandelten Hälfte gewonnen. Abschließend wurde Drüsengewebe in definierten Entfernungen (4, 8, 12, 16cm beim Vorderviertel und 5, 10, 15, 20cm beim Hinterviertel) vertikal über der Zitze sowie der an der Euterbasis gelegene zugehörige Lymphknoten gewonnen.

Zur Beurteilung der Vitalität perfundierter Rindereuter dienten gemäß MAAß P. (1993) die regelmäßigen Messungen der Laktatdehydrogenase-Aktivität, der Laktatproduktion und des Glukoseverbrauchs im Perfusat sowie die Hauttemperatur. Darüberhinaus wurde an Hautstanzen ein modifizierter Methyltetrazolium-Test durchgeführt, welcher die Fähigkeit der Mitochondrien zur Formazanfarbstoffproduktion bestimmt. Waren hierbei bestimmte Grenzwerte über- bzw. unterschritten, wurden die in dem jeweiligen Versuch erhaltenen pharmakokinetischen Daten nicht in die Auswertung einbezogen.

2.4. Nachweismethode von Benzylpenicillin

Die Aufarbeitung der Proben und Bestimmung der enthaltenen Benzylpenicillinkonzentrationen erfolgte nach Gewebehomogenisierung und Flüssig-Flüssig-Extraktion der Proben mit einer ausreichend empfindlichen Hochdruckflüssigkeitschromatographie-Methode durch UV-Detektion (SCHADEWINKEL-SCHERKL A.-M., 1990).

3. Untersuchungsergebnisse

Mit zunehmender Distanz von der Zitzenbasis nahm die Konzentration des Benzylpenicillins im Gewebe exponentiell ab, war jedoch im Hinterviertel direkt an der Euterbasis - außer bei der gröberen Korngröße aus öliger Suspension - wieder erhöht (Abb. 1). Mit der Suspension, die den Wirkstoff in mikronisierter Form enthielt, wurden über die größeren Entfernungen innerhalb der Hinterviertel die höchsten Konzentrationen erreicht. Die wäßrige Lösung ermöglichte dem Wirkstoff aber in den Vordervierteln - zumindest relativ zu ihren niedrigen zitzennahen Parenchymwerten - eine bessere Verteilung als das Handelsprodukt. Mit Korngrößen von 200µm aus öliger Suspension waren nur geringe Gewebespiegel zu erzielen, auch in weiterer Distanz zur Zitze. Tendenziell war das Benzylpenicillin in den allgemein kleineren Vordervierteln höher konzentriert vorzufinden.

In den Euterlymphknoten lag die Konzentration nach Behandlung mit der öligen Suspension (v.a. bei großen Partikeln) am höchsten, bei der wäßrigen Lösung am niedrigsten (Abb.2). Der Übertritt in das Perfusat nach Gabe der Suspension mit 20µm-Partikeln war am stärksten. Die Resorption erfolgte hierbei - mit Niveauunterschieden zwischen den einzelnen Eutern - recht konstant, wohingegen die Konzentration des Benzylpenicillin aus der Suspension mit gröberer Korngröße über die Perfusionszeit nach anfänglich sehr hohen Werten stark abfiel. Die wäßrige Lösung ließ zum Ende den Wirkstoff stärker in das Gefäßsystem diffundieren, dennoch trat durch diese Verzögerung in den beobachteten drei Stunden insgesamt vergleichsweise wenig Antibiotikum über (Abb. 3).

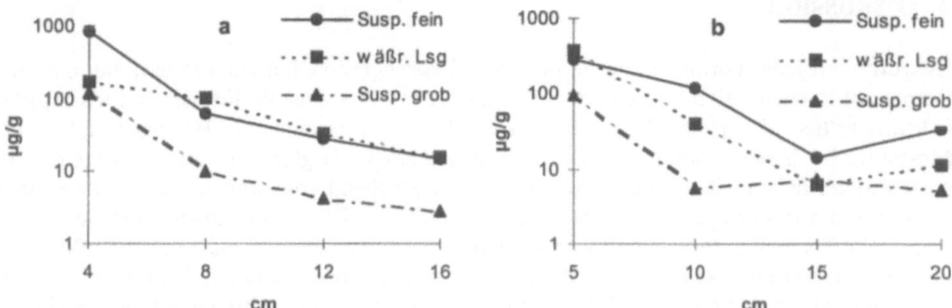

Abb. 1. Logarithmische Darstellung der mittleren Konzentration von Benzylpenicillin aus verschiedenen Formulierungen im a) Vorder- und b) Hinterviertelgewebe in Abhängigkeit von der Entfernung zur Zitzenbasis am Ende der dreistündigen Diffusion (n = 6)

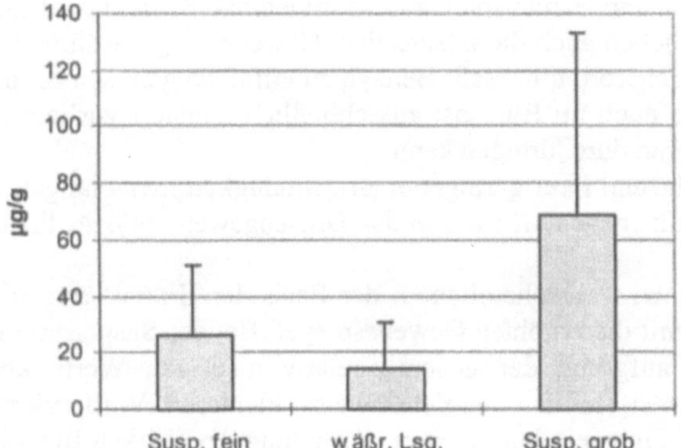

Abb. 2. Benzylpenicillin-Konzentration in den regionalen Lymphknoten (Mittelwert ± Standardabweichung, n = 6)

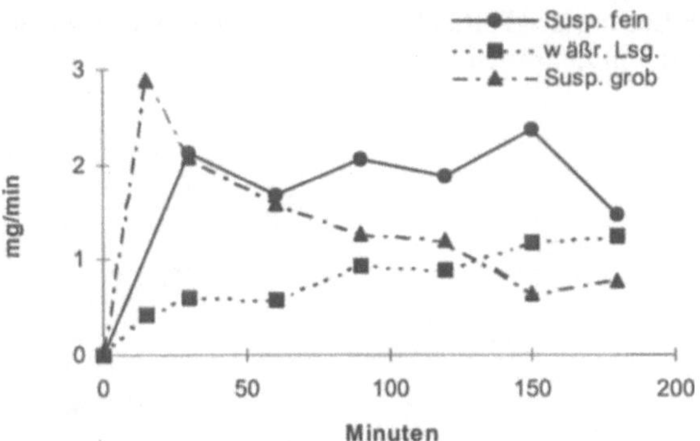

Abb. 3. Verlauf der mittleren Benzylpenicillinresorption in das offene Perfusionssystem nach Gabe je eines Injektors in das Vorder- und Hinterviertel (n = 6)

4. Diskussion

Es wurde mit jeder Formulierung im gesamten Drüsengewebe bei allen Eutern die minimale Hemmstoffkonzentration von Benzylpenicillin für in vitro sensible Erreger von 0,125µg/ml (TROLLDENIER H., 1995) bzw µg/g erreicht. Das mikronisierte Benzylpenicillin des Masticillin® 3 Mega verteilte sich mit Hilfe mittelkettiger Triglyceride erwartungsgemäß am besten in der behandelten Euterhälfte und dementsprechend groß war die für die Resorption ins Perfusat zur Verfügung stehende Schleimhautfläche. Diese Suspension, war sie vor der Applikation einmal aufgeschüttelt worden, entmischte sich langsam und nicht endgültig; eine Distribution war also bei haltbarer Mixtur lange möglich. Hinzu kommt, daß kleine Partikeln durch ihre relativ größere Oberfläche eine schnellere Lösung im wäßrigen Sekret erreichen.

200µm-Korngrößen in öliger Suspension hingegen setzten sich z.B. im Reagenzglas schnell ab und wurden zu einer nicht mehr mobilisierbaren, festen Masse. Daher penetrierte der Wirkstoff aus der gröberen Suspension, nach Verteilung durch den Injektor bzw. die Massage und anschließender Lösung, offenbar nur am Anfang die Blut-Milchschranke. Der Rest konnte vorerst, im Gegensatz zu dem Handelspräparat, kaum weitere Schleimhautfläche und Dissoziation erreichen. Somit blieben auch die zitzennahen Gewebespiegel während des Beobachtungszeitraumes niedrig. Generell gilt, daß Benzylpenicillin wegen seines pK_a-Wertes von 2,7 sowohl in Milch als auch im Blut fast ausschließlich ionisiert vorliegt und daher nur allmählich die Lipidmembran durchdringen kann.

Eine wäßrige Lösung braucht aufgrund ihrer geringeren Kriechfähigkeit meist länger, um sich das gesamte Hohlraumsystem für mehr Diffusion in das Drüsengewebe und Aufnahme in die Gefäße zu erarbeiten.

Die wirksamen Bestandteile können wahrscheinlich an der Basis der Hinterviertel nicht weiterdiffundieren und bewirken damit die erhöhten Gewebespiegel. Bei der Suspension mit den 200µm-Partikeln ist offenbar aufgrund der generell relativ niedrigen Werte keine abschließende Steigerung zu erwarten. In den vergleichsweise kleineren Vordervierteln kommt es wahrscheinlich durch die allgemein homogenere Verteilung des Wirkstoffes nicht zu diesen Erscheinungen.

Bezüglich der verstärkten Aufnahme von Benzylpenicillin aus der gröberen Suspension in das Lymphsystem ist zu beachten, daß hier nur ein Zehntel der Teilchenanzahl resorbiert werden muß, um identische Konzentrationen wie mit den feinen Partikeln zu erreichen. Dabei ist eventuell nicht einmal die Lösung der Partikel notwendig, denn in vivo dient die Lymphdrainage auch zum Abtransport von Zellresten.

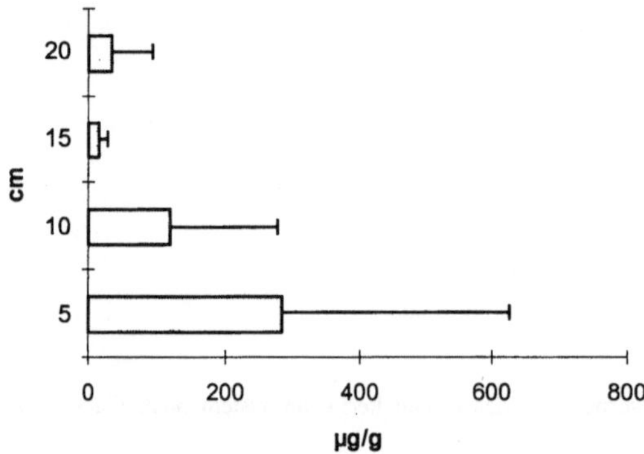

Abb. 4. Benzylpenicillinspiegel im Hinterviertelgewebe nach Behandlung mit Masticillin® 3 Mega (Mittelwert + Standardabweichung, n = 6)

Das isoliert perfundierte Rindereuter erscheint für die Durchführung von Untersuchungen zur Pharmakokinetik intrazisternal verabreichter Stoffe geeignet. Dies zeigt zum einen die unter hiesigen Laborbedingungen bestätigte Lebensfähigkeit des Modells. Desweiteren lassen die festgestellten Dimensionen systemischer Resorption von Wirkstoff sowie der Gewebespiegel eine weitere Nutzung des Modells für den dargestellten Zweck sinnvoll erscheinen, da sie Ergebnissen von in vivo-Versuchen entsprechen (BLOBEL H., 1960; EDWARDS S.J., 1964). Hohe Standardabweichungen (Abb. 4) sind als ein Zeichen der Individualität selbst gesunder Rindereuter bezüglich der Verteilung identischer intrazisternal verabreichter Stoffe zu verstehen, u.a. wegen der variierenden Drüsengröße und der damit häufig korrelierten Sekretmenge. Mit einer ausreichenden Anzahl von Eutern je Formulierung können Unterschiede zu anderen Zubereitungsformen im pharmakokinetischen Verhalten deutlich werden.

Literatur

BLOBEL H., Concentrations of Penicillin in Milk Secretions and Blood Serums of Cows Following Intramammary Infusion of One or More Quaters, J. Amer. vet. med. Ass., 137, 110-113, 1960

EDWARDS S.J., The Diffusion and Retention of Penicillin after Injection into the Bovine Udder, Vet. Rec., 76, 545-549, 1964

FOLEY E.J., STULTS A.W., LEE S.W., BYRNE J.V., Studies on Vehicles for Sustaining Penicillin Levels in the Bovine Mammary Gland, Am. J. Vet. Res., 10, 66-70, 1949

KIETZMANN M., LÖSCHER W., ARENS D., MAAß P., LUBACH D, The Isolated Perfused Bovine Udder as an in vitro Model of Percutaneous Drug Absorption. Skin Viability and Percutaneous Absorption of Dexamethasone, Benzoyl Peroxide and Etofenamate, J. Pharmacol. Toxicol. Methods, 30, 75-84, 1993

KIETZMANN M., WENZEL B., LÖSCHER W., LUBACH D., BLUME H., Absorption of Isosorbide Dinitrate after Administration as Spray, Ointment and Microemulsion Patch. An In vitro Study Using the Isolated Perfused Bovine Udder, J. Pharm. Pharmacol., 47, 22-25, 1995

MAAß P., Das isoliert perfundierte Rindereuter - Ein Modell zur Prüfung der Hautverträglichkeit?, Diss. vet.med., Tierärztl. Hochschule Hannover, 1993

SCHADEWINKEL-SCHERKL A.-M., Übertritt von Benzylpenicillin durch die Blut-Milchschranke - Untersuchungen zum Nachweis eines aktiven Transports, Diss. vet.med., FU Berlin, 1990

TROLLDENIER H., Resistenzauswertung veterinärmedizinischer bakterieller Erreger - Auswertung 1993, BgVV, 10, 1995

Transgene Tiere - Herstellung, Zucht und Haltung

K. Schellander

Zusammenfassung

Transgene Tiere haben die Grundlagenforschung der molekularen Biologie und molekularen Genetik in den letzten Jahren entscheidend beeinflußt. Ihr Anwendungsbereich liegt in der Analyse der Genfunktion, in der Entwicklung von Tiermodellen für Krankheiten bis zur Produktion rekombinanter Proteine. Die wichtigsten Herstellungsmethoden transgener Tiere werden erläutert, wobei auf die Grundstrategien der Genüberexpression und der Genausschaltung eingegangen wird. Auf neuere Entwicklungen der Regelung der Transgenexpression wird hingewiesen und die Möglichkeiten der Anwendung dargestellt. Die Erstellung transgener Linien wird anhand eines Pedigreezuchtverfahrens erläutert. Die erforderliche Tierhaltung zur Herstellung transgener Mäuse wird beschrieben und auf die Möglichkeiten zur Reduktion der Zahl der benötigten Versuchstiere eingegangen.

Summary

Transgenic animals: techniques, breeding and housing

Transgenic animals have stabely integrated exogenous DNA in their genome. They are produced either by the gain of function (overexpression of exogenous genes) or the loss of function (gene targeting by homologous recombination) approach. Sophisticated promotor systems allow a spatial and temporal external control of the transgene expression. Production of transgenic animals needs the housing of egg donors and recipients, fertile and vasektomiced males. Once transgenic founder animals are identified, conventionel breeding techniques are applied to establish transgenic lines since normally the transgene follows mendelian enhentance.

1. Einleitung

Tiere, in deren Erbgut künstlich Fremd-DNA (Transgene) eingefügt wurde, werden als transgen bezeichnet (GORDON J.W. and RUDDLE F.H., 1981). Wenn die Keimbahnzellen das Transgen enthalten, so verhält sich der transgene Lokus in der Regel wie ein mendelndes Gen, wird als stabil an die Nachkommen weitergegeben; man spricht dann von transgenen Linien. Mit transgenen Tieren kann die Funktion von Genen während des Wachstums und der Differenzierung sowohl prä- als auch postnatal untersucht werden. Zentrale Elemente dieser Technologie sind die Anwendung von Gentransfermethoden in vitro in Gewebekulturen und die anschließende Analyse der Genfunktion in Embryonen bzw. in den lebenden Tieren. Neuere Techniken erlauben zudem eine gezielte lokusspezifische Inaktivierung von Genen, die auch organspezifisch gestaltet werden kann. Neben der Analyse von Genfunktionen (z.B. Onkogene, Immungene) werden transgene Tiere als Tiermodelle für menschliche Erkrankungen, zur Produktion rekombinanter Proteine und im Rahmen der Xenotransplantation eingesetzt (JAENISCH R., 1988).

2. Methoden

2.1. Mikroinjektion klonierter DNA

Die Mikroinjektion rekombinanter DNA in die Vorkerne fertilisierter Zygoten ist die am häufigsten verwendete Technik, um transgene Tiere herzustellen. Einige hundert Kopien der DNA werden mit einem Volumen von 1-2pl in den größeren Vorkern injiziert (Abb. 1a). Zwanzig bis 30 injizierte Eizellen (Überlebensrate etwa 50-80%) werden in die Eileiter einer pseudoträchtigen Rezipientenmaus transferiert, wo sich etwa 10-30% der transferierten Eizellen zu Jungen entwickeln. Die Jungtiere werden auf die Integration der Fremd-DNA geprüft. Positive Tiere werden als Founder-Tiere bezeichnet und zur Linienetablierung eingesetzt.

2.2. Infektion präimplantativer Embryonen

In dieser Technik werden rekombinante, retrovirale Vektoren für die keimbahnstabile Integration exogener DNA benützt. Dazu wird der Embryo im Morulastadium von der Zona pellucida befreit und auf Zellen (Abb. 1b) kultiviert, die den retroviralen Vektor produzieren. Die infizierten Embryonen werden in Rezipiententiere transferiert und die Nachkommen wie oben beschrieben analysiert (WAGNER E. F. and KELLER G., 1992). Der Vorteil dieser Methode liegt darin, daß sie einfach durchzuführen ist. Nachteilig ist eine nicht sehr effiziente Expression des proviralen Genoms, die häufige Bildung von Mosaiktypen und die Beeinflussung der Transgenaktivität durch LTR-Sequenzen. Daher wird diese Methode nur für spezifische Fragestellungen angewendet.

2.3. Transfer klonierter DNA in ES-Zellen

Embryonale Stamm- (ES-) Zellen sind totipotente Zellen, die aus der inneren Zellmasse von Blastozysten kultiviert werden. Sie behalten unter speziellen Kulturbedingungen ihren undifferenzierten Status. Werden diese Zellen mit präimplantativen Stadien kombiniert (entweder durch Aggregation mit Morulaes oder durch Injektion in das Blastocoel von Blastozysten), so entwickelt sich dieser Embryo nach dem Transfer in ein Empfängertier als Chimäre (Abb. 1c). Besiedeln die ES-Zellen die Keimbahn, wird der ES-Genotyp an die Nachkommen wietergegeben. ES-Zellen können in vitro mittels gentechnischer Verfahren in ihrem Genom verändert werden. Zellen, die die gewünschten Veränderungen enthalten, werden selektiert und Zellinien daraus entwickelt. Diese ES-Zellen behalten auch nach der Transformation ihre Totipotenz und bilden nach Aggregation mit Morulaes bzw. Injektion in Blastozysten Keimbahnchimären. Damit wird der veränderte Genotyp an die Nachfolgegeneration weitergegeben und eine transgene Tierlinie entwickelt (CAPECCHI M.R., 1989).

3. Strategien

Prinzipiell können exogene Gene über die drei oben angeführten Methoden in das Genom eines Individuums stabil integriert werden. Die Funktion des Transgens wird über die Konstruktion der exogenen DNA gesteuert.

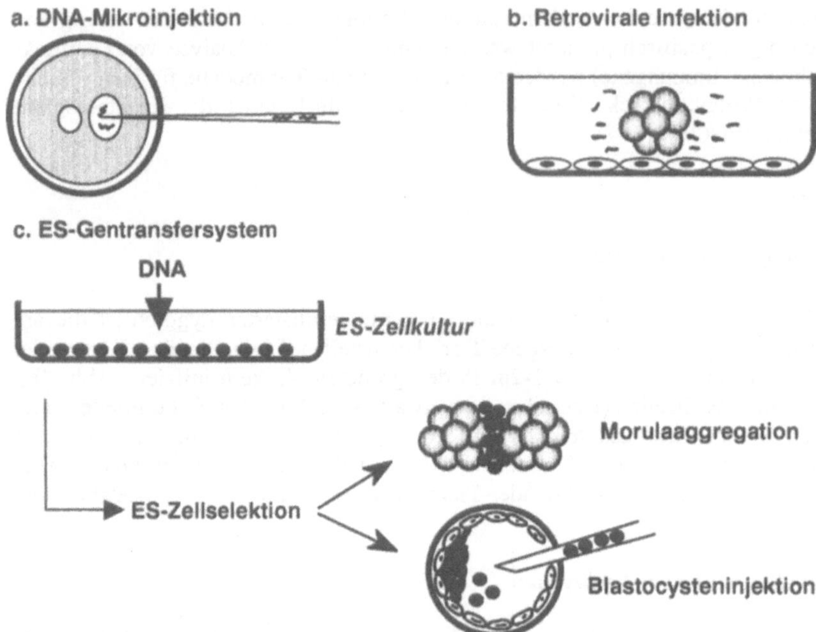

Abb. 1. Gentransfertechniken bei der Maus

3.1. Überexpression von Genen (gain of function)

Hier werden die injizierten DNA-Sequenzen zusammen mit dem Gesamtgenom exprimiert. Die Zelle bekommt eine zusätzliche genetische Information. Die für diese Zwecke verwendeten Vektoren enthalten ein Kontrollelement (Promoter), die kodierende Sequenz und ein Stopsignal (Abb. 2a). Bei Verwendung retroviraler Vektoren wird ein Teil der viralen Sequenzen durch die kodierende Sequenz des zu transferierenden Gens ersetzt (Abb. 2b). In beiden Systemen ist der Integrationsort im Genom zufällig. Hier kann es zur Beeinflussung der Expression des Transgens vom Integrationsort kommen. Grundsätzlich handelt es sich dabei um eine artifizielle Insertionsmutation. Nur in wenigen Fällen werden dabei aktive genetische Regionen betroffen, die zu einem phänotypisch sichtbaren Defekt führen. Solche Insertionsmutanten erweisen sich als nützlich, da hier neue Gene identifiziert werden können, wenn die flankierenden Regionen des Transgens sequenziert werden.

3.2. Inaktivierung von Genen (loss of function)

Um die Funktion von Genen näher identifizieren zu können, ist die gezielte Ausschaltung das Mittel der Wahl. Dies geschieht durch die Integration von Fremd-DNA in ein bestimmtes Zielgen, also durch eine Insertionsmutagenese. Der Einbau der Fremd-DNA in das Zielgen erfolgt über eine homologe Rekombination. Die dazu benutzten Vektoren werden als „Targeting Vektoren" bezeichnet (Abb. 2c). Solche Targeting Vektoren enthalten homologe DNA, einen positiven Selektionsmarker (zur Anreicherung der Zellen, in denen die homologe Rekombination stattgefunden hat) und häufig einen zusätzlichen Marker, um gegen Zellen, in denen eine heterologe Rekombination stattgefunden hat, zu selektieren (positiv-negativ Selektion). Diese Strategie wird als „Knock-out" bezeichnet. Sie wird im allgemeinen in ES-Zellen durchgeführt, so daß aus diesem Zelltyp nach Chimärenerzeugung sogenannte

„Knock-out-Mäuse" gezüchtet werden. Entsprechend der Konstruktion des homologen Vektors können exogene Gene im Integrationslokus zusätzlich eingebracht und dort exprimiert werden („Knock-in"-Strategie).

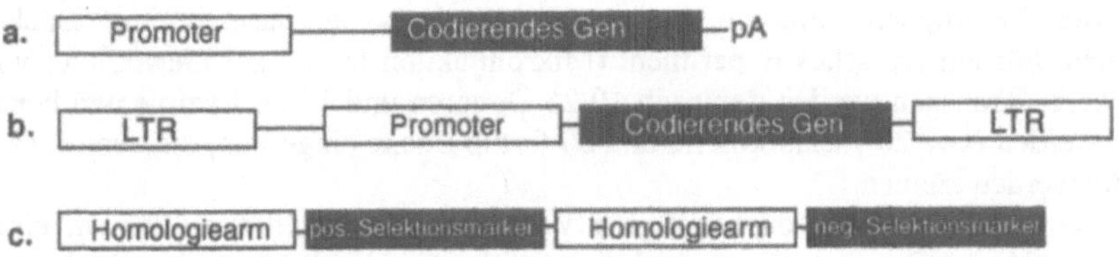

Abb. 2. DNA-Vektoren für Überexpression (a), retrovirale Infektion (b) und homologe Rekombination (c)

4. Steuerung der Transgenaktivität

Wie im vorigen Abschnitt beschrieben, können exogene DNA Vektoren mit verschiedenen Strategien in das Genom von Tieren eingeführt werden. Transgene können überexprimiert oder endogene Gene inaktiviert werden. Wesentlich dabei ist die Möglichkeit der exogenen Steuerung der Genexpression und die organspezifische Expression der Transgene.

4.1. Induzierte Genexpression

Die induzierte Expression der Transgene kann über geeignete Promotoren erfolgen, die durch externe Signale induziert werden können. Solche responsive Promotoren können über Schwermetalle, Hitzeschock oder Hormone induziert werden. Nachteile dieser Steuerung sind instabile Expressionsprofile und Sekundärwirkungen der „Inducer". In neuer Zeit sind „Genschalter" entwickelt worden, mit denen es möglich ist, die Expression von Transgenen ein- und auszuschalten. Diese Systeme beruhen auf dem prokaryotischen Tetrazyklin. Resistenzoperon. Aus diesem Operon abgeleitete modifizierte Promotoren induzieren die Expression bei Anwesenheit von Tetrazyklinanaloga bzw. sind inaktiv im umgekehrten Fall. Damit können Transgene gezielt an- und abgeschaltet werden (GOSSEN M. et al., 1995).

4.2. Induzierte Geninaktivierung (Conditional knock-out)

Dieses System basiert auf dem cre/loxP Rekombinationssystem des Bakteriophagen P1. Die lokusspezifische cre-Rekombinase katalysiert die Rekombination zwischen zwei 34bp langen Sequenzen, den loxP-Loci. Gene, die von zwei loxP-Loci („floxed") flankiert sind, werden deletiert, wenn cre-Recombinase exprimiert wird. Für den „Conditional Knock-out" werden daher zwei transgene Mauslinien (eine mit einem „floxed" Allel und eine Linie, die cre-Rekombinase exprimiert) benötigt. Kreuzt man beide Linien, so wird das „floxed" Allel in jenen Zellen deletiert, in denen cre exprimiert wird (KILBY N.J. et al., 1993). Werden zur cre-Expression gewebespezifische Promotoren und Genschalter verwendet, so lassen sich mit derem System Gene gewebespezifisch zu definierten Zeitpunkten ausschalten (KÜHN R. et al., 1995).

5. Versuchstierhaltung und Bedarf

In der Tabelle 1 wird der geschätzte Bedarf an Versuchstieren angegeben, um eine transgene Maus über Mikroinjektion bzw. ES-Zelltechnik herzustellen. Prinzipiell werden Donoren für die Eizell- oder Embryonengewinnung superovuliert (in der Regel in der ES-Zelltechnik nicht erforderlich) und mit fertilen Böcken befruchtet. Die injizierten Zygoten werden bei der Maus chirurgisch in Rezipienten transferiert. Bei der Maus müssen zur Rezipientenidentifizierung vasektomierte Böcke eingesetzt werden. Zwischen 5% und 20% der von den Rezipienten geborenen Tiere, die von mikroinjizierten Zygoten stammen, haben das Transgen im Genom integriert. Bis zur Etablierung der Linien müssen alle Nachkommen auf die Transgenintegration analysiert werden (Gewebeprobe). Für die Erstellung transgener Tiere müssen also vier Tiergruppen (Donoren, Rezipienten, fertile Böcke, vasektomierte Böcke) gehalten werden. Für ein typisches Experiment (Mikroinjektion Maus) zur Gewinnung von fünf Foundertieren/Transgen werden demnach 10-25 Donoren und 10-20 Rezipienten benötigt. Daneben werden etwa 20 vasaktomierte und 20 fertile Böcke eingesetzt, die aber etwa 1 Jahr verwendet werden können.

Möglichkeiten zur Reduktion von benötigten Versuchstieren liegen vor allem in einer geeigneten Auswahl der Donoren (Superovulationserfolg), in der Prüfung der Böcke auf deren Fertilisierungskapazität (Anzahl der brauchbaren Zygoten für die Mikroinjektion), optimale Vorbereitung und Konstruktion der zu injizierenden DNA-Konstrukte, technisch perfekte Durchführung der Mikroinjektion und des anschließenden Transfers der Zygoten. Als selbstverständlich vorausgesetzt wird die optimale Haltungstechnik aller Tiere und eine überdurchschnittliche Pflege der Tiere durch erfahrene Betreuer.

Tabelle 1. Geschätzter Aufwand zur Erstellung eines transgenen Foundertieres mit der Mikroinjektions- bzw. ES-Zelltechnik (Maus)

	Mikroinjektion	ES-Zellsystem
Injizierte Eizellen/Blastozysten	50-100	4-8
Transferierbare Eizellen/ Blastozysten	40-80	4-8
Anzahl benötigter Donoren	2-5	-
Anzahl benötigter Rezipienten	2-4	1-2
Geborene Nachkommen	5-15	2-6
Keimbahnstabilität (%)	70-100	10-90
Expressionsstabilität (%)	10-100	>90
Zeitaufwand zur Linienentwicklung	6-8 Monate	3-4 Monate

6. Zucht mit transgenen Tieren

Da der Integrationsort eines Transgens im Genom zufällig ist, ist das Genom unter den Nachkommen, die dasselbe Transgen enthalten, verschieden. Jedes Tier stellt somit einen „Integrationslokus" dar und muß daher als Gründungstier (Founder) für eine entsprechende Familie angesehen werden. Die „Founder-Paarung" zur Erstellung der ersten Töchtergeneration erfolgt immer mit einem nicht transgenen Tier. Der transgene Lokus ist im Founder und in den F1-Tieren zunächst hemizygot. Hemizygote Tiere werden miteinander gepaart. In der F2-Generation erhält man bereits homozygote Tiere, so daß ab der F3-Generation eine transgene Linie etabliert ist (Abb. 3).

Das Transgen wird in einem hohen Prozentsatz vom Founder an die F1 weitergegeben. Die Etablierung der Linie erfolgt erst, wenn in der F1 die Expression des Transgens nachgewiesen wurde. Etwa 70-100% aller transgenen Tiere exprimieren ihre exogene DNA. In der ersten Generation werden etwa 20-70 Nachkommen analysiert. Die nächsten Generationen beschränken sich auf die Homozygotisierung des Lokus, wobei zwischen 5 und 15 Tiere benötigt werden.

Der Zweck des Tierversuchs, die Entwicklung einer transgenen Linie, ist meist mit der 2. Generation beendet. Ab der 3. Generation beginnt die Weiterzucht der Tiere, auf die dann die entsprechenden Regelungen anzuwenden sind.

7. Tierschutzrelevante Aspekte der Nutzung transgener Tiere

Transgene Tiere werden hauptsächlich für humanmedizinische Zielsetzungen (Erhalt und Wiederherstellung der menschlichen Gesundheit) und zu einem sehr geringen Ausmaß für Zuchtvorhaben mit nahrungsbezogenen Zielsetzungen eingesetzt. Für die Leidensabschätzung ist das Ausmaß der reproduktionsmedizinischen Eingriffe bei der Erzeugung transgener Tiere (siehe Punkt 2.1) und die Auswirkungen der Geninsertion (Punkte 3.1 und 3.2) und Expression (Punkt 4) von ausschlaggebender Bedeutung. Während die reproduktionsmedizinischen Eingriffe in der Regel nicht schwerwiegend und zeitlich von kurzer Dauer sind, können die Auswirkungen des genetischen Eingriffes ein sehr weites Spektrum überdecken, das bis zu ernsthaften Einschränkungen der Gesundheit führen kann. Damit ergibt sich vor Experimentbeginn eine Begründungs- und Abwägungspflicht des Antragstellers, in denen nach MÜLLER (1995) Kriterien wie Ernährung, Gesundheit, Nachhaltigkeit (für ernährungsbezogene Zielsetzungen) sowie Konsensorientierung (für humanmedizinische Zielsetzungen) angewendet werden sollen. Zusätzlich sind für beide Zielsetzungsgruppen die Kriterien Tierschutz, ästhetische Gesichtspunkte und Vertrautheit zu berücksichtigen.

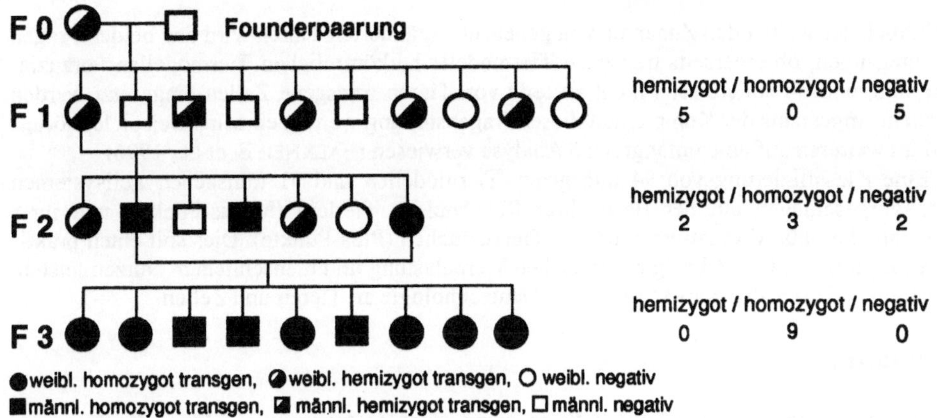

Abb. 3. Stammbaum einer transgenen Mäuselinie

Literatur

CAPECCHI M.R., Alterating the genome by homologous recombination, Science, 244, 1288-1292, 1989

GORDON J. W. and RUDDLE F.H., Integration and stable germline transmission of genes injected into mouse pronuclei, Science, 214, 404-409, 1981

GOSSEN M., FREUNDLIEB S., BENDER G., MÜLLER G., BUJARD H., Transcriptional activation by tetracyclines in mammalion cells, Science, 268, 1766-1769, 1995

JAENISCH R., Transgenic animals, Science, 240, 1468-1474, 1988

KILBY N. J., SNAITH M.R., MURRAY J.A., Site-specific recombinases: tools for genome egineering, Trends in Genetics, 9, 413-421, 1993

KÜHN R., SCHWENK F., AGUET M., RAJEWSKI K., Inducible gene targeting in mice, Science, 269, 1427-1429, 1995

MÜLLER A., Ethische Aspekte der Erzeugung und Haltung transgener Nutztiere, Stuttgart: Ferdinand Enke Verlag, 1995

WAGNER E.F. and KELLER G., The introduction of genes into mouse embryos and stem cells, in: RUSSO V.E.A., BRODY S., COVE D., OTTOLENGHI S., Development, the molecular approach, Heidelberg: Verlag Springer, 440-458, 1992

Der Stellenwert transgener Tiere und Zellen im Sinne der 3R

Ch.A. Reinhardt

Zusammenfassung

Anläßlich der weltweiten Zunahme von genetisch veränderten Tieren wird den beiden Fragen nachgegangen, ob einerseits transgene Tiermodelle herkömmlichen Tiermodellen vorzuziehen sind, und ob andererseits nicht anstelle von Tieren transgene Zellen eingesetzt werden können. Angesichts der Komplexität dieser Fragenstellung werden einzelne Beispiele erörtert und im weiteren auf eine unfangreiche Analyse verwiesen (FALKNER E. et al., 1996).

Eine Klassifizierung von 94 transgenen Tiermodellen und 91 transgenen Zellsystemen wird vorgeschlagen auf der Basis ihrer Relevanz zu Tierleid (Minus-Punkte) und ihrer Brauchbarkeit als Alternativmethode zu Tierversuchen (Plus-Punkte). Dies soll einen praktischen Beitrag zur Güterabwägung zwischen Tierbelastung und menschlichem Nutzen leisten, quasi eine „Kosten-Nutzen-Analyse" der Gentechnologie an Tieren und Zellen.

Summary

Transgenic animals and the three Rs in comparison to transgenic cells as Replacement alternatives

In view of the worldwide quantitative increase of transgenic animals two questions are addressed in this review. Should - for animal welfare reasons - transgenic animals be preferred to traditional animal models, and how can transgenic cell systems be used as replacement alternatives to animal testing in general?

A classification system is proposed which evaluates 94 transgenic animal models and 91 transgenic cell systems. The evaluation is based on animal suffering (minus) and current usefulnes as replacement alternative (plus). This is a straightforward contribution to the current discussion on costs and benefit of gene technology using animals and cells.

1. Einleitung

Gentechnologische Eingriffe an Tieren und Zellen sind heute ein zentraler Bestandteil des weltweiten biomedizinischen Forschungs- und Entwicklungsalltags. Trotz intensiver Diskussionen über Nutzen und Gefahren der Gentechnologie sind die beiden hier zu erörternden Fragen kaum ausdiskutiert:

1. *Sind transgene Tiere den herkömmlichen Tierversuchs-Modellen vorzuziehen, im Sinne eines Refinements?* Dazu gibt es die zwei polarisierenden Antworten; ein eindeutiges JA aus Forscherkreisen insbesondere den USA, und ein eindeutiges NEIN aus der Sicht des Tierschutzes.

2. *Sind transgene Zellen als Alternativen zu Tierversuchen einsetzbar?* Hier gibt es weniger Gegnerschaft. Die Kritiker meinen, diese Technologie müsse sich jedoch noch in der Praxis bewähren. Dafür bedarf es aber der notwendigen Förderung. Im Bereich der Alternativen zu Tierversuchen existieren in allen deutschsprachigen Ländern, sowie in der EU (DG XI Sicherheitsprüfungen, Bereich ECVAM; DG XII Forschung, Bereiche Biomedizin und Biotechnologie) zwar verschiedene, z.T. großzügige Förderprogramme. Die Gentechnologie wurde jedoch bisher erst in Ansätzen berücksichtigt (vergl. GRUNE-WOLFF B. und SPIELMANN H., 1996).

Im Hauptteil dieser Arbeit wird ein Klassifizierungsmodell vorgestellt, das transgene Tiermodelle und Zellmodelle in sogenannte 3R-Klassen - von minus-3R bis plus-3R - einstuft. Dies ist ein Versuch, sich aus der polarisierten Diskussion bezüglich transgener Tiere zu lösen und einen konstruktiven Beitrag zur Güterabwägung zwischen Tierbelastung und menschlichem Nutzen zu leisten, analog zu der im englischen Sprachraum geläufigen Kosten-Nutzen-Analyse („cost-benefit-analysis").

2. Transgene Tiere als Alternativen im Sinne eines *Refinement*?

Ob transgene Tiere weniger belastet werden als entsprechende bisherige Tiermodelle, kann nicht allgemein beantwortet werden. Deshalb hat das Österreichische Bundesministerium für Gesundheit, Sport und Konsumentenschutz ein Projekt iniziiert, das mit einer weltweiten Literaturstudie und Datensammlung kürzlich knapp 100 transgene Tiermodelle analysiert hat (FALKNER E. et al., 1996). Die Studie hat Kriterien zur Beurteilung von transgenen Tiermodellen als Grundlage für eine Forschungs- und Entwicklungsförderung für diesen hochaktuellen Bereich erarbeitet. Die transgenen Tiermodelle werden eingestuft bezüglich Belastungspotential beim Herstellen der transgenen Linie und beim beschriebenen Tierversuch, sowie bezüglich deren Anwendung als Refinementmethode, also als Verbesserung herkömmlicher Tiermodelle (Tabelle 1).

Die Krankheitsmodelle (Tabelle 2, Punkt 1) sind dabei speziell als potentiell belastend eingestuft (3R-Stufe -3). In dieser Darstellung ist die Gegenüberstellung zu transgenen Zellmodellen in allen sechs Bereichen speziell aufschlußreich. Im Bereich *Krankheitsmodelle* sind erst wenige Zellmodelle vorhanden, die ev. als Alternativmethoden in Frage kommen können, im Gegensatz zu den Bereichen 2 (Toxizitätstests) und 3 (Mutagenese/Karzinogenese), wo bisher nur sehr wenige transgene Tiermodelle erfolgreich sind.

Es ist zu betonen, daß die gezieltere Methode des Ausschaltens von Genen (Knockout), die bisher praktisch nur bei Mäusen anwendbar ist, aus der bisherigen Erfahrung als weniger risikoreich einzustufen ist, als die Geninjektionsmethode zur Herstellung von sogenannten klassischen transgenen Tieren. Der Bericht des Deutschen Bundesministreriums für Ernährung, Landwirtschaft und Forsten (BML, 1996) beurteilt unter Berücksichtigung von Tierschutzaspekten die Belastungen bei Erzeugung und Zucht von transgenen Tieren. Kritisch sind darin jedoch die groben Kriterien zur Belastungserkennung wie kleiner Körperwuchs, struppiges Fell, inaktives Verhalten und Verharren in zusammengekauerter Körperhaltung. Diese Kriterien genügen aus tierschützerischer Sicht sicher nicht, weil sie bereits Ausdruck schwerwiegender Belastungen sein können.

Außerdem sind die Folgen für weitere belastende Tierversuche (siehe Beispiel 1), sowie das Hinterfragen der Unerläßlichkeit (siehe Beipiel 2) nicht angesprochen. Das Problem der „Abfalltiere scheint eher verharmlost zu werden; aus tierschützerischer Sicht ist eine volle

Transparenz aller verwendeten und gezüchteten Tiere zu verlangen, auch wenn sie nach der Analyse ohne weitere Eingriffe getötet werden".

Beispiel 1 aus der Pharmakologie/Toxikologie:
Studien zum Lebermetabolismus bei Knockout-Mäusen (Cytochrom P450 1a2-Nullmutanten) (Literatur: LIANG et al., Cyp1a2 (-/-) null mutant mice develop normally but show deficient drug metabolism, Proc. Natl. Acad. Sci., USA, 93, 1671-1676, 1996).
Mittels gezieltem Ausschalten des Gens für das Enzym Cytochrom P450 1a2 durch sogenanntes gene targeting konnten Knockout-Mäuse aus embryonalen Stammzellen hergestellt werden, die nach Angaben der Autoren vollkommen normal und fertil waren. Zur Prüfung, ob die Genfunktion wirklich ausgeschaltet war, wurden jedoch schwerstbelastende Tierversuche durchgeführt. Das Muskelrelaxans Zoxazolamin, das duch Cytochrom P450 1a2 erst aktiv wird, konnte in einem sogenannten Paralyse-Test bei diesen Mäusen nicht wirken und hatte deshalb schwerste Krämpfe zur Folge.

Das Beispiel zeigt, wie an sich relativ harmlos erscheinende transgene „Tiermodelle" zu schwerstbelastenden neuen Tierversuchen führen.

Beispiel 2 aus der Forschung zur Fettleibigkeit:
Künstlich (durch Neuropeptid Y) ausgelöste Freßlust bei Mäusen kann gentechnologisch unterbunden werden (Literatur: Roche Nachrichten, 7, 10, 1996; Scientific American, August 1996, 70-76, 1996)
Nach mehrfacher Injektion von Neuropeptid Y ins Gehirn entwickeln normale Tiere erhöhte Freßlust und Störungen des Zucker- und Fettstoffwechsels. Mäuse, denen durch einen genetischen Eingriff die Möglichkeit genommen wird Neuropeptid Y zu produzieren, fressen und wachsen jedoch normal. Sie werden jedoch mittels verschiedener Proteine und Rezeptoren für belastende Tierversuche weiteruntersucht. Mindestens fünf Gene sind unterdessen bekannt, die mit der Fettleibigkeit bei Mäusen zusammenhängen (*tubby, fat, obese, diabetes, agouti yellow*). Keines dieser Gene ist bisher beim Menschen gefunden worden.

Trotz der unübersichtlichen, multikausalen Auslösemechanismen werden Hoffnungen auf Medikamente gegen Fettleibigkeit auf Grund von Tierversuchen und transgenen Mäusen geweckt. Grundsätzlich sind solche Tierversuche nicht vertretbar, da sie nur zur Behebung unserer Zivilisationskrankheiten dienen sollen.

Die vorgeschlagenen, sogenannten 3R-Klassen könnten nun zur zukünftigen Güterabwägung bei der Bewilligung ähnlicher Projekte verwendet werden.

3. Transgene Zellen als Alternativen im Sinne eines *Reduce* und *Replace*?

In derselben Studie wurden die Möglichkeiten und Chancen der zell- und molekularbiologischen Methoden der Gentechnologie anhand von rund 80 verschiedenen Alternativmethoden zusammengestellt (FALKNER E. et al., 1996). Es wurde analog zu den obigen 3R-Klassen eine Einstufung vorgenommen bezüglich Tierschutzrelevanz, d.h. auf deren Einsatz als Reduction oder Replacement von Tierversuchen hin untersucht (Tabellen 1 und 3). Aussichtsreiche gentechnisch konstruierte Zellmodelle (u.a. verschiedene menschliche Cytochrom P450-Zellinien, Streßgen/Krebspromotor-Screening-System) können so von anderen Ansätzen unterschieden werden.

4. Praktische Vorschläge für eine Güterabwägung zwischen Tierbelastung („costs") und menschlichem Nutzen („benefits")

In der Fußnote zur Tabelle 1 wird eine wichtige Einschränkung zur Verwendung der vorgeschlagenen 3R-Klassierungen gemacht. Der einzelne Tierversuch oder die einzelne Alternativmethode kann nicht unabhängig von ihrem Anwendungsbereich beurteilt werden. Deshalb müssen wir hier auch die Schaden- und Nutzenseite allgemeiner erörtern. Im englischen Sprachbereich wird hier in Anlehnung an unsere ökonomischen Werte von „cost-benefit-analysis" gesprochen (Home Office, 1994). Dies soll uns aber nicht dazu verleiten, zu meinen, daß die Kostenseite etwa monetär erledigt werden könnte.

4.1. Der Begriff „costs"

Eine konkreten Einstufung in die vorgeschlagenen 3R-Klassen kann bei der Klassierung der „costs" eine Entscheidunghilfe sein und dann zusammen mit den „benefits" (siehe unten) zu der vom Gesetzgeber verlangten Güterabwägung im Bewilligungsverfahren zur Herstellung von transgenen Tieren führen.

Im Umfeld der Genschutz-Initiative wird es für die schweizerische Öffentlichkeit besonders wichtig, ob unbestreitbar tierschonende transgene Tiermodelle und brauchbare Ersatzmethoden zu Tierversuchen existieren, gefördert und entwickelt werden.

Es heißt im Initiativtext wortwörtlich unter Abschnitt 4 als Vorschlag für einen neuen Gesetzesartikel 24^{decies} der Schweizerischen Bundesverfassung: „*Die Gesetzgebung verlangt vom Gesuchsteller namentlich den Nachweis von Nutzen und Sicherheit, des Fehlens von Alternativen sowie die Darlegung der ethischen Verantwortbarkeit.*"

Diese vorgeschlagene Nachweispflicht durch den Gesuchsteller, also eine Beweisumkehr, macht den Akteuren der modernen Gentechnologie in Hochschulen und Industrie am meisten Mühe. Das dabei benutzte Argument - eine Alternative gäbe es immer, nämlich den Verzicht - wird vorgebracht ungeachtet der Tatsache, daß ein Abwägprozeß stattfinden muß, also ein Verzicht nie leichtfertig stattfindet. Schon heute sind im normalen Bewilligungsverfahren Alternativen zu Tierversuchen zu berücksichtigen und falls vorhanden, zwingend zu verwenden.

Beim Vollzug des Bewilligungsverfahrens, d.h. bei der Begutachtung der Gesuche für Tierversuche, wird in der Schweiz unseres Wissens kaum nachdrücklich darauf Wert gelegt, ob wirklich alle Alternativmöglichkeiten ausgeschöpft wurden. Es obliegt den kantonalen Vollzugsbehörden oder der übergeordneten Bundesbehörde im Bundesamt für Veterinärwesen, eine Bewilligung nicht mehr zu erteilen, wenn z.B. bei Routineversuchen in der Toxikologie eine Alternativmethode anerkannt ist. Bei Tierversuchen in der Grundlagenforschung ist jedoch die Sachlage sehr viel schwieriger zu überschauen. Als Vorbild für einen Weg in Richtung Beweisumkehr könnte etwa Deutschland dienen; in einigen Bundesländern muß eine detaillierte Literatursuche zu Alternativmethoden im betreffenden Fachbereich vom Gesuchsteller ausgewiesen sein.

Als weiterer gangbarer Weg ist die Formulierung von Negativlisten von Tierversuchen, die unter keinen Umständen durchgeführt werden dürfen, wenn die „costs" (d.h. die Leiden der Versuchstiere) nicht mehr durch „benefits" (d.h. z.B. Wissensgewinn) aufgewogen werden können (Negativliste von Tierversuchen, 1997).

Ethische Argumente können erst greifen, wenn überzeugend dargelegt werden kann, daß echte Defizite und Konflikte vorhanden sind. Belastungsgrade bilden eine mögliche, wenn auch vereinfachende Form der Gewichtung der Kostenseite („costs") dieses Abwägungsverfahrens. Interessanterweise hat die amerikanische Gesundheitsbehörde schon vor zehn Jahren eine weitsichtige Richtlinie in ihren Empfehlungen beim Umgang mit Labortieren und Experimenten aufgenommen: „*Unless the contrary is established, investigators should consider that procedures that cause pain or distress in human beings may cause pain or distress in other animals.*“ (Public Health Service, 1986).

Damit wird die Beweislast umgekehrt, d.h. ein Gesuchsteller muß nachweisen, daß ein Eingriff bei einem Tier weniger belastend ist als ein entsprechender Eingriff beim Menschen, ansonsten wird angenommen daß Schmerz und Belastung ähnlich sind. Angewandt auf gentechnologische Eingriffe kann dies zu ganz neuen Gewichtungen führen. Keimbahneingriffe ins menschliche Erbgut sind etwa in der Schweiz verboten weil die Belastungen nicht abschätzbar sind. Nach den Empfehlungen des Amerikanischen Gesundheitsamtes müßten demnach Eingriffe ins tierische Erbgut zuerst als harmloser als beim Menschen begründet werden, bevor eine Bewilligung erteilt werden dürfte. Ähnlich restriktiv müßten dann auch schwer belastende Tierversuche gehandhabt werden.

4.2. Der Begriff der „benefits“

Wie kann man nun die besprochene Belastung der Tiere zusammen mit dem hier nicht ausdiskutierten Eingriff in die Integrität oder ins Erbgut („costs“) dem mindestens so schwierig fassbaren Nutzen und Wert für den Menschen gegenüberstellen? Neben dem zu erwartenden Tierleid (also den „costs“) müssen die wissenschaftlichen Erwartungen und der mögliche Nutzen für den Menschen (also den „benefits“) abgeschätzt werden. Erst dann kann eine echte Güterabwägung stattfinden (vergl. Home Office, 1994; TRACHSEL B., 1966).

Ein pragmatischer Vorschlag zur Einstufung kommt auch hier aus den USA, der vielleicht Anstoß gibt für eine praktikable Güterabwägung (PRENTICE E.D. et al., 1992). In den sogenannten IACUCs (Institutional Animal Care and Use Committees) werden intern Entscheidungen getroffen, ob ein Projekt von hohem wissenschaftlichen Wert und Nutzen („scientific merit“) sei. Allerdings hat dies nur im Falle von öffentlich finanzierten Projekten (wie etwa dem NHI, National Health Institute) Konsequenzen, sodaß Projekte ohne hohen „scientific merit“ nicht gefördert werden. Ähnlich verfährt etwa der Schweizerische Nationalfonds zur Förderung der wissenschaftlichen Forschung mit internen Richtlinien und entsprechender Expertenbegutachtung von Projekten. In den USA wie in der Schweiz plädieren nun viele Wissenschaftler für die Selbstverantwortung und interne Kontrolle, gerade was den *zu erwartenden* wissenschaftlichen Wert etwa von gentechnologischen Experimenten am Tier betrifft.

5. Schlußfolgerungen

Ein gesellschaftlich vertretbarer Entscheid für oder wider einen Tierversuch oder die Herstellung eines transgenen Tieres ist nur möglich, wenn von außerhalb der Akteure selbst eine Einflußnahme möglich ist. Unabhängige Entscheidungsgremien müssen dabei aus allen Interessensvertretern paritätisch zusammengesetzt sein, mit einem wohldefinierten Vetorecht von kritischen Minderheiten. Eine **selbstsichere** Wissenschaft sollte dies zulassen können, auch auf die Gefahr hin, daß gewisse Experimente dann nicht mehr durchführbar sind. Damit könnte etwa dem vielversprechende Artikel 4.6 der ethischen Richtlinien der Schweizerischen Akademien der medizinischen Wissenschaften und der Naturwissenschaften durch eine breit abgestützte Güterabwägung nachgelebt werden: *„4.6 Versuche, die dem Tier schwere Leiden verursachen, müssen vermieden werden, indem [...] auf den erhofften Erkenntnis-gewinn verzichtet wird.*“ (SAMW & SANW 1996).

Bei weniger schweren Eingriffen kann dann eine ähnliche Güterabwägung zur Wahl von Alternativen im Sinne des *Replace* führen, die mindestens einen beschränkten Wissensgewinn zulassen.

Literatur

BML, Bundesministerium für Ernährung, Landwirtschaft und Forsten, Informationspapier zur *Erzeugung und Zucht transgener Mäuse und Ratten unter Tierschutzaspekten,* Bonn: BML, 1996

FALKNER E., SCHÖFFL H., TRITTHART H.A., REINHARDT C.A., APPL H., Tierversuche: Gentechnologie und Ersatz- und Ergänzungsmethoden, Wien: Österreichisches Bundesministerium für Gesundheit, Sport und Konsumentenschutz, 1996

GRUNE-WOLFF B. und SPIELMANN H., Transgene Tiere und gentechnisch veränderte Zellen als Alternativen zum Tierversuch, Bundesgesundheitsblatt, 1996

Home Office, Statistics of Scientific Procedures on Living Animals, Appendix II: Assessment of benefit and severity, London: Home Office, 1994

Negativliste von Tierversuchen, Liste nicht mehr zulässiger Tierversuche an den Zürcher Hochschulen. Arbeitsgruppe für Tierschutzfragen an den Zürcher Hochschulen, ETH und Universität Zürich, ALTEX, 14 (2), 61, 1997

PRENTICE E.D., CROUSE D.A., MANN M.D., Scientific Merit review: The role of the IACUC, Issues for Institutional Animal Care and Use Committees (IACUCs), ILAR News, 34, 15-19, 1992

Public Health Service, U.S. Government Principles for Utilization and Care of Vertebrate Animals in Testing, Research, and Training, Washington D.C.: Public Health Service Policy on Humane Care and Use of Laboratory Animals, 27-28, 1986

SAMW & SANW, Schweizerische Akademie der Medizinischen Wissenschaften, Basel und Schweizerische Akademie der Naturwissenschaften, Bern, Ethische Grundsätze und Richtlinien für wissenschaftliche Tierversuche, ALTEX 13 (1), 3-6, 1996

TRACHSEL B., Kritische Anmerkung zur Herstellung von genmanipulierten Tieren, Swiss Vet., 13, 13-16, 1966

Anhang

Tabelle 1. 3R-Stufen -3 bis +3 betreffend Relevanz für Belastungsgrade und *Refine*, *Reduce* und *Replace* von Tierversuchen

3R-Stufe -3	=	**sehr belastender Tierversuch** (mit schweren Schmerzen und möglichen Todesfolgen)
3R-Stufe -2	=	**belastender Tierversuch** (mit vorübergehenden schweren Schmerzen)
3R-Stufe -1	=	**potentiell belastender** Tierversuch, oder führt zu mehr Tierversuchen
3R-Stufe 0	=	für die 3R **irrelevant** (z.B. Ergänzungsmethode, allg. zellbiologische Forschung)
3R-Stufe 1	=	für die 3R **kaum relevant**, aber potentiell entwicklungsfähig (z.B. Grundlagenforschung, Testmethode im experimentellen Stadium)
3R-Stufe 2	=	für die 3R **relevant** (z.B. breite Anwendung abzusehen, noch nicht voll validierte Testmethode)
3R-Stufe 3	=	für die 3R **sehr relevant** (z.B. bereits in der Praxis eingesetztes Routineverfahren, bzw. validierte Testmethode)

Kommentar:
Eine zusätzliche Einstufung betreffend ethische Relevanz unter Einbezug des medizinischen Wertes der transgenen Modelle (am Tier und mittels anderer Verfahren) wäre wünschenswert. Insbesondere die belastenden Krankheitsmodelle mittels transgenen Tieren würden dann teilweise anders eingestuft.

Tabelle 2. **Beurteilung transgener Tiermodelle betreffend Relevanz für die 3R (Refine, Reduce, Replace)** Originalliteratur zitiert in FALKNER E., SCHÖFFL, H., TRITTHART H.A., REINHARDT C.A., APPL H., *Tierversuche: Gentechnologie, Ersatz- und Ergänzungsmethoden.* Endbericht z.H. Österreichisches Bundesministerium für Gesundheit und Konsumentenschutz, Wien, 1996

3R-Stufe	Literaturangabe	Anwendungsbereich (*Gen*), Spezies
1. Krankheitsmodelle		
3R-Stufe -3	ROGY et al. 1995	*Septic Shock* (*IL-19, p55*), Maus
	WEISSMANN et al. 1993	Rinderwahnsinn, *Knockout* (*Prionprotein PrP*), Maus
	SANDMOLLER et al. 1995	Adenokarzinom (*Uteroglobin*), Maus
	LORD et al. 1991	Malaria (*Merozoiten-Antigen*), Maus
	LAROCHELLE et al. 1994	Sichelzell-Anämie, Thalassämie, Gentherapie (*menschl. PIXY-321, Erythropoëtin*), SCID Maus
	GABRIEL et al. 1994	Zystische Fibrose (*cftr*), Maus
	HENTHORN et al. 1994	SCID-Immundefizienz, Gentherapie (*IL-2R*), Hund
	KIM et al. 1991	Hepatitis B-Virus-induzierter Leberkrebs (*X-Protein*), Maus
	PODOLOSKY 1991	Blasenentzündung (*menschl. HLA*), Ratte
	JHAPPAN et al. 1990	induzierter Lebertumor (*TGF-a*), Maus
	PEREVOZCHIKOV et al. 1993	Lähmungskrankheit Tangier (*menschl. Apo-A1*), Kaninchen
	JOHNSON et al. 1992	
	HSIAO et al. 1992	Scrapie-Krankheit (*Prion*), Maus, Hamster
	PROCKOP 1992	
	STACEY et al.1988	Knochenkrankheit (*Kollagen*), Maus
	MICHIELS et al. 1994	Thymuskrebsmodell (*Guanin-SF*), Maus
	MILANO et al. 1994	Herzhypertrophie (*Myosin*), Maus
	WOLFE et al. 1994	Mucopolysaccharidosis-Gentherapie (*b-Glucuron.*), Maus
	STENZELPOORE et al. 1994	Depressiver Streß (*CRF*), Maus
	VALERA et al. 1994	Diabetes, Gentherapie (*Maus-Human Insulin*), Maus
	MULLINS et al. 1990	Bluthochdruck (*Ren-2*), Maus
	GANTEN et al. 1992	Bluthochdruck (*menschl. Renin, Angiotensinogen*), Ratte
	HYDE et al. 1993	Zystische Fibrose, Gentherapie (*cftr*), Maus
	LANNFELT et al. 1993	Alzheimer (*APP*), Maus
	RATCLIFF et al. 1993	Zystische Fibrose (*cftr*), Maus
	MOSMANN 1994	u.a. Pocken (*Interleukin-10*), Maus
	COPP et al. 1995	Mißbildungen, *Knockout* (*Interleukin-2*), Maus
	REDLINE et al. 1992	Mißbildungen (*Homeobox-Gene, Interleukine*), Maus
	ROTHNAGEL et al. 1993	Hyperkeratosis, Haut (*Keratine*), Maus
	PIERCE et al. 1995	Brustkrebs-Suppression (*TGF-b*), Maus
	WOO et al. 1994	Hämophilie B (*Faktor-IX*), Hund
	WOO et al. 1994	Phenylketonurie, Gentherapie (*menschl. PMO*), Maus
	VARERIO et al. 1994	SCID-Gentherapie (*Adenosin Deaminase*), Rhesus, Klinik
	MEYERS et al. 1995	Drogenabhängigkeit (*GABA-Rezeptor*), Maus
	MEYERS et al. 1995	Drogenabhängigkeit (*LS, SS*), Maus
	ANONYMUS 1995	Organtransplantation (*MHC?*), Schwein, Pavian
	DORIS et al. 1992	Cystische Fibrose (*CTFR*), Maus
	HYDE et al. 1993	Cystische Fibrose, Gentherapie (*CTFR*), Maus
	CONCAR 1994	Organtransplantation (*menschl. Proteine DAF,MCP,C59*), Maus
3R-Stufe -2	SJOGREN et al. 1994	Durchfall (*RDEC-H19A*), Kaninchen
	ROESSLER et al. 1995	Entzündung, Gentherapie (*IL-1ra*), Kaninchen

	AEBISCHER & BAETGE 1994	Neurodeg./Schmerz, Transpl. (*NGF, AGF, BDNF*), Maus, Ratte
	CASTILLO et al. 1994	Neurodeg., Transplantation (*BDNF*), Ratte
	GRONER et al. 1994	Down's Syndrom (*menschl. SOD-Enzym*), Maus
	MULLER et al. 1992	Grippe-Resistenz (*Mx1*), Schwein
	SMITH et al. 1996	Augenkatarakt (*Linsenstrukturproteine*), Maus
3R-Stufe -1	POWELL et al. 1994	Lentiviren-Immunität (*VISNA Virus*), Schaf
2. Toxikologische Prüfverfahren I (ohne Mutagenese und Karzinogenese)		
3R-Stufe -3	OTULAKOWSKI et al. 1994	menschl. Haut auf Nacktmaus
3R-Stufe -2	---	
3R-Stufe-1/+1	PAUL & HALTER 1994	Zellen aus transgener Maus
3. Toxikologische Prüfverfahren II (Mutagenese und Karzinogenese)		
3R-Stufe -3	AL-KATIB et al. 1993	Tumorscreening in Nacktmaus (parallel in vitro)
	ADAMS & CORY 1991	Tumorentwicklung (*Onko-Gene*), Maus
	EUGSTER 1994	Karzinogenese, *Knockout* (*TNF-a, Lymphotoxin*), Maus
	SINN et al. 1987	Krebsinduktion (*c-myc, c-ras*, *OncoMouse)*, Maus
	SNOUWAERT et al. 1992	versch. Erbkrankheiten (*onc*, *OncoMouse)*, Maus
	DONEHOWER et al. 1992	Krebsinduktion, *Knockout* (*p53)*, Maus
3R-Stufe -2	SHEPHARD et al. 1995	Mutagenitätstest an Nagern
	ASHBY et al. 1995	*MutaMouse*, *Big Blue*, Maus
3R-Stufe-1	MIRSALIS et al. 1994	E. coli lac-Gen als Mutagenitätstest in Nagern
	GOLLAPUDI et al. 1993	Mutagenität-Paralleltests, Maus
	SOMMER et al. 1994	Spontan-Mutagenitätstest (Faktor IX), Maus
4. Produktion von biologischen Molekülen		
3R-Stufe -3	DUCHOSAL et al. 1992	
	BOSMA et al. 1993	SCID Immundefizenz für Mabs-Herstellung, Maus
3R-Stufe -2	REUBEL et al. 1993	Herpesvirus-Detektion, SPF-Laborkatze
3R-Stufe -1	KUMAR et al. 1995	Hämoglobinproduktions, Maus
	SIMONS et al. 1987	
	WILDE et al. 1992	Schafs-b-Lactoglobulin in Mäusemilch
	WRIGHT et al. 1991	menschl. Antitrypsin in Schafsmilch
	SWANSON et al. 1992	
	SHARMA et al. 1994	menschl. Hämoglobin in Schweineblut
	SHARAMA et al. 1994	menschl. Hämoglobin in Mäuseblut
	BREM et al. 1994	menschl. Wachstumsfaktor IGF-1, Kaninchenmilch
3R-Stufe 0	WALL et al. 1991	menschl. WAP-Eiweiß in Schweinemilch
	SANCHEZ et al. 1994	Mycoplasmen-Detection, Labornager
	TAYLOR & COPLEY 1993, 1994	Parvoviren-Detection, Ratte
5. Diagnostik		
3R-Stufe -3	---	
3R-Stufe -2	REN et al. 1990	
	WRIGHT et al. 1991	Polio-Neurovirulenztest, Maus
3R-Stufe -1	RUSSEL et al. 1993	DNA Fingerprinting, Labortiere
	KUNIEDA et al. 1993	DNA Fingerprinting, (*Minisatelliten DNA*), Ratte
	HINS & GRUBER 1991	DNA Fingerprinting, Maus
	ACTON et al. 1993	Genetisches Stamm-Monitoring, Maus
3R-Stufe 0	LEE et al. 1995	PCR für parasitologisches Screening, Labortiere
6. Grundlagenforschung		
3R-Stufe -3	NAKAMURA 1994	Dynorphin und Schmerzforschung, Ratte
	MELLON et al. 1995	Cholsterinmetabolismus und Bluthochdruck, Maus

		XIONG et al. 1993	Cholesterin (LDL)-Metabolismus, Maus
		DEWILLE et al. 1994	Geneinbau-Studie (*v-ras*), Tumorbildung, Maus
		GOZES et al. 1993	Verhaltens-Analytik (*Neurpeptid VIP*), Maus
		KENNEDY & KANDEL 1995	Lernfunktionen (*Proteinkinasen fyn, CREB*), Maus
		GLORIOSO et al. 1994	Gentransfer in Neurone (*Immediate Early Genes ICPs*), Maus
		RUDNICKI et al. 1993	Muskelfunktion, *Knockout* (*Myf-5*), Maus
		MEYERS et al. 1995	Genkartierung (*<1000 Loci RI, QTL*), Maus
		FÄSSLER et al. 1995	Immunantwort, *Knockout* (*Immunoglobulin, Cc*), Maus
		SHAMAY et al. 1992	Gentransfer-Technologie (*Whey Acidic Promotor*), Maus
		VAN REENEN & BLOKHUIS 1993	Gentransfer-Technologie, Lebensfähigkeit, Rind
		WILMUT & CLARK 1991	Gentransfer-Technologie, Mißbildungen, Rind
3R-Stufe	**-2**	LI et al. 1993	Adhäsionsmoleküle bei Artheriosklerose, Kaninchen
		VICKERS et al. 1994	Neurodegeneration (Neurofilamente), Maus
3R-Stufe	**-1**	OHYAGI et al. 1993	neurobiol. Regulation von APP mRNA, Maus
		SANTERRE et al. 1993	Muskelbildung mit Rindergen (*myf-5*), Maus
		LIN et al. 1994	verbesserter Gentransfer, Zebrafisch
		SHIMBO et al. 1993	Rattenwachstumsgen (*GAP-43*), Karpfen
3R-Stufe	**0**	HONG & DRISCOLL 1994	Neurodegeneration, *Caenorhabditis e.* (Wurm)
		KENNEDY & KANDEL 1995	Lernfunktionen (*Proteinkinase-A, Adenylatzyklase*), *Drosophila*

Tabelle 3. **Beurteilung gentechnologischer in vitro-Modelle betreffend Relevanz für die 3R (Refine, Reduce, Replace) von Tierversuchen**
Originalliteratur zitiert in FALKNER E., SCHÖFFL, H., TRITTHART H.A., REINHARDT C.A., APPL H., *Tierversuche: Gentechnologie, Ersatz- und Ergänzungsmethoden*. Endbericht z.H. Österreichisches Bundesministerium für Gesundheit und Konsumentenschutz, Wien, 1996

3R-Stufe		Literaturangabe	Anwendungsbereich
1. Krankheitsmodelle			
3R-Stufe	**0**	SANDMOLLER et al. 1995	Adenokarzinom-Studien in vitro
3R-Stufe	**1**	AGRBA et al. 1994	Lymphoblastom-Studien in vitro
		AEBISCHER & BAETGE 1994	Zellkapsel, Neurodeg./Schmerz
		CASTILLO et al. 1994	Kokultur, Neurodeg. Schäden
3R-Stufe	**2**	BitMed 1995	CYBERMOUSE-Computermaus
3R-Stufe	**3**	---	
2. Toxikologische Prüfverfahren I (ohne Mutagenese und Karzinogenese)			
3R-Stufe	**-1**	PAUL & HALTER 1994	Zellen aus transgener Maus
3R-Stufe	**0**	KONINGS et al. 1993	Mechanismus Neurotoxikologie
3R-Stufe	**1**	KNAUTHE et al. 1994	Hormonstudien in vitro
		SHIVIJ et al. 1994	Screening, Hautentzündung
		MACDONALD et al. 1994	Metabolismus-Screen in vitro
		BINDING et al. 1996	Neurotox-Screen in vitro
		MEREDITH & SCOTT 1994	Immunomodulation-Screen
		BOURNIAS-V. et al. 1992	Teratogen-Screen in vitro
		BOURNIAS-V. et al. 1990	Teratogen-Screen in vitro
		HITCHMAN 1995	Metabolismus in Fisch-Hepatozyten
3R-Stufe	**2**	MAYR et al. 1992	Hormon-Aktivitäts-Screen
		WOBUS 1992	Teratogen-Screen in vitro
		DOEHMER & JACOB 1994	Metabolismus-Screen in vitro
		HELFERICH 1994	Hormon-Aktivitäts-Screen
		PFEIFER et al. 1995	Metabolismus-Screen in vitro
3R-Stufe	**3**	---	
3. Toxikologische Prüfverfahren II (Mutagenese und Karzinogenese)			
3R-Stufe	**0**	DEMARINI et al. 1991	Optimierung Mutagenitätstest
3R-Stufe	**1**	WINTERSBERGER 1991	Karzinogen-Screen in vitro
		SKOUV et al. 1995	Karzinogen-Screen in vitro
		LIU et al. 1994	Karzinogen-Screen in vitro
		BECKER et al. 1992	Mutagenität
		AQUIRREZABALAGA et al. 94	Mutagenität
		NIBOER et al. 1992	Mutagenität
		JOHNSON et al. 1992	Mutagenität
		GOLLAPUDI et al. 1993	Mutagenität
		ODA et al. 1993	Mutagenität
		HARTMANN et al. 1995	Mutagenität
		IWITZKI et al. 1995	Mutagenität
		KASPER et al. 1995	Mutagenität
		MEREWITZ et al. 1995	Mutagenität
		SCHMEISER et al. 1995	Karzinogen-Screen in vitro
		SENGSTAG et al. 1995	Mutagenität
		STEINKAMP-Z. et al. 1995	Karzinogen-Screen in vitro
		CROFTON-SLEIGH et al. 1993	Mutagenität
		AL-KATIB et al. 1993	ersetzt Tumorscreening in Nacktmaus
3R-Stufe	**2**	STARY et al. 1992	Mutagenität
		FRITSCHE et al. 1995	Mutagenität
		FERTIG et al. 1995	Mutagenität
		KLEIN et al. 1994	Mutagenität
		HUBER et al. 1995	Mutagenität

		SALASSIDIS et al. 1992	Mutagenität
		GMINSKI et al. 1995	Karzinogen-Screen in vitro
		CHEN-PENGCHIN et al. 1994	Karzinogen-Screen in vitro
		HOZIER et al. 1992	Mutagenität
		SHEPERD et al. 1993	Karzinogen-Screen in vitro
		CHIANG et al. 1992	Karzinogen-Screen in vitro
		GARMYN et al. 1992	Mutagen/Karzinogen-Screen
		MORGAN et al. 1992	Karzinogen-Screen in vitro
		PFRAGNER et al. 1996	Karzinogen-Screen in vitro
		GLATT et al. 1994	Mutagenität
		FUHRMANN et al. 1992	Karzinogen-Screen in vitro
		EASTMOND et al. 1995	Mutagenität
		RANDERATH et al. 1994	Karzinogen-Screen in vitro
		QUILLARDET & HOFNUNG 1993	Mutagenität (gute Databasis)
		HOLZAPFEL et al. 1995	Mutagenitätscreen Mensch
3R-Stufe	**3**	---	
4. Produktion von biologischen Molekülen			
3R-Stufe	**0**	NG & MITRA 1994	Protein-Reinigung aus Zellkulturen
		WALL et al 1991	menschl. WAP-Eiweiß in Schweinemilch
		SANCHEZ et al. 1994	Mycoplasmen-Detection in Labornagern
		TAYLOR & COPLEY 1993, 1994	Parvoviren-Detection in Laborratten
3R-Stufe	**1**	NOTEBORN 1992	Baculovirus-Impfstoff-Produktion in Zellkultur
3R-Stufe	**2**	STADLER et al. 1995	Monoklonale AK
		WINTER & MILSTEIN 1991	Rekombinante AK
		PLÜCKTHUN 1992	Rekombinante AK
		WINTER & HARRIS 1993	Rekombinante AK
		PARREN 1993	Rekombinante AK
3R-Stufe	**3**	---	
5. Diagnostik			
3R-Stufe	**0**	VAN KUPPEVELD et al. 1994	Zellkultur-Qualität
		SANO et al. 1995	klin. Immuno-PCR
		DAKAU 1993	Nachweis von Coxiella-Erregern in der Milch
		LEE et al. 1995	PCR für parasitologisches Screening
3R-Stufe	**1**	SHIN et al. 1994	Parasitologie
		SANO et al. 1995	klin. Immuno-PCR
3R-Stufe	**2**	STADLER et al. 1995	Monoklonale AK
		WINTER & MILSTEIN 1991	Rekombinante AK
		PLÜCKTHUN 1992	Rekombinante AK
		WINTER & HARRIS 1993	Rekombinante AK
		PARREN 1993	Rekombinante AK
		CHUMAKOV et al. 1991	Poliovaccine-Batchtest m. PCR
3R-Stufe	**3**	---	
6. Grundlagenforschung			
3R-Stufe	**0**	OHYAGI et al. 1993	neurobiol. Regulation von APP mRNA
		MUELLER et al. 1993	Zytokine in transgenen CHO-Zellen
		JUNG et al. 1994	SV40-T-Immortalisierung von Hirnzellen
		EDWARDS & TOLKOVSKY 1994	Apoptose in kultivierten Rattenhirnzellen
		CROXTALL & FLOWER 1994	Krebsforschung an menschlichen Adenocarcinomzellen
		GRONER et al. 1994	Superoxid-Dismuthase in PC12 Zellen
3R-Stufe	**1**	MELLON et al. 1995	Cholsterinmetabolismus in Zellinien aus transgenen Bluthochdruck-Mäusen
		BROUSSARD et al. 1994	Neurotransmitterfunktion (*NMDA*), Meerschweinchen-Darm in vitro
3R-Stufe	**2**	---	
3R-Stufe	**3**	---	

Humane Cytochrom P450 exprimierende V79-Zellen als angewandtes Modell im Arzneimittelmetabolismus

H. Gieschen und M. Hildebrand

Zusammenfassung

Alle körpereigenen sowie körperfremden Stoffe werden im Organismus in wasserlösliche, ausscheidungsfähige Strukturen umgewandelt (Biotransformation). Eine wesentliche Rolle für diese Reaktionen spielen Cytochrom P450-Enzyme (CYP) der Leber. Es existieren starke Speziesdifferenzen bei diesen Prozessen. Eine frühzeitige Aussage über Reaktionen, die im Menschen ablaufen, kann bei der Auswahl von Tierspezies für toxikologische oder pharmakokinetische Studien helfen. Zusätzlich sind einzelne Menschen von einer genetischen Defizienz bestimmter CYP betroffen. Ergebnisse zu dieser Fragestellung können im Tierversuch kaum erhoben werden. Der Vorteil von CYP-Expressionssystemen liegt in der permanenten Verfügbarkeit einzelner humaner Enzyme. In diesem Beitrag wird vorgestellt, in welcher Form CYP exprimierende V79-Zellen sich für Biotransformations- und Inhibitionsstudien eignen und inwieweit ihre Verwendung zu einer Ergänzung zu Tierstudien führen kann.

Aufgrund der Komplexität des Organismus können diese Systeme nie alle Stoffwechselreaktionen zeigen. Dieses neuartige Modell ist mit der in vivo-Situation nicht direkt vergleichbar und kann daher keine Tierversuche ersetzen. Aber eine sinnvolle Kombination mit anderen in vitro-Systemen und in vivo-Studien kann in einer frühen Phase der Arzneimittelentwicklung hinsichtlich Strukturaufklärung, Voraussage von zu erwartenden Hauptmetaboliten und Interaktionen relevante Erkenntnisse liefern, die zur Reduktion von Tierversuchen beitragen.

Summary

Genetically engineered V79-cells expressing human liver Cytochrome P450-enzymes as a metabolic screening tool

All endogenous and exogenous compounds are converted into water soluble, excretable structures (biotransformation). The main responsible enzymes for these reactions are cytochrome P450-enzymes (CYP) which are located in the liver. These processes show many species differences. An early knowledge about reactions in humans can help to select the right animal species for toxicology- or biotransformation-studies. Additionally, some human individuals exhibit a genetic deficiency for specific CYPs. Results according to this aspect can rarely be obtained in animal models. The advantage of CYP expression systems is the permanent availability of human enzymes. This article shows, how CYP expressing V79-

cells can contribute to biotransformation and inhibition studies and how these investigations can complete animal studies.

Due to the complexicity of the whole organism, expression systems will never be able to show the complete picture of metabolism. This novel model is not directly comparable to the in vivo-situation. Therefore it is not able to replace animal studies. However, an sophisticated combination with other in vitro-systems and in vivo-studies in the early stage of drug development can contribute to a reduction of animal experiments with regard to structure identification and prediction of the expected main metabolites and interaction studies.

1. Einleitung

1.1. Die Bedeutung von Biotransformationsprozessen für den Organismus

Die Biotransformation ist der Weg des biologischen Systems, körpereigene sowie körperfremde Stoffe durch Erhöhung der Wasserlöslichkeit leichter ausscheidbar zu machen.

Dem Organismus stehen zwei prinzipielle Stoffwechselmechanismen zur Verfügung. Die Funktionalisierungsreaktionen bewirken eine chemische Strukturveränderung am Stoff direkt. Sie sind meist die Voraussetzung für anschließende Konjugationsprozesse, bei denen die Primärmetabolite mit sehr gut wasserlöslichen Molekülen - wie Glucuroniden und Sulfaten - verbunden werden. Nach diesen Veränderungen kann ein Stoff über Niere oder Galle gut ausgeschieden werden. Funktionalisierungsreaktionen können nicht nur zur Entgiftung, sondern teilweise auch zur sog. Giftung von Substanzen führen, z.B. zur Aktivierung von Cancerogenen (FICHTL B. et al., 1992).

Im Rahmen der Arzneimittelentwicklung sind Biotransformationsprozesse von großem Interesse, da Spaltprodukte pharmakologisch aktiv sein, als Metabolit kumulieren oder sogar toxische Wirkungen entfalten können. Im Fall der starken pharmakologischen Aktivität eines Metaboliten kommt der Strukturaufklärung eine besondere Bedeutung zu, da es sich eventuell um die tatsächlich wirksame Struktur oder um ein neues Wirkprinzip handeln kann. Im Hinblick auf die Humanmedizin ist die Identifikation von Hauptmetaboliten vorgeschrieben.

Die hauptverantwortlichen Enzymsysteme für die Funktionalisierungsreaktionen sind die Cytochrom P450-Monooxygenasen (CYP) der Leber. Die Superfamilie der CYP teilt sich in mehrere Familien und Subfamilien, die teilweise starke Speziesdifferenzen aufweisen. Beim Menschen sind bisher 20 Subfamilien entdeckt worden, von denen die 1A, 2C, 2D, 3A und 4A die hauptverantwortlichen CYP für den Fremdstoffmetabolismus beinhalten (NELSON D.R. et al., 1996).

Bei der Arzneimittelentwicklung für den Menschen ist ein besonderes Augenmerk auf die bei einigen Individuen vorhandene genetische Defizienz spezifischer CYP zu legen. In der weißen Bevölkerung (Kaukasier) sind 5-12% der Individuen vom genetischen Polymorphismus des CYP2D6 betroffen, während dieser nur zu 0-2% bei Asiaten auftritt. Eine genetische Defizienz des CYP2C19 findet man bei ca. 15-20% der asiatischen Individuen, während davon nur ca. 2-6% der Kaukasier betroffen sind (DALY A.K. and IDLE J.R., 1993; MEYER U.A., 1994). Bei betroffenen Menschen können im empfohlenen Dosierungsbereich eines CYP2D6- oder CYP2C19-abhängig metabolisierten Wirkstoffs deutliche Nebenwirkungen auftreten.

Durch den Fortschritt der Gentechnologie in den letzten Jahren ist die heterologe Expression einzelner CYP in permanent kultivierbaren Systemen gelungen.

1.2. Expressionsysteme

Ein Expressionssystem stellt die interessanten CYP permanent zur Verfügung. Dieser Aspekt ist hinsichtlich von aufwendig zu haltenden Großtieren und bezüglich des Menschen wichtig, da die Verwendung von frischem Lebermaterial aufwendig und ethisch problematisch ist. Verschiedene Systeme für die heterologe Expression von CYP sind bis heute entwickelt worden. Hierbei wurden Viren, Bakterien, Hefen und verschiedenen Säugetierzellinien als Empfängerorganismen, die das Enzym exprimieren, genutzt (GONZALEZ F.J. And KORZEKWA K.R., 1995). CYP exprimierende Säugerzellen bieten neben Biotransformationsstudien die Möglichkeit von Mutagenitätsstudien in der Toxikologie durch Kombination von aktivierendem System und toxikologischem Endpunkt (DOEHMER J., 1993).

Bei ausreichender Umsetzung in einem Expressionssystem wird es möglich, ein Biotransformationsprodukt zu isolieren, zu identifizieren und möglicherweise eine Voraussage auf in vivo-Prozesse und zu erwartende Metaboliten zu treffen. Der frühzeitige Einsatz solcher Systeme wie die von uns verwendeten V79-Zellinien kann einerseits bei der Planung von Probandenstudien im Hinblick auf Interaktionen mit anderen Wirkstoffen helfen, andererseits auch bei der Auswahl geeigneter Tierspezies für toxikologische und pharmakokinetische Studien, denn die hier eingesetzten Tierspezies sollten ein dem Menschen ähnliches Metabolitenspektrum bilden.

1.3. V79-Zellen als Expressionssystem

V79-Zellen sind sich permanent vermehrende Lungenfibroblasten des chinesischen Hamsters, die in der Toxikologie seit Jahrzehnten in Mutagenitätsstudien als Indikator verwendet werden. Sie werden aufgrund ihrer schnellen Populationsverdopplungszeit, des stabilen Karyotypus und des Fehlens spontaner endogener P450-Aktivitäten für die heterologe CYP450-Expression als prädestiniert angesehen (DOEHMER J., 1994).

Bisher ist die Expression und erfolgreiche Anwendung in Metabolismusstudien von folgenden in Tabelle 1 angeführten CYP gelungen.

Tabelle 1

Cytochrom P450	Spezies	Referenz
1A1	Ratte, Mensch	DOEHMER J., 1994
1A2	Ratte, Mensch	DOEHMER J., 1994
2B1	Ratte	DOEHMER J., 1994
2A6	Mensch	DOEHMER J., 1994
2C9	Mensch	unveröffentlicht
2C19	Mensch	unveröffentlicht
2D6	Mensch	RAUSCHENBACH R. et al., 1996
2E1	Mensch	DOEHMER J., 1994
3A4	Mensch	RAUSCHENBACH R. et al., 1995

Im Rahmen dieses Beitrags werden Substrateigenschaften des Ergotalkaloidderivates Lisurid gegenüber spezifischen humanen CYP gezeigt. Zusätzlich wird die Aufklärung von Inhibitionsmechanismen einzelner Steroide an drei Enzymen der Ratte gezeigt. Durch Inhibition des Arzneimittelabbaus kann die Wirkdauer und der therapeutische Effekt eines Arzneimittels verstärkt sowie die Verweilzeit im Organismus verlängert werden. Dieser Effekt erlangt bei Langzeitanwendung eines Wirkstoffs Bedeutung, wenn dieser seinen eigenen Metabolismus hemmt oder bei gleichzeitiger Applikation eines zweiten Arzneistoffs, der dann nur verlangsamt abgebaut werden kann.

Es wird vorgestellt, in welcher Form heterologe Expressionssysteme wie die V79-Zellen sich für solche Studien eignen und inwieweit ihre Verwendung zu einer Ergänzung zu Tierstudien im Bereich der Arzneimittelbiotransformation führen kann.

2. Methoden

2.1. Biotransformationsstudien

Beispielhaft wird eine Studie mit dem Ergotalkaloidderivat Lisurid vorgestellt. ^{14}C-Lisurid wurde mit den humanen CYP2A6-, 2E1-, 3A4-, 2D6-exprimierenden Zellinien und den Parentalzellen inkubiert. N-Mono-Desethyl-Lisurid als Hauptmetabolit war aus *in vivo*-Unter-suchungen bekannt und auch in anderen *in vitro*-Modellen sowie in CYP1A1-exprimierenden V79-Zellen von Ratte und Mensch charakterisiert worden (HÜMPEL M. et al., 1989; GIESCHEN H. et al., 1993).

Die Biotransformationsstudien wurden mit ganzen Zellen in Kultur durchgeführt. Da die Zellen als Monolayer wachsen, wurde eine definierte Zellzahl eingesät und über Nacht bis zur Anheftung inkubiert. Danach wurde das Kulturmedium mit radioaktiv markierter Substanz versetzt und weitere 48 Stunden inkubiert. Am Versuchsende wurde das Medium gesammelt, extrahiert und analysiert. Die Auswertung der HPLC-Chromatogramme aus den Inkubationsmedien erfolgte rein qualitativ. Die Chromatogramme der transformierten Zelllinien wurden im Vergleich zu den V79-Parentalzellen beurteilt. Im Unterschied zu den Parentalzellen auftretende Metaboliten in den transformierten Zellinien wurden den exprimierten CYPs zugeordnet. Die Identifizierung von N-Mono-Desethyl-Lisurid erfolgte durch Cochromatografie der synthetischen Referenzsubstanz.

2.2. Inhibitionsstudien

Für die Inhibitionsstudien wurden die transfizierten Zellen zu cytosolfreien Proteinpellets aufgearbeitet. Es erfolgte eine gleichzeitige Inkubation von Modellsubstraten (verschiedene Resorufinether) und verschiedenen Konzentrationen (0-100µM) der Wirksubstanz, wobei die Produktzunahme über einen definierten Zeitraum gemessen wurde. Aus dem Median von n=3 Versuchen pro Enzym und Inhibitorkonzentration erfolgte mit Hilfe einer Probitanalyse die Berechnung der 50%igen Inhibitionskonzentration (IC_{50}). Für die Bestimmung des Inhibitionstyp wurden die $IC_{50/2}$, die IC_{50} und die doppelte IC_{50} eingesetzt. Die Zeitabhängigkeit und Reversibilität der Reaktion wurde nach MORRISON und WALSH (1987) bestimmt.

Als Inhibitoren wurden die zwei synthetischen Sexualsteroide Gestoden (GES) und Ethinylestradiol (EE2) sowie Testosteron (TES) als endogenes Steroid ausgewählt. Von den synthetischen Steroiden waren inhibitorische Eigenschaften an spezifischen CYP bekannt (GUENGERICH F.P., 1990).

3. Ergebnisse

3.1. Biotransformationsstudien

Nach der Inkubation von Lisurid mit CYP2E1- und 2A6-exprimierenden V79-Zellen zeigte sich kein Unterschied zu den V79-Parentalzellen. CYP2D6- und 3A4-exprimierende V79-Zellen waren in der Lage, den bekannten Hauptmetaboliten N-Mono-Desethyl-Lisurid zu bilden (Abb. 1). Die CYP2D6-exprimierende Zellinie zeigte die höhere Desalkylierungsaktivität.

3.2. Inhibitionsstudien

Bei den Inhibitionseigenschaften des TES und der synthetischen Sexualsteroide EE2 und GES gegenüber den eingesetzten CYP1A1, 1A2 und 2B1 der Ratte zeigten sich deutliche Unterschiede. Bei EE2 und GES war bei jedem CYP mit steigender Konzentration eine Zunahme der Hemmung zu beobachten. Nur das nicht in C17-Position substituierte TES inhibierte im Vergleich zu den synthetischen Steroiden keines der drei CYP deutlich. Im Vergleich wurde das 1A2 von allen Steroiden am wenigsten beeinflußt (Abb. 2).

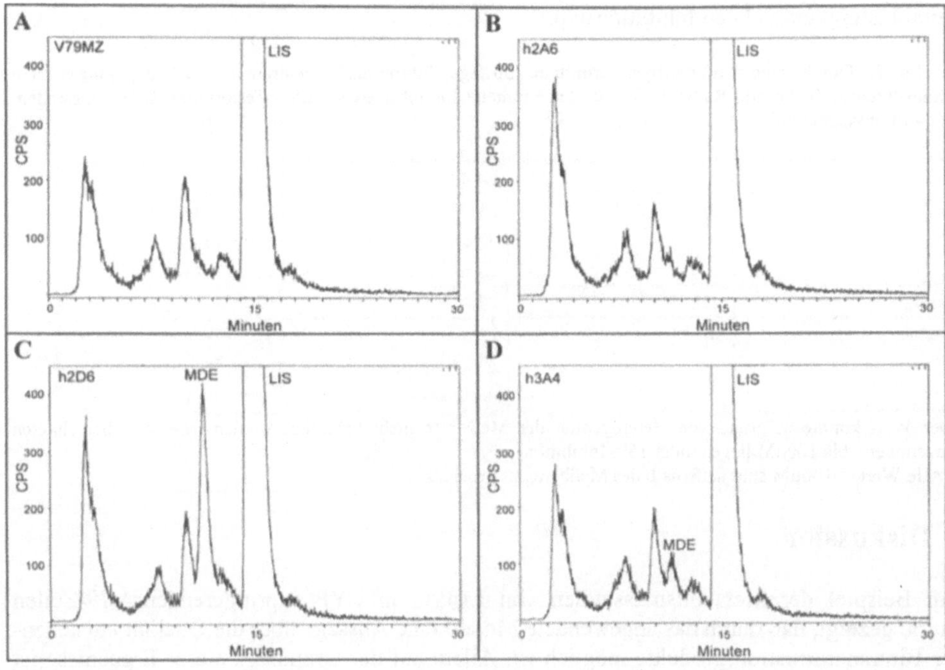

Abb. 1. Radiochromatogramme nach Inkubation von ^{14}C-Lisurid mit V79-Parentalzellen (A) sowie CYP2A6 (B), 2D6 (C) und 3A4 (D) exprimierenden Zellinien. Das Elutionsprofil der 2E1 Zellinie entsprach dem der 2A6 Zellen. (LIS, Lisurid; MDE, N-Mono-Desethyl-Lisurid)

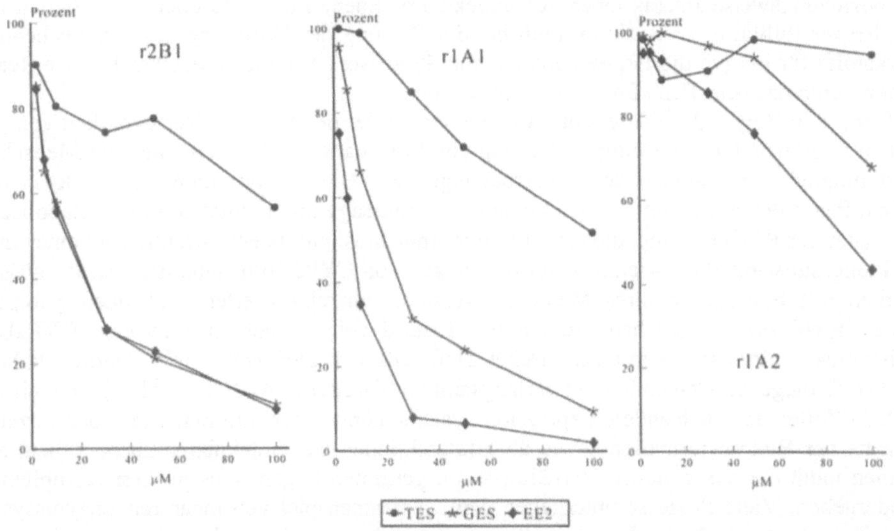

Abb. 2. Inhibitorkonzentrationsabhängige Restaktivität der Resorufinether-Desalkylierung in Prozent der Lösemittelkontrolle durch die drei Ratten-CYP. Median aus n=3 Versuchen pro Enzym und Substanz (TES - Testosteron; GES - Gestoden; EE2 - Ethinylestradiol)

Die Ermittlung der IC_{50} aus dem Median der Prozentwerte der Inhibition verdeutlicht die Ergebnisse aus den konzentrationsabhängigen Bestimmungen. Tabelle 2 zeigt die abgeschätzten IC_{50}-Werte für die drei Sexualsteroide und die drei getesteten CYP450 sowie die Zeitabhängigkeit und den Inhibitionstyp.

Tabelle 2. Durch eine Probitanalyse ermittelte 50%ige Inhibitionskonzentration [µM] der eingesetzten Sexualsteroide für die drei Ratten-CYP und der ermittelte Inhibitionstyp (TES - Testosteron; GES - Gestoden; EE2 - Ethinylestradiol)

CYP	TES	GES	EE2
r1A1	100	19 reversibel kompetetiv	7 zeitabhängig irreversibel
r1A2	>100*	148**	99
r2B1	365**	12 zeitabhängig reversibel	12 zeitabhängig reversibel

*Der Wert konnte aufgrund von Heterogenität der Meßwerte nicht kalkuliert werden, aber alle berechneten Prozentwerte bis 100µM liegen unter 15% Inhibition.
**Alle Werte >100µM sind außerhalb des Meßbereichs geschätzt

4. Diskussion

Am Beispiel der Metabolismusstudien von Lisurid in CYP exprimierenden V79-Zellen wurde gezeigt, daß durch das angewendete Modell eine Aussage über die Qualität entstehender Biotransformationsprodukte möglich ist. Allein auf der Grundlage dieser Ergebnisse ist allerdings nur eingeschränkt eine Aussage über die tatsächliche Bedeutung einer einzelnen CYP-Reaktion im Gesamtorganismus möglich.

Die Inhibitionsstudien mit den Sexualsteroiden zeigen, daß die Bestimmung der Affinität von Wirkstoffen zum einzelnen Enzym sowie die Messung von inhibitorischen Eigenschaften beziehungsweise Interaktionen auf molekularer Ebene mit V79-Zellen gut möglich ist. Bei Irreversibilität einer Reaktion muß bei der Planung der Dosierung des entsprechenden Wirkstoffs für in vivo die Expressionsrate, die Syntheserate sowie andere katalysierte Reaktionen durch das betroffene Enzym bedacht werden.

Der große Vorteil der Expressionssysteme liegt in der permanenten Verfügbarkeit von humanen Enzymen. Die frühzeitige Erfassung von Informationen über Vorgänge im Menschen wird möglich. Im Rahmen der Untersuchungen zur Biotransformation ist gerade in der frühen Phase der Arzneimittelentwicklung die Voraussage im Hinblick auf die metabolische Kapazität der P450-Enzyme, die einem Polymorphismus unterliegen, wichtig. Bei einer Entwicklungssubstanz, die - wie am Lisurid gezeigt - von CYP2D6 metabolisiert wird, müssen Studien mit hinsichtlich ihres Metabolisiererstatus charakterisierten Probanden erfolgen. Erste Ergebnisse aus solchen Studien mit Lisurid zeigen auch in vivo eine CYP2D6-Abhängigkeit. Probanden mit genetischer Defizienz des 2D6 entwickeln deutlich höhere Wirkstoffspiegel und bauen Lisurid verlangsamt ab (RAUSCHENBACH R. et al., eingereicht).

V79-Zellen und auch andere Expressionssysteme können nur Informationen über einzelne Schritte der Biotransformation sowie über Interaktionen auf molekularer Ebene geben. Sie können nicht die tatsächlichen Verhältnisse im gesamten Organismus in ihrer Komplexität wiedergeben. Viele Prozesse unterliegen dem Zusammenspiel von mehreren Enzymssystemen in und außerhalb der Leber. Außerdem herrschen *in vivo* andere Konzentrationsverhältnisse von Substrat zu Enzym als *in vitro*, wodurch unterschiedliche Reaktionsabläufe entstehen können. Es kann *in vivo* sogar eine Umkehrung des *in vitro* gefundenen Effekts auftreten. Im Fall der Phenothiazinderivate Promazin und Chlorpromazin wird hinsichtlich des

CYP2B1 der Ratte *in vitro* eine konzentrationsabhängige Inhibitionskompetenz gezeigt, während *in vivo* bei der Ratte ein induktorischer Effekt nachgewiesen ist (MURRAY M., 1992). Diese Aspekte müssen bei jeder Interpretation von Versuchsergebnissen berücksichtigt werden.

Zusammenfassend ist festzustellen, daß CYP-exprimierende V79-Zellsysteme als in vitro-Ansatz im Bereich der Arzneimittelbiotransformation ein neuartiges Modell darstellen. Dieses Modell ist mit der in vivo-Situation nicht direkt vergleichbar und daher kein Ersatz für Tierversuche. Die gelieferten Erkenntnisse über humane Stoffwechselvorgänge können im Tier nicht gewonnen werden. Aber eine sinnvolle Kombination mit anderen *in vitro*-Systemen und *in vivo*-Studien kann in einer frühen Phase der Arzneimittelentwicklung hinsichtlich Strukturaufklärung, Voraussage von zu erwartenden Hauptmetaboliten und Interaktionen relevante Erkenntnisse liefern, die zur Reduktion von Tierversuchen beitragen.

Literatur

DALY A.K. and IDLE J.R., Genetics: Animal and Human Cytochrome P450-Polymorphisms, in: SCHENKMAN J.B. and GREIM H. (eds.), Cytochrome P450, Handbook of Experimental Pharmacology, Springer, Berlin, Heidelberg: Springer, 105, 433-446, 1993

DOEHMER J., V79 chinese hamster cells genetically engineered for cytochrome P450 and their use in mutagenicity and metabolism studies, Toxicology, 82, 105-118, 1993

DOEHMER J., Strategies for the use of single cytochrome P450-enzymes in drug research and future prospects, in: HILDEBRAND M. and WATERMAN M. (eds.), Assessment of the Use of single Cytochrome P450-Enzymes in Drug Research, Berlin: Springer, 213-223, 1994

FICHTL B., FÜLGRAFF G., NEUMANN H.-G., WOLLENBERG P., FORTH W., HENSCHLER D., RUMMEL W., Allgemeine Pharmakologie und Toxikologie, in: FORTH W., HENSCHLER D., RUMMEL W., STARKE K. (Hrsg.), Allgemeine und spezielle Pharmakologie und Toxikologie, Mannheim, Wien: BI Wissenschaftsverlag, 1-95, 1992

GIESCHEN H., HILDEBRAND M., SALOMON B., Metabolism of two dopaminergic ergot derivatives in genetically engineered V79-cells expressing CYP450-enzymes, in: Lechner M.C. (ed.), Cytochrome P450 Biochemistry, Biophysics and Molecular Biology, Paris: John Libbey Eurotext, 467, 1994

GONZALEZ F.J. and KORZEKWA K.R., Cytochrome P450-expression systems, Annu. Rev. Pharmacol. Toxicol., 35, 369-390, 1995

GUENGERICH F.P., Mechanism-based inactivation of human liver microsomal cytochrome P 450 3A4 by gestodene, Chem. Res. Toxicol., 3 (4), 363-371, 1990

HÜMPEL M., SOSTAREK D., GIESCHEN H., LABITZKY C., Studies on the biotransformation of lonazolac, bromerguride, lisuride and terguride in laboratory animals and their hepatocytes, Xenobiotica, 19 (4), 361-377, 1989

MEYER U.A., Cytochrome P450 in Human Drug metabolism: How much is predictable? in: HILDEBRAND M. and WATERMAN M. (eds.), Assessment of the Use of single Cytochrome P450 Enzymes in Drug Research, Berlin: Springer, 43-56, 1994

MURRAY M., Inhibition and induction of cytochrome P450 2B1 in rat liver by promazine and chlorpromazine, Biochem. Pharmacol., 44 (6), 1219-1222, 1992

NELSON D.R., KOYMANS L., KAMATAKI T., STEGEMAN J.J., FEYEREISEN R., WAXMAN D.J., WATERMAN M.R., GOTOH O., COON M.J., ESTABROOK R.W., GUNSALUS I.C., NEBERT D.W., P450 superfamily: Update on new sequences, gene mapping, accession numbers and nomenclature, Pharmacogenetics, 6, 1-42, 1996

RAUSCHENBACH R., GIESCHEN H., HUSEMANN H., SALOMON B., HILDEBRAND M., Stable expression of human cytochrome P450 3A4 in V79-cells and its application for metabolic profiling of ergot derivatives, Eur. J. Pharmacol. Environ. Toxicol. Pharmacol., 293, 183-190, 1995

RAUSCHENBACH R., GIESCHEN H., SALOMON B., KRAUS C., HILDEBRAND M., Stable expression of CYP2D6 in V79-cells and its application as a metabolic screening tool, Abstractbook of the 11th International Symposium on Microsomes and Drug Oxidations, 212, 1996

RAUSCHENBACH R., GIESCHEN H., SALOMON B., KRAUS C., KUEHNE G., HILDEBRAND M., Development of V79-cell line expressing human cytochrome P450 2D6 and its application as a metabolic screening tool, Environ. Toxicol. Pharmacol., submitted

Prüfung metabolisch bedingter Arzneistoff-Interaktionen mit *in vitro*-Systemen

M. Zaigler und U. Fuhr

Zusammenfassung

Wechselwirkungen zwischen Arzneistoffen auf der Ebene des Metabolismus sind die häufigste Ursache für pharmakokinetische Interaktionen. Die Prüfung auf derartige Interaktionen kann an isolierten Enzymen oder an Enzymgemischen, an zellulären Systemen mit einzelnen oder vielen Enzymen, an Organen bzw. Organteilen oder aber am intakten Organismus vorgenommen werden. Diese Hierarchie steigender Komplexität und Relevanz bei gleichzeitig abnehmender Spezifität gilt gleichermaßen für Versuchstiere wie für den Menschen. Bei der Entwicklung eines neuen Arzneistoffs kann primär unter Verwendung spezifischer in vitro-Systeme geprüft werden, ob diese Substanz eine Wirkung auf die Aktivität der wesentlichen fremdstoff-metabolisierenden Enzyme hat. Damit kann bei Berücksichtigung der Enzymkinetik ein wichtiger Hinweis auf mögliche metabolische Interaktionen in vivo mit den Arzneistoffen erhalten werden, die Substrate der untersuchten Enyzme sind. Tatsächlich konnte in eigenen Untersuchungen gezeigt werden, daß *in vitro*-Befunde zu metabolischen Interaktionen definitive Antworten geben und den Verzicht auf *in vivo*-Untersuchungen rechtfertigen können. Ausgeprägte Speziesunterschiede lassen die Übertragbarkeit von Daten zu metabolisch bedingten Arzneistoffinteraktionen aus Tierversuchen auf den Menschen ohnehin als problematisch erscheinen. Bei konsequenter Anwendung der verfügbaren *in vitro*-Systeme mit humanen Enzymen können heute Tierversuche zu metabolischen Arzneistoffinteraktionen in den meisten Fällen als entbehrlich eingestuft werden.

Summary

Screening for pharmacokinetic interactions with in vitro systems

Inhibition of drug metabolizing enzymes is the most important reason for pharmacokinetic drug interactions and may cause life-threatening intoxications or inefficiency of therapy. There is a hierarchy of test systems which allow evaluation of the interaction potential of a new drug at this level, such as purified enzymes, human liver microsomes, single organs or the intact human or animal organism. Specific in vitro tests enable characterizing effects on the important drug metabolising enzymes. Taking enzyme kinetics into account, evidence on the existence of metabolic drug interactions *in vivo* can be derived from these *in vitro* tests. Indeed, own investigations confirmed that *in vitro* results may provide definite answers and allow to omit certain *in vivo* interaction studies. In general, species differences are a major problem for the transfer of animal data to man in metabolic drug interactions. The current knowledge suggests that an appropriate use of existing in vitro systems with human enzymes usually makes animal tests unnecessary in this area.

1. Einleitung

Arzneistoffinteraktionen werden für etwa 1-2% aller klinisch relevanten unerwünschten Wirkungen von Medikamenten verantwortlich gemacht. Trotz dieser eher geringen Zahl sind Daten zu solchen pharmakokinetischen Interaktionen bei der Zulassung eines neuen Medikamentes im Hinblick auf die Arzneimittelsicherheit weltweit gefordert, um auch dieses geringe Risiko nach Möglichkeit auszuschließen. Wechselwirkungen zwischen Arzneistoffen auf der Ebene des Metabolismus sind dabei die häufigste Ursache für pharmakokinetische Interaktionen und betreffen meist die Elimination eines Wirkstoffs aus dem Organismus, seltener die Aktivierung eines prodrugs.

Die Kenntnisse über die zugrundeliegenden Prozesse der Fremdstoffelimination haben sich in den letzten Jahren grundlegend erweitert. Damit ergibt sich die Möglichkeit, die Prüfung metabolisch bedingter Interaktionen an den potentiellen Mechanismen auszurichten. Eine Voraussetzung zur entsprechenden Aufdeckung solcher Wechselwirkungen zwischen Arzneistoffen ist die Identifizierung der wichtigsten am Abbau beteiligten Phase I-Enzyme, vor allem der Cytochrom P450-Emzyme, da diese in der Regel den geschwindigkeitsbestimmenden Schritt des Abbauprozesses metabolisch eliminierter Substanzen darstellen. Die vermehrte Expression oder der verlangsamte Abbau des metabolisierenden Enzyms (Induktion) kann einen gesteigerten Abbau des Wirkstoffs zur Folge haben. Eine Aktivitätshemmung durch Konkurrenz an der Bindungsstelle des Enzyms, durch andere Substrate oder Inhibitoren sowie eine Zerstörung des Enzyms durch sogenannte „suicide inhibition“ führt zu einem verringerten Abbau des Wirkstoffs.

Solche Interaktionen können, wenn sie unerwartet auftreten, im Einzelfall einerseits lebensbedrohliche Intoxikationen oder andererseits die Wirkungslosigkeit einer Therapie verursachen. So führte zum Beispiel die Komedikation eines Patienten mit Theophyllin und Ciprofloxacin zu erhöhten Theophyllinkonzentrationen im Serum über den (vergleichsweise geringen) therapeutischen Bereich hinaus und letztlich zum Tode des Patienten. Die Ursache hierfür war eine Interaktion der Substanzen an der Bindungsstelle des abbauenden Enzyms. Erst nach dem Auftreten dieser klinischen Beobachtung wurde die Ursache der Interaktion durch in vitro-Methoden als ein kompetitiver Hemmechanismus des Cytochrom P450-Enzyms CYP1A2 charakterisiert. Dieses Beispiel verdeutlicht, daß zur Zulassung eines neuen Wirkstoffes entsprechende Informationen verfügbar sein müssen.

Wenig untersucht, aber vielleicht ebenso bedeutsam sind akut nicht offensichtliche metabolisch bedingte Interaktionen, die das langfristige Nutzen/Risiko-Profil eines Therapieschemas, z.B. in der Onkologie, in interindividuell unterschiedlichem Maß beeinflussen können.

2. Methoden

Die Prüfung auf metabolisch bedingte Interaktionen kann prinzipiell an isolierten Enzymen oder an Enzymgemischen, an zellulären Systemen mit einzelnen oder vielen Enzymen, an Organen bzw. Organteilen oder aber am intakten Organismus vorgenommen werden. Diese Hierarchie steigender Komplexität gilt gleichermaßen für Versuchstiere wie für den Menschen (CHIU S.-H.L., 1993; TARBIT M.H. et al., 1993; WRIGHTON S.A. et al., 1993). Durch die raschen Fortschritte der Gentechnologie hat sich die Verfügbarkeit von Enzymen des Menschen und das Verständnis der Interaktionsmechanismen wesentlich erweitert. Während früher oft genug das Auftreten von metabolischen Interaktionen beim Patienten der Anlaß für eine Erforschung der Ursache in weniger komplexen Systemen war (s.o.), oder im Tierversuch beobachtete Interaktionen hinsichtlich ihrer Übertragbarkeit auf den Menschen bewertet werden mußten, kann damit dieser Lernprozeß heute meist umgedreht werden.

So kann bei der Entwicklung einer neuen Substanz primär unter Verwendung spezifischer in vitro-Systeme geprüft werden, ob diese Substanz eine Wirkung auf die Aktivität der wesentlichen fremdstoffmetabolisierenden Enzyme haben kann. Dabei können zur Prüfung auf eine hemmende Wirkung zellfreie Zubereitungen eingesetzt werden, wogegen zur Prüfung einer Induktion zelluläre Systeme mit intakten Regulationsmechanismen verwendet werden müssen. Mit derartigen *in vitro*-Versuchen kann zumindest ein wichtiger Hinweis auf mögliche metabolische Interaktionen *in vivo* mit den Arzneistoffen erhalten werden, die Substrate der untersuchten Enzyme sind. Dazu ist für die Beurteilung einer beobachteten Inhibition die Berücksichtigung der Enzymkinetik für Substrat und Hemmstoff von wesentlicher Bedeutung.

3. Ergebnisse

Vergleiche unserer Arbeitsgruppe zwischen der inhibitorischen Wirkung von Pharmaka auf das Cytochrom P450-Enzym CYP1A2 in Zellen mit isolierter Expression des Enzyms und in Lebermikrosomen des Menschen mit dem Ausmaß pharmakokinetischer Interaktionen *in vivo* konnten zeigen, daß fehlende Hinweise auf eine inhibitorische Aktivität *in vitro* Verzicht auf *in vivo*-Untersuchungen rechtfertigen können (ZAIGLER M. and FUHR U., 1994). Im Rahmen dieser wurden zunächst aufgrund von klinischen Beobachtungen Substanzen ausgewählt, für die eine Hemmung dieses Cytochrom P450-Enzyms zu vermuten war. Anhand der 3-Demethylierung von Koffein wurden die Aktivität des CYP1A2 (FUHR U. et al., 1992) sowie Wirkungen der Hemmstoffe unter Berechnung des Hemmtyps und der Inhibitionskonstante an Lebermikrosomen des Menschen in vitro bestimmt. Abb. 1 zeigt exemplarisch eine typische graphische Darstellung einer Hemmung der CYP1A2-Aktivität bei gleichzeitiger Zugabe des Arzneistoffs Propafenon im Dixon-Plot, in dem der Kehrwert der Umsatzrate für die einzelnen Substratkonzentrationen in Abhängigkeit von der linear aufgetragenen Inhibitorkonzentration gezeigt wird.

Dabei ist die eingesetzte Reaktion, die 3-Demethylierung von Koffein, hochspezifisch für CYP1A2, d.h. auch in den Lebermikrosomen, die ja eine Vielzahl verschiedener und zum Teil eng verwandter Enzyme enthalten, wird die Reaktion weitgehend ausschließlich durch dieses Enzym vermittelt. Entsprechend sind die damit erhaltenen Ergebnisse in unterschiedlichen *in vitro*-Untersuchungssystemen (z.B. für isolierte Enzyme und für Lebermikrosomen des Menschen) untereinander gut vergleichbar. Die Enzymkinetik wird durch Bestimmung des Inhibitionstyps und der Inhibitorkonstanten K_i berücksichtigt, die anders als IC_{50}-Werte unabhängig von der Substratkonzentration sind.

In einem weiteren Schritt wurde nun die erhaltene *in vitro*-Hemmwirkung mit den in der Literatur berichteten Hemmwirkungen auf die Elimination der CYP1A2-Substrate Koffein und Theophyllin *in vivo* verglichen. Dazu wurde das Ausmaß der Interaktion in vivo durch eine Komedikation aus allen für einen Hemmstoff verfügbaren Studien unter Verwendung des E_{max}-Modells in eine Dosierung mit halbmaximaler Wirkung ED_{50} umgerechnet, die als die für eine Halbierung der Clearance des Methylxanthins erforderliche Dosis beschrieben werden kann. Für die untersuchten Substanzen ergab sich im Vergleich zwischen der Wirkung auf die CYP1A2-Aktivität in vitro und auf die Clearance von Theophyllin eine signifikante Korrelation (Spearman-Rangkorrelationskoeffizient $r_S < 0{,}05$) (Abb. 2).

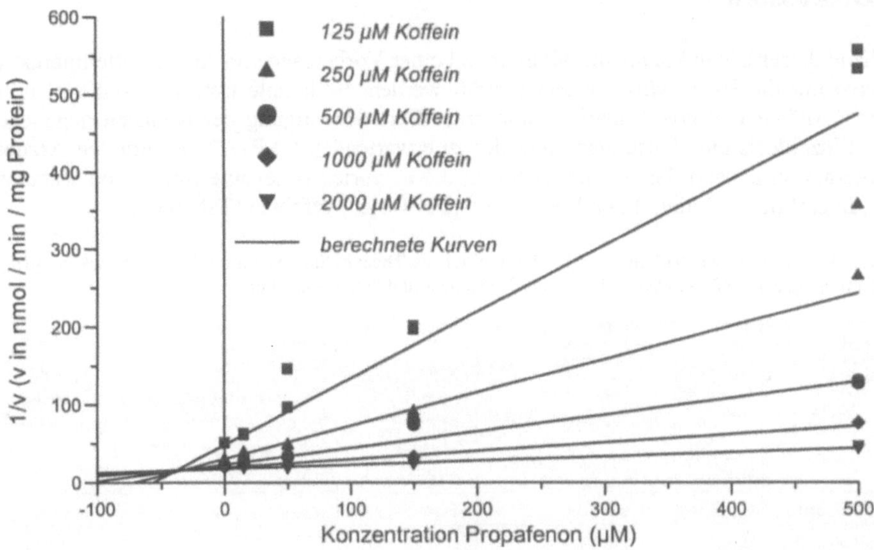

Abb. 1. Dixon-Plot für die Hemmung der 3-Demethylierung von Koffein durch Propafenon an Lebermikrosomen des Menschen

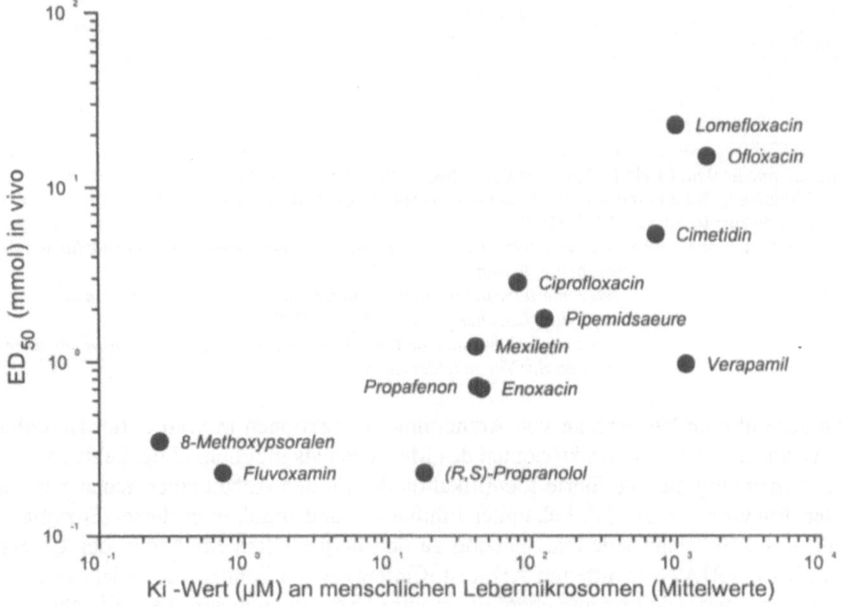

Abb. 2. Vergleich der Wirkung von CYP1A2-Inhibitoren auf die 3-Demethylierung von Koffein *in vitro* (K_i-Werte) und auf die Elimination von Theophyllin *in vivo* (resorbierte Dosis mit Halbierung der Clearance)

4. Diskussion

Anhand dieser Daten konnte die Möglichkeit einer Vorhersage von Arzneimittelinteraktionen *in vivo* mit diesem *in vitro*-System geprüft werden. Es konnte trotz der sehr viel höheren Komplexität der *in vivo*-Situation dann unter Berücksichtigung der höchsten gegebenen *in vivo*-Einzeldosis eine Differenzierung der zu erwartenden CYP1A2-vermittelten Arzneimittelinteraktion anhand der *in vitro*-Daten in 3 Kategorien (relevante Interaktion wahrscheinlich, Interaktion möglich, Interaktion nicht zu erwarten) erfolgen (Tabelle 1).

Tabelle 1. Vergleich der Wirkung von Inhibitoren auf die Theophyllinelimination, berechnet aus *in vitro*-Daten zur Hemmung der CYP1A2-Aktivität und aus Probanden- und Patientenstudien

Substanz	**ED_{50}**# berechnet aus *in vivo* Interaktionsstudien (mmol)	**aus K_i *in vitro*** geschätzte ***in vivo*-ED_{50}**# (mmol)	**maximale Dosis** (Einzelapplikation in mg, nicht retardiert)	**erwarteter Effekt** (Änderung der Theophyllinclearance in %) aus *in vitro* errechneter ED_{50} bei Gabe des 1,5fachen der max. Dosis	**Vorhersage der Interaktion**§
Fluvoxamin	0,23	0,22	150*	76	++
Methoxsalen	0,35	0,14	70**	77	++
Enoxacin	0,70	1,27	400*	60	++
Propafenon	0,72	1,24	300*	49	+
Mexiletin	1,22	1,22	400*	69	++
Pipemidsäure	1,76	1,96	400*	50	+
Propranolol	0,23	0,86	160*	48	+
Verapamil	0,97	5,11	160*	22	-
Ciprofloxacin	2,82	1,63	750*	56	+
Cimetidin	5,32	4,16	800*	53	+
Ofloxacin	14,98	5,93	400*	22	-
Lomefloxacin	22,59	4,78	400**	26	-

\# Dosis mit halbmaximalem Effekt (=Halbierung der Theophyllinclearance *in vivo*)
* Dosisempfehlung aus: Bundesverband der Pharmazeutischen Industrie: Rote Liste (1995)
** Dosisempfehlung aus: Reynolds J.E.F. (1993)
§ *Kriterien der Vorhersage:* ++ = *relevante Interaktion wahrscheinlich, angenommen bei einer Reduktion der Theophyllinclearance von > 60%*
\+ = *relevante Interaktion möglich, angenommen bei einer Reduktion der Theophyllinclearance zwischen 30 und 60%*
\- = *keine klinisch bedeutende Interaktion zu erwarten, angenommen bei einer Reduktion der Theophyllinclearance von < 30%*

Somit erscheint eine Vorhersage von Arzneimittelinteraktionen in vivo durch Hemmung des CYP1A2 anhand von Lebermikrosomen des Menschen als möglich. Umgekehrt ist durch die heute routinemäßig durchgeführte Identifikation der für den Abbau einer neuen Substanz kompetenten Enzyme der Einfluß bekannter Inhibitoren und Induktoren dieser Enzyme auf die Kinetik dieser Substanz ableitbar. Analog zu den dargestellten Methoden der Untersuchung von über CYP1A2-vermittelten Arzneistoffinteraktionen können für andere relevante fremdstoffmetabolisierende Enzyme ebenfalls in vitro Untersuchungen mit spezifischen Substraten oder auch Untersuchungen zur Hemmung des Substratabbaus durch spezifische Inhibitoren durchgeführt werden. Tabelle 2 zeigt die Modellsubstanzen für die wichtigsten Phase I-Enzyme.

Der Einsatz gentechnologisch hergestellter isolierter Enzyme oder mikrosomaler Enzymgemische mit spezifischen Markerreaktionen als geeignetes in vitro-System ist dabei im Einzelfall abzuwägen. Bei gegebener Spezifität einer Substanz für ein Enzym ist für beide *in vitro*-Systeme von ähnlichen Affinitäten der Substrate oder Inhibitoren auszugehen. Die Erfahrung zeigt jedoch, daß in der Vergangenheit als spezifisch beschriebene Methoden zur Aktivitätsbestimmung einzelner Enzyme in mikrosomalen Enzymgemischen oft nur deshalb spezifisch waren, weil nicht alle möglicherweise beteiligten Enzyme geprüft werden konnten.

Tabelle 2. Modellsubstanzen für wichtige Phase I-Enzyme und für Acetyltransferasen

Enzym	spezifisches Substrat	(weitgehend) spezifischer Inhibitor
CYP1A2	Koffein Phenacetin	Furafyllin
CYP2A6	Coumarin	Diäthyldithiocarbamat
CYP2C9	Tolbutamid	Sulphaphenazol Tienilsäure
CYP2C19	S-Mephenytoin Omeprazol	
CYP2D6	Bufuralol Debrisoquin Spartein Dextromethorphan	Chinidin
CYPE1	Chlorzoxazol	Disulfiram
CYP3A4	Nifedipin Nitrendipin Erythromycin	Troleandromycin Gestoden
N-Acetyltransferase I	p-Aminobenzoesäure	
N-Acetyltransferase II	Sulfamethazin	

(CORREIDA M.A., 1995; FUHR U. et al., 1992; GOLDSTEIN J.A. and DE MORAIS S.M.F., 1994; GRANT D.M. et al., 1992; GUENGERICH F.P. and SHIMADA T., 1991; HORI R. et al., 1984; LEEMANN T. et al., 1993; TUCKER G.T., 1992)

Tierversuche zu metabolischen Arzneistoffinteraktionen können heute in den meisten Fällen als entbehrlich eingestuft werden. Ausgeprägte Speziesunterschiede in den Abbauwegen von Fremdstoffen, in der Expression und in der Substratspezifität einzelner fremdstoffmetabolisierender Enzyme lassen die Übertragbarkeit entsprechender Daten aus Tierversuchen auf den Menschen ohnehin als problematisch erscheinen (FUHR et al., 1992). Bei konsequenter Anwendung der verfügbaren *in vitro*-Systeme mit humanen Enzymen sind daher eher valide Ergebnisse für die *in vivo*-Situation beim Patienten zu erwarten als mit dem Tierversuch.

Literatur

BUNDESVERBAND DER PHARMAZEUTISCHEN INDUSTRIE (Hrsg.), Rote Liste 1996, Aulendorf: Edition Canter Verlag für Medizin, 1996

CHIU S.-H.L., The use of *in vitro* metabolism studies in the understanding of new drugs, J Pharmacol Toxicol Meth, 29, 77-83, 1993

CORREIDA M.A., Rat and human liver cytochromes P450, Substrate and inhibitor specifities and functional markers, in: ORTIZ DE MONTANELLO P.R. (ed.), Cytochrome P450, Structure, mechanism and biochemistry, New York: Verlag Plenum Press, 607-630, 1995

FUHR U., DOEHMER J., BATTULA N., WÖLFEL C., KUDLA C., KEITA Y., STAIB A.H., Biotransformation of caffeine and theophylline in mammalian cell lines genetically engineered for expression of single cytochrome P450 enzymes, Biochem Pharmacol., 43, 225-235, 1992

GOLDSTEIN J.A., DE MORAIS S.M.F., Biochemistry and molecular biology of the human CYP2C subfamily, Pharmacogenetics, 4, 285-299, 1994

GRANT D.M., BLUM M., MEYER U.A., Polymorphisms of N-Acetyltransferase genes, Xenobiotica, 22, 1992, 1073-1081

GUENGERICH F.P., SHIMADA T., Oxidation of toxic and carcinogenic chemicals by human cytochrome P-450 enzymes, Chem Res Toxicol, 4, 391-407, 1991

HORI R., OKUMURA K., INUI K.I., YASUHARA M., YAMADA K., SAKURAI T., KAWAI C., Quinidine-induced raise in ajmaline plasma concentrations, J Pharm Pharmacol, 36, 202-204, 1984

LEEMAN T., TRANSON C., DAYER P., Cytochrome P450C (CYP2C): a major monooxygenase catalyzing diclofenac 4′-hydroxylation in human liver, Life Sci, 52, 29-34, 1993

REYNOLDS J.E.F. (ed.), The Extra Pharmacopoeia, London: The Pharmaceutical Press, 1993

TARBIT M.H., BAYLISS M.K.; HERRIOT D., HOOD S.R., HUTSON J.L., PARK G.R., SERABJIT-SINGH C.J., Applications of molecular biology and *in vitro* technology to drug metabolism studies: an industrial perspective, Biochem. Society Transactions, 21, 1018-1024, 1993

TUCKER G.T., The rational selection of drug interaction studies: implications of recent advances in drug metabolism, Intern J Clin Pharmacol Ther Toxicol, 30, 550-553, 1992

WRIGHTON S.A., VANDENBRANDEN M., STEVENS J.C., SHIPLEY L.A., RING B.J., RETTIE A.E., CASHMAN J.R., *In vitro* methods for assessing human hepatic drug metabolism: Their use in drug development, Drug Metab Rev, 25, 453-484, 1993

ZAIGLER M. and FUHR U., *In vivo* vs. *in vitro* comparison of inhibitory drug effects on the human cytochrome P450 isoform CYP1A2, Eur J Clin Pharmacol, 47, 120, 1994

Prädiktiver Wert von in vitro-Experimenten für den Arzneimittelstoffwechsel des Menschen: Vergleich mit anderen in vitro-Modellen

G. Engel und H.K. Kroemer

Zusammenfassung

Die Verwendung von in vitro-Techniken ermöglicht die Untersuchung der Arzneistoffbiotransformation in vitro. Der experimentelle Aufwand der verschiedenen Techniken ist sehr unterschiedlich. Während die Präparation von Humanlebermikrosomen einfach ist, erfordert die Kultur von Hepatozyten oder die Expression von Enzymen einen erheblichen Aufwand. Auch die Aussagekraft der einzelnen Techniken unterscheidet sich. Fragestellungen zur Induktion durch einen Arzneistoff lassen sich nur in der Zellkultur untersuchen, während die Variabilität der Enzymausstattung der Leber am besten durch Humanlebermikrosomen reflektiert wird. Stabil exprimierte Enzyme haben den Vorteil, daß sie kommerziell erhältlich sind und im Prinzip unbegrenzt zur Verfügung stehen. Von der metabolischen Aktivität in diesem System kann bisher allerdings nur sehr begrenzt auf die Verhältnisse in vivo geschlossen werden.

Zur Untersuchung der Biotransformation von Arzneistoffen in vitro sollte eine der Fragestellung angemessene, möglichst einfache Methode ausgewählt werden. In der Regel wird man verschiedene Methoden miteinander kombinieren.

Summary

Predictive Value of Expression Systems for Drug Metabolism in Man: Comparison to other in vitro-Methods

It is widely accepted that drug metabolism introduces a great deal of variability to the dose concentration relationship in man. Identification and characterization of the enzymes involved using in vitro-experiments contributes to our understanding of interindividual variability in drug response and may in the long term enable individualization of doses. Moreover, in vitro-drugmetabolism studies may enhance safety during drug development since the metabolic pattern of new compound and the contribution of various pathways to total clearance can be assessed prior to the first administration to man.

Numerous techniques are available to study in vitro drug metabolism. Human liver microsomes allow to estimate oxidative metabolism in a quantitative manner. A clear disadvantage of this system is the lack of non- microsomal drug metabolizing enzymes. Moreover, regulation aspects (e.g. induction) cannot be studied in this system. A particular powerfull tool for the latter sypects are human hepatocytes. This system, however, is not widely available and has several problems in handling. Finally, human drug metabolizing enzymes can be expressed in suitable systems giving the unique opportunity to study the enzyme kinetics of a single enzyme. From our point of view the different in vitro-systems are complementary in theirs results and should therefore be used simultaneously.

Predictive studies of drug metabolism in man using in vitro-experiments have so far been restricted to oxidative metabolism. Future investigations should address the potential of predicting phase-II (e.g. glucuronidation) and phase-III (action of β-glucuronidase) drug metabolism using the above techniques. In summary in vitro-studies are a usefull tool to predict drug metabolism in man.

1. Einleitung

In vitro-Techniken gewinnen bei der Entwicklung neuer Arzneimittel an Bedeutung, weil man sich von ihnen zum einen die Reduzierung von Tierversuchen verspricht. Zum anderen bieten in vitro-Techniken unter Nutzung menschlicher Gewebe die Möglichkeit, spezies-relevante Informationen bereits vor Beginn der klinischen Prüfung zu gewinnen (BIRKETT D. et al., 1993). Der Nutzen von in vitro-Techniken bei der Entwicklung von Arzneimitteln wurde in den letzten Jahren am Beispiel der Arzneistoffbiotransformation durch Cytochrom-P450-Enzyme gezeigt (HOUSTON J.B., 1994; MINERS J.O. et al., 1994; ENGEL G. et al., 1996). Cytochrom-P450-Enzyme stellen ein wesentliches Enzymsystem für die Biotransformation von Arzneistoffen dar. Ihre Benennung erfolgte aufgrund des Absorptionsmaximums bei 450nm nach Reduktion und Bindung von Kohlenmonoxid (OMURA T. und SATO R., 1964). Inzwischen existiert für die Vielzahl bekannter Cytochrom-P450-Enzyme eine rationale Nomenklatur, die auf der Homologie der für diese Proteine kodierenden Gene begründet ist (NELSON D.R. et al., 1993), die aber auch zur Bezeichnung der Enzyme verwendet wird. Die Cytochrom-P450-Supergenfamilie wird durch die Abkürzung CYP bezeichnet. Eine Zahl identifiziert die Familie, ein Buchstabe die Subfamilie und eine weitere Zahl das einzelne Cytochrom P450-Enzym, z.B. CYP2D6. Beim Menschen sind zur Zeit etwa dreißig Cytochrom P450-Enzyme in zwölf Familien beschrieben, von denen drei Familien für die Biotransformation von Arzneistoffen bedeutsam sind. Es sind dies die Familien CYP1, CYP2, CYP3 (siehe Abb. 1). Für Untersuchung der verschiedenen Cytochrom P450-Enzyme spielten in vitro-Techniken eine wichtige Rolle.

2. Verfügbare in vitro-Techniken

Für die Untersuchung der Arzneistoffbiotransformation des Menschen in vitro eignen sich mehrere Systeme, die sich hinsichtlich der Verfügbarkeit der verwendeten Gewebe oder Materialien und auch hinsichtlich der Aussagekraft unterscheiden. Sie reichen - bei abnehmender Komplexität des Systems - von der isoliert perfundierten Leber bis zum einzelnen isolierten Enzym (siehe Abb. 2). Hier soll vor allem auf die Verwendung von Hepatozytenkulturen, mikrosomalen Leberpräparaten und stabil exprimierten Enzymen eingegangen werden.

2.1. Isoliert perfundierte Leber

Die isoliert perfundierte Leber erfaßt die gesamte Palette der Stoffwechselleistung dieses Organs. Sie stellt ein komplexes System dar, in dem sich Teilaspekte der Regulation der Biotransformation einer gezielten Untersuchung entziehen. In der Literatur finden sich nur wenige Publikationen, in denen die isolierte perfundierte Rattenleber zur Untersuchung der Biotransformation von Arzneistoffen herangezogen wurde (EVANS A.M. and SHANAHAN K., 1995; HUGHES C.M. et al., 1994; JEFFREY P. et al., 1991; EVANS A.M. et al., 1991), in diesen Fällen wurden die Lebern in situ perfundiert.

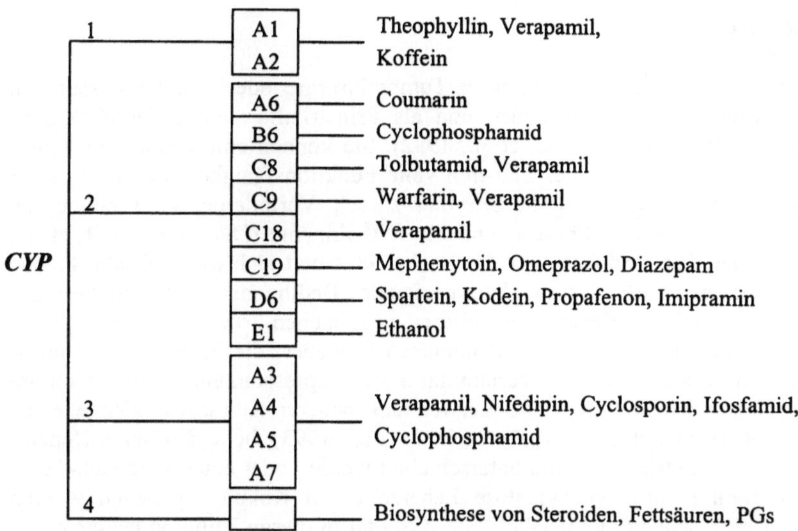

Abb. 1. Übersicht über die für den Stoffwechsel von Arzneimitteln wesentlichen Familien von P450-Enzymen sowie ausgewählte Substrate

2.2. Leberschnitte

Leberschnitte werden aus geeigneten Gewebeproben unter Verwendung eines Mikrotoms hergestellt. Die Präparate repräsentieren das gesamte Spektrum der in der Leber enthaltenen Zellen und Enzyme. Leberschnitte können zur Zeit nicht konserviert und auch nicht längere Zeit in Kultur gehalten werden, sie sind daher frisch aus Humanleber herzustellen. Maximale Inkubationszeiten bis zu 48h sind angegeben worden, üblich sind 24h Inkubationsdauer. Leberschnitte haben bislang noch keine breitere Anwendung zur Vorhersage der Arzneistoffbiotransformation beim Menschen gefunden (HARRIS J.W. et al., 1994; VICKERS A.E.M. et al., 1992, 1993).

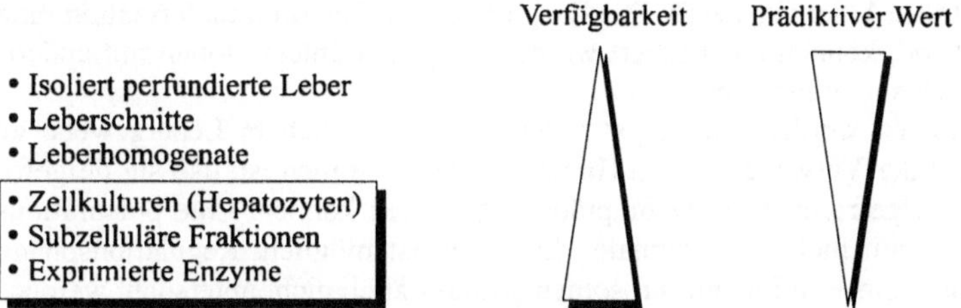

Abb. 2. Eingesetzte in vitro-Systeme in Relation zu ihrer Verfügbarkeit und zum prädiktiven Wert

2.3. Leberhomogenate

Leberhomogenate sind einfach herzustellen. Sie enthalten zytoplasmatische und mikrosomale Enzyme. Ihre Enzymausstattung ist schlecht definiert, die Anwendung für die Untersuchung der Biotransformation beim Menschen ist begrenzt, gelegentlich wurde in der Vergangenheit der 9.000g-Überstand verwendet, der das Zytoplasma und die mikrosomale Fraktion der Leberzellen enthält.

2.4. Leberzellkulturen

Hepatozyten werden aus Leberresektaten nach Tumorchirurgie oder von Organspendern durch eine zweistufige Perfusion gewonnen und als Primärkultur verwendet (GUGUEN-GUILLOUZO C. et al., 1982; STROM S.C. et al., 1982). Sie können eine zeitlang in Kultur gehalten werden, verlieren aber mit der Zeit ihre volle Funktionsfähigkeit, besonders stark geht ihre Ausstattung mit Cytochrom-P450-Enzymen zurück. Vorteile der Verwendung von Hepatozyten liegen darin, daß sie Phase-I- und Phase-II-Enzyme (DÉCHALOTTE P. et al., 1992) umfassen, induzierbar sind (DAUJAT M. et al, 1987) und sich metabolische Profile analog der Situation in vivo finden lassen. Unter geeigneten Bedingungen läßt sich die hepatische Clearance aufgrund der an Hepatozytenkulturen gewonnenen Erkenntnissen errechnen.

Nachteilig ist die limitierte Verfügbarkeit humanen Gewebes, die begrenzte Nutzungsdauer der Hepatozyten in Kultur und die Variabilität in der Expression einzelner Cytochrom P450-Enzyme in Hepatozytenkulturen. Die Verwendung neuerer Kulturmethoden wie der Sandwich-Kultur (DUNN J.C. et al, 1991; RYAN C.M. et al., 1993), bei der primäre Hepatozyten mit einer Kollagenmatrix über- und unterschichtet werden oder einer Sandwich-Technik, bei der zusätzlich nicht-parenchymatöse Leberzellen in Kokultur gehalten werden (BADER A. et al., 1996), scheint die metabolische Aktivität in diesen Kulturen besser zu erhalten. Eine Alternative zur Primärkultur könnte auch die Kultivierung von ausgewählten Zellinien (KONO Y. et al, 1995) und die Immortalisation von Hepatozyten durch Übertragung eines SV-40-large-tumor-antigen-Gens auf Leberzellen sein (PFEIFER A.M.A. et al., 1992), wobei das letztgenannte System bisher nicht auf Fragestellungen des Arzneimittelstoffwechsels im Menschen angewendet wurde.

2.5. Subzelluläre Fraktionen

Mikrosomale Fraktionen humaner Lebern ermöglichen in Abhängigkeit von den verwendeten Kosubstraten die Untersuchung von Phase-I- und Phase-II-Enzymen. Die Enzymausstattung von Lebern verschiedener Spender reflektiert die interindividuelle Variabilität (BRODIE B.B., 1964). Die Charakterisierung enzymkinetischer Daten ermöglicht die Berechnung der intrinsischen Clearance (V_{max}/Km) und damit die Quantifizierung einzelner Abbauwege (HOUSTON J.B., 1994). Aus der intrinsischen Clearance kann auf die Gesamtclearance geschlossen werden (FUHR U. et al., 1996). Die Enzyme, die an der Biotransformation eines Arzneistoffs beteiligt sind, können identifiziert werden, mögliche Interaktionen mit anderen Arzneistoffen lassen sich so voraussagen.

Humanlebermikrosomen werden wie Hepatozyten aus menschlichem Lebergewebe gewonnen. Vorteilhaft bei der Verwendung von Humanlebermikrosomen ist, daß sie tiefgefroren gelagert bzw. aus tiefgefrorenem Gewebe präpariert werden können. Eine präparationsbedingte Kontamination mit nicht-mikrosomalen Enzymen ist möglich. Regulationsphänomene wie die Induktion können in Lebermikrosomen grundsätzlich nicht untersucht werden.

2.6. Exprimierte Enzyme

Cytochrom P450-Enzyme können gentechnologisch hergestellt werden, indem die cDNA für diese Enzyme in verschiedenen Expressionssystemen exprimiert wird. Als Expressionssysteme werden für die transiente Expression z.B. COS-Zellen (ZUBER M.X. et al., 1986) und für die stabile Expression V 79-Zellen (EBNER T. and BURCHELL B., 1992), Lymphoblasten (GONZALEZ F.J. et al., 1991) oder Hefen (RENAUD J.P. et al., 1993) verwendet. Exprimierte Enzyme sind z.T. auch kommerziell erhältlich. Stabil exprimierte Cytochrom P450-Enzyme haben verglichen mit Humanlebermikrosomen extrem niedrige Umsätze, ein Nachteil, der z.T. durch die Expression in Kassettensystemen (PENMAN B.W. et al., 1993) aufgehoben werden kann. Die Aktivität exprimierter Enzyme ist von dem verwendeten Expressionssystem abhängig, was den Vergleich der Aktivitäten einzelner Enzyme und die Beurteilung ihrer Bedeutung für einzelne Abbauwege erschwert. Unterschiede in der exprimierten cDNA zur Wildtyp-DNA, die zum Austausch einzelner Aminosäuren führen, können die Enzymkinetik der untersuchten Reaktion verfälschen.

3. Applikationsmöglichkeiten

Die vorgestellten Systeme sind geeignet, um bei Kenntnis ihrer Grenzen die Biotransformation in der Leber vorherzusagen. Untersuchungen in Humanlebermikrosomen wurden durchgeführt, um die Bedeutung einzelner Cytochrom P450-Enzyme für die Biotransformation von Arzneimitteln zu bestimmen. So konnte die Beteiligung von CYP1A2, der CYP2C-Subfamilie und von CYP3A4 an der Biotransformation von Antipyrin (ENGEL G. et al., 1996) nachgewiesen werden. Stereochemische Aspekte der Biotransformation von Verapamil und den Anteile von CYP1A2 und CYP3A4 am Metabolismus dieses Antiarrhythmikums konnten in vitro bestimmt werden (KROEMER H.K. et al, 1992, 1993). Die Verwendung von Leberzellmikrosomen war geeignet, die Clearance von Koffein in vivo vorherzusagen (FUHR U. et al., 1996)

Auch die Induktion der Verapamilbiotransformation konnte in Hepatozyten gezeigt werden. Das volle Ausmaß der Steigerung des First-pass-Metabolismus nach Rifampicin in vivo wurde durch die Untersuchungen an Hepatozyten jedoch nicht erfaßt. Die Zunahme des First-pass-Effekts beruht hier auf Induktion der Biotransformation in extrahepatischen Geweben, vor allem der Darmwand.

Stabil exprimierte Enzyme wurden des weiteren verwendet, um mögliche Interaktionen bei der Biotransformation zu untersuchen (BRIAN W.R. et al, 1989; EUGSTER H.-P. and SENGSTAG C., 1993).

4. Entwicklungen

Die Expression arzneistoffmetabolisierender Enzyme in extrahepatischen Geweben kann mit histologischen Methoden dokumentiert werden (KIVISTÖ K.T. et al., 1996). Ist das extrahepatisch nachgewiesene Enzym an der Biotransformation eines Arzneistoffs beteiligt, ist damit zu rechnen, daß die Bestimmung der hepatischen Elimination nicht die gesamte Biotransformation eines Arzneistoffs erfaßt. Enzymhistochemische Ansätze erlauben auch die Bestimmung enzymkinetischer Parameter in situ und können daher verwendet werden, ein Enzym im Gewebeverband nachzuweisen und seine Aktivität zu messen.

Danksagung

In der Einleitung zitierten eigenen Untersuchungen der Autoren wurden von der Robert-Bosch-Stiftung, Stuttgart, gefördert.

Literatur

BADER A., KNOP E., KERN A., BOKER K., FRUHAUF N., CROME O., ESSELMANN H., PAPE C., KEMPKA G., SEWING K.F., 3-D coculture of hepatic sinusoidal cells with primary hepatocytes-design of an organotypical model, Experimental Cell Research, 226, 223-233, 1996

BIRKETT D.J., MACKENZIE P.I., VERONESE M.E., MINERS J.O., In vitro approaches can predict human drug metabolism, Trends in Pharmacological Sciences, 14, 292-294, 1993

BRIAN W.R., SRIVASTAVA P.K., UMBENHAUER D.R., LLOYD R.S., GUENGERICH F.P., Expression of a human liver cytochrome P-450 protein with tolbutamide hydroxylase activity in saccharomyces cerevisiae, Biochemistry, 28, 4993-4999, 1989

BRODIE B.B., Of mice, microsomes and man, Pharmacologist, 6, 12-26, 1964

DAUJAT M., PICHARD L., DALET C., LARROQUE C., BONFILS C., POMPON D., LI D., GUZELIAN P.S., MAUREL P., Expression of five forms of microsomal cytochrome P-450 in primary cultures of rabbit hepatocytes treated with various classes of inducers, Biochemical Pharmacology, 36, 3597-3606, 1987

DÉCHELOTTE P., SABOURAUD A., SANDOUK P., HACKBARTH I., SCHWENK M., Uptake, 3-, and 6-glucuronidation of morphine in isolated cells from stomach, intestine, colon, and liver of the guinea pig, Drug Metabolism and Disposition, 21, 13-17, 1992

DUNN J.C., TOMPKINS R.G., YARMUSH M.L., Long-term in vitro function of adult hepatocytes in a collagen sandwich configuration, Biotechnol Prog, 7, 237-245, 1991

EBNER T. and BURCHELL B., Substrate specifities of two stably expressed human liver UDP-glucuronyltransferases of the UGT1 gene family, Drug Metabolism and Disposition, 21, 50-55, 1992

ENGEL G., HOFMANN U., HEIDEMANN H., COSME J., EICHELBAUM M., Antipyrine as a probe for human oxidative drug metabolism: identification of the cytochrome P450 enzymes catalyzing 4-hydroxyantipyrine, 3-hydroxymethylantipyrine, and norantipyrine formation, Clinical Pharmacology and Therapeutics, 59, 613-623, 1996

ENGEL G., HOFMANN U., KROEMER H.K., Prediction of CYP2D6-mediated polymorphic drug metabolism (sparteine type) based on in vitro investigations, Journal of Chromatography B, 678, 93-103, 1996

EUGSTER H.-P. and SENGSTAG C., Saccharomyces cerevisiae: An alternative source for human liver microsomal liver enzymes and its use in drug interaction studies, Toxicology, 82, 61-73, 1993

EVANS A.M., HUSSEIN Z., ROWLAND M., A two-compartment dispersion model describes the hepatic outflow profile of diclofenac in the presence of ist binding protein, Journal of Pharmacy and Pharmacology, 43, 709-714, 1991

EVANS A.M. and SHANAHAN K., The disposition of morphine and its metabolites in the in situ isolated perfused liver, Journal of Pharmacy and Pharmacology, 47, 333-339, 1995

GONZALEZ F.J. and IDLE J.R., Pharmacogenetic phenotyping and genotyping, Clinical Pharmacokinetics, 26, 59-70, 1994

FUHR U., ROST K.L., ENGELHARDT R., SACHS M., LIERMANN D., BELLOC C. et al., Evaluation of caffeine as a test drug for CYPIA2, NAT2 and CYP2e1 phenotyping in man by in vivo versus in vitro correlations, Pharmacogenetics, 6,159-176, 1996

GONZALEZ F.J., CRESPI C.L., GELBOIN H.V., cDNA-expressed human cytochrome P450s: a new age of molecular toxicology and human risk assessment, Mutation Research, 247, 113-127, 1991

GUGUEN-GUILLOUZO C., CAMPION J.P., BRISSOT P., GLAISE D., LAUNOIS B., BOUREL M., GUILLOUZO A., High yield preparation of isolated human adult hepatocytesby enzymatic perfusion of the liver, Cell Biology International Reports, 6, 625-628, 1982

HARRIS J.W., RAHMAN A., KIM B.-R., GUENGERICH F.P., COLLINS J.M., Metabolism of taxol by human hepatic microsomes and liver slices: participation of cytochrome P450 3A4 and an unknown P450 enzyme, Cancer Research, 54, 4026-4035, 1994

HOUSTON J.B., Utility of in vitro drug metabolism data in predicting in vivo metabolic clearance, Biochemical Pharmacology, 47, 1469-1479, 1994

HUGHES C.M., SWANTON J.G., COLLIER P.S., The effect of three H_2-receptor antagonists on the disposition of midazolam in the rat in situ perfused liver model, Journal of Pharmacy and Pharmacology, 46, 1029-1031, 1994

JEFFREY P., TUCKER G.T., BYE A., CREWE H.K., WRIGHT P.A., The site of inversion of R(-)-ibuprofen: studies using rat in-situ isolated perfused intestine/liver preparations, Journal of Pharmacy and Pharmacology, 43, 715-720, 1991

KIVISTÖ K.T., GRIESE E.U., FRITZ P., LINDER A., HAKKOLA J., RAUNIO H., BEAUNE P., KROEMER H.K., Expression of cytochrome P4503A enzymes in human lung: a combined RT-PCR and immunohistochemical analysis of normal tissue and lung tumours, Naunyn Schmiedeberg`s Archives of Pharmacology, 353, 207-212, 1996

KONO Y., YANG S., LETARTE M., ROBERTS E.A., Establishment of a human hepatocyte line derived from primary culture in a collagen gel sandwich culture system, Experimental Cell Research, 221, 478-485, 1995

KROEMER H.K., ECHIZEN H., HEIDEMANN H., EICHELBAUM M., Predictability of the in vivo metabolism of verapamil from in vitro data: contribution of individual metabolic pathways and stereoselective aspects, Journal of Pharmacology and Experimental Therapeutics, 260, 1052-1057, 1992

KROEMER H.K., GAUTIER J.-C., BEAUNE P., HENDERSON C., WOLF R.C., EICHELBAUM M., Identification of P450 enzymes involved in metabolism of verapamil in humans, Naunyn Schmiedebergs Archives of Pharmacology, 348, 332-337, 1993

MINERS J.O., VERONESE M.E., BIRKETT D.J., In vitro approaches for the prediction of human drug metabolism, Annual Reports in Medicinal Chemistry, 29, 307-316, 1994

NELSON D.R., KAMATAKI T., WAXMAN D.J., GUENGERICH F.P., ESTABROOK R.W., FEYEREISEN R., GONZALEZ F.J., COON M. J., GUNSALUS I.C., GOTOH O., OKUDA K., NEBERT D.W., The P450 superfamily: Update on new sequences, gene mapping, accession numbers, early trivial names of enzymes, and nomenclature, DNA and Cell Biology, 12, 1-51, 1993

OMURA T. and SATO R., The carbon monoxide-binding pigment of liver microsomes, Journal of Biological Chemistry, 239, 2370-2378, 1964

PENMAN B.W., REECE J., SMITH T., YANG C.S., GELBAOIN H.V., GONZALEZ F.J., CRESPI C.L., Characterization of a human cell line expressing high levels of cDNA-derived CYP2D6, Pharmacogenetics, 3, 28-39, 1993

PFEIFER A. M.A., COLE K.E., SMOOT D.T., WESTON A., GROOPMAN J.D., SHIELDS P.G., VIGNAUD J.-M., JUILLERAT M., LIPSKY M.M., TRUMP B.F., LECHNER J.F. HARRIS C.C., Simian virus 40 large tumor antigen-immortalized normal human liver epithelial cells express hepatocyte characteristics and metabolize chemical carcinogens, Proccedings of the National Academy of Science of the USA, 90, 5123-5127, 1993

RENAUD J.P., PEYRONNEAU M.A., URBAN P., TRUAN G., CULLIN C., POMPON D., BEAUNE P, MANSUY D., Recombinant yeast in drug metabolism, Toxicology, 82, 39-52, 1993

RYAN C.M., CARTER E.A., JENKINS R.L., STERLING L.M., YARMUSH M.L., MALT R.A., TOMPKINS R.G., Isolation and long-term culture of human hepatocytes, Surgery, 113, 48-54, 1993

STROM S.C., JIRTLE R.L., JONES R.S., NOVICKI D.L., ROSENBERG M., NOVOTNY A., IRONS G., MCLAIN J.R., MICHALPOULOS G., Isolation, culture and transplantation of human hepatocytes, Journal of the National Cancer Institute, 68, 771-778, 1982

VICKERS A.E.M., Use of human organ slices to evaluate the biotransformation and drug-induced side-effects of pharmaceuticals, Cell Biology and Toxicology, 10, 407-414, 1994

VICKERS A.E.M., CONNERS S., ZOLLINGER M., BIGGI W.A., LARRAURI A., VOGELAAR J.P.W., BRENDEL K., The biotransformation of the ergot derivative CQA 206-291 in human, dog, and rat liver slice cultures and prediction of in vivo plasma clearance, Drug Metabolism and Disposition, 21, 454-459, 1993

VICKERS A.E.M., FISCHER V., CONNORS S., FISHER R.L., BALDECK J.-P., MAURER G., BRENDEL K., Cyclosporin A metabolism in human liver, kidney, and intestine slices. Comparison to rat and dog slices and human cell lines, Drug Metabolism and Disposition, 20, 802-809, 1992

ZUBER M.X., SIMPSON E.R., WATERMAN M.R., Expression of bovine 17 alpha-hydroxylase cytochrome P-450 cDNA in nonsteroidogenic (COS 1) cells, Science, 234, 1258-1261, 1986

Rechtspolitische Postulate im Bereich der Gentechnologie am Tier, unter besonderer Berücksichtigung der schweizerischen Volksinitiative „zum Schutz von Leben und Umwelt vor Genmanipulation"

A.F. Goetschel

Zusammenfassung

Die eidgenössische Volksinitiative „zum Schutz von Leben und Umwelt vor Genmanipulation (gen-schutz-initiative)" prägt derzeit stark die schweizerische Diskussion zur Gentechnologie im außerhumanen Bereich. Sie wird voraussichtlich frühestens anfangs 1998 zur Volksabstimmung gelangen. Die Initiative spricht drei Verbote aus: keine Patentierung von Tieren und Pflanzen, keine Herstellung genetisch veränderter Tiere und keine absichtlichen Freisetzungen genmanipulierter Organismen in die Umwelt. Darüber hinaus wird dem Gesetzgeber klar vorgegeben, für welche Bereiche außerhalb der Verbote Ausnahmen zulässig sind. Als Folge des Freisetzungsverbots müssen alle durch die Initiative zugelassenen gentechnologischen Projekte in geschlossenen Systemen ausgeführt werden (Forschungslabors, Sicherheitsgewächshäuser, Produktionsanlagen). Für ein Bewilligungsverfahren fordert die Initiative nebst der Risikoermittlung den Nachweis des Nutzens und des Fehlens von Alternativen sowie die Darlegung der ethischen Verantwortbarkeit. Die Belege müssen jeweils vom Gesuchsteller erbracht werden; die Initiative fordert eine Beweislastumkehr.

Unabhängig von der Initiative sind zahlreiche gesetzgeberische Lücken zum Schutz des Tieres vor Genmanipulation erkannt worden. Nachstehend wird auf die Initiative eingegangen werden. Darüber hinaus werden tierschützerische Bedenken gegenüber der Gentechnologie am Tier erhoben und rechtspolitische Postulate aufgestellt. Diese sollen die Diskussion auch in den umliegenden Staaten über den Umgang des Gesetzgebers mit der Gentechnologie am Tier anregen.

Summary

Juridical-political postulates in the field of genetic engineering on animals, with special regard to the Swiss initiative for the protection of life and environment against genetic manipulation

At the beginning of 1998, the people of Switzerland will vote on a constitutional amendment that, if approved, would give the country one of the world's most critical environments for research involving transgenic animals. This gene protection initiative would permit some use of gene technology and gene therapy for human medical research, as long as transgenic animals are not involved. Beside the initiative, shortly presented in this article, there are some points in animal welfare law that are to be revised in order to improve the protection the animal against genetic manipulation.

1. Einleitung

In einem Referat über Gentechnologie und Gesetzgebung vom 8. Juni 1995 hielt der schweizerische *BUNDESRAT ARNOLD KOLLER* gentechnische Eingriffe an Tieren für erlaubt, wenn sie, wie das Tierschutzgesetz festhält, nicht zu ungerechtfertigten Schmerzen, Leiden oder Schäden führen. Er hielt das Tier bereits durch die Tierschutzgesetzgebung in hohem Maße vor Mißbräuchen der Gentechnik für geschützt.

Auch etwa der Theologe *HANS HALTER* erliegt einer bestimmten Vorstellung über das Schutzobjekt der bereits geltenden Verfassungsbestimmung. Auf die Frage nämlich, ob die Biotechnologie tierverträglich sei, antwortet er, es gehe um das *Wohlbefinden* der Tiere (um des abgestuften Eigenwerts der nicht menschlichen Natur und um der gegenwärtigen und künftigen Menschheit willen).

Beide Argumentationen greifen zu kurz. Richtig ist, daß das bestehende eidgenössische Tierschutzgesetz das Tier vor ungerechtfertigten Leiden, Schmerzen oder Schäden bewahren soll und sein Wohlbefinden zum Schutzobjekt erklärt (GOETSCHEL A.F., 1986). Doch hat sich herausgestellt, daß das Tierschutzgesetz den Herausforderungen, die ihm durch die Gentechnologie gestellt werden, nicht gewachsen ist. Der Gesetzgeber ist gefordert, nach neuartigen Kriterien Umschau zu halten.

2. Würde der Kreatur als bereits bestehender Verfassungsbegriff

Die Tierschutzbewegung, allen voran der Schweizer Tierschutz STS, hat schon sehr früh, erstmals im Jahre 1988, gefordert, daß die *Würde der Kreatur* ganz besonders im Bereich der Gentechnologie am Tier durch die Bundesverfassung zu schützen ist. Ihm war schon früh klar, daß die Gentechnik natürliche Gesetzmäßigkeiten durchbricht und mit ihrer Hilfe nun erstmals genetisches Material ganz unterschiedlicher Herkunft - grundsätzlich über alle Artschranken hinweg - in jedes Genom eingebaut werden kann. Während die herkömmliche Tierzüchtung enge biologische Grenzen, die Artenschranke, zu respektieren hat, können mittels Gentechnologie Erbinformationen und mit ihnen einzelne Eigenschaften von einem Organismus auf einen beliebigen anderen übertragen werden. Damit verdient das bereits übermäßig von uns Men-schen ausgebeutete Tier ein stärkeres Schutzbedürfnis.

Die Würde der Kreatur ist in der Folge durch die Schweizerische Bundesverfassung ausdrücklich aufgeführt worden. Seit dem 17. Mai 1992 lautet der einschlägige Abschnitt zum Schutz des Tieres vor Genmanipulation (Art. 24^{novies} Abs. 3):

„Der Bund erläßt Vorschriften über den Umgang mit ***Keim- und Erbgut von Tieren****, Pflanzen und anderen Organismen. Er trägt dabei der* ***Würde der Kreatur*** *sowie der Sicherheit von Mensch, Tier und Umwelt Rechnung und schützt die genetische Vielfalt von Tier- und Pflanzenarten."*

Die Bundesverfassung gibt damit zum Ausdruck, daß der bisherige Schutz des Tieres über das Wohlbefinden hinaus verstärkt werden muß. Und diese Erweiterung des Schutzgedankens fügt sich zwanglos in die Geschichte und Entwicklung der **Tierschutzethik** ein (GOETSCHEL A.F., 1989, 1995). Nicht ohne Stolz erfüllt uns nämlich der Gedanke, daß der

Begriff der Würde der Kreatur selber von einem *Schweizer* Theologen, nämlich dem in Basel lehrenden Theologen *KARL BARTH*, im Jahre 1945 geprägt wurde. Und der Schweizer Gesetzgeber ist aufgerufen, BARTHS Gedanken nun ernst zu nehmen und umzusetzen.

Die Initianten der am 12. Mai 1992 eingereichten eidgenössischen Volksinitiative „zum Schutz von Leben und Umwelt vor Genmanipulation" halten die Würde der Tiere unter anderem dann für gefährdet oder verletzt, wenn Tiere überwiegend als Mittel betrachtet werden und wenn ihr Eigenwert aberkannt wird, d.h. etwa dann, *wenn ihre Integrität in irgendeiner Hinsicht ohne zwingende Gründe beeinträchtigt wird*, wobei erst noch zu klären wäre, ob und inwieweit es überhaupt zwingende Gründe für solche Beeinträchtigungen gibt. Sie halten sie auch dann für verletzt, wenn Tiere *zu reinen Meßinstrumenten degradiert* werden. Dabei stützen sich die Initianten auf zahlreiche *Stellungnahmen* von Ethikern und Theologen, wie sie der renommierte Soziologieprofessor G.M. TEUTSCH neuestens aufgearbeitet und sorgsam *zusammengefaßt* hat (TEUTSCH G.M., 1995).

Es ist davon auszugehen, daß der erwartete *Nutzen* eines Eingriffes gentechnologischer Art *noch kein ethisch ausreichendes Argument* darstellt. Namentlich *wirtschaftliche* Motivationen, welche bei Genmanipulationen an Tieren eine manchmal entscheidende Rolle spielen, entbin-den uns nicht von der Pflicht, die Eingriffe in den Kern des tierlichen Lebens ganz besonders stark ethisch zu begründen und zu rechtfertigen.

3. Allfällige Rechtfertigungsgründe der Verletzung der kreatürlichen Würde?

Tierschutz**rechtlich** stehen wir bei der Interpretation des Würdebegriffs erst am Anfang. Vorab stellt sich die Frage, ob die kreatürliche Würde überhaupt verletzt werden darf, ob sie also unter absolutem oder bloß unter relativem Schutz steht. Die Formulierung der Bundesverfassung („Rechnung zu tragen") läßt dies offen, doch war den Promotoren dieser Forderung, namentlich den Verantwortlichen des Schweizer Tierschutz STS und - in der Folge - der Schweizerischen Arbeitsgruppe Gentechnologie SAG damals klar, daß die zu überspringende Latte außerordent-lich hoch gelegt wurde und zahllose tierwidrige Verhaltensformen damit untersagt würden. So gesehen kann man der Auffassung der Kommentatoren der Schweizerischen Bundesverfassung folgen, wonach die Würde der Kreatur grundsätzlich unbedingt zu schützen ist. Ob sie allerdings eingeschränkt werden kann, darüber sind die Meinungen geteilt. Gute Gründe sprechen dagegen.

Nicht selten wird argumentiert, daß die menschliche wie die kreatürliche Würde gewisse (problem- und situationsbezogene) Einschränkungen hinzunehmen habe (SALADIN P. und SCHWEIZER R.J., 1996). Und weiter: *„Nur wenn entgegenstehende Anliegen im Hinblick auf bestimmte Probleme und Situationen als eindeutig und erheblich gewichtiger gelten müssen, darf er* (gemeint: der Gesetzgeber) *den Schutz kreatürlicher Würde oder der Sicherheit von Mensch, Tier und Umwelt einschränken. Und diese Einschränkungen müssen im üblichen dreifachen Sinn verhältnismäßig sein: D.h. sie müssen zur Erreichung des gesetzten Ziels geeignet sein, sie dürfen Würde und Sicherheit nicht stärker einschränken als nötig, und es muß eben das verfolgte 'konträre' Anliegen erheblich mehr Gewicht haben als solche Einschränkung".*

Versteht man den Eingriff in das Keim- und Erbgut eines Tieres als eine Verletzung seiner Würde, wie dies zurecht u.a. BEAT SITTER-LIVER annimmt (SITTER-LIVER B., 1991), so fragt man sich, ob überhaupt eine Güterabwägung stattzufinden hat oder nicht. Die genschutz-initiative läßt keine Güterabwägung zu - die Bundesverfassung läßt sie offen.

Für den Fall, daß man eine Güterabwägung zuließe und den Eingriff in das Genom von Tieren als zu rechtfertigen betrachtet, so kann mit Sicherheit davon ausgegangen werden, daß bei dieser neuen Verfassungsbestimmung eine neuartige Abwägung stattzufinden hat. Die bisherige Güterabwägung im Bereich der klassischen Tierversuche, welche auf das „unerläßliche Maß" zu beschränken sind, reicht nicht aus. Dem Sonderfall der transgenen Tiere ist zum mindesten dadurch Rechnung zu tragen, daß die Versuche vom Plenum einer kantonalen Tierversuchskommission ausdiskutiert werden, angelehnt an die Beurteilung der schwerst belastenden Tierversuche mit dem Belastungsgrad 3: Während hier das große Tierleid mit dem potentiellen Erkenntnisgewinn abgewogen werden muß, soll dort - von der Gesamtkommission - der ethische Sonderfall des transgenen Tieres jeweils in concreto mit dem Erkenntnisgewinn abgewogen werden, wobei, wenn überhaupt, nur besonders wichtige human- oder veterinärmedizinische Therapieziele verfolgt werden dürfen. Versuche zu rein wirtschaftlichen Zwecken, Eingriffe aus Neugier oder Spielerei sind selbstverständlich ohnehin abzulehnen.

Überdies wäre eine einheitliche Regelung wünschbar über die Zucht und Haltung genetisch veränderter Tiere, auch in statistischer Hinsicht. Schließlich dient die Transparenz, auch etwa über die Gesamtzahl genetisch veränderter Tiere sowie über die getöteten Tiere, weil sie nicht genetisch verändert wurden, auch der Akzeptanz der Forschung und Industrie.

Darüber hinaus soll das Bewilligungsverfahren justitiabel gestaltet werden, und zwar in dem Sinn, daß Bewilligungen von Tierversuchen, auch an genetisch veränderten Tieren, von einem Richter auf ihre Konformität mit der Tierschutzgesetzgebung hin überprüft werden können. Dies würde voraussetzen, daß nicht bloß im Namen des Industriebetriebs oder des Forschungsinstituts gegen eine verweigerte Bewilligung ein Rechtsmittel ergriffen werden kann, sondern daß umgekehrt auch gegen eine erteilte Bewilligung im Interesse der Tiere eingeschritten werden kann.

4. Fehlende ethische Instrumente in der Tierschutzgesetzgebung

Griffige Ansätze zur ethischen Begründung eines Eingriffs, sei es im klassischen Tierversuch, sei es im besonderen beim Sonderfall des transgenen Tieres, suchen wir in den Tierschutzgesetzen im deutschsprachigen Raum vergebens. Der Tierschutz kann sich aber nicht „ad calendas graecas“ vertrösten lassen mit der Beschwichtigung etwa in der Bundesrätlichen Botschaft: „Wohl ist mit dem Einsatz gewisser gentechnisch veränderter Tiere ein *ethisches Problem verbunden*; dieses muß und kann aber im Rahmen der *Tierschutzgesetzgebung* gelöst sein.“ (1996). Oder durch die sog. Gen-Lex-Motion, wonach gewisse - endlich auch von offizieller Seite erkannte - Lücken in der Gesetzgebung gestopft werden. Zuwenig konkret sind die Vorstellungen der Kreise, die diese aktuelle Motion unterstützt haben - keinerlei Zugeständnisse sind gemacht worden von Forscherseite, auf welche Versuche sie freiwillig verzichten bzw. gegen welche gesetzgeberischen Vorhaben keine Einwände erhoben würden. Nach dem Willen der Forscherinnen und Forscher sollten - allen Tierschutzbedenken zum Trotz - offenbar noch immer uneingeschränkt Fliegen mit 14 Augen und transgene Mäuse ohne Pfoten oder mit Pfoten, die an Seehundflossen erinnern, ja - international - Wirbeltiere ohne Köpfe und anderen Abnormitäten erlaubt sein.

5. Patentieren von Tieren als zukunftsweisendes Modell?

Der Schutz der kreatürlichen Würde enthält auch das Verbot, Tiere zu verdinglichen; in ihnen *reine Sachen* zu sehen. So anerkennt auch das *schweizerische Bundesgericht* das Tier als ein „lebendes und fühlendes Wesen, als *Mitgeschöpf*, dessen *Achtung und Wertschätzung* für den durch seinen Geist überlegenen Menschen ein moralisches Postulat darstellt“ (SCHWEIZER R.J., 1995). So wenig sich die Bevölkerung damit abfindet, daß das Tier als Sache behandelt werden soll, so *klein* ist das *Verständnis*, Tiere im Sinne einer gänzlichen Verdinglichung, gleich auch noch *patentieren* zu wollen. Bei aller Rücksichtnahme auf die teils berechtigten wirtschaftlichen Interessen des sog. Erfinders stößt eine solche Rechtslösung bei der Bevölkerung, und nicht nur bei der tierfreundlichen, auf überwiegende Ablehnung.

Hinzu tritt die Tatsache der bislang reichlich unklaren Rechtslage: Nach bestehendem Schweizer Patentgesetz in der Fassung von 1976 dürfen nämlich für Pflanzensorten und Tierarten und für im wesentlichen biologische Verfahren zur Züchtung von Pflanzen und Tieren keine Erfindungspatente erteilt werden. Damit gaben die Verfasser des Patentrechts zu erkennen, daß zwischen belebter und unbelebter Materie klar unterschieden werden müsse und erstere von der Patentierung auszuschließen sei. Durch juristische Umdefinierungen wurde das Patentrecht aber nach und nach aufgeweicht. So argumentieren die Verfechter von Tierpatenten, daß das Patent nicht nur die Maus (Tierart), sondern alle Säugetiere (Klasse) umfasse und deshalb die Ausnahmeregelung keine Anwendung finde. Die Einsprache gegen das vom Europäischen Patentamt erstinstanzlich erteilte Patent für eine Krebsmaus ist noch anhängig. Das von der Initiative geforderte Patentierungsverbot für Tiere und Pflanzen ist übrigens WTO-konform. Denn in Art. 27.3. Bst. b der TRIPS-Bestimmungen über Trade Related Intellectual Property System heißt es, daß Mitgliedsstaaten von der Patentierung ausschließen können: Pflanzen und Tiere, die nicht Mikroorganismen sind.

6. Konsequenzen der Initiative im außermenschlichen Bereich

6.1. Medizin

Die Initiative tangiert den Umgang mit der Gentechnologie in der Humangenetik nicht. Dieser wird durch Art. 24 ^novies^ Abs. 1 und Abs. 2 der eidgenössischen Bundesverfassung (BV) angesprochen. Das Verbot transgener Tiere als ganzes kann unter Umständen gewisse Entwicklungen beeinflussen und zu einer den Menschen ganzheitlich betrachtenden Forschung und auch Gesundheitspolitik führen. Die Produktion von Medikamenten aus transgenen Organismen ist - mit Ausnahme des transgenen Tieres - zugelassen; gentechnisch gewonnene Medikamente werden u.a. bezüglich Notwendigkeit und Nutzen begutachtet, das Fehlen von Alternativen wird überprüft, womit neuartige Ansätze in der Medizin gefördert werden. Die medizinische Grundlagenforschung ist mit Ausnahme der Nutzung transgener Tiere nicht eingeschränkt.

6.2. Nahrungsmittel

Die Initiative setzt überdies die Forderung nach einem Freisetzungsverbot transgener Nahrungsmittel auf. Dadurch dürften solche nicht im Freiland angebaut werden. Gentechnisch gewonnene Lebensmittelzusatzstoffe, die keine lebenden Organismen enthalten, sind zugelassen. Biologische und andere naturbelassene Nahrungsmittel werden stark gefördert; ein Trend, welcher nicht erst seit den drei Agrarvorlagen anhält.

6.3. Landwirtschaft

Im Landwirtschaftsbereich verlangt die Initiative, daß keine transgenen Organismen in die Umwelt gelangen, wogegen gentechnisch gewonnene Hilfsstoffe, die keine lebenden Organismen enthalten, zugelassen sind. Transgene Nutztiere würden von den Ställen verbannt; der ökologische Landbau würde gefördert, und es würde einer nachhaltigen Entwicklung Rechnung getragen.

7. Einzelne tierschützerische Bedenken gegenüber der Gentechnologie

Die Überwindung der Artgrenze setzt Tiere einer neuen Leidensqualität aus. Die Auswirkungen lassen sich naturgemäß erst im nachhinein festmachen, also nach dem Versuch oder bei intensiver Prüfung der transgenen Tiere in ihrer Nachfolge. Schon deshalb müßte - für den Fall, daß kein gänzliches Verbot ausgesprochen würde - im Sinne einer prospektiven Beurteilung des Belastungsgrades jeweils vom höchsten Grad 3 ausgegangen werden, aus Gründen des Tierleides und des Sonderfalles.

Die Gentechnik fördert die Experimentierlust, womit die damit verbundenen Auswirkungen für das Tier noch verstärkt werden. Ohne Skrupel drängt sich etwa ein Genfer Forscher an die Öffentlichkeit und präsentiert stolz seine „Mäuse ohne Füße oder mit Vorderbeinen, die an See-hundflossen erinnern". Er selber spricht von den von ihm produzierten Tieren als „hoffnungsvolle Monster" und vergleicht seine Zucht mit einem Alptraum (Der Spiegel, 1995). Ein transgenes Tier etwa mit 14 Augen erfüllt die Forscherwelt, und nicht nur in Basel, mit erwartungsfrohem Prickeln.

Überdies werden zahllose sog. *Abfalltiere* produziert: Die überwiegende Mehrzahl der hergestellten Jungtiere, welche eben nicht transgen geworden sind, werden sogleich getötet. Beispielhaft sei aus einer Übersicht über Schweizer Laboratorien zitiert, wonach im Durchschnitt von 100 überlebenden Mäusen nur gerade 15 für die Forschung brauchbar waren. Bei der Herstellung transgener Nutztiere ist die Integrationsrate, die eigentliche „Ausbeute", noch geringer und betrug gerade rund 1%. 99%, das waren 175 Tiere, wurden geboren, um als Überschußware sogleich getötet zu werden. Von einer Erfassung dieser „Überschußtiere" in öffentlich zugänglichen Statistiken kann keine Rede sein. Infolge unerwünschter Positionseffekte oder unerwarteter Krankheitsbilder des angestrebten Krankheitsmodells sind überdies in jedem Fall *Qualzüchtungen* zu erwarten.

8. Tierschützerische Erwartungen in die Gentechnologie

Die Gentechnologie kann als Alternative zum klassischen Tierversuch sehr wertvolle Dienste leisten. Förderungswürdig sind etwa *gentechnisch veränderte Hefe- und Bakterienkulturen* (Experiment mit Hefezellpopulationen als Beitrag zur Aufklärung des Mechanismus der Krebsentstehung und von Mutagenitätsuntersuchungen; Heterologe Expression von Sulfotransferasen mit Hilfe von Bakterien in der Toxikologie) oder *Säuger-Zellkulturen* (z.B. die gentechnologisch konstruierte V79-Zellinie als Ersatz zum Tierversuch. Die V79-Zelle wurde auf gentechnologischem Weg mit Enzymen von Ratte und Mensch ausgestattet, um vom Metabolismus abhängige Effekte in der Toxikologie und Pharmakologie unter definierten Bedingungen untersuchen zu können) oder *gentechnisch hergestellte Impfstoffe* (z.B. das Baculosvirussystem als Produzent von veterinärmedizinischen Impfstoffen; solche Impfstoffe können in großen Mengen in Gewebekultur-Systemen gezüchtet werden; Herstellung humaner monoklonaler Antikörper mit Hilfe gentechnologischer Methoden).

All diese und verschiedene andere *hoffnungsvolle Ansätze ohne transgene Tiere* verdienen die vorbehaltlose Unterstützung durch die Öffentlichkeit und durch den Staat. Dementsprechend sind nach Abklärungen durch die Initianten der gen-schutz-initiative sämtliche auf dem Markt erhältlichen bisherigen sog. gentechnologischen Medikamente und Impfstoffe auch nach der Annahme der Initiative erhältlich und produzierbar. Denn bei ihnen wurden nicht transgene Tiere als ganzes verwendet.

Eine Haltung, wonach Gentechnologie als *Alternativmethode zum Tierversuch* gefördert wird, würde dem *Forschungsplatz Schweiz* sehr gut anstehen. Die gen-schutz-initiative ermöglicht sie.

Literatur

Botschaft des Bundesrates vom 6. Juni 1995 über die Volksinitiative „Zum Schutz von Leben und Umwelt vor Genmanipulation (Gen-Schutz-Initiative)", Bundesblatt BBl 1995 III, 1333 ff, 1995

GOETSCHEL A.F., Kommentar zum Eidgenössischen Tierschutzgesetz, Bern, Stuttgart: Verlag Paul Haupt, 1986

GOETSCHEL A.F., Tierschutz und Grundrechte, Dissertation, Bern, Stuttgart, Wien: Verlag Paul Haupt, 1989

GOETSCHEL A.F., in: TEUTSCH G.M. (Hrsg.), Die 'Würde der Kreatur', Erläuterungen zu einem neuen Verfassungsbegriff am Beispiel des Tieres, Bern/Stuttgart/Wien: Verlag Paul Haupt, 1995

SALADIN P. und SCHWEIZER R.J., Kommentar zu Art. 24^{novies} Abs. 3 BV, in: AUBERT J.-F. et al. (Hrsg.), Kommentar zur Bundesverfassung der Schweizerischen Eidgenossenschaft, 1996

SCHWEIZER R.J., Gentechnikrecht - Stand des Gesetzgebungsprozesses zur Gentechnik, 1996

SITTER-LIVER B., Transgene Tiere: Skandal oder Chance, Zeitschrift für Schweizerisches Recht ZSR, Bern, 301 ff, 1991

TEUTSCH G.M., Die 'Würde der Kreatur', Erläuterungen zu einem neuen Verfassungsbegriff am Beispiel des Tieres, Bern, Stuttgart, Wien: Verlag Paul Haupt, 1995

Der Spiegel, 38/1995, 234 ff, 1995

Anhang

Wortlaut der Initiative

Die Initiative lautet:

Die Bundesverfassung wird wie folgt ergänzt:

Art. 24^{decies} (neu)

[1] Der Bund erlässt Vorschriften gegen Missbräuche und Gefahren durch genetische Veränderungen am Erbgut von Tieren, Pflanzen und anderen Organismen. Er trägt dabei der Würde und der Unverletzlichkeit der Lebewesen, der Erhaltung und Nutzung der genetischen Vielfalt sowie der Sicherheit von Mensch, Tier und Umwelt Rechnung.

[2] Untersagt ist:
a. Herstellung, Erwerb und Weitergabe genetisch veränderter Tiere;
b. die Freisetzung genetisch veränderter Organismen in die Umwelt;
c. die Erteilung von Patenten für genetisch veränderte Tiere und Pflanzen sowie deren Bestandteile, die dabei angewandten Verfahren und für deren Erzeugnisse.

[3] Die Gesetzgebung enthält Bestimmungen namentlich über:
a. Herstellung, Erwerb und Weitergabe genetisch veränderter Pflanzen;
b. die industrielle Produktion von Stoffen unter Anwendung genetisch veränderter Organismen;
c. die Forschung mit genetisch veränderten Organismen, von denen ein Risiko für die menschliche Gesundheit und die Umwelt ausgehen kann.

[4] Die Gesetzgebung verlangt vom Gesuchsteller namentlich den Nachweis von Nutzen und Sicherheit, des Fehlens von Alternativen sowie die Darlegung der ethischen Verantwortbarkeit.

Gentechnologie am Tier: rechtliche Annäherungen

M. Grütter

Zusammenfassung

Die neuen gentechnischen Möglichkeiten haben rechtlichen Regelungsbedarf entstehen lassen. Die Gesetzgeber verschiedener Staaten haben auf diese Entwicklung reagiert und spezielle Gentechnik-Bestimmungen erlassen. In unserem Zusammenhang interessieren besonders die Bestimmungen in der Schweiz, in Österreich und in Deutschland, welche den Umgang mit transgenen Tieren regeln. Zum Vergleich werden wir weiter einen Blick auf die Lösungsansätze unserer skandinavischen Nachbarn werfen.

Summary

Genetic engineering at the animal: a legal approach

The new developements and possibilities concerning genetic engineering have created the necessity of regulation. The legislative corps of different countries have reacted and have adopted measures concerning genetic engineering. Of special interest for us in this context are the mesures taken in Switzerland, Austria and Germany, measures which regulate the handling of transgenic animals. To compare the situation also with other approaches, we will have a short look at the recent developement in the sandinavic countries.

1. Einführung

Dank gentechnischer Methoden eröffnen sich neue Möglichkeiten der Nutzung erwünschter und der Bekämpfung unerwünschter Eigenschaften bei Tieren. Bis vor kurzem beschränkte sich der Umgang mit Tieren auf die Nutzung ihrer natürlich angelegten Eigenschaften und Fähigkeiten, die züchterisch betont wurden: Das Schaf etwa lieferte Wolle und Fleisch, die Kuh Milch, Fleisch und Lab. Weiters dienen Tiere aufgrund ihrer Eigenheit, lebendig zu sein, auch als Versuchsobjekte zu Studienzwecken und oder als „Subjekte der Zuwendung", als Gefährten von Frauen, Männern und Kindern.

Dabei stellen sich seit jeher Fragen zum angemessenen menschlichen Umgang mit Tieren. Sie lauten zum Beispiel: „Dürfen wir Tiere töten, um uns von ihnen zu ernähren? Wieviele davon dürfen wir erlegen, ohne den Bestand ernstlich zu gefährden? Ist es richtig, Tiere eingesperrt zu halten? Welche Art der Haltung ist zu rechtfertigen, welche nicht?" Es sind Fragen, welche die Ethologie und die Ökologie einerseits, die Ethik und Moral andererseits beschlagen. Sie werden in unseren Gesellschaften breit diskutiert. Gerade Tierschutzprobleme im engeren Sinn - rund um die Haltung und Nutzung von Tieren in Landwirtschaft und Wissenschaft - sind in der Öffentlichkeit immer wieder ein Thema. Dabei steht zwar die Sorge um das *körperliche Wohl* der Tiere im Vordergrund; die Sensibilität für Tiere als *Mitgeschöpfe* ist in der Bevölkerung jedoch ebenfalls groß. Es herrscht die Überzeugung vor, daß Tiere nicht allein dem Menschen zur Verfügung stehen, sondern Selbstzweck sind und unsere Achtung verdienen.

Auf rechtlicher Ebene verdichten sich diese gesellschaftlichen Tendenzen zum *Tierschutzrecht.* Geschützt wird das Wohlergehen der Tiere: Sie sollen, wenn möglich, keine Schmerzen leiden und keine artfremden Lebensbedingungen ausstehen müssen. Tiere sollen weiter nicht dem bloßen menschlichen Mutwillen ausgesetzt sein: Die sinnlose Tötung von Tieren ist untersagt. Allerdings entwickelten sich parallel zu tierschutzrechtlichen Bemühungen immer extremere Formen der Tiernutzung (Stichwort „Tierfabriken"). Deshalb ist unser Umgang mit Tieren - trotz immer detaillierterer Regelungen - nicht unbedingt humaner geworden. Das Recht versucht, immer etwas außer Atem, mit den tatsächlichen Gegebenheiten Schritt zu halten und den Schaden zu begrenzen.

Mit den Möglichkeiten der Gentechnik erwächst dem Recht wieder eine Aufgabe. Ich glaube nicht, daß infolge der Gentechnik qualitativ völlig neue Fragen zu beantworten sind. Es geht nach wie vor um den respekt- und sinnvollen Umgang mit Lebewesen. Gentechnik treibt jedoch die Nutzungs- und Ausbeutungsmöglichkeiten auf die Spitze; die alten Fragen stellen sich damit pointierter.

Schon die Entstehung eines Tieres ist nun nicht mehr unbedingt Mensch-unabhängig. Im Reagenzglas werden fremde Gene in die befruchtete Eizelle eingeschleust, Gene, die dem neuen Lebewesen nicht von seinen Eltern mitgegeben worden sind und nicht mitgegeben werden konnten. Die Gentechnik setzt somit dort ein, wo noch gar kein Tier vorhanden ist: Eizellen und Embryonen gelten nicht als Tiere. Die Auswirkungen der Manipulation auf das ausgereifte Lebewesen sind im voraus nicht bekannt. Tierschutz nach der Geburt kann nicht mehr viel ausrichten, wenn das Tier wegen seiner genetischen Ausstattung unnötige Schmerzen leidet.

Neben diesen Fragen des Eingriffs in das körperliche Wohlergehen von Tieren werden aber auch schwieriger zu fassende ethische Probleme aufgeworfen: Gentechnische Eingriffe tangieren und verletzen die Würde des Tieres.

Nehmen wir zwei Beispiele aus der Praxis:

- Ein Mutterschaf wird gentechnisch so verändert, daß es nun in seiner Milch einen menschlichen Wirkstoff mitproduziert, der pharmazeutisch eingesetzt werden kann. Es leidet daran nicht (oder jedenfalls nicht sichtlich). Es wurde aber durch den Einbau eines menschlichen Gens sozusagen umfunktioniert, vom Weidetier zur Pharmaproduzentin. Menschliche Arzneimittel zu produzieren ist ihm artfremd.
- Einer Forelle wird in einem frühen Stadium ein artfremdes Wachstumshormon-Gen ins Erbgut gegeben, damit sie schneller wächst und größer wird als ihre nicht-manipulierten Artgenossen. Auch hier gilt: Diese Eigenschaft dient einzig dem Menschen, nicht auch dem Tier. Zudem sind hier nur ökonomische, nicht, wie im ersten Beispiel, auch medizinische menschliche Interessen im Spiel.

Sollen solche und ähnliche Eingriffe in das Erbgut von Tieren zulässig sein? Falls ja, unter welchen Voraussetzungen? Hier wäre das Recht gerufen, die Weichen zu stellen. Tut es das? Finden wir rechtliche Stellungnahmen dazu?

2. Rechtliche Regelung der Gentechnik am Tier

2.1. Schweiz

Im schweizerischen Recht wird die Gentechnik noch wenig explizit erwähnt. In den letzten Jahren wurden allerdings vereinzelt in vorbestehende oder neu entstehende Erlasse Bestimmungen aufgenommen, welche direkt auf gentechnische Arbeiten Bezug nehmen, so z.B. in die Störfallverordnung (1991) oder das Lebensmittelgesetz und die Lebensmittelverordnung (1992/1995). Die Gentechnik soll auch weiterhin auf diese Art, als „Streugesetzgebung", rechtlich erfaßt werden: nicht durch die Schaffung eines einzelnen Gentechnikgesetzes, sondern durch die Anpassung und Ergänzung bestehender Gesetze zu Sach- und Rechtsgebieten, welche von der Gentechnik berührt werden (Umweltschutz, Arbeitnehmerschutz, Fortpflanzungsmedizin, Patentrecht usw.).

Den Auftrag zur Regelung der Gentechnik erhielt der Bundesgesetzgeber im Jahr 1992, als in einer Volksabstimmung der neue Art. 24^{novies} der Bundesverfassung gutgeheißen wurde, welcher in seinen Absätzen 1 und 3 bestimmt:

„1 Der Mensch und seine Umwelt sind gegen Mißbräuche der Fortpflanzungs- und Gentechnologie geschützt.

3 Der Bund erläßt Vorschriften über den Umgang mit Keim- und Erbgut von Tieren, Pflanzen und anderen Organismen. Er trägt dabei der Würde der Kreatur sowie der Sicherheit von Mensch, Tier und Umwelt Rechnung und schützt die genetische Vielfalt der Tier- und Pflanzenarten."

Eine wichtige Etappe in der Erfassung der Gentechnik wurde durch die Revision des Umweltschutzgesetzes vom 21. Dezember 1995 erreicht, welche voraussichtlich Mitte 1997 in Kraft treten wird. Geregelt wird der Umgang mit gentechnisch veränderten Organismen (GVO): Arbeiten im geschlossenen System, Handel, Transport und Freisetzung. Jeder Umgang mit GVO ist grundsätzlich bewilligungspflichtig. Die Regierung kann Ausnahmen von der Bewilligungspflicht vorsehen, wenn „nach dem Stand der Wissenschaft oder der Erfahrung eine Gefährdung der Umwelt ausgeschlossen ist" (Art. 29c, 29e, 29f des rev. Umweltschutzgesetzes). Die Kriterien für die Erteilung der Bewilligung sind sicherheitstechnischer Natur. Dabei geht es nicht um die Sicherheit des gentechnisch veränderten Lebewesens selber, sondern um diejenige des Menschen und seiner Umwelt. Hingegen umfaßt der Begriff der „Umwelt" andere (nicht in das gentechnische Projekt einbezogene) Tiere. Das Gesetz hat zum Zweck, auch ihre Gefährdung zu verhindern.

Eine wichtige Rolle spielen angesichts des heute noch herrschenden weitreichenden gesetzlichen Vakuums in der Praxis die privaten Richtlinien der Schweizerischen Kommission für biologische Sicherheit (SKBS), welche sich an die OECD-Richtlinien anlehnen.

Allerdings dürfen bei der Beurteilung gentechnischer Arbeiten nicht allein die Sicherheitsaspekte den Ausschlag geben: Die Verfassung verlangt ja, der „Würde der Kreatur" sei Rechnung zu tragen. Neben körperlichen werden der Kreatur (Tieren, Pflanzen, vielleicht auch anderen Organismen) auch „ideelle" Interessen zugestanden, welche im Umgang mit Lebewesen beachtet werden müssen. Konkretisierende inhaltliche Angaben zu diesem verfassungsrechtlichen Grundsatz fehlen aber sowohl im revidierten Umweltschutzgesetz wie weitgehend auch sonst in der Schweizer Rechtsordnung. Im Tierschutzgesetz wird er immerhin implizit berücksichtigt. Eine Motion des Nationalrates (Juni 1995) möchte diese Lücke schließen und verlangt vom Bundesrat - der Exekutive - einen Vorschlag zur gesetzgeberischen Umsetzung der „Würde der Kreatur". Bundesrätin DREIFUSS betonte bei der Entgegennahme dieses Vorstosses, ein Vorschlag werde im besten Fall innert 3 Jahren vorgelegt werden können. Die Konkretisierung des verfassungsrechtlichen Prinzips der Würde der Kreatur wird somit noch eine Weile auf sich warten lassen.

Die Interessen des Tieres werden vom Schweizer Gentechnikrecht bisher somit kaum wahrgenommen. Dafür muß vielmehr auf die älteren Tierschutzvorschriften zurückgegriffen werden:

Versuche mit gentechnisch veränderten Wirbeltieren fallen unter die allgemeinen Tierversuchs-Vorschriften des Tierschutzgesetzes. Der Gebrauch dieser Tiere als Organspender wird in der Schweiz dank der weiten Definition des Begriffs des „Tierversuchs" ebenfalls davon erfaßt. Dasselbe gilt für den Einsatz von z.B. Säugetieren als Produzenten medizinisch einsetzbarer Substanzen (Art. 12 Tierschutzgesetz). Die Tierschutzverordnung präzisiert, daß auch Arbeiten mit Keimzellen, Embryonen oder Larven als Tierversuche gelten, wenn „die Versuche über den Geburts- oder Schlüpftermin oder das Larvenstadium hinaus andauern" (Art. 60 lit. h Tierschutzverordnung). Das Tierschutzgesetz schreibt vor, daß Tierversuche auf das „unerläßliche Maß" zu beschränken sind. Das Vorliegen der nötigen Voraussetzungen wird in einem Bewilligungsverfahren geprüft. Die Bestimmungen im Tierschutzgesetz werden ergänzt durch Vorschriften in der Tierschutzverordnung sowie - auf rechtlich unverbindliche Weise - durch die von den Schweizerischen Akademien der medizinischen Wissenschaften und der Naturwissenschaften gemeinsam herausgegebenen Richtlinien für wissenschaftliche Tierversuche.

Auch das Halten gentechnisch veränderter Tiere, sei es zu landwirtschaftlichen, wissenschaftlichen oder allenfalls privaten Zwecken, fällt unter das Tierschutzrecht.

Vom Schweizer Tierschutzgesetz erfaßt werden allerdings - mit wenigen Ausnahmen - nur Wirbeltiere. Dies bedeutet, daß z.B. die berühmte Fliege mit Augen an den Beinen von dessen Schutzbereich nicht erfaßt wird: Versuche mit Insekten sind unter Tierschutzgesichtspunkten nicht bewilligungspflichtig.

Das Weiterzüchten gentechnisch veränderter Tiere ist heute nirgendwo geregelt; im Rahmen einer Teilrevision soll allerdings ein Grundsatzartikel zur Zucht von (auch transgenen) Tieren in das Tierschutzgesetz eingebracht werden. Wie dieser aussehen wird, ist noch nicht bekannt. Tierquälerische (d.h. Leiden oder Schäden zufügende) Formen der Tierzucht zu verhindern, setzt sich auch das von der Schweiz ratifizierte, aber noch nicht in Kraft getretene Protokoll über die Änderung der Europäischen Übereinkommens zum Schutz von Tieren in landwirtschaftlichen Tierhaltungen zum Ziel (Art. 2). Hier wird ebenfalls die Regelung der Abgabe von - auch gentechnisch hergestellten - Stoffen an Nutztiere vorgezeichnet: Diese darf, ausgenommen zu therapeutischen oder prophylaktischen Zwecken, nur geschehen, wenn nachgewiesen ist, daß der betreffende Stoff der Gesundheit oder dem Wohlbefinden des Tieres nicht schadet (Art. 4). Die Ausführungsvorschriften zum geänderten Übereinkommen sollen in der revidierten Tierschutzverordnung Aufnahme finden.

2.2. Österreich

In Österreich ist das Gentechnikgesetz am 1. Januar 1995 in Kraft getreten. Es regelt sowohl die Gentechnik am Menschen wie auch die an anderen Lebewesen.

Ziel des Gesetzes ist - neben der Förderung der Gentechnik - der Schutz der Gesundheit des Menschen und seiner Nachkommenschaft einerseits und der Schutz der Umwelt andererseits. Im Begriff der „Umwelt" sind auch Tiere eingeschlossen. Allerdings geht es auch hier nicht um den Schutz der Tiere, die in die betreffenden gentechnischen Arbeiten selber einbezogen sind.

Das österreichische Gentechnikgesetz (GTG) gibt sich - wie bei europäischen Gentechnik-Bestimmungen üblich - verfahrensorientiert: Geregelt wird der formelle Ablauf von Melde- und Genehmigungsverfahren, hingegen finden sich nur wenige inhaltliche Bestimmungen. Eine für unseren Zusammenhang interessante Ausnahme stellt der §9 dar: „Arbeiten zur Herstellung von transgenen Wirbeltieren, mit denen eine Durchbrechung der Artgrenzen verbunden ist, und Arbeiten mit transgenen Wirbeltieren, die unter Durchbrechung der Artgrenzen hergestellt wurden, sind nur zu Zwecken der Biomedizin und der entwicklungsbiologischen Forschung zulässig." Die Definition der Artgrenzen folgt in Absatz 2 desselben Paragraphen; wesentlich ist die Wahrung der „Identität der Art des Empfängerorganismus unter Bedachtnahme auf seine Fortpflanzung und in bezug auf die wesentlichen Merkmale seines Körperbaus, seiner physiologischen Funktionen und seiner Leistung".

Diese Schranke nimmt eine motivierte Güterabwägung auf Gesetzesebene vorweg. Sie ist einerseits ökologisch (Erhaltung der natürlichen Artengrenzen zur Wahrung von Ökosystemen), andererseits auch ethisch motiviert: Das Interesse der Tiere, so zu sein und zu leben, wie ihnen von der Natur ihrer Art her gegeben ist, muß grundsätzlich respektiert werden und kann nur von gewichtigen menschlichen Interessen verdrängt werden.

2.3. Deutschland

Zweck des deutschen Gentechnikgesetzes (1990, in der ab 22.12.1993 geltenden Fassung), welches gentechnische Arbeiten an nichtmenschlichen Lebewesen regelt, ist es, „Leben und Gesundheit von Menschen, Tiere, Pflanzen sowie die sonstige Umwelt in ihrem Wirkungsgefüge und Sachgüter vor möglichen Gefahren gentechnischer Verfahren und Produkte zu schützen und dem Entstehen solcher Gefahren vorzubeugen" sowie den rechtlichen Rahmen für die Nutzung und Förderung der Gentechnik zu schaffen (§1). Dementsprechend bilden sicherheitsrelevante Normen das Kernstück des Gesetzes. Die Sicherheitsbemühungen gelten auch in bezug auf Wirbeltiere und werden z.B. in §16 (4) konkretisiert, wonach Genehmigungsentscheide über Freisetzungen und Inverkehrbringen im Einvernehmen mit der Bundesforschungsanstalt für Viruskrankheiten der Tiere gefällt werden müssen, soweit Wirbeltiere betroffen sind oder sein könnten.

Das deutsche Gentechnikgesetz enthält jedoch keinerlei ethischen Gesichtspunkte für die Beurteilung gentechnischer Projekte. Die Gentechnik wird vom Gesetz im Gegenteil als „nüchtern-beherrschbare, instrumentalisierte Technik" behandelt und der ethischen Diskussion entzogen (GRAF VITZTHUM W., 1993).

Hingegen müssen natürlich die Vorschriften des Tierschutzgesetzes eingehalten werden, wo dieses anwendbar ist. In Deutschland fallen Eingriffe in das Erbgut von Tieren (also bereits an Keimzellen und Embryonen) unter den Begriff des Tierversuchs, „wenn sie mit Schmerzen, Leiden oder Schäden für die erbgutveränderten Tiere oder deren Trägertiere verbunden sein können" (§7 (1) Tierschutzgesetz). Der Schutz wirbelloser Tiere ist allerdings reduziert: Versuche damit sind nicht bewilligungs-, sondern nur anzeigepflichtig (§8a).

§11 Bst. b des Tierschutzgesetzes verbietet die sogenannte Qualzüchtung von (auch transgenen) Wirbeltieren. Da beim Einbau fremder Gene in eine Eizelle die Wirkungen auf das entstehende Tier noch nicht bekannt sind, unzulässige Auswirkungen also nicht ausgeschlossen werden können, müßte wohl die Herstellung transgener Tiere anders als für zugelassene Tierversuche im Prinzip jeweils untersagt werden.

Fassen wir die Rechtslage in den drei betrachteten Ländern kurz zusammen: Gentechnik-Bestimmungen sind vorab Technikrecht. Sie wollen die Gefahren einer Technologie bannen und die Risiken möglichst gering halten. Sie haben zum Ziel, in erster Linie die Sicherheit von Menschen, aber auch von Tieren und weiterer Umwelt zu schützen. Regeln für einen Umgang mit dem gentechnisch zu verändernden Lebewesen fehlen in der Schweiz, in Deutschland und in Österreich weitgehend. Die Wahrnehmung von Tierinteressen wird an Tierschutzgesetze delegiert. Allerdings wurden diese in den drei untersuchten Ländern (noch) nicht speziell auf gentechnische Möglichkeiten ausgerichtet.

In nordeuropäischen Staaten ist dies anders.

2.4. Skandinavische und holländische Ansätze

Einerseits bezwecken Gentechnikgesetze unserer nördlichen Nachbarn nicht nur den Schutz der Gesundheit von Mensch und Tier sowie der Umwelt, sondern wollen auch einen ethisch verantwortbaren Umgang mit der Gentechnik sicherstellen. Andererseits wurden die Tierschutzgesetze an die neuen gentechnischen Möglichkeiten angepaßt.

Nach dem schwedische Tierschutzgesetz (§12) kann die Regierung gentechnische Eingriffe am Tier vollständig ausschließen.

Das norwegische Tierschutzgesetz verbietet, das Erbgut eines Tieres (mittels gentechnischer oder klassischer Zuchtmethoden) zu verändern, falls „dies dem Tier normales Verhalten verunmöglicht oder seine physiologischen Funktionen in nicht wünschenswerter Wiese beeinflußt, es dem Tier unnötiges Leiden bringt und die Veränderungen allgemeine ethische Reaktionen hervorrufen“ (section 5).

Das niederländische Gesetz zu Gesundheit und Wohlergehen der Tiere verbietet unter Erlaubnisvorbehalt „die Veränderung des genetischen Materials von Tieren in einer Art, die die natürlichen Grenzen geschlechtlicher Fortpflanzung und der Rekombination überschreitet“ sowie „biotechnologische Techniken auf Tiere oder Embryonen anzuwenden“ (Art. 66 Ziff. 1 a und b). Bewilligungen werden erteilt, wenn keine inakzeptablen Folgen für die Gesundheit und das Wohlergehen eines Tieres zu erwarten sind und es keine ethischen Bedenken gibt.

3. Würde der Kreatur

Die Regelungen unserer nördlichen Nachbarn und auch §9 des österreichischen Gentechnikgesetzes zeigen, daß Gentechnikrecht durchaus auch zum Schutz der betroffenen Tiere selber erlassen werden kann.

In der Schweiz verlangt, wie bereits erwähnt, die Bundesverfassung ebenfalls, daß auf die Eigeninteressen der Tiere, auf die „Würde der Kreatur“, Rücksicht genommen wird. Daß Tieren - und anderen Kreaturen - eine eigene Würde, ein spezifischer Eigenwert zukommt, heißt nicht, daß sie vor menschlichen Zugriffen absolut geschützt wären. Es bedeutet aber, daß Eingriffe in Tiere einer Rechtfertigung bedürfen und daß die Interessen der Tiere (etwa Leben, Zusammenleben, Wohlleben, Absenz von Leiden, Entwicklung, Dasein um ihrer selbst willen) im Abwägungsprozeß das ihnen zustehende Gewicht erhalten müssen.

Es handelt sich beim Prinzip „Würde der Kreatur“ im übrigen um einen allgemeinen Verfassungsgrundsatz, dessen Geltung nicht auf den gentechnischen Umgang mit Tieren beschränkt ist.

Die Schaffung gesetzlicher Vorgaben zur inhaltlichen wie verfahrensrechtlichen Umsetzung dieses Prinzip steht allerdings noch aus.

Eine erste Konkretisierung der Würde der Kreatur in bezug auf gentechnische Eingriffe könnte, in Anlehnung an den Vorschlag im „Berner Entwurf zu einem Gentechnik-Gesetz“, folgendermaßen lauten (GRÜTTER M. und SALADIN P., 1995):

Der Grundsatz: „Tieren und Pflanzen erwächst aus ihrer Würde der Anspruch auf Erhaltung ihrer Art und auf Wahrung ihres artgerechten Lebens.“

Die verfahrensmäßige Konsequenz aus dem Grundsatz: „Die Würde der Kreatur verlangt für jeglichen gentechnischen Eingriff in ein Lebewesen eine Güterabwägung. Gentechnische Eingriffe sind nur zulässig, wenn keine Alternativen zur Verfügung stehen.“

Schließlich eine inhaltliche Grenze bereits auf Gesetzesebene: „Gentechnische Eingriffe an Tieren, welche nicht human- oder veterinärmedizinischen Zwecken dienen, sind verboten.“

Die ethische Beurteilung einer gentechnischen Arbeit mit Tieren (etwa durch eine Ethikkommission) müßte überdies bindende Wirkung haben. Um einen wirksamen Rechtsschutz der Interessen der Tiere zu gewährleisten, wäre die Verbandsbeschwerde durch Tierschutzorganisationen zuzulassen.

Dies ist allerdings noch Zukunftsmusik. Tiere gelten in der Schweiz rechtlich nach wie vor als Sachen. Eine parlamentarische Initiative vom 19. Juni 1992 hat allerdings zum Ziel, für Tiere eine eigene Kategorie zu schaffen. In Deutschland - und analog in Österreich - heißt es bereits: „Tiere sind keine Sachen. Sie werden durch besondere Gesetze geschützt." (§285a ABGB, §90a BGB)

Trotzdem werden Tiere auch in diesen Ländern nur punktuell vom Sach-Status ausgenommen; sie sind vom Objekt noch nicht zum Subjekt geworden: Sie sind selber nicht Träger von Rechten. Dies bedeutet, daß ihre Position immer noch sehr schwach ist. In der Regel kann niemand ihre Rechte und Interessen (stellvertretend) geltend machen. Bei der Abwägung zwischen gegensätzlichen menschlichen und tierischen Interessen - falls eine solche überhaupt stattfindet - unterliegen deshalb fast zwangsläufig die tierischen.

Unseres Erachtens verträgt sich die rechtliche Behandlung von Tieren als Sachen ohne eigene Rechte nicht mit der Respektierung ihrer Würde. Ebensowenig ist die Würde der Kreatur mit der Patentierung von Lebewesen vereinbar, welche infolge gentechnischer „Herstellung" von Organismen eingefordert wird.

Hier wird die Würde der Kreatur nicht (nur) durch den gentechnischen Eingriff an sich verletzt; durch die Patentierung eines Tieres selbst wird ihm jeder Eigenwert außerhalb des Patentzwecks abgesprochen. Er *muß* ihm abgesprochen werden, da jede Individualität ein Hindernis für die patentrechtliche Voraussetzung der Wiederholbarkeit darstellt. Die Patentierbarkeit ist daran gebunden, daß der patentierte Gegenstand - ursprünglich eine Maschine - getreulich nachgebaut werden kann, funktioniert und gewerblich genutzt werden kann. Das Tier folgt diesem Muster natürlich nicht. Es wird aber - so gut es geht - versucht, es in das Schema zu pressen, damit es dem patentrechlichen Maschinenbild möglichst nahe kommt. Das Tier wird damit als menschliches Konstrukt erlebt. Es darf seine Daseinsberechtigung und seinen Lebenszweck einzig aus der ihm gentechnisch beigebrachten Funktion beziehen; ein „Eigenleben" ist nicht erwünscht und wird unterdrückt oder ignoriert.

Der Widerspruch zum Verfassungsgrundsatz der Würde der Kreatur ist offensichtlich: Gerade das, was das Wesen eines Tieres und eben auch seine Würde ausmacht - seine Autonomie, sein Selbstzweck -, bringt notwendigerweise Unabwägbarkeiten mit sich, die mit dem Patentrecht nicht zu vereinbaren sind.

4. Fazit

Wir haben festgestellt, daß das heute in der Schweiz, in Österreich und in Deutschland geltende Gentechnikrecht die Interessen der Tiere nur punktuell beachtet. Die „Würde der Kreatur", die „Mitgeschöpflichkeit" von Tieren aber verlangt nach dem systematischen Einbezug ihrer Interessen, wo auch immer Menschen mit Tieren umgehen. Dies gilt in besonderem Maße, wenn sie sich dabei der einschneidenden Methoden der Gentechnik bedienen. Die Gesetzgebung wird sich dieser Aufgabe nicht länger verschließen dürfen.

Danksagung

Angaben zum Kapitel „Skandinavische und Holländische Ansätze" verdanke ich PETER KREPPER, welcher mir Teile seiner Dissertation „Zur Würde der Kreatur in Gentechnik, Ethik und Recht" als Manuskript zur Verfügung gestellt hat.

Literatur

GRÜTTER M. und SALADIN P., Berner Entwurf zu einem Gentechnik-Gesetz mit Kommentar, Bern: Interfakultäre Koordinationsstelle für Allgemeine Ökologie der Universität Bern, 1995

HARRER F. und GRAF G., Tierschutz und Recht, Wien: Verlag Orac, 1994

HERDEGEN M., Internationale Praxis Gentechnikrecht, Heidelberg: Verlag C.F. Müller, 1996

PADRUTT D., Die Patentierung von Lebewesen im Hinblick auf die Würde der Kreatur, Bern: Universität/IKAÖ, 1995

PRAETORIUS I. und SALADIN P., Die Würde der Kreatur, Bern: Bundesamt für Umwelt, Wald und Landschaft (BUWAL), 1996

REBSAMEN-ALBISSER B. und GOETSCHEL A.F., Verankerung von Alternativmethoden in der Gesetzgebung und ihre Anwendung im Vollzug, in: GRUBER F.P. und SPIELMANN H. (Hrsg.), Alternativen zu Tierexperimenten, Berlin-Heidelberg-Oxford: Spektrum Akademischer Verlag, 1996

GRAF VITZTHUM W., Das Forschungsprivileg im Gentechnikgesetz, in: BADURA P. und SCHOLZ R., Wege und Verfahren des Verfassungslebens, München: C.H. Beck'sche Verlagsbuchhandlung, 341-365, 1993

Ethische Überlegungen zum transgenen Tier

D. Ammann

Zusammenfassung

Nachdem die Tierethik beachtliche Fortschritte zu Gunsten der Tiere erlebt, droht mit der Gentechnik ein Rückschritt in eine Instrumentalisierung der Tiere. Die Eingriffstiefe der Gentechnik in Tiere kommt einem Quantensprung gleich: Was mit noch so raffinierten Züchtungsprogrammen nicht möglich war, wird jetzt durch Gentechnik plötzlich und leicht machbar. Die Medizin und die Landwirtschaft bedient sich der Gentechnik an Tieren, um attraktive Forschungsziele zu realisieren. Die Auswirkungen des gentechnischen Eingriffs auf die Tiere sind aber neuartig und weitreichend. Die Tiere sind in ihrer Würde fundamental verletzt. Gleichzeitig ist der anvisierte Nutzen nicht immer evident. So ist die Aussagekraft der medizinischen Krankheitsmodelle längst nicht so, wie dies ursprünglich erhofft wurde. In einer Güterabwägung zwischen angeblichem Nutzen und Belastung des Tieres kommt man - unter Vorrang der Würde der Kreatur - zum Schluß, die Schulmedizin nach alternativen Lösungsansätzen aufzufordern und die Herstellung genmanipulierter Tiere zu untersagen.

Summary

Transgenic animals: An ethical approach

In the past, animal ethics made considerable progress. This benefit is now threatened by the instrumentalization of animals because of the use of genetic manipulation. Interventions by genetic engineering into animals equal a quantum step: aims of manipulation that have been unattainable using modern breeding techniques are now easily and quickly accessible by genetic engineering. Both, medicine and agriculture therefore promise to realize most attractive research objectives using transgenic animals. The consequences of these manipulations on the animals are however novel and far-reaching. The genetically manipulated animals are deeply wounded in their dignity. Furthermore, the real profit of these animal experiments often is not evident. For example, the value of information of transgenic animals as models for human diseases is much more limited than originally assumed. Consequently, giving priority to the ethical norm of the dignity of animals the weighing between the supposed benefit and the injury of the animal comes to the conclusion that modern medicine should benefit from genetic engineering using procedures and models other than the transgenic animal.

1. Einleitung

Die Tierethik hat sich heute durch rechtliche Verankerung von Grundbegriffen wie „Mitgeschöpflichkeit", „Würde" oder „Tiere sind keine Sachen" eine starke Handlungsbasis zu

Gunsten des Schutzes der Tiere geschaffen. Gleichzeitig hat sich die Naturwissenschaft mit der Gentechnik ein neuartiges Instrument für Experimente und Nutzungsabsichten am Tier eröffnet. Der Eingriff des Menschen in Tiere hat mit der Gentechnik eine noch nie dagewesene Dimension erreicht. Mit keinem noch so raffinierten Züchtungsprogramm und mit keinen Anwendungen moderner Biotechnik konnte das erreicht werden, was jetzt mit der Gentechnik plötzlich und leicht machbar ist. Tiere können genetisch nach Ermessen programmiert werden. Die Absichten solcher Genmanipulationen, auch wenn sie im Dienste der menschlichen Gesundheit geschehen, stellen eine radikale Instrumentalisierung der Tiere dar. Eine Studie zur Würde der Kreatur besagt: „Gentechnische Eingriffe in die Genome von Tieren und Pflanzen zu menschlichen Zwecken (also nicht um der betroffenen Tiere oder Pflanzen selbst willen) bedeuten stets einen Angriff auf die Integrität und damit auf die Würde der Kreatur; denn die Kreatur wird dadurch offensichtlich und entschieden instrumentalisiert, sie wird in ihrer biologischen Grundstruktur so verändert, daß sie als Objekt menschlicher Nutzung bessere Dienste leisten kann. Die „Verdinglichung" der Kreatur erhält damit einen neuen grellen Ausdruck." (PRAETORIUS I. und SALADIN P., 1994)

Um ethische Überlegungen zum transgenen Tier anstellen zu können, drängt sich zunächst die Frage auf, ob der gentechnische Eingriff am Tier von einer Qualität ist, die mit den vorherrschenden Normen der Tierethik abgedeckt werden kann, oder ob die Eingriffstiefe am Tier ein Ausmaß erreicht, sodaß es neuer ethischer Kriterien und Schranken bedarf.

2. Die besondere Eingriffstiefe

Die Behauptung, daß mit gentechnischen Methoden nichts anderes gemacht werde, als was in der Natur ohnehin geschehe, ist weit verbreitet. Die Evolution wird als „natürliche Gentechnik" verstanden, und es wird dadurch impliziert, daß der gentechnische Eingriff in Lebewesen denselben Gesetzmäßigkeiten folgt, die ohnehin schon innerhalb der natürlichen Evolution wirken. Eine Gleichsetzung der als naturhaft verlaufenden Evolution mit der zielgerichteten gentechnischen Entwicklungsstrategie ist aber unhaltbar. Dies gilt auch für die Züchtung, denn jedem Züchtungsprogramm ist die direkte Einsicht in die molekularen Mechanismen der genetischen Veränderungen von Eigenschaften verwehrt. Der steuerbare molekulare Eingriff ist aber gerade der Anspruch und das Novum der Gentechnik. Während die Züchtung in zufälligen, kleinen Schritten eine Weiterentwicklung bereits vorfindbarer Organismen unter dem Diktat evolutionär vorgegebener Rahmenbedingungen vollzieht, ermöglicht die Gentechnik eine gezielte, technisch assistierte Übertragung praktisch beliebiger genetischer Informationen im ganzen Spektrum der Organisationsstufen von Lebewesen.

Die Gentechnik ist also ein Instrument der modernen Naturwissenschaft, das einem im Reagenzglas induzierten, von Evolutionsfaktoren unabhängigen Austausch von Erbinformationen dient. Sie verändert wesentliche Bedingungen natürlicher Prozesse radikal:

1. Der gentechnische Austausch von Erbinformationen verläuft rein nutzenorientiert. Die technische Machbarkeit erzeugt Intentionalität. In der Natur laufen diese Prozesse dagegen zufällig ab und folgen keinem vorgegebenen Ziel.
2. Die Gentechnik ermöglicht in kürzester Zeit sehr weitreichende Veränderungen im Erbmaterial eines Organismus. Es kommt zu einer drastischen Verkürzung der Entwicklungszeiten von Organismen. Der günstige Zeitfaktor ist auch eine Grundvoraussetzung für die bereits feststellbare Inflation an gentechnisch erzeugten Tieren.
3. Die Gentechnik vollzieht einen beliebig die Artgrenzen übersteigenden Genaustausch. Phylogenetische Grenzen, die fortpflanzungsbiologisch, verhaltensbiologisch oder geographisch bis dato vorgegeben waren, werden durchbrochen.
4. Die Gentechnik löst genomische Kontexte auf. Die in vitro mittels Gentechnik zubereitete DNA wird (in der Regel) bezüglich ihres Integrationsortes zufällig eingebaut. Im Empfängergenom besteht keine Stelle, die für die Integration des Reagenzglaskonstrukts vorbe-

stimmt ist. Der Einbau der neuen Geneinheit kann zu unerwarteten Effekten bei den neuen Genen selbst (sog. Positionseffekte) sowie auch bei den benachbarten Genomregionen führen.

5. Die Gentechnik schafft erstmals die Möglichkeit, Erbinformationen ohne evolutionäre Vorläufer zu schaffen. Es entstehen vom Menschen erdachte und synthetisierte Erbanlagen. Mit diesem *de novo*-Entwurf von Genen setzt sich der Mensch vollständig außerhalb der evolutionären Regeln.

Aufgrund dieser Charakteristik des Eingriffs wird es evident, daß die Gentechnik ein Potential im Umgang mit Tieren entwickelt, das einem Quantensprung gleichkommt. Ein Gutachten zur Würde der Kreatur zu Handen des Bundesamtes für Umwelt, Wald und Landschaft in der Schweiz kommt entsprechend zum Schluß: „Häufig ist die Rede von einem „qualitativen Sprung" in der Technologieentwicklung. Wir meinen, daß dieser Eindruck, bei den Gen- und Reproduktionstechnologien handle es sich nicht um die kontinuierliche Fortsetzung früherer technischer Eingriffe in lebende Organismen, sondern um einen „Quantensprung der Erkenntnis", durchaus begründet ist: Die Gentechnik birgt die Möglichkeit einer weitgehenden Neukonstruktion der belebten Natur in sich." (PRAETORIUS I. und SALADIN P., 1994)

Diese Einschätzungen verlangen eine Antwort auf folgende Fragen: Wie fällt der gentechnische Eingriff am Tier zu medizinischen Zwecken aus (Art des Eingriffs, Forschungsziel), was sind die Auswirkungen auf die Tiere (psychisch, physiologisch, morphologisch), und wie stehen diese Eingriffe im Verhältnis zur Würde des Tieres.

3. Medizinische Forschung und Auswirkung auf das Tier

In der Medizin werden transgene Tiere im Zusammenhang mit attraktiven Forschungszielen produziert. Entwicklungsphysiologische Erkenntnis und Studium schwerer Krankheitsbilder des Menschen sind die häufigsten Begründungen für Projekte mit transgenen Tieren. Regulation, Differenzierung oder der Bauplan des Organismus einerseits, Krebs, Alzheimer oder Epilepsie andererseits sind so überzeugend wirkende Legimitation für die Herstellung der transgenen Tiere.

Bereits bei der Herstellung der transgenen Tiere kommt es aber zu einem beachtlichen Verbrauch an Tieren (typische Erfolgsrate der Transgenese liegt bei ca. 1%). Die Etablierung einer Tierlinie und die Lagerung dieser transgenen Tiere für den Verbrauchermarkt erhöhen die Ausschußrate noch enorm. Ausgehend von der Tatsache, daß 1995 bereits über 10.000 unterschiedliche transgene Mauslinien bestanden, kommt dies einem großen Tierverbrauch gleich.

Den Forschungszielen an diesen transgenen Tieren steht ein kaum diskutiertes Schicksal der einzelnen Tiere gegenüber. Eine nähere Analyse von Forschungsprojekten aus z.B. der Entwicklungsbiologie oder der Physiologie zeigt aber, daß den Tieren ein unheilvolles Dasein technisch aufgezwungen wird.

Früher Tod, schon in der Embryogenese, bei der Geburt oder nach wenigen qualvollen Tagen der Beobachtung ist die Regel. Ein großer Teil der transgenen Tiere bildet schwerste Anomalien am Skelett oder an Organen aus. Und in der Logik vieler Experimente entwickeln die Tiere schwerste Krankheitsbilder des Menschen, an denen sie sodann auch nach einer sehr kurzen Lebensphase zugrunde gehen.

Die genetische Manipulation, meistens eines einzelnen Gens (sog. Knock-out-Tiere) erzeugt in vielen Fällen eine dramatische, nicht vorhersehbare Gesamtauswirkung auf den Zustand und den Lebensverlauf der Tiere. Durch die Beobachtung eines Effekts eines einzelnen Gens ist die wissenschaftliche Aussage für die anvisierten hochkomplexen Krankheitsbilder allerdings nur sehr beschränkt. Transgene Tiermodelle widerspiegeln nur sehr bedingt das Krankheitsbild des Menschen und bleiben deshalb ein sehr reduktionistisches Mittel für die Schulmedizin.

Tabelle 1. Forschungsprojekte mit transgenen Tieren und ihre Auswirkungen auf das Tier

Forschungsziel, Fragestellung	Genmanipuliertes Tier	Auswirkungen auf das Tier	Literatur
Embryonale Entwicklung bei Säugetieren (Rolle von Follistatin)	Knock-out Maus (Follistatin Gen)	• gehemmtes Wachstum • glänzende, gespannte Haut • Skelettanomalien (Rippen, Gaumen) • anormale Entwicklung von Schnurrbart und Zähnen • Atembeschwerden (verengte alveolare Räume usw.) • Tod ein paar Stunden nach der Geburt	MATZUK M.M. et al., 1995
Studium Entwicklung des Nervensystems (Rolle des nerve growth factors)	Knock-out Maus (Trk/NGF Rezeptor-Gen)	• schwere Neuropathien • deutlich kleineres Wachstum • sensorische Defekte (bei tiefen Einstichen im Schnurrbartbereich; Verbleiben länger auf einer 60°C heißen Platte) • Tod nach 1 Monat	SMEYNE R.J. et al., 1994
Studium Muskelentwicklung (Rolle von Myogenin)	Knock-out Maus (myogenin-Gen)	• starke Reduktion der Skelettmuskelbildung • bei Geburt immobil • Tod unmittelbar nach der Geburt	HASTY P. et al., 1993
Ausbildung der Glieder von Vertebraten (Rolle des Wnt-7a Gens)	Knock-out Maus (Wnt-7a-Gen)	• schwere Anomalien in den Gliedern (u.a. defekte Finger, keine Finger) • Sterilität • massive Veränderung der Haut (Pigmentierung, Haarwuchs) • Verdoppelung der Pfoten	PARR B.A. and MCMAHON A.P., 1995
Studium postsynaptischer Membranen (Rolle des Membranproteins Rapsyn)	Knock-out Maus (Rapsn-Gen)	• starke Störung der neuromuskulären Funktion • keine Fähigkeit, auf 4 Beinen zu stehen • keine Fähigkeit, den Kopf anzuheben • früher Tod	GAUTAM M. et al., 1995
Studium Krebsausbildung (Rolle des p53 Proteins)	Knock-out Maus (p53 Tumor-Suppressor-Gen)	• spontane Entwicklung von Krebs innert der ersten 6 Lebensmonaten	DONEHOWER L.A. et al., 1992
Studium Autoimmun-Krankheiten (Rolle des transforming growth factor-ß1)	Knock-out Maus (TGF-ß1-Gen)	• progressive Entzündung von Leber, Herz, Muskeln und weiterer Organe	LETTERIO J.J. et al., 1994
Studium Leukämie (Rolle des mixed-lineage leukaemia-Gens)	Knock-out Maus (mll-Gen)	• verzögertes Wachstum • Anaemie • haemapoietische Anomalien • Skelettanomalien • Tod im embryonalen Stadium	YU B.D. et al., 1995
Studium der Epilepsie (Rolle der Glutamat-Rezeptoren)	Knock-out Maus (Glutamat Rezeptor-Gen)	• schwere epileptische Anfälle • Tod nach 21 Tagen nach vielen Anfällen	BRUSA R. et al., 1995

4. Geringer Informationswert und ersetzbare Produktionsmittel

Die ungewöhnliche Eingriffstiefe in das Tier und die daraus resultierenden drastischen Auswirkungen auf das Tier könnten bestenfalls eine ethische Legitimation abringen, falls ein hoher Wert geschöpft werden könnte. Eine kritische Analyse der Nutzungsstrategien transgener Tiere für Erkenntnisgewinne oder Produktionsleistungen zeigt aber, daß der Rechtfertigungsanspruch nicht eingelöst werden kann.

Trotz der vorherrschenden Überzeugung in wissenschaftlichen Kreisen, daß transgene Tiere wertvolle Informationen liefern können, werden auch seitens der Wissenschaft starke Bedenken bezüglich dem Informationsgehalt solcher Experimente ausgedrückt. Dies gilt vor allem für die mittels der Knock-out-Methode erzeugten Nullmutanten. Tiere mit einem zerstörten Gen sind nicht einfach Tiere, die ein bestimmtes Eiweiß nicht exprimieren, sondern deren Organismus reagiert auf diesen Eingriff und aktiviert andere Gene. Die Phrase „bei der Evidenz über die scheinbar notwendige und hinreichende Rolle des Proteins X zur Ausübung der Funktion Y ist es überraschend, daß die X-Null-Mutante so wenig funktionale Beeinträchtigung zeigt", ist sehr häufig anzutreffen. Die Relation zwischen einem einzelnen Protein und einer physiologischen Funktion wird aber bei vielen Forschungszielen ernsthaft be-zweifelt. Beispielsweise werden Knock-out-Tiere für die Erforschung des Gedächtnisses als völlig ungeeignet taxiert (ROUTTENBERG A., 1995). Es erscheint unmöglich und allzu verein-fachend, ein einzelnes Eiweiß für einen derart ausgereiften physiologischen Prozeß wie das Gedächtnis bzw. die long-term-potentiation verantwortlich machen zu wollen.

Auch der Wert transgener Tiere für die Entwicklung von Medikamenten wird massiv überschätzt. Bereits 1993 wurde an einer von der US National Academy of Sciences gesponserten Konferenz unter dem Titel „A case study of genetically altered mice" festgehalten, daß der Markt an transgenen Tieren zur verbesserten und beschleunigten Pharmakaentwicklung die Erwartungen bei weitem nicht eingelöst hat (FOX J.L., 1993). Dies obwohl namhafte Konzerne intensiv in diese Strategie investierten. Das prominenteste Beispiel ist ohne Zweifel die im Jahre 1988 zum Patent zugelassene Onkomaus der Harvard University, welche ausschließlich an die Firma DuPont für die kommerzielle Nutzung lizensiert wurde. Ein Gutachten zur Bedeutung der Harvard-Onkomaus für die Krebsforschung und zur Reproduzierbarkeit des patentierten Verfahrens kommt unter anderem zu folgenden Schlüssen (KÜNG V., 1995):

„Aber die Umsetzung dieser Erkenntnisse zur Herstellung eines Tiermodells, das aufgrund eines aktivierten Onkogens Krebs entwickelt, hat für die experimentelle Krebsforschung keine große Rolle gespielt, denn die erhoffte große Bedeutung der Onkomaus zur Erforschung einer menschlichen Krankheit konnte sich bis heute kaum bestätigen. Die Anzahl der Publikationen, in denen Forschungsresultate mit der Onkomaus publiziert wurden, bewegen sich in der Größenordnung von 5 bis 10. […] Die von der Firma DuPont gelieferten Angaben lassen folgende Schlußfolgerung zu: Die Firma DuPont hat entweder kein Interesse, die Bedeutung der Onkomaus gegenüber Externen zu belegen, oder aber die Onkomaus ist für die bis heute durchgeführte Forschung zu Krebs und Krebstherapie praktisch bedeutungslos. Falls für die Gewährung des patentrechtlichen Schutzes der Onkomaus die Güterabwägung zwischen dem „Leiden des Tieres" und dem „möglichen Nutzen für die Krebsforschung" relevant war, muß dieser Aspekt heute aus einem neuen Blickwinkel betrachtet werden. Die Onkomaus hatte und hat für die praktische Krebsforschung keine nennenswerte Bedeutung."

Diese Angaben sind untermauert durch Literaturrecherchen, Anfragen bei DuPont und Interviews mit anerkannten Wissenschaftlern auf dem Gebiet der Tumorforschung in der Schweiz (KÜNG V., 1995).

Die Nutzung transgener Tiere als Bioreaktoren zur Gewinnung menschlicher Wirkstoffe ist technisch immer besser zugänglich und hat das Niveau der Kommerzialisierung bereits erreicht. Sie ist aber ethisch stark anfechtbar. Das *gene farming* dient ganz vorwiegend ökonomischen Vorteilen, und eine alternative Produktion ist grundsätzlich immer denkbar. Pharmazeutische Proteine können auch in rekombinanten Bakterien, Pilzzellen oder transgenen Säugetierzellkulturen in ausreichender Menge hergestellt werden. Die über 200 rekombinanten Substanzen, die zur Zeit auf dem Markt sind bzw. klinisch getestet werden, belegen dies eindrücklich. Die Industrie erhofft sich aber trotzdem von den lebenden Bioreaktoren eine sicherere, höhere, exaktere und kostengünstigere Produktion pharmazeutischer Proteine. Tatsache heute ist aber: Gentechnisch gewonnene Pharmaka stammen fast ausschließlich nicht aus transgenen Tieren, die Entwicklung transgener Tiere ist sehr teuer, die Methodik ist ineffizient, die Ausbeute ist meist sehr gering, die Modifikation der Proteine erfolgt nicht wie erwünscht, die Gesundheit der Tiere kann beeinträchtigt sein und es besteht das Sicherheitsrisiko einer Kontamination mit Pathogenen. Folglich entfällt das ethisch notwendige Argument des unersetzbaren Experimentes zum Wohle des Menschen. Dazu kommt, daß das Tierleid nicht mehr einschätzbar ist. Die Verhaltensbiologie liefert ungenügende Kriterien, um das Wohlbefinden transgener Tiere, die in großer Konzentration artfremde Eiweisse produzieren müssen, einschätzen zu können. In gewissen Fällen sind aber negative Effekte auf solche Tiere sogar bekannt, so z.B. bei der Produktion von Erythropoietin (DIXON B., 1995).

5. Verletzung der Würde der Tiere

In der Schweizerischen Bundesverfassung ist seit 1992 festgeschrieben, daß „der Bund der Würde der Kreatur Rechnung trägt". Das Tier ist zweifellos Teil der Kreatur und Träger von Würde. Zu diesem Schluß kommt auch eine vom Bundesrat eingesetzte Ethik-Kommission (Eidgenössisches Volkswirtschaftsdepartement, 1995).

Tiere sind Subjekte eines Lebens. Sie haben einen Selbstzweck, eine eigene Wahrnehmung, also eine Würde, die sie unmißverständlich von Sachen unterscheidet. Mit der Genmanipulation wird aber das Tier seiner ursprünglichen Selbstzwecklichkeit enthoben und in seiner Integrität fundamental verletzt. Der gentechnische Eingriff zwingt das Tier zu artentfremdeten Leistungen und Verhaltensweisen. Das Tier verliert seine Würde.

Der schweizerische Gesetzgeber sucht nach konsensfähigen Kriterien, welche die Verletzung der Würde der Kreatur beschreiben. Im Bericht der Interdepartementalen Arbeitsgruppe für Gentechnologie (IDAGEN) vom Januar 1993 an den Bundesrat heißt es im Hinblick auf eine Rechtssetzung der Gentechnik, daß unter der Respektierung der Würde der Kreatur u.a. folgendes verstanden werden könnte (Eidgenössisches Justiz- und Polizeidepartement, 1993):

- das Vermeiden von bloßen Spielereien mit Tieren
- der Verzicht auf das beliebige Kombinieren von Genen verschiedener Tierarten aus bloßer Neugier
- das Vermeiden des Erzeugens von Tieren mit erheblichen Abnormalitäten in morphologischer, physiologischer und verhaltensmäßiger Hinsicht (z.B. Riesenwuchs, Mißverhältnis von Muskel- und Skelettwachstum, verhaltensgestörte Tiere)
- das Vermeiden des Erzeugens von Nutztieren, die in bezug auf die Produktionsleistung physiologisch überfordert würden (z.B. übermäßige Milchleistung von Kühen oder übermäßiges Muskelwachstum bei Schweinen zu Lasten des Gesundheitszustandes).

Die IDAGEN hält des weiteren fest, daß in der Diskussion um die Würde der Kreatur insbesondere der Integrität des Tieres, seiner Fähigkeit zu Selbstaufbau und Selbsterhalt, der Erhaltung von artgemäßer Gestalt und artgemäßem Verhalten sowie dem Vermeiden unnötigen Leidens Aufmerksamkeit geschenkt werden muß.

Ein umfassendes Gutachten des namhaften deutschen Tierethikers GOTTHARD M. TEUTSCH nennt u.a. als tierwürdeverletzende Handlungen (TEUTSCH G. M., 1995):

- Tiere werden in ihrer Würde als Kreatur gefährdet oder verletzt, wenn ihr Anderssein als Tiere und ihr spezifisches Sosein sowie ihre Entwicklungsmöglichkeiten nicht akzeptiert, sondern verändert wird.
- Tiere werden in ihrer Würde verletzt, wenn sie überwiegend als Mittel und zu wenig als Zweck an sich betrachtet werden, d.h. etwa

- wenn sie gezwungen werden, die von Menschen gesetzten Zwecke zu erfüllen, und dabei im Vollzug ihres artspezifischen Verhaltens eingeschränkt werden;
- wenn ihre Integrität in irgendeiner Hinsicht ohne zwingende Gründe beeinträchtigt wird, wobei erst noch zu klären wäre, ob und inwiefern es überhaupt zwingende Gründe für solche Beeinträchtigungen gibt.

Ein Vergleich dieser Kriterienliste mit den Auswirkungen gentechnischer Eingriffe auf das Tier (vgl. Tabelle) zeigt, daß die Würde solcher Tiere verletzt ist. Es stellt sich die Frage, ob unter diesen Umständen eine Güterabwägung zwischen Ethik und Fortschritt noch geführt werden soll. Läßt man sich auf eine Güterabwägung ein, so müßten die Rechtfertigungsansprüche sehr hoch angesetzt werden: Nur die Unvermeidlichkeit und die Existenznotwendigkeit könnten diese gentechnischen Eingriffe noch legitimieren. Weist man aber der Würde der Kreatur Vorrang zu, so kommt dies einer Aufforderung an die Schulmedizin gleich, wonach diese Fortschritte erzeugen soll, ohne durch gentechnische Eingriffe in den Gesamtorganismus von Tieren deren Würde fundamental zu verletzen.

Literatur

BRUSA R., ZIMMERMANN F., DUK-SU K., FELDMEYER D., GASS P., SEEBURG P.H., SPRENGEL R., Early-onset epilepsy and postnatal lethality associated with an editing-deficient GluR-B allele in mice, Science, 270, 1677-1680, 1995

DONEHOWER L.A., HARVEY M., SLAGLE B.L., MCARTHUR M.J., MONTGOMERY JR. C.A., BUTEL J.S., BRADLEY A., Mice deficient for p53 are developmentally normal but susceptible to spontaneous tumours, Nature, 356, 215, 1992

DIXON B., Transgenic technology and animal welfare, Bio/Technology, 13, 1424, 1995

Eidgenössisches Justiz- und Polizeidepartement, Koordination der Rechtssetzung über Gentechnologie und Fortpflanzungsmedizin, Bericht der Interdepartementalen Arbeitsgruppe für Gentechnologie (IDAGEN), 1993

FOX J.L., Transgenic mice fall far short, Bio/Technology, 11, 663, 1993

GAUTAM M., NOAKES P.G., MUDD J., NICHOL M., CHU G.C., SANES J.R., MERLIE J.P., Failure of postsynaptic specialization to develop at neuromuscular junctions of rapsyn-deficient mice, Nature, 377, 232, 1995

HASTY P., BRADLEY A., MORRIS J.H., EDMONDSON D.G., VENUTI J.M., OLSON E.N., KLEIN W.H., Muscle deficiency and neonatal death in mice with a targeted mutation in the myogenin gene, Nature, 364, 501, 1993

KÜNG V., Gutachten zur Bedeutung der Harvard-Onkomaus für die Krebsforschung und zur Reproduzierbarkeit des patentierten Verfahrens, Bern, November 1995

LETTERIO J.J., GEISER A.G., KULKARNI A.B., ROCHE N.S., SPORN M.B. ROBERTS A.B., Maternal rescue of transforming growth factor-ß1 null mice, Science, 264, 1936, 1994

MATZUK M.M., LU N., VOGEL H., SELLHEYER K., ROOP D.R., BRADLEY A., Multiple defects and perinatal death in mice deficient in follistatin, Nature, 374, 360, 1995

PARR B. A. and MCMAHON A.P., Dorsalizing signal Wnt-7a required for normal polarity of D-V and A-P axes of mouse limb, Nature, 374, 350, 1995

PRAETORIUS I. und SALADIN P., Die Würde der Kreatur (Art. 24^{novies} Abs. 3 BV), in: Bundesamt für Umwelt, Wald und Landschaft, Schriftenreihe Umwelt, 260, 1996

ROUTTENBERG A., Knockout mouse fault lines, Nature, 374, 314, 1995

SMEYNE R. J., KLEIN R., SCHNAPP A., LONG L.K., BRYANT S., LEWIN A., LIRA S.A., BARBACID M., Severe sensory and sympathetic neuropathies in mice carrying a disrupted Trk/NGF receptor gene, Nature, 368, 246, 1994

TEUTSCH G.M., Die Würde der Kreatur. Erläuterungen zu einem neuen Verfassungsbegriff am Beispiel des Tieres, mit einer Einführung von GOETSCHEL, A.F., Bern, Stuttgart, Wien: Verlag Paul Haupt, 1995

YU B.D., HESS J.L., HORNING S.E., BROWN G.A.J., KORSMEYER S.J., Altered Hox expression and segmental identity in Mll-mutant mice, Nature, 378, 505, 1995

Strategien bei der biologischen Beurteilung von Medizinprodukten

D.R. Dannhorn

Zusammenfassung

Das primäre Anliegen aller Medizinproduktehersteller ist es, möglichst schnell ein technisch ausgereiftes und in der Anwendung funktionales und sicheres Produkt auf den Markt zu bringen. Die meisten Medizinproduktehersteller sind sich auch darüber im klaren, daß ihre Produkte spätestens ab dem 14. Juni 1998 ein CE-Zeichen tragen müssen, um im Europäischen Wirtschaftsraum (EWR) in den Verkehr gebracht werden zu können.

Im Vorfeld hierzu muß jedes Produkt einer sorgfältigen biologischen Beurteilung unterzogen werden, um mögliche Risiken des Produktes zu erkennen und im Rahmen der Nutzen-Risiko-Abschätzung angemessen zu berücksichtigen.

Anhand der Richtlinie 93/42/EWG (Medizinprodukterichtlinie) ist es möglich, eine grundlegende Strategie zu entwerfen, die es Medizinprodukteherstellern ermöglicht, sowohl ihre bereits im Markt befindlichen, möglicherweise unvollständig dokumentierten Produkte, als auch neue Entwicklungsprodukte systematisch einer technischen, biologischen und klinischen Beurteilung zu unterwerfen. Ausgangspunkt dieser Strategie sind Artikel 3 (Erfüllung der 'Grundlegenden Anforderungen' aus Anhang I), Artikel 5 (Verweis auf Normen und Monographien), Artikel 11 (Konformitätsbewertung in Verbindung mit den Anhängen II bis VII) und Artikel 15 (klinische Prüfungen in Verbindung mit den Anhängen VIII und X) der oben genannten Richtlinie.

Es wird der Vorschlag unterbreitet, bereits in einer frühen Entwicklungsphase anhand der einschlägigen Normen und Richtlinien die Grundlegenden Anforderungen für das zu beurteilende Medizinprodukt zu erarbeiten und eine erste Risikoanalyse durchzuführen. Anschliessend sollte versucht werden, durch gezielte Literaturrecherchen offenen Fragen bezüglich der Sicherheit des Produktes zu klären. Erst wenn weder Daten der Herstellerfirma noch übertragbare Literaturdaten vorhanden sind, sollte die Durchführung geeigneter *in vitro*- und *in vivo*-Untersuchungen veranlaßt werden, um schließlich alle Grundlegenden Anforderungen abzudecken und um möglichen in der Risikoanalyse festgestellten biologischen Risiken angemessen zu begegnen.

Bei der Entscheidung über durchzuführende chemisch-physikalische, biologische und klinische Untersuchungen ist die Beachtung der Normenreihe EN ISO 10993 sicherzustellen. Es werden Hinweise zum besseren Verständnis dieser Normen gegeben und mögliche Schwierigkeiten bei der Interpretation angesprochen.

Summary

Strategies for the biological evaluation of medical devices

The primary aim of all medical device manufacturers is to have only short development periods and to enter the market with a technically matured and safe device. Most manufacturers are already aware that after June 14th, 1998 no medical device covered by the to be Medical Device Directive 93/42/EEC (MDD) shall be placed on the market and put into service in the European Economic Area (EEA) that does not carry a CE mark.

Before CE marking, all medical devices must undergo a careful technical, biological and clinical evaluation in order to identify possible risks of the devices and to address them appropriately in the risk - benefit evaluation.

It is possible to use the Directive 93/42/EEC to develop a principal strategy which enables medical device manufacturers to systematically evaluate their new, not yet marketed devices, and their marketed, however not sufficiently documented devices, and to prepare a suitable device masterfile. This strategy is based on Article 3 and Annex I (compliance with essential requirements), Article 11 and Annex II to VII (conformity assessment) and Article 15 and Annex VIII and X (clinical evaluation) of the aforementioned directive.

The medical device manufacturer is recommended to start this evaluation process demonstrating compliance with the essential requirements and to address specific requirements of applicable normative references. The second step would be to perform a risk analysis and to clarify open questions through a literature search. Only if relevant safety aspects could not be clarified through scientific literature or in-house reports, the performance of *in vitro*- and in certain cases *in vivo*-studies have to be considered to finally demonstrate performance and safety of a given medical device.

In order to decide which chemical, physical, biological and clinical investigations are needed for a given device, the standard series EN ISO 10993 has to be taken into account. The paper gives further notes for a better understanding and interpretation of this standard series.

1. Einleitung

Wenn die biologische Beurteilung eines Medizinproduktes keinen akademischen Selbstzweck verfolgt, sind Medizinproduktehersteller gut beraten, Ihre Produktentwicklung und Produktdokumentation von Anfang an den Anforderungen der Medizinprodukterichtlinie 93/42/EWG zu unterwerfen.

Im Folgenden wird dargestellt, welche Hinweise die Medizinprodukterichtlinie zum Thema ‘Biologische Beurteilung’ gibt und wie daraus eine grundlegende Strategie zur biologischen Sicherheitsbewertung von Medizinprodukten abgeleitet werden kann. Bei der Erarbeitung der Strategie wurde insbesondere darauf geachtet, ein praktikables und kostenfreundliches Verfahren vorzustellen, das die einschlägigen Normen und Richtlinien berücksichtigt und verzichtbare Tierversuche systematisch ausschließt.

2. ‘Biologische Beurteilung’ in der Medizinprodukterichtlinie

Die Medizinprodukterichtlinie behandelt das Thema ‘Biologischen Beurteilung’ in den Artikeln 3, 5, 11 und 15.

In **Artikel 3** heißt es: „Die Produkte müssen die grundlegenden Anforderungen gemäß Anhang I erfüllen, die auf sie unter Berücksichtigung ihrer Zweckbestimmung anwendbar sind.“ Im Anhang I finden sich dann 3 weitere Hinweise zum Thema: Im Abschnitt 7 werden allgemeine chemischen, physikalische und biologische Anforderungen genannt, im Abschnitt

8 werden die mikrobiologischen Anforderungen behandelt, und im Abschnitt 14 wird mit Hinweis auf Abschnitt 6 und Anhang X die Möglichkeit von klinischen Untersuchungen eingeräumt.

Der **Artikel 5** der Richtlinie verweist auf Normen und Arzneibuchmonographien und stellt fest, daß jeder Medizinproduktehersteller, der zur Prüfung und Beurteilung seiner Produkte nach harmonisierten Normen vorgeht oder Monographien des Europäischen Arzneibuches anwendet (veröffentlicht im Amtsblatt der Europäischen Gemeinschaften), automatisch die Grundlegenden Anforderungen in den jeweiligen Bereichen erfüllt. Leider liegt nur ein Teil der zur biologischen Beurteilung relevanten Normen in harmonisierter Form vor, sodaß Medizinproduktehersteller im Einzelfall weiterhin vor der Frage stehen, welche Prüfungen im Einzelfall tatsächlich durchzuführen sind und welche nicht. Harmonisierte Monographien sind derzeit noch nicht verfügbar.

Im **Artikel 11** der Richtlinie wird das Konformitätsbewertungsverfahren beschrieben und auf die Anhänge II bis VII verwiesen. In diesen Anhängen finden sich erneut Hinweise zur biologischen Beurteilung. Medizinproduktehersteller werden aufgefordert, geeignete Tests oder Prüfungen durchzuführen, in einer Risikoanalyse (z.B. nach prEN 1441) eventuelle Risiken ihres Produktes systematisch zu erfassen, soweit als möglich zu begrenzen und gegen den jeweiligen Nutzen für den Anwender, Patienten oder ggf. für Dritte zu gewichten. Schließlich wird der Hersteller aufgefordert, eine Produkthauptakte zu führen, die von der Benannten Stelle und gegebenenfalls auch der zuständigen Behörde bei Bedarf eingesehen werden kann. Dieser Produkthauptakte kommt große Bedeutung zu, da der Hersteller, im Gegensatz zum Arzneimittelhersteller, während der gesamten Lebenszeit seines Produktes **alleine** für die Funktion und Sicherheit seines Produktes verantwortlich ist. Hier unterscheidet sich der Auftrag der Benannten Stelle für die CE Kennzeichnung von Medizinprodukten deutlich vom Auftrag des Bundesinstitutes für Arzneimittel und Medizinprodukte (BfArM) für pharmazeutische Zulassungen. Die Führung einer Produkthauptakte ist übrigens auch für Medizinprodukte der Klasse I notwendig, auch wenn die Dokumentation nicht im Vorfeld einer Benannten Stelle vorgelegt werden muß (Ausnahme: sterile Produkte der Klasse I und Produkte mit Meßfunktion). Die Produktdokumentation stellt in jedem Fall die Grundlage für die Konformitätserklärung des Herstellers dar und muß gegebenenfalls einer behördlichen Überprüfung standhalten.

Schließlich weist der **Artikel 15** der Richtlinie auf die in vielen Fällen zur Konformitätsbewertung notwendigen klinischen Untersuchungen hin und gibt in den Anhängen VIII und X konkrete Hinweise, wie diese praktisch durchgeführt werden müssen. Klinische Prüfungen sind insbesondere für Implantate und Produkte der Klasse III vorgesehen.

Zusammenfassend wird festgestellt, daß die Medizinprodukterichtlinie 93/42/EWG zur biologischen Beurteilung von Medizinprodukten nur indirekt Stellung bezieht, indem sie

- die Erfüllung der Grundlegenden Anforderungen erwartet,
- auf harmonisierte Normen und Arzneibuchmonographien verweist,
- im Rahmen der Konformitätsbewertung geeignete Prüfungen fordert und dabei
- die Möglichkeit von klinischen Untersuchungen zuläßt,
- eine Risikoanalyse fordert sowie
- die Führung einer Produkthauptakte erwartet.

3. Ableitung einer grundlegenden Strategie aus der Richtlinie 93/42/EWG

Die o.g. Forderungen der Richtlinie bieten eine gute Basis für die Ableitung eines strategischen Vorgehens bei der biologischen Beurteilung eines Medizinproduktes. Die nachstehend aufgeführten fünf Schritte eignen sich sowohl für neue oder in der Entwicklung befindliche

Produkte als auch für „Großvaterprodukte", die bereits seit Jahren im Markt sind, aber aufgrund der neuen Gesetzeslage bis zum 14. Juni 1998 CE gekennzeichnet werden müssen.

3.1. Bildung einer zeitlich befristeten Projektgruppe

Zu Beginn des Verfahrens ist es hilfreich, alle direkt verfügbaren Informationen über das fragliche Produkt zusammenzutragen. Da diese Informationen meist in verschiedenen Abteilungen eines Unternehmens verstreut sind, wäre es sinnvoll, eine zeitlich begrenzte Projektgruppe ins Leben zu rufen, in der Kollegen aus Forschung und Entwicklung, der Produktion, der Zulassungsabteilung, der Qualitätssicherung und aus dem Marketing zusammenkommen.

3.2. Essential Requirements Checklist

Als erstes könnte die Projektgruppe damit beginnen, eine „Essential Requirements Checklist" zu erstellen. Diese Liste enthält z.B. in der ersten Spalte den Originaltext der Grundlegenden Anforderungen aus Anhang I der Richtlinie. In der zweiten Spalte könnte die Relevanz der einzelnen Anforderungen für das jeweilige Medizinprodukt festgestellt werden (für einzelne Medizinprodukte gibt es dafür bereits normative Vorgaben). In einer weiteren Spalte wären die jeweils anzuwendenden Horizontal- und Vertikalnormen zu benennen und deren Umsetzung im Sinne von Prüfberichten und/oder Belegen aus der Literatur in der letzten Spalte ein-zutragen. Dabei ist die Anwendung harmonisierter Normen unbedingt zu empfehlen, weil in diesem Fall die Erfüllung der jeweiligen grundlegenden Anforderungen angenommen wird.

3.3. Risikoanalyse

Nach der ersten Erarbeitung der Grundlegenden Anforderungen in bezug auf das zu beurteilende Medizinprodukt kann die Projektgruppe mit der Risikoanalyse beginnen. Dazu wird die Anwendung der prEN 1441 empfohlen. In erster Näherung könnten die in Anhang C genannten Risiken betrachtet eine „Failure Mode Effect Analysis" (FMEA) durchgeführt werden. Dabei werden mögliche Schäden betrachtet und bewertet, die bei einem Fehler des Produktes, einer Fehlfunktion oder einem Fehlgebrauch auftreten könnten. Bei unvermeidbaren Risiken müssen wirksame Maßnahmen zur Vermeidung von Schäden erarbeitet werden (z.B. bauliche Sicherheitsvorkehrungen oder entsprechende Hinweise)

Eine große Hilfe bei der Durchführung einer Risikoanalyse ist die Verwendung einer „Risk Analysis Checklist", die in Form einer Tabelle folgende Spalten enthalten könnte:

- Die im Anhang C genannten Gefährdungen
- Der im Schadensfall verantwortlichen technischen Fehler
- Art der Verletzung des Patienten
- Schweregrad der Verletzung (z.B. Scorewerte 1-10)
- Wahrscheinlichkeit des Auftretens eines Schadensfalles (z.B. Scorewerte 1-10)
- Risikofaktor für den Patienten (Schweregrad x Auftrittswahrscheinlichkeit)
- Maßnahmen zur Vermeidung von unvermeidbaren Risiken

3.4. Literaturrecherche

Nach der ersten Erarbeitung der Grundlegenden Anforderungen und einer vorläufigen Risikoanalyse sollte mit Hilfe einer sorgfältig zu planenden Literaturrecherche versucht werden, alle offenen Fragen bezüglich der biologischen Sicherheit des fraglichen Produktes abzuklären. Die in diesem Zusammenhang grundlegende Normenreihe ist die EN ISO 10993, die später noch ausführlicher besprochen wird. Im Teil 1 dieser Reihe wird der Medizinprodukteherstelller ausdrücklich aufgefordert, alle denkbaren Risiken eines Produktes zu betrachten und zu bewerten. Es wird jedoch auch darauf hingewiesen, daß mögliche Risiken im Einzelfall nicht geprüft werden müssen, wenn durch andere Quellen das fragliche Risiko für ein bestimmtes Produkt ausgeschlossen werden kann. Diese Aussage bildet die Grundlage für unseren Vorschlag, grundsätzlich vor der Durchführung von tiertoxikologischen und/oder klinischen Studien eine Literaturrecherche durchzuführen. Im Rahmen dieser Recherche sollten insbesondere die Werkstoffseite des Produktes beleuchtet, Daten über identische oder ähnliche Medizinprodukte gesucht und eine möglicherweise gegebene „human use history" belegt werden.

3.5. Prüfplanung

Nachdem im o.g. Sinne eine solide Produktkenntnis erarbeitet und dokumentiert wurde, kann eine eigentliche Prüfplanung eingeleitet werden. Dabei stellt sich auch die Frage, ob anwendbare validierte in vitro-Methoden existieren, die zumindest einige tierexperimentelle Untersuchungen verzichtbar machen. Neben den in Artikel 5 genannten normativen Grundlagen zur biologischen Beurteilung von Medizinprodukten sind auch wissenschaftliche Ausarbeitungen verfügbar, die zur Entscheidung über die Notwendigkeit von biologischen Prüfungen hilfreiche Überlegungen anstellen und auch die Möglichkeiten des Einsatzes von validierten in vitro-Untersuchungen berücksichtigen (SVENDSEN O. et al., 1996).

In diesem Stadium sollte auch über die Frage nachgedacht werden, ob im Vorfeld der CE Kennzeichnung eine klinische Studie durchgeführt werden muß.

4. Normative Grundlagen zur Biologischen Beurteilung von Medizinprodukten

Im Rahmen der biologischen Beurteilung sind drei wichtige Themenkomplexe zu betrachten:

4.1. Mikrobiologische Sicherheit

Dieses Thema umfaßt sowohl Fragen der Sterilisierung und Validierung, der mikrobiologischen Prüfung auf Bakterien, Hefen, Schimmelpilze, und gegebenenfalls Viren, Plasmide, der Stabilitätsuntersuchungen sowie der Betriebshygiene. Diese Themen werden nicht in der EN ISO 10993 behandelt und sind daher nicht Gegenstand dieser Abhandlung.

4.2. Biokompatibilität

Die Normenreihe EN ISO 10993 zur Biologischen Beurteilung von Medizinprodukten beschreibt im Teil 1 grundlegende Anforderungen und gibt Anleitung bezüglich der in Frage kommenden Prüfungen. Die anderen Teile dieser Normenreihe beschäftigen sich mit physikalisch-chemischen Prüfverfahren (Teile 7, 9, 13, 14, 15, und 17), mit biologischen Prüfverfahren (Teile 3, 4, 5, 6, 10, 11, und 16), mit Tierschutz (Teil 2) und der Probenzubereitung (Teil 12). Neben der Normenreihe 10993 ist im Rahmen der Biologischen Beurteilung noch die ISO/CD 14538 über Grenzwerte von kritischen Rückständen in Medizinprodukten und die ISO 14155 zur klinischen Prüfung zu nennen.

Wie bereits angedeutet, gibt der Teil 1 der Normenreihe EN ISO 10993 („Biologische Beurteilung von Medizinprodukten, Anleitung für die Auswahl von Prüfungen") grundlegende Anleitung bezüglich der zu beurteilenden Risiken und benennt die in Frage kommenden Prüfungen. Dabei ist die Art und Dauer des Körperkontaktes mit dem jeweiligen Medizinprodukt von größter Bedeutung. Die Norm unterscheidet hier Medizinprodukte mit Kontakt zur Körperoberfläche, Medizinprodukte, die von außen Kontakt zum Körperinneren haben und Implantate, die vollständig ins Körperinnere verbracht werden. Bei der Kontaktdauer wird unterschieden zwischen kurzzeitigem Kontakt (bis 24 Stunden), längerem Kontakt (24 Stunden bis 30 Tage) und andauerndem Kontakt (über 30 Tage).

In Abhängigkeit von diesen Parametern schlägt die Norm dann entsprechende Prüfverfahren vor. In diesem Zusammenhang ist jedoch der Abschnitt 4.4 unbedingt zu beachten, in dem es heißt: „Alle potentiellen Risiken sollten bei jedem Werkstoff und Endprodukt beachtet werden, was aber nicht bedeutet, daß eine Prüfung auf alle denkbaren Risiken notwendig oder angebracht ist.“ Das bedeutet z.B., daß bestimmte Risiken nicht im Experiment geprüft werden müssen, wenn durch Literaturzitate das entsprechende Risiko des fraglichen Produktes abschließend beurteilt werden kann. Ebenfalls zu berücksichtigen wären auch präklinische oder klinische Originalberichte anderer Hersteller zu vergleichbaren Produkten sowie Erfahrungen mit demselben oder ähnlichen Produkten nach der Markteinführung.

4.3. Klinische Untersuchungen

Eine klinische Studie am Menschen kann erst begonnen werden, wenn das Produkt seine Funktion und Sicherheit auf der Basis von präklinischen, klinischen und/oder Literaturdaten beeits unter Beweis gestellt hat. Auch die zuvor angesprochene Produktdokumentation muß existieren (einschließlich Risikobeurteilung), und der Hersteller gibt nach Anhang VIII der Medizinprodukterichtlinie eine Erklärung ab, daß das zu prüfende Produkt - bis auf die klinisch abzuklärenden Fragen - die Grundlegenden Anforderungen nach Anhang I erfüllt.

Die praktische Durchführung der Studie erfolgt dann nach Anhang X der Richtlinie unter Berücksichtigung der EN 540 bzw. der ISO 14155, die die Durchführung und Überwachung der Studie regelt und die Einhaltung der Guten Klinischen Praxis sicherstellt. Eine ausführliche Darstellung der gesetzlichen und praktischen Anforderungen an eine Klinische Studie wurde kürzlich am Beispiel von Kontaktlinsen und Kontaktlinsenpflegemittel publiziert (DANNHORN D.R: et al., 1996)

Literatur

DANNHORN D.R., SORNBERGER V., DREWS U., MÜLLER-LIERHEIM W.G.K., Medical Device Testing in the European Community: Clinical Evaluation of Contact Lenses and Lens Care Products, Global Contact, 13, 25-30, 1996

SVENDSEN O., GARTHOFF B., SPIELMANN H., HENSTEN-PETTERSEN A., JENSEN J.C., KUIJPERS M.R., LEIMGRUBER R., LIEBSCH M., MÜLLER-LIERHEIM W.G.K., RYDHÖG G., SAUER U.G., SCHMALG G., SIM B., STEA S., Alternatives to the animal testing of medical devices. ECVAM Workshop Report 17, ATLA, 24, 659-669, 1996

Richtlinie 93/42/EWG des Rates vom 14. Juni 1993 über Medizinprodukte, herausgegeben am 12.07.1993

prEN 1441: 1994 (Entwurf/Draft), Medizinprodukte Risikoanalyse, 1994

ISO 10993-1: 1992 (EN 30993-1 . 1994), Biological evaluation of medical devices - Part1: Guidance on selection of tests, 1994

ISO 10993-2: 1992, Biological evaluation of medical devices - Part 2: Animal welfare requirements, 1992

ISO 10993-3: 1992 (EN 30993-3 . 1994), Biological evaluation of medical devices - Part 3: Tests for genotoxicity, carcinogenicity and reproductive toxicity, 1992

ISO 10993-4: 1992, Biological evaluation of medical devices - Part 4: Selection of tests for interaction with blood, 1992

ISO 10993-5: 1992 (EN 30993-5 . 1994), Biological evaluation of medical devices - Part 5: Tests for cytotoxicity: in vitro methods, 1992

ISO 10993-6: 1994 (EN 30993-6 . 1994), Biological evaluation of medical devices - Part 6: Tests for local effects after implantation, 1194

DIN EN ISO 10993-7: 1995, Biologische Beurteilung von Medizinprodukten - Teil 7: Ethylenoxid-Sterilisationsrückstände, 1995

DIS 10993-8 wird nicht weiter verfolgt, die relevante Norm ist die EN 540: 1993, Klinische Prüfung von Medizinprodukten an Menschen, 1993

ISO/TR 10993-9: 1994, Biological evaluation of medical devices - Part 9. Degradation of materials related to biological testing, 1994

EN ISO 10993-10: 1996, Biologische Beurteilung von Medizinprodukten - Teil 10: Prüfungen auf Irritation und Sensibilisierung, 1996

EN ISO 10993-11: 1995, Biologische Beurteilung von Medizinprodukten - Teil 11: Prüfungen systemische Toxizität, 1995

ISO 10993-12: 1996, Biological evaluation of medical devices - Part 12: Sample preparation and reference materials, 1996

ISO/CD 10993-14.2: 96-01-02 (Entwurf/Draft), Biological evaluation of medical devices - Part 14: Identification and quantification of degradation products from ceramics, 1996

ISO/CD 10993-15: 96-11-15 (Entwurf/Draft), Biological evaluation of medical devices - Part 15: Identification and quantification of degradation products from uncoated or coated metals and alloys, 1996

ISO/DIS 10993-16: 1995 (Entwurf/Draft), Biological evaluation of medical devices - Part 16: Toxicokinetic study design for degradation products and leachables, 1995

ISO 14155: 1996, Clincal investigation of medical devices, 1996

ISO/CD 14538: 96-06-27 (Entwurf/Draft), Method for the establishment of allowable limits for residues in medical devices using health based risk assessment, 1996

Biologische Prüfung von Dentalwerkstoffen in der Zellkultur

G. Schmalz und B. Thonemann

Zusammenfassung

Dentalwerkstoffe setzen Substanzen frei, die für Patient und zahnärztliches Personal potentiell schädlich sind. Daher ist eine präklinische Prüfung derartiger Werkstoffe erforderlich, was auch die Medizinprodukte-Direktive (MDD 93/42) vorschreibt. Zellkulturen nehmen dabei einen festen Platz als Prüfmethode zur Bestimmung der Zytotoxizität und der Mutagenität ein. Allerdings wird über widersprüchliche Ergebnisse zwischen in vitro-Tests an Zellkulturen und der Reaktion am Patienten für manche Werkstoffe, z.B. Zinkoxid-Eugenol, berichtet. Aus diesem Grund werden Tiere, bei denen man die komplexen Kombinationen verschiedener Hart- und Weichgewebe wie am Patienten vorfindet, zu Prüfzwecken verwendet. Bei modernen Ansätzen von Zellkulturverfahren wird versucht, die in vivo-Verhältnisse soweit wie möglich zu simulieren. Verschiedene Dentin- und Epithel-Barriere-Tests wurden speziell für die Zahnheilkunde entwickelt bzw. aus anderen Bereichen (Prüfung von Kosmetika) übernommen. Zusammen mit der Entwicklung immortaler Zellinien ergeben sich hier wichtige Ansatzpunkte für eine zukünftige Entwicklung mit dem Ziel, Tierversuche weiter zu reduzieren.

Mutagene Eigenschaften von bestimmten Dentalwerkstoffen (z.B. bestimmte Epoxy-Verbindungen, Glutaraldehyd) wurden in vitro in bakteriellen und zellulären Testsystemen beobachtet. Eine Abschätzung der jeweiligen Konzentrationen und der Relevanz der Testsysteme läßt bislang keine Gefährdung des Patienten durch die in abgebundenem Zustand eher inerten Werkstoffe vermuten. Zahnärztliches Personal hingegen, das häufig mit den aktiven, nicht abgebundenen Werkstoffen arbeitet, sollte Hautkontakt so weit wie möglich vermeiden.

Summary

Cell Cultures for Toxicity Testing of Dental Materials

Dental materials release substances which may cause adverse effects in patients. Therefore, premarket toxicity testing is necessary and required by legal regulations (Medical Device Directive 93/42 for the European Union). Cell cultures are used for determining the cytotoxicity and the genotoxicity/mutagenicity. Few dental materials were shown to be mutagenic in vitro; due to the limitations of the test systems this may not regarded to pose a risk for the patient, but dental personal shall use a no-touch-technique. Standard cytotoxicity tests, e.g. the agar overlay test, render results, which are in certain cases contradictory to the results observed in the patient, which is the reason for the use of animals in toxicity testing. Through better simulation of the clinical situation in in vitro tests and the use of immortalized cells (e.g. in dentin barrier tests or epithelial barrier tests) the direct extrapolation of in vitro results shall be enhanced and the use of animals for toxicity studies of dental materials reduced.

1. Einleitung

Dentalwerkstoffe kommen mit lebenden Geweben von Patienten und zahnärztlichem Personal in langzeitigen bzw. häufigen Kontakt. Dabei werden aus diesen Werkstoffen Substanzen freigesetzt, die potentiell gewebeschädigend sind und eine Vielzahl von unerwünschten Reaktionen hervorrufen können (SCHMALZ G., 1981). So kann die Pulpa eines Zahnes durch Füllungswerkstoffe geschädigt werden (STANLEY H.R., 1992), lichenoide Veränderungen an der Mundschleimhaut in direktem Kontakt mit derartigen Werkstoffen können auftreten (OSTMAN P.O. et al., 1996) oder allergischen Reaktionen bei Patienten und zahnärztlichem Personal ausgelöst werden (KANERVA L. et al., 1989), bis hin zum anaphylaktischen Schock (HALLSTRÖM U., 1993). Daher ist die biologische Prüfung dieser Werkstoffe vor ihrer Anwendung in der Praxis erforderlich. Seit dem 1.1.1995 (mit einer Übergangsfrist bis zum 14.6.1998) unterliegen Dentalwerkstoffe innerhalb der EU der Medizinprodukte-Direktive 93/42. Sie müssen daher auch formal im Rahmen einer Risikoabschätzung gegebenfalls biologischen Prüfungen unterzogen werden (SCHMALZ G., 1995), da diese Direktive die „Sicherheit“ eines Medizinproduktes als eine der sog. „Grundlegenden Anforderungen“ („Essential Requirements“) für sein Inverkehrbringen festlegt. Die Verantwortung für die Sicherheit eines Medizinproduktes liegt nach dieser Direktive beim Hersteller.

2. Normen

Die Medizinprodukte-Direktive verweist in Artikel 5 auf Normen (harmonisierte europäische Normen), die zur Erfüllung der „Grundlegenden Anforderungen“ herangezogen werden können. Harmonisierte Normen basieren auf Normen, die von der Europäischen Normungsorganisation (CEN) erstellt (EN-Normen) und die anschließend von der EU in ihrem offiziellen Mitteilungsorgan publiziert werden. Um die Normungsarbeit zu erleichtern, wurde sie im sog. Wiener Abkommen zwischen CEN und der weltweit aktiven Normungsorganisation ISO (International Standards Organization) koordiniert.

Biologische Prüfungen für Medizinprodukte im allgemeinen sind in der Standards-Serie ISO 10993/EN-30993 zusammengefaßt, die aus verschiedenen Teilen besteht. In Teil 1 wird vornehmlich das allgemeine Vorgehen bei der Auswahl der geeigneten Prüfmethoden beschrieben (strategischer Standard). Die folgenden Teile behandeln bestimmte Gruppen von Prüfverfahren. So sind in vitro-Verfahren in Teil 3 (Tests for genotoxicity, carcinogenicity and reproductive toxicity) und in Teil 5 (Tests for cytotoxicity: in vitro methods) beschrieben. Neben der ISO 10993/EN 30993-Serie können noch andere Normen Anwendung finden, so z.B. prEN 1441 (Medical Devices - Risk Analysis) (European Committee for Standardization, 1994) und EN 540 (Clinical Testing) (European Committee for Standardization, 1996).

Speziell für die Zahnheilkunde wurde 1980 die ISO TR 7405 als Technischer Report herausgegeben, der zwischenzeitlich eingehend revidiert wurde und sich augenblicklich im endgültigen Abstimmungsverfahren als Norm befindet. Diese Norm beschreibt eine Reihe von sog. Anwendungstests, d.h. Tierversuchen, bei denen die Dentalwerkstoffe so appliziert werden, wie dies später am Patienten geschieht. So wird z.B. ein Füllungsmaterial in Zahn-Kavitäten von Versuchstieren eingebracht und die Reaktion der Zahnpulpa histologisch untersucht. Außerdem werden Zytotoxizitätstests angegeben, mit denen bei der Prüfung zahnärztlicher Werkstoffe ausgedehnte Erfahrungen vorliegen.

3. Zytotoxizitätstests in der Zahnheilkunde

Im Rahmen der präklinischen Verträglichkeitsprüfung werden verschiedene *in vivo*- und *in vitro*-Testverfahren angewendet, wobei gemäß eines Stufensystems in der Regel Zellkulturverfahren am Beginn der Prüfungen stehen (SCHMALZ G., 1994). Die biologische Prüfung von Werkstoffen mittels Zellkulturen hat in der Zahnheilkunde eine lange Tradition. Bereits 1955 wurden entsprechende Verfahren von KAWAHARA et al. (1955) und später von MAIZUMI und SAUERWEIN (1962) zu Prüfzwecken eingesetzt.

In der ISO 7405 werden als Standardverfahren der Agar-Overlay-Test und der Filter-Test beschrieben, andere Verfahren (z.B. Mikrotiterplatten-Tests, morphologische Tests) sind möglich, wenn sie den Rahmenrichtlinien der ISO 10993-5 entsprechen. Mit diesen Methoden wurden eine Vielzahl von zahnärztlichen Werkstoffen geprüft. Dabei zeigte sich, daß viele plastische Werkstoffe, z.B. Glasionomer-Zemente (moderene Füllungswerkstoffe) oder Amalgam vor dem Abbinden zytotoxisch, danach nicht oder gering zellschädigend sind (SCHEDLE A. et al., 1994; SCHMALZ G., 1988; SCHMALZ G. et al., 1994a u.v.a.).

4. Dentinbarriere-Tests

Auch der Werkstoff Zinkoxid-Eugenol, der in der Zahnheilkunde häufig verwendet wird, ist in der üblichen Zellkultur, z.B. im Filter-Test (Abb. 1), ausgesprochen zellschädigend (SCHMALZ G. et al., 1994a), im Zahn bei geschlossener Dentindecke jedoch schädigt er die Pulpa nicht (Abb. 2) (STANLEY H.R., 1992). Daher wurden zur Beurteilung einer Pulpaschädigung durch Füllungswerkstoffe Tierversuche (an Affen, Schweinen etc.) für erforderlich gehalten, wobei die Pulpareaktionen nach Liegezeiten von bis zu mehreren Monaten histologisch untersucht wurden (International Standards Organization, 1994). Diese zeitaufwendigen und kostenintensiven Versuche werden auch aus Gründen des Tierschutzes zunehmend kritisch diskutiert. Daher wurden sog. Dentinbarriere-Tests entwickelt, bei denen eine Dentinscheibe zwischen Füllungswerkstoff und Zielzelle in das Testverfahren inkorporiert wurde.

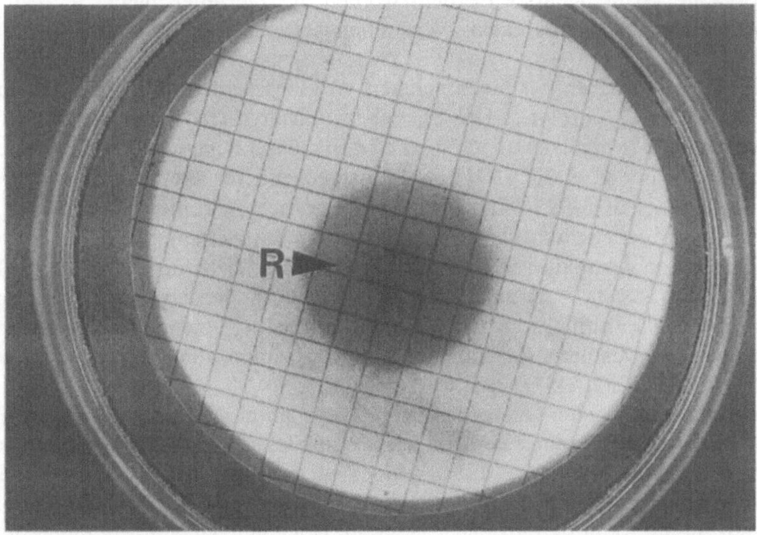

Abb. 1. Zellreaktion auf Zinkoxid-Eugenol im Filter-Test
Der ausgedehnte Hof der Zellschädigung ist ein Zeichen für eine ausgeprägte Zytotoxizität (R: Reaktionszone)

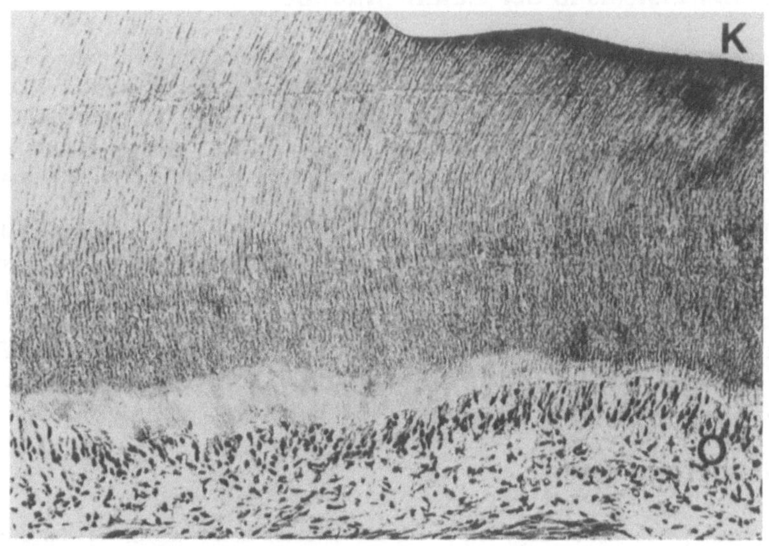

Abb. 2. Reaktion der Zahnpulpa auf Zinkoxid-Eugenol
Die normale Anatomie der Pulpa ist erhalten als Hinweis auf eine fehlende Toxizität in vivo (K: Kavität; P: Prädentin; O: Odontoblastensaum)

TYAS (1977), MERYON (1984), HUME (1988) und HANKS et al. (1989) verwendeten Dentinscheiben, die sie aus menschlichen Weisheitszähnen gewannen. Die Zielzellen wurden am Boden der künstlichen Pulpakammer oder eines separaten Kulturgefäßes gezüchtet. Dieser Aufbau zeigt eine Reihe technischer Probleme. Geeignetes menschliches Dentin ist nur in begrenztem Umfang verfügbar und die hydraulische Leitfähigkeit zwischen den einzelnen Scheiben unterliegt sehr großen Schwankungen (PASHLEY D.H. et al., 1987). TYAS (1977) schlug daher alternativ die Verwendung von Scheiben aus gepreßten Dentin-Chips vor, wobei jedoch die tubuläre Struktur des Dentins als wesentliches Charakteristikum für Diffusionsvorgänge verlorengeht. Außerdem wurden die Zielzellen nicht auf dem Dentin gezüchtet, sondern am Kammerboden. Verdünnungseffekte konnten somit das Ergebnis beeinflussen.

Aus diesen Gründen haben wir einen anderen Weg beschritten und Dentinscheiben von Rinderzähnen (SCHMALZ G. et al., 1994b), die in unbegrenztem Umfang zur Verfügung stehen, verwendet. Die hydraulische Leitfähigkeit von menschlichem und bovinem Dentin ist annähernd gleich (WEIS K. et al., 1992). Auf entsprechend vorbereiteten Scheiben können Zielzellen (in diesem Fall L-929-Mausfibroblasten) gezüchtet werden. In einer aus diesen Komponenten konstruierten Pulpakammer konnten wir die Abhängigkeit der Zellreaktion von der Konzentration der toxischen Substanz *und* von der Dicke der verwendeten Dentinscheibe nachweisen (SCHMALZ G. and SCHWEIKL H., 1994). Danach hatte Dentin einen die Toxizität reduzierenden Einfluß, was u.a. durch Adsorption der potentiell toxischen Substanz an der anorganischen Dentinmatrix oder durch Neutralisation von Protonen aus zahnärztlichen Werkstoffen (Puffereffekt) erklärt werden kann.

Um diesen Testansatz weiter zu standardisieren, wurden die Dentinscheiben mittels einer besonderen Halterung in eine kommerziell erhältliche Gradientenperfusionskammer (MINUTH W.W. and RUDOLPH U., 1990) eingebaut. Untersuchungen mit verschiedenen zahnärztlichen Füllungsmaterialien zeigten, daß die Ergebnisse im Ranking (Reihenfolge von der am meisten zur am wenigsten toxischen Substanz) eine gute Übereinstimmung mit denen anderer Zytotoxizitätstests aufwiesen, die absolute zelluläre Reaktion (z.B. Einfluß auf die

Zellzahl) aber vom Aufbau und von der Geometrie der Pulpakammer abhängig waren (SCHMALZ G. et al., 1996a).

Andererseits rief Zinkoxid-Eugenol auch in dieser Pulpakammer eine stark zytotoxische Reaktion hervor, was nicht den in vivo-Verhältnissen entspricht. Auch durch Anwendung von Druck und Mediumperfusion in der Pulpakammer änderte sich dies nicht (SCHMALZ G. et al., 1996b). Wird jedoch die Dentinscheibe vor der Installation in der Pulpakammer mit Albumin-Lösung getränkt und Albumin dem Medium beigesetzt, wird die Zellreaktion auf Zinkoxid-Eugenol deutlich reduziert (SCHMALZ G. and WEIS K., 1996). Dies zeigt, daß Proteine in vivo augenscheinlich eine protektive Wirkung haben, wobei im Augenblick noch ungeklärt ist, ob diese Wirkung spezifisch (für Zinkoxid-Eugenol) oder unspezifisch ist, d.h. für eine Vielzahl von Werkstoffen/Substanzen gilt. Auch bei Verwendung von dreidimensionalen Zellkulturen menschlicher Vorhaut-Fibroblasten (anstelle des Monolayers von L-929-Mausfibroblasten) konnte beobachtet werden, daß Zinkoxid-Eugenol keine Reaktion in der Kultur hervorrief, das System jedoch empfindlich genug war, um die Toxizität eines lichthärtenden Glasionomerzementes (Abb. 3 und 4) zu erkennen (SCHMALZ G. et al., 1997b). Vorläufige Ergebnisse zeigen weiterhin, daß es mit diesem Verfahren auch möglich ist, Langzeitperfusionen durchzuführen. Somit besteht die Aussicht, daß damit die - bislang noch nicht mögliche - Langzeitwirkung von Füllungsmaterialien auf das Pulpa/Dentin-System und kombiniert toxische/bakterielle Effekte in vitro simuliert werden können. Durch diesen Versuchsansatz erscheint es realistisch, die anfangs genannten Tierversuche zumindest reduzieren zu können.

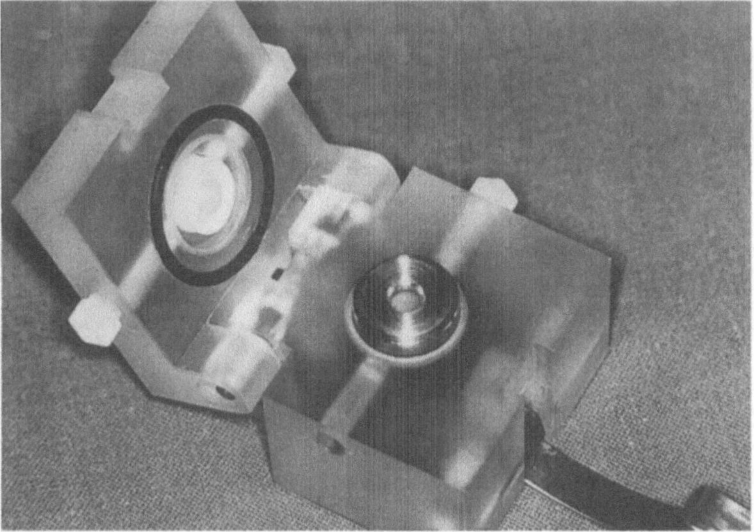

Abb. 3. Modifizierte Gradientenperfusionskammer für Dentinbarriere-Test

Gegenwärtige Forschungsaktivitäten konzentrieren sich außerdem auf die verwendeten Zielzellen. Bislang entsprechen sie nicht den Zielzellen in vivo, was im Fall von Füllungswerkstoffen vornehmlich die Zellen der menschlichen Pulpa sind. Fibroblastenähnliche Zellen wurden verschiedentlich ausgehend von Pulpagewebe gezüchtet, diese Primärkulturen sind jedoch nur unzureichend charakterisiert und verändern ihre Eigenschaft mit zunehmender Alterung (Passagierung). Neue Konzepte basieren auf der Immortalisierung der Zellen mit Hilfe von gentechnischen Verfahren. Hierbei wird durch die Transfektion der Zellen mit viralen Onkogenen, wie z.B. den Simian Virus 40 large-t Antigen oder Adenoviren bzw. dem Humanen Pappiloma Virus E6/E7 Protein, eine erhöhte Passagen-Zahl möglich. Mit Hilfe dieser Verfahren konnten MACDOUGALL et al. (1995) Zellinien aus Mauspulpazellen etablieren. Diese Zellinien exprimierten neben Alkalischer Phosphatase, Collagen Typ I und Calbindin D28K auch dentinspezifische Schlüsselproteine wie z.B. Dentin Sialoprotein (DSP). Auch in unserem Labor ist es gelungen, durch Transfektion primärer Pulpazellen aus Rinderzahnkeimen mittels SV 40 large-t Antigen Zellinien zu etablieren, die ebenfalls, auch in höheren Passagenzahlen (>50), dentinspezifische Proteine exprimieren. Diese Zellen (Abb. 5) zeigen ein ausgezeichnetes dreidimensionales Wachstum auf Rinderdentinscheiben (THONEMANN B. et al., 1997). Die Kombination dieser Zellkulturen mit der künstlichen Pulpakammer eröffnet daher eine weitere interessante Möglichkeit, die umstrittenen Großtierversuche zu ersetzen oder zumindest in ihrer Zahl deutlich zu reduzieren.

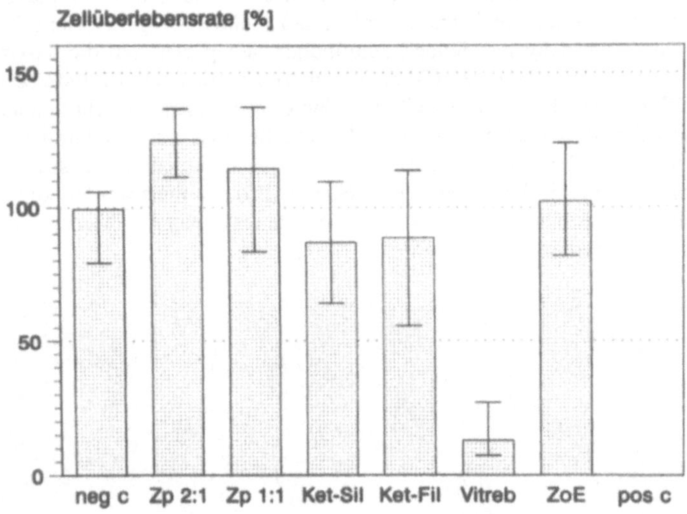

Abb. 4. Zellreaktion auf zahnärztliche Werkstoffe in einem Dentin-Barriere-Test mit dreidimensionalen Zielzellkulturen

5. Epithelbarriere-Test

Entsprechend dem Konzept einer möglichst weitgehenden Simulation der in vivo-Verhältnisse in Zellkulturen wurden dreidimensionale Kulturen von menschlichen Fibroblasten, die auf einem Nylonnetz gezüchtet wurden, mit menschlichen Epithelzellen aus der Vorhaut überschichtet (Co-Kulturen), um die Haut-/Schleimhautverträglichkeit von Kosmetika in vitro zu testen (BALLS M. et al., 1995; PIROVANO R. et al., 1993). Neben bekannter biologischer Endpunkte, wie z.B. Zellvitalität (MTT-Test) können bei diesem Versuchsansatz auch andere Parameter untersucht werden, wie z.B. die Ausschüttung von Prostaglandin E_2. Dieser Entzündungsmediator löst in vivo Vasodilatation, erhöhte Gefäßpermeabilität und veränderte Immunreaktionen von Zielzellen hervor, indem er an verschiedene spezifische Rezeptoren an der Zelloberfläche gebunden wird. Damit hat man in vitro einen Endpunkt zur Bestimmung der zellulären Reaktion, der in vivo unmittelbar in das Entzündungsgeschehen eingebunden ist, wodurch wiederum der klinische Bezug des Testsystems und damit der Ergebnisse verbessert wird.

Dieser Test kann auch als Modell für die Prüfung der Schleimhautverträglichkeit zahnärztlicher Werkstoffe angesehen werden, zumal auf diesem Gebiet keine anerkannten *in vitro*- und *in vivo*-Verfahren verfügbar sind. Um die Eignung dieses Versuchsansatzes zur Prüfung von Dentalwerkstoffen zu untersuchen, wurde die Reaktion auf verschiedene

Metalle und Legierungen, die in der Zahnheilkunde verwendet werden, bestimmt. Dabei zeigte sich, daß das Testsystem empfindlich genug war, um bei unterschiedlichen Metallen verschiedene Reaktionen hervorzurufen. Die Bestimmung der PGE_2-Ausschüttung entsprach im wesentlichen der Toxizität, war zeitabhängig und konnte als kontinuierliche Meßgröße verwendet werden, ohne die Kultur zu zerstören (SCHMALZ G. et al., 1997a).

Allerdings sind die Erfahrungen mit dieser Methode, wie auch beim Dentinbarriere-Test, noch sehr gering und weitere Untersuchungen im Sinne einer Validierung sind erforderlich, ehe sie für die routinemäßige Anwendung empfohlen werden können.

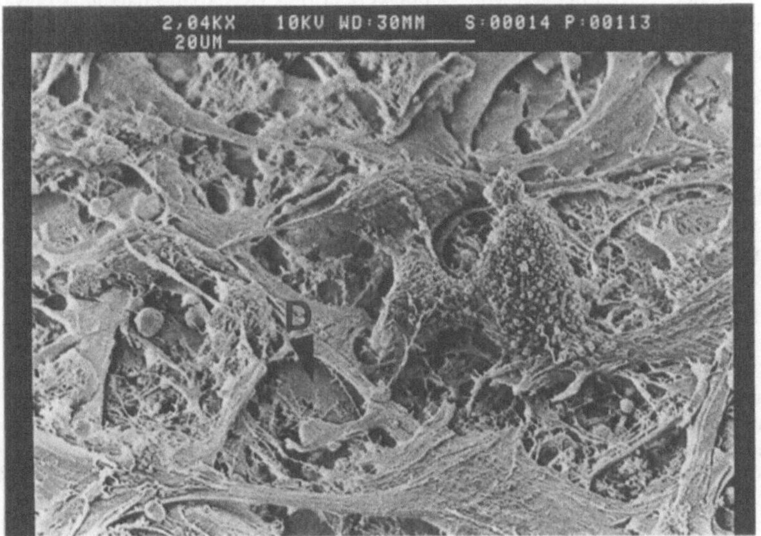

Abb. 5. Rasterelektronenmikroskopische Aufnahme von SV 40 large-t transfizierten Pulpazellen vom Kalb auf Scheiben von Rinderdentin. Das dreidimensionale Zellwachstum ist deutlich erkennbar (D: Dentin)

6. Mutagenitätstests

In vitro-Mutagenitätstests können als Gen-Mutationstests (z.B. Rückmutationstests an Bakterien, Gen-Mutationstests an Säugetierzellen), als Chromosomen-Mutationstest (z.B. Schwester-Chromatid-Austausch) oder als Genom-Mutationstest durchgeführt werden. Sie werden in international anerkannten Vorschriften (OECD, 1987) und in der Standards-Serie ISO 10993/EN 30993 als Teil 3 angegeben. Ergebnisse mit Dentalwerkstoffen haben gezeigt, daß manche Wurzelkanalfüllmaterialien auf Epoxy-Basis sowohl in bakteriellen Testsystemen als auch bei Säugetierzellen mutagen wirken. Gleiches gilt für manche Dentinkleber, Substanzen, die der Verbesserung des Verbundes von Kunststoffen und der Zahnhartsubstanz Dentin dienen. Sie sind insbesondere dann erforderlich, wenn Kunststoffe - als Ersatz des Füllungswerkstoffes Amalgam - im Seitenzahnbereich verwendet werden sollen. Substanzen aus diesen Dentinklebern, die für die Mutagenität verantwortlich zu machen sind, umfassen Glutaraldehyd, TEGDMA oder Boran-Derivate (SCHWEIKL H. und SCHMALZ G., 1996; SCHWEIKL H. et al., 1995; SCHWEIKL H. et al., 1996; SCHWEIKL H. et al., 1997).

Aus in vitro-Studien allein läßt sich noch nicht auf eine Mutagenität beim Menschen schließen, da die Organismen auf einer unterschiedlichen phylogenetischen Entwicklungsstufe stehen. Ein Vergleich der erforderlichen Konzentrationen, um in diesen Testsystemen eine Reaktion hervorzurufen, mit der in der klinischen Situation erwarteten Konzentration, läßt eine Gefährdung für den Patienten als eher unwahrscheinlich erscheinen. Fundiertere Aussagen lassen Ergebnisse von in vivo-Experimenten zu. Studien mit niederen in vivo-

Systemen (Muscheln) weisen auf die Mutagenität mancher Epoxy-Verbindungen hin (HEIL J. et al., 1996). In jedem Fall sollte zahnärztliches Personal beim Umgang mit den noch nicht abgebundenen und daher auch biologisch aktiven Werkstoffen besondere Sicherheitsmaßnahmen einhalten und direkten Hautkontakt vermeiden.

7. Schlußfolgerung

Zellkulturen haben sich in den letzen 40 Jahren als ein bewährtes Verfahren im Rahmen der Abschätzung der Verträglichkeit von Dentalwerkstoffen (Risikoabschätzung) bewährt. Bei eher einfachen Versuchsansätzen (z.B. Agar-Overlay-Test, Filter-Test, kolorimetrische Mikrotiterplatten-Tests) ist eine direkte Übertragung auf den Patienten nicht möglich. Sie ermöglichen jedoch eine mechanistische Beurteilung von in vivo beobachteten Phänomenen. In vitro-Mutagenitäts-Tests sind bislang nur wenig zur Prüfung von Dentalwerkstoffen eingesetzt worden. Klinische Konsequenzen - wenn überhaupt - scheinen am ehesten für zahnärztliches Personal gerechtfertigt. Durch eine weitgehende Simulation der in vivo-Situation in der Zellkultur zusammen mit der Verwendung von immortalisierten Zellinien soll die direkte Übertragbarkeit der Ergebnisse von in vitro-Zytotoxizitätstests auf den Patienten erhöht und damit die Zahl von Tierversuchen verringert werden.

Literatur

BALLS M., BOTHAM P.A., BRUNER L.H., SPIELMANN H., The EC/HO international validation study on alternatives to the Draize Eye Irritation Test, Toxicology in Vitro, 6, 871-929, 1995

European Committee for Standardization, EN 1441: Medical Devices - Risk Analysis, Brussels, 1994

European Committee for Standardization, EN 540: Clinical testing of medical devices, Brussels, 1996

HALLSTRÖM U., Adverse reaction to a fissure sealant, Journal of Dentistry for Children, 3-4, 143, 1993

HANKS C.T., DIEHL M.L., CRAIG R.G., MAKINEN P.L., PASHLEY D.H., Characterization of the „in vitro pulp chamber" using the cytotoxicity of phenol, Journal of Oral Pathology, 18, 97-107, 1989

HEIL J., REIFFERSCHEID G., WALDMANN P., LEYHAUSEN G., GEURTSEN W., Genotoxicity of dental material, Mutation Research, 368 (3-4), 181-94, 1996

HUME W.R., Methods of assessment *in vitro* of restorative material cytotoxicity using an intact human dentine diffusion step, International Endodontic Journal, 21, 85-88, 1988

International Organisation for Standardization, ISO 7405: Dentistry: preclinical evaluation of biocompatibility of medical devices used in dentistry: test methods, Geneva, 1994

KANERVA L., ESTLANDER T., JOLANKI R., Allergic contact dermatitis from dental composite resins due to aromatic epoxy acrylates and aliphatic acrylates, Contact Dermatitis, 20 (3), 201-211, 1989

KAWAHARA H., SHIOTA M., YAMAKAWA Y., Studies on the effects of dental metals upon the mesenchymal cells in tissue culture, Journal of the Osaka Odontologic Society, 18, 343, 1955

MACDOUGALL M., THIEMANN F., TA H., HSU P., CHEN L.S., SNEAD T., Temperature sensitive simian virus 40 large T antigen immortalization of murine odontoblast cell cultures: Establishment of a clonal odontoblast cell line, Connective Tissue Research, 33, 97-103, 1995

MAIZUMI H. und SAUERWEIN E., Die Wirkung verschiedener Vitalerhaltungs- und Wurzelfüllmittel auf Gewebekulturen, Deutsche Zahnärztliche Zeitschrift, 17, 1628, 1962

MERYON S.D., The effect of zinc on the biocompatibility of dental amalgams in vitro, Biomaterials, 5, 293-297, 1984

MINUTH W.W. and RUDOLPH U., A compatible support system of cell culture in biomedical research, Cytological Technology, 4, 181-189, 1990

OECD-Organisation for Economic Cooperation and Development, OECD-Guidelines for Testing of Chemicals, Paris, 1987

OSTMAN P.O., ANNEROTH G. and SKOGLUND A., Amalgam-associated oral lichenoid reactions. Clinical and histologic changes after removal of amalgam fillings, Oral Surgery, Oral Medicine, Oral Pathology, Oral Radiology and Endodontology, 81 (4), 459-465, 1996

PASHLEY D.H., ADRINGA H.J., DERKSON M.E., KALATHOOR S.R., Regional variability in the permeability of human dentine, Archives of Oral Biology, 32, 519-23, 1987

PIROVANO R., ZANINELLI P., NOBEN J., LOGEMANN P., SOUTHEE J., JOLLER P., COQUETTE A., A European interlaboratory evaluation study of an in vitro ocular irritation model (Skin2™ model ZK 1100) using 15 chemicals and 3 shampoos, ATLA, 21, 81-88, 1993

SCHEDLE A., FRANZ A., RAUSCH-FAN X., SAMORAPOOMPICHIT P., BOLTZ-NITULESCU G., SLAVICEK R., Zellkulturuntersuchungen von zahnärztlichen Werkstoffen: Komposit im Vergleich zu Amalgam, Zeitschrift für Stomatologie, Supplement 6, 39-42, 1994

SCHMALZ G., Die Gewebeverträglichkeit zahnärztlicher Materialien - Möglichkeiten einer standardisierten Prüfung in der Zellkultur, Stuttgart, New York: Georg Thieme Verlag, 1981

SCHMALZ G., The Agar Overlay Method, International Endodontic Journal, 21, 59-66, 1988

SCHMALZ G., The use of cell cultures for toxicity testing of dental materials - Advantages and limitations, Journal of Dentistry, 22 (2), 6-11, 1994

SCHMALZ G., Biological Evaluation of Medical Devices: A Review of EU Regulations, with Emphasis on In Vitro Screening for Biocompatibility, ATLA, 23, 469-473, 1995

SCHMALZ G. and SCHWEIKL H., Characterization of an in vitro dentin barrier test using a standard toxicant, Journal of Endodontics, 20, 592-94, 1994

SCHMALZ G. and WEIS K., Influence of albumin in dentin on the cytotoxicity of zinc oxide-eugenol, Journal of Dental Research (Special Issue), 75, 1223, 1996

SCHMALZ G., HILLER K.-A., ASLAN-DÖRTER F., New Developments in the Filter Test System for Cytotoxicity Testing, Journal of Material Science: Materials in Medicine, 5, 43-51, 1994a

SCHMALZ G., SCHWEIKL H., EIBL M., Growth kinetics of fibroblasts on bovine dentin, Journal of Endodontics, 20, 453-56, 1994b

SCHMALZ G., GARHAMMER P., SCHWEIKL H., A commercially available cell culture device modified for dentin barrier tests, Journal of Endodontics, 22, 249-52, 1996a

SCHMALZ G., KRÖHLING N., WEIS K., SCHWEIKL H., A dentin barrier test system with continuous medium perfusion, Journal of Dental Research, 75, 256, 1996b

SCHMALZ G., ARENHOLT-BINDSLEV D., HILLER K.-A., SCHWEIKL H., Epithelium-fibroblast co-culture for assessing the mucosal irritancy of metals used in dentistry, European Journal of Oral Sciences, 105, 1997a

SCHMALZ G., NÜTZEL K., SCHUSTER U., SCHWEIKL H., An in vitro pulp chamber with three-dimensional cell cultures, Journal of Dental Research, 1997b, in press

SCHWEIKL H. and SCHMALZ G., Evaluation of the mutagenic potential of root canal sealers using the Salmonella/Microsome Assay, Journal of Material Science: Materials in Medicine, 2, 181, 1996

SCHWEIKL H., SCHMALZ G., STIMMELMAYR H., BEY B., Mutagenicity of AH26 in an In-Vitro Mammalian Cell Mutation Assay, Journal of Endodontics, 21, 407-410, 1995

SCHWEIKL H., SCHMALZ G., GÖTTKE C., Mutagenic Activity of Various Dentine Bonding Agents, Biomaterials, 17, 1451-1456, 1996

SCHWEIKL H., SCHMALZ G., RACKEBRANDT K., Mutagenicity of composite resin components in mammalian cells, Abstract, Journal of Dental Research, 1997, in press

STANLEY H.R., Local and systemic responses to dental composites and glass ionomers, Advances in Dental Research, 6, 55-64, 1992

THONEMANN B., SCHMALZ G., ESTERBAUER S., SCHUSTER U., SCHWEIKL H., Growth Kinetics of Bovine Pulp Cell Line on Dentin, Abstract, Journal of Dental Research, 1997, in press

TYAS M.J., A method for *in vitro* toxicity testing of dental restorative materials, Journal of Dental Research, 56, D119, 1977

WEIS K., SCHMALZ G., HILLER K.-A., Perfusion through bovine dentine, Journal of Dental Research, 71, 599, 1992

Charakterisierung von Materialien als Referenzstandards für Zytotoxizitätsuntersuchungen

A. Bauer, F. Bauerdick, A. Poth

Zusammenfassung

Nach dem ISO-Standard 10993-12 werden für die Testung in den Biokompatibilitätstestsystemen Standardreferenzmaterialien (Negativ- und Positivmaterialien) verlangt, die aber bisher noch nicht existieren. Aus diesem Grund wurden in der vorliegenden Arbeit 5 verschiedene Positiv- und 3 Negativkontrollmaterialien in verschiedenen Zytotoxizitätstestsystemen (Direktkontakttest und Wachstumsinhibitionstests) vergleichend untersucht.

Die eingesetzten Positivmaterialien zeigten in den Zytotoxizitätstests unterschiedlich starke Reaktionen, ebenfalls reagierten die unterschiedlichen Endpunkte (Protein-, XTT-, Neutralrotbestimmung) der Wachstumsinhibitionstests materialabhängig unterschiedlich stark. Dies läßt auf eine unterschiedliche Sensitivität der Testsysteme schließen.

Die Ergebnisse zeigten, daß geeignete Materialien existieren, die als Standardpositiv- bzw. Standardnegativkontrollmaterialien eingesetzt werden können, aber noch in entsprechenden Ringversuchen charakterisiert werden müssen.

Summary

Characterization of materials as reference materials in cytotoxicity test systems

According to the ISO-Standard 10993-12, the testing of biocompatibility requires standard reference material (negativ and positive control materials) which do not exist up to now. Therefore, 5 different positive and 3 different negative control materials were tested comperatively in different cytotoxicity test systems (Direct Cell Contact Test and Growth Inhibition Test).

The positive materials showed different strong reactions in the cytotoxicity tests used. Additionally, the different endpoints of the Growth Inhibition Test (protein determination, XTT, neutral red uptake) reacted with different sensitivity depending on the material tested.

The results indicate that suitable materials exist, which could be used as positive and negative standard reference materials. However, a testing in ring trials is necessary for biological characterization.

1. Einleitung

Der Markt für künstliche, biokompatible Materialien wird zunehmend größer und die Neuentwicklungen auf diesem Sektor werden in den nächsten Jahren stark ansteigen. Die Prüfung der neuentwickelten Materialien auf Biokompatibilität ist von großer Wichtigkeit. Hierzu werden standardisierte, quantitative und reproduzierbare Testmethoden verlangt, die eine klare und eindeutige Aussage über die Biokompatibilität des Materials zulassen und die außerdem noch schnell, zuverlässig und genau sind. Dies fordert, daß bei all diesen Methoden das Mitführen von Referenzstandards unablässig ist, um zum einen innerhalb der Prüflaboratorien zum anderen auch zwischen den Prüflaboratorien eine Kontrolle zu besitzen, die erzielten Ergebnisse mit den unterschiedlichsten Materialien vergleichbar zu machen. Validierte Methoden, statistische Kontrollen und zertifizierte Referenzmaterialien werden herangezogen, um die Genauigkeit der erhaltenen Informationen zu erhöhen. Diese Art von Materialien haben sich in der chemischen Analytik z.B. im Umwelt-, Ernährungs- und im medizinisch-biologischen Bereich durchgesetzt. Aber bisher existieren keine international akzeptierten Referenzmaterialien bei der Durchführung von Biokompatibilitätsstudien.

Zwei Referenzmaterialien wurden vom National Heart, Lung, and Blood Institut (NHLBI) am National Institut of Health (NIH) als Negativkontrollstandards hergestellt. Dies ist ein Polydimethylsiloxan (silica-free) und ein Polyethylen mit niedriger Dichte (low-density Polyethylen). Diese wurden durch eine Reihe von physiko-chemischen Techniken charakterisiert. Sie sind geeignet für in vitro-Studien, die die Interaktion von Materialien mit Blut und Gewebe untersuchen. Bisher haben sich beide in Europa, als auch in Japan nicht durchgesetzt.

Verschiedene Anstrengungen wurden von Japan, Europa und Amerika unternommen, Refererenzmaterialien herzustellen und zu charakterisieren. Aber Ziel ist es nicht, für jedes Land einen charakteristischen Referenzstandard zu finden, sondern weltweit gültige Referenzmaterialien. Eine solche Harmonisierung wird zur Zeit durch die Internationale Organisation für Standardisierung (ISO) angestrebt.

Die ISO-Norm „Sample preparation and reference materials“ im Anhang A macht als klare Aussage, daß zur Zeit keine zertifizierten Referenzmaterialien für den Einsatz in biologischen Tests erhalten werden können. Es existieren Positiv- und Negativkontrollen, die in verschiedensten biologischen Prüfsystemen eingesetzt werden können und die in der o.a. ISO-Norm erwähnt werden.

Der ISO-Standard für die biologische Bewertung von Medizinprodukten (ISO 10993-1) verlangt die Testung der Zytotoxizität für die Bewertung von Biomaterialien und Medizinprodukten für alle Kategorien. Dies bedeutet, daß den Zytotoxizitätstests eine wichtige Rolle in der biologischen Bewertung von Materialien zukommt und mit diesen Systemen versucht wird, eine Vorhersage zur in vivo-Toxizität zu erhalten. Aufgrund dessen ist die Herstellung und Etablierung geeigneter Referenzmaterialien für diese Prüfsysteme von großer Bedeutung. In unserer Untersuchung haben wir 3 Negativmaterialien und 5 Positivmaterialien in unterschiedlichen Zytotoxizitätstestsystemen untersucht. Darunter befanden sich auch 3 Materialien, die bisher noch nicht in als Negativ- oder Postivkontrollmaterialien in den Normen Erwähnung fanden und die uns von Medizinprodukteherstellern zur Verfügung gestellt wurden.

2. Material und Methoden

2.1. Materialien

2.1.1. Polyurethan-Film mit Zinkdiethyldithiocarbamat

Polyurethane werden seit den 60er Jahren klinisch eingesetzt. Hauptsächlich finden die Polyetherurethane ihren Einsatz in der Entwicklung von Implantaten (z.B. Gefäßimplantate, künstliche Herzklappen und Katheter). Bei dem verwendeten Polyurethan handelt es sich um ein segmentiertes Polymer auf der Basis von Polyether mit unterschiedlichen Anteilen von Zinkdiethyldithiocarbamat (0,1-0,25%). Bezogen wurde dieses vom Hatano Reseach Institute/Food and Drug Safety Center in Japan. Dieses Material ist von TSUCHIYA et al. 1993 und 1994 intensiv untersucht worden (TSUCHIYA T. et al., 1993, 1994).

2.1.2. Polyvinylchlorid mit Organozinn

PVC ist ein vorwiegend amorphes Polymer, das mittels Masse-, Suspensions- oder Emulsionspolymerisation synthetisiert wird. Man unterscheidet zwischen Hart- und Weich- PVC. Anwendung findet das Weich-PVC bei Blutbeuteln, bei Beuteln für parenterale Lösungen, für Schläuche und Katheter. Hart-PVC wird als Verpackungsmaterial für Spritzen, Nadeln, Nahtmaterial, Schläuche und Medikamente hergestellt. Problematisch beim Weich-PVC ist der hohe Anteil des Weichmachers Dioctylphthalat.

Das von uns als Positivkontrolle getestete PVC wurde erhalten von der Firma Portex Limited in England, und es handelt sich um ein PVC mit einem Anteil von 3% 2n-butyl-Sn-2-mercaptoproprionate.

2.1.3. Polyamidmaterial

Polyamide mit höherem Molekulargewicht eignen sich als Formmassen für Spritzguß und Extrusion. Je nach PA-Typ existieren unterschiedliche Polymerisationsverfahren, wobei zum einen eine Polykondensation von Diaminen und Dicarbonsäuren erfolgt, zum anderen eine von Aminosäuren oder durch Ringöffnungspolymerisation von Caprolactam. Das vorliegende Polyamidmaterial wurde uns von einem Medizinproduktehersteller zur Verfügung gestellt. Da die Untersuchungen noch nicht vollständig abgeschlossen sind, wird die genaue chemisch-physikalische Zusammensetzung in der nächsten Zeit bekanntgegeben.

2.1.4. Latexmaterial

Dieses Material wurde uns ebenfalls von einem Medizinproduktehersteller zur Verfügung gestellt. Auch hier ist die chemisch-physikalische Untersuchung noch nicht abgeschlossen, und die exakte Charakterisierung steht ebenfalls noch aus.

2.1.5. Polyethylen mit hoher Dichte

Polyethylen mit hoher Dichte hat gute mechanische Eigenschaften und eine gute chemische Stabilität. Die meisten PE-Implantate werden jedoch aus dem Ultrahigh-molecular-PE hergestellt. Beispiele hierfür sind die Knie- und Fingergelenkimplantate. Als typische Eigenschaft von PE ist seine geringe Wasseraufnahme zu nennen, sowie die geringe Quellung in polaren Lösungsmitteln. Seine Eigenschaften können durch die Herstellung von Copolymerisaten in großer Vielfalt kontrolliert werden. Das Material wurde von der US-Pharmacopeia, Rockville, USA, bezogen.

2.1.6. Polysiloxane

Die Makromolekülketten der Polysiloxane werden durch die fortlaufende Verknüpfung von Silizium- und Sauerstoffatomen aufgebaut. Sie finden in der Medizin ihre Anwendung in Form von Elastomeren, Flüssigkeiten und Schäumen. Als Negativkontrollmaterial wurde das Poly(dimethylsiloxan) verwendet, das vom National Heart, Lung and Blood Institut der NIH bezogen wurde.

2.1.7. Rostfreier Stahl

In der Medizin wird hauptsächlich ein hochlegierter Stahl mit 17-20% Chrom, 12-14% Nickel und 2-4% Molybdän verwendet. Die Korrosionsbeständigkeit dieser Stähle beruht im wesentlichen auf der Bildung eines Passivfilms auf der Materialoberfläche. Dieses Material wurde vom Naturwissenschaftlichen und Medizinischen Institut der Universität in Reutlingen bereitgestellt.

2.2. Prüfsysteme

Als Prüfsysteme zur biologischen Charakterisierung der Negativ- und Positivreferenzmaterialien wurden zwei Zytotoxizitätstestsysteme herangezogen, die in der ISO-10993-5 aufgeführt sind. Es waren dies der Direktzellkontakttest und der Wachstumsinhibitionstest. Mit dem Direktzellkontakttest steht ein qualitatives System zur Verfügung, während mit dem Wachstumsinhibitionstest ein quantitatives System herangezogen wird.

2.2.1. Direktzellkontakttest

Dieser Test ist ein qualitativer Nachweis des zytotoxischen Potentials eines Prüfmaterials. Bei diesem Test wird das Prüfmaterial auf einen Rasen von L929-Zellen gelegt. Toxische wirkende Materialien bewirken eine Verformung oder sogar Lyse der Zellen um das Prüfmaterial, die mikroskopisch nachgewiesen werden.

Die Durchführung erfolgte mit L929-Zellen, die bei -196°C gelagert werden und bei Bedarf in Kultur gebracht werden. Zu den Versuchen wurden Stammkulturen in DMEM mit 10% FCS bei 37°C und 5% CO_2 inkubiert. Die Zellen wurden in einer Dichte von 4 x 105 Zellen pro Loch einer 6-Lochplatte für 24h inkubiert, anschließend das Prüfmaterial vorsichtig aufgelegt und für weitere 24 Stunden inkubiert.

Die Morphologie der Zellen um das Testmaterial wurde bei 40- und 200facher Vergrößerung mit einem Umkehrmikroskop durchgeführt. Als Zytotoxizitätsparameter wurden Verformungen, Degenerationen, Zeichen von Ablösung oder Lyse der Zellen herangezogen.

2.2.2. Wachstumsinhibitionstest

2.2.2.1. XTT-Test

Mit diesem Test wird sowohl die Vitalität als auch die Stoffwechselaktivität von Zellen kolorimetrisch bestimmt. Lebende Zellen nehmen das schwach gelbe Tetrazolium-Salz XTT auf und setzen dies mit Hilfe von mitochondrialen Dehydrogenasen zu einem orangenen wasserlöslichen Formazan-Farbstoff um. Die Intensität der Orangefärbung korreliert mit der Zellzahl und der metabolischen Aktivität der Zellen.

Zum Versuch wurden Stammkulturen von V79- und L929-Zellen aufgetaut, kultiviert und anschließend in 96-Lochplatten in einer Einsaatdichte von 5 x 103 Zellen pro Loch. Diese wurden für 24 Stunden bei 37°C inkubiert. Nach dieser Zeit wurde das Kultivierungsmedium ersetzt durch Medium mit dem Extrakt des zu testenden Prüfmaterials und für 72 Stunden inkubiert. Nach Zugabe des XTT-Reagens erfolgte eine weitere Inkubation für 3-4 Stunden und die anschließende Messung bei 450 und 630nm.

2.2.2.2. Proteinbestimmungtest mittels BCA

Das BCA-Reagens besteht aus dem wasserlöslichen und stabilen BCA (Bicinchonic acid) und einer alkalischen Cu^{2+}-Lösung. Die Aminosäuren Cystein, Cystin, Tryptophan und Tyrosin bilden mit den BCA-Reagenzien einen stabilen violetten Farbstoff. Die Intensität der Violettfärbung korreliert mit der Zellzahl der Zellen.

Auch hier wurden exponentiell wachsende Stammkulturen von L929- und V79-Zellen kultiviert und in einer Zellzahl von 5 x 103 Zellen pro Loch eingesät. Es schloß sich eine 24stündige Inkubationsdauer an. Danach erfolgte die Behandlung der Zellen mit den Extrakten, eine weitere Inkubation für 72 Stunden und die Zugabe des BCA-Proteinreagens. Die Messung erfolgte bei 550nm.

2.2.2.3. Neutralrottest

Dieser Test basiert auf der Aufnahme von Neutralrot und seiner Akkumulation in den Lysosomen von lebenden Zellen.

L929- und V79-Zellen wurden in einer Zellzahl von 5 x 103 pro Loch einer 96-Lochplatte eingesät. Die Zellen wurden für 24 Stunden inkubiert und anschließend mit den Extrakten der Prüfmaterialien behandelt. Nach 24 Stunden wurden das Behandlungsmedium entfernt und die Platten für die Neutralrotfärbung vorbereitet. Hierzu wurden die Zellen mit PBS gewaschen und anschließend mit Neutralrotlösung versetzt. Nach einer Inkubationsdauer von weiteren 3 Stunden wurden die Platten zentrifugiert, eine Lösung von 1% Essigsäure in 50% Ethanol hinzugegeben, um den Farbstoff aus den Zellen zu extrahieren. Nach weiteren 10 Minuten erfolgte die Messung.

2.3. Extraktionsbedingung der Materialien

Die Extraktionen erfolgten gemäß ISO 10993-12. Extrahiert wurde nach einem Oberflächen/Volumenverhältnis von $6cm^2$ pro ml Extraktionsmedium. Die Extraktionsdauer betrug 24, 72 und 120 Stunden. Als Extraktionsmittel wurde MEM mit 10% FCS verwendet. Die Extraktionstemperatur war 37°C.

3. Ergebnisse

3.1. Ergebnisse im Direktzellkontakt-Test

Der Direktzellkontakt-Test wurde mit L929-Zellen durchgeführt. Für die Auswertung wurden die Reaktionsindices nach USP 23 herangezogen.

Die 3 Negativkontrollmaterialien zeigten in diesem Test keine Reaktionen und wurden nach der USP 23 in die niedrigste Kategorie (Klasse 0) eingestuft.

Die Materialien, die als Positivkontrollen eingesetzt wurden, zeigten die in Tabelle 1 angegebenen Reaktionen.

3.2. Ergebnisse im Wachstumsinhibitionstest

Auch in diesen Tests konnten keine Effekte bei den Negativkontrollmaterialien festgestellt werden.

In Abb. 1 sind die Ergebnisse von L929-Zellen im BCA-Test mit den 5 Positivmaterialien dargestellt. Verschiedene Extraktionsbedingungen wurden vergleichend untersucht. Aufgetragen sind die Tox_{50}-Werte bei den entsprechenden Extraktionskonzentrationen in Prozent. Die Ergebnisse zeigen, daß das PU-Material mit 0,1% Zinkdiethylcarbamat und das PVC-Material extrem zytotoxisch reagierten. Bei relativ niedrigen Extraktkonzentrationen (0,1% - etwas über 1%) sind bereits 50% der Zellen geschädigt. Die Materialien Polyamid und Polyurethan mit 0,25% Zinkdibutylcarbamat reagierten weniger zytotoxisch (Extraktkonzentrationsbereich 10-40%). Das Latexmaterial lag in seiner Zytotoxizität in der Mitte.

Tabelle 1

Polyurethan mit 0,1% Zinkdiethylcarbamat	stark (Klasse 4)*
Polyurethan mit 0,25 % Zinkdibutylcarbamat	mäßig (Klasse 3)*
PVC mit 3% 2-Sn-butyl-2-mercaptopropionat	stark (Klasse 4)*
Polyamidmaterial	mäßig (Klasse 3)*
Latexmaterial	mäßig (Klasse 3)*

* entsprechend USP 23: „Reactivity Grades for Agar Diffusion Test and Direct Contact Test"

Ein Vergleich der drei Extraktionszeiten (24, 72 und 120 Stunden) zeigt keine eindeutigen Tendenzen. Mit dem Polyurethanmaterial mit 0,1% Diethylcarbamat konnte mit zunehmender Extraktionsdauer eine verringerte Zytotoxizität festgestellt werden, während mit dem PVC-Organozinn-Material eine Erhöhung der Zytotoxizität mit zunehmender Dauer der Inkubation festgestellt wurde.

In Abb. 2 sind die Ergebnisse der vergleichenden Untersuchung der unterschiedlichen Wachstumsinhibitionstests (BCA, XTT und Neutralrot) dargestellt.

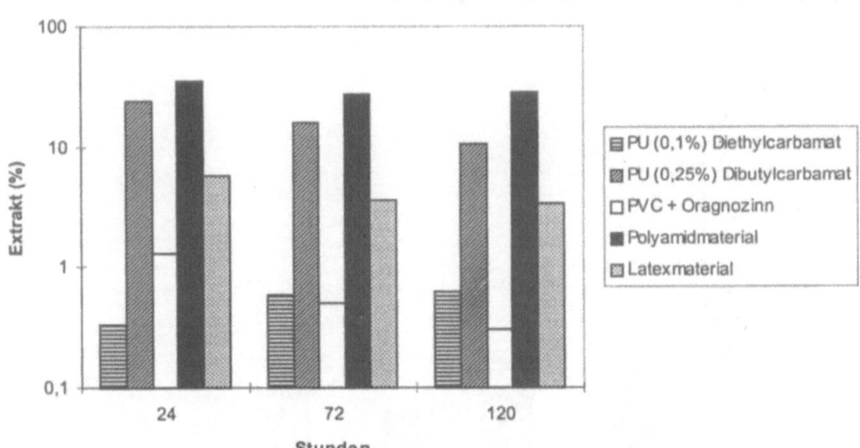

Abb. 1

Die Ergebnisse zeigen, daß der BCA- und der Neutralrottest mit beiden Materialien vergleichbar reagierten. Interessanterweise reagierte der XTT-Test mit dem Polyurethanmaterial am wenigsten sensitiv verglichen mit den beiden anderen Systemen, während er mit dem Polyamidmaterial am sensitivsten reagierte. Dies könnte auf einen materialabhängigen Effekt hindeuten.

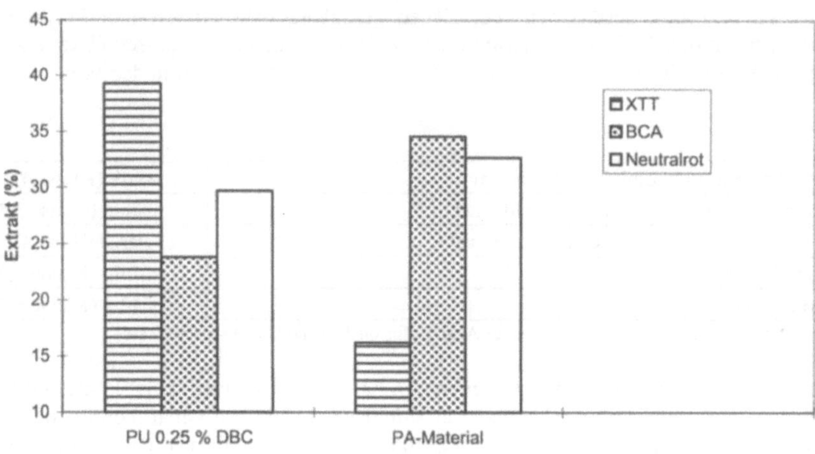

Abb. 2

In Abb. 3 sind die Ergebnisse der vergleichenden Untersuchung der drei Zellinien in den drei verschiedenen Wachstumsinhibitionstests (BCA, XTT und Neutralrot) dargestellt. Eingesetzt wurde ein Extrakt von Polyurethan mit 0,25% Zinkdibutylcarbamat.

Die Ergebnisse zeigen, daß die V79-Zellen in allen drei Systemen am wenigsten sensitiv reagierten, während die Balbc/3T3-Zellen, ebenfalls in allen drei Systemen, am sensitivsten reagierten. Eine mittlere Empfindlichkeit zeigten die L929-Zellen.

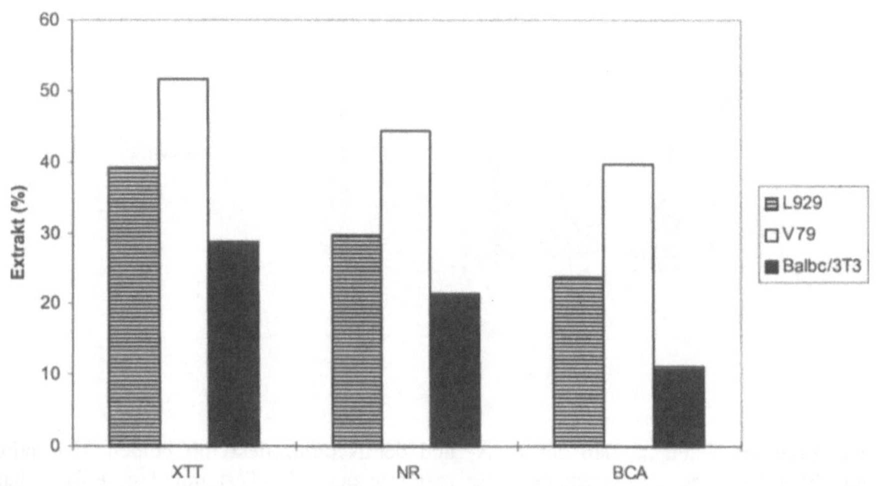

Abb. 3

4. Diskussion

Die Ergebnisse zeigen, daß geeignete Materialien als Positiv- und Negativreferenzen vorhanden sind. Diese Materialien müssen aber noch in Ringversuchen biologisch charakterisiert werden. Dies wird zur Zeit, auf eine Initiative der „Working Group 5" der Internationalen Organisation für Standardisierung (ISO), mit den Positivmaterialien des Hatano Research Institutes in Japan durchgeführt. Weiterhin ist ein europäisches Großprojekt geplant, Referenzmaterialien für alle Biokompatibilitätsprüfsysteme zu produzieren und zu charakterisieren.

Die Positivmaterialien zeigen in den eingesetzten Zytotoxizitätstestsystemen unterschiedlich starke Reaktionen. Hier sollte man sich für Materialien entscheiden, die eine weniger ausgeprägte Zytotoxizität zeigen, um die Sensitivität der einzelnen Prüfsysteme aufzuzeigen.

Die Ergebnisse machen außerdem deutlich, daß die verschiedenen Endpunkte der Wachstumsinhibitonstests sowie auch die Zellinien unterschiedlich sensitiv auf die Effekte der Positivkontrollmaterialien reagieren. Eine Vereinheitlichung der Testdesigns, hier speziell für die Zytotoxizitätstestsysteme, sollte angedacht werden, um vergleichbare Aussagen über die zu testenden Materialien zu erhalten.

Literatur

AUTIAN J., Toxicological evaluation of biomaterials: primary acute toxicity screening programm, Artifical Organs, 1, 1, 1997

BORENFREUND E. and BORRERO O., In vitro cytotoxicity assay. Potential alternatives to the Draize Ocular Allergy Test, Cell Biology and Toxicology, 1, 1, 1984

BORENFREUND E. and PUERNER J.A., A simple quantitative procedure using monolayer cultures for cytotoxicity assays [HTF/NR-90], Journal of Tissue Culture Methods, 9, 1, 1984

TSUCHIYA T. et al., In vivo tissue/biomaterials toxic responses: Correlation with cytotoxic Potential but not cell attchment, Clinical Materials, 16, 1-8, 1994

Anwendung des [^{3}H]Arachidonsäurefreisetzungstests für die Prüfung von Biomaterialien

H.-P. Klöcking, A. Hoffmann, S. Reif, R. Klöcking

Zusammenfassung

Für die Kompatibilität von Biomaterialien ist die Membrantoxizität von besonderer Bedeutung, da der Abbau von Membranphospholipiden über die Arachidonsäure(AA)kaskade zur Bildung von Entzündungsmediatoren führt, die irritative Gewebeschädigungen hervorrufen. AA ist ein integraler Bestandteil von Membranphospholipiden und wird bei Schädigungen der Membran in das umgebende Medium freigesetzt. Daher kann die [^{3}H]AA-Freisetzung für die Kompatibilitätsprüfung von Biomaterialien und Werkstoffen als geeigneter Parameter angesehen werden.

Der [^{3}H]AA-Freisetzungstest basiert auf der Inkubation von [^{3}H]AA-markierten U937-Zellen mit dem Testmaterial und der anschließenden [^{3}H]-Aktivitätsmessung im Zellkulturüberstand. Die wichtigsten Testbedingungen, wie [^{3}H]AA-Markierung, Inkubationszeit, Temperatur und Zellverträglichkeit der Reaktionsgefäße, wurden optimiert und auf die Untersuchung kommerziell erhältlicher Biomaterialien (Prothesenkunststoffe, Gefäßendoprothesen, Gefäßschlingen, Meniskusersatz, Drainageschläuche und Laparotomie-katheter) angewendet.

Die Berechnung des Membrantoxizitätsfaktors (MTF) aus der [^{3}H]AA-Freisetzung der mit der Materialprobe inkubierten U937-Zellen dividiert durch die [^{3}H]AA-Freisetzung der Kontrollzellen ermöglicht, die Membranverträglichkeit von Biomaterialien zu bewerten und untereinander zu vergleichen.

Summary

Application of the [^{3}H]arachidonic acid release test to the examination of biomaterials

Membrane toxicity is of particular importance to the compatibility of biomaterials since the degradation of membrane phospholipids via arachidonic acid (AA) cascade leads to the formation of inflammation mediators that cause irritative tissue alterations. AA is an integral part of membrane phospholipids and, due to membrane lesions, it will be released into the surrounding medium. Therefore, [^{3}H]AA release may be considered as an appropriate parameter for testing the compatibility of materials and biomaterials.

The [^{3}H]AA release test is based on the incubation of [^{3}H]AA-labeled U937-cells with the test material and the subsequent measurement of the released [^{3}H]AA. Most important test conditions, such as [^{3}H]AA labeling, incubation time, temperature and the cell compatibility of the reaction vessels, were optimized and applied to the investigation of commercial biomaterials (dentures, vessel prosthesis, hem-occlude ties, meniscal replacement, surgical drain, and laparotomy catheter).

The calculation of the membrane toxicity factor (MTF), i.e. the [^{3}H]AA release of U937-cells incubated with the specimen divided by the [^{3}H]AA release of control cells, allows to evaluate and compare the membrane compatibility of biomaterials.

1. Einleitung

Obwohl Kunststoffe im allgemeinen als inert und nichttoxisch gelten, sorgen diffusible Hilfs- und Zusatzstoffe sowie ein Restgehalt an Monomeren mitunter für ein erhebliches toxisches Potential (HENTSCHEL H. und KLÖCKING H.-P., 1995). Die Verwendung von Kunststoffen zur Herstellung von Medizinprodukten setzt daher eine sorgfältige biologische Testung von Werkstoff und Endprodukt voraus.

Die zur Beurteilung der Kompatibilität von Biomaterialien bisher genutzten Zellproliferations- und Zytotoxizitätstests erlauben im allgemeinen nur eine summarische Aussage über die Vitalität der Zellen. Ansätze für eine differenziertere Betrachtungsweise wurden erst in den letzten Jahren entwickelt (Übersicht bei GROTH TH. et al., 1995). Im Hinblick auf mögliche Folgeschäden ist jedoch eine Spezifizierung des Schädigungsmechanismus erforderlich. Von besonderer Bedeutung ist dabei die Membrantoxizität, da der Abbau von Membranphospholipiden über die Arachidonsäurekaskade zur Bildung von Entzündungsmediatoren führt, die als Ursache irritativer Gewebeschädigungen gelten.

AA ist ein integraler Bestandteil von Membranphospholipiden und wird bei Schädigung der Membran in das umgebende Medium freigesetzt (STARK D.M. et al., 1983; DELEO V.A. et al., 1985). Die [^{3}H]AA-Freisetzung wurde daher als empfindlicher in vitro-Parameter zur Beurteilung der Membrantoxizität von Xenobiotika (KLÖCKING H.-P. et al., 1994) eingeführt und als Grundlage für eine in vitro-Alternative zur Testung von Substanzen auf Irritationen an der Haut (MÜLLER-DECKER K. et al., 1992, 1994; DELEO V.A. et al., 1996) und am Auge vorgeschlagen (STARK D.M. et al., 1983; KLÖCKING H.-P. et al., 1995). Die hohe Empfindlichkeit des [^{3}H]AA-Freisetzungtests veranlaßte uns, diese Methode auch für die Kompatibilitätsprüfung von Biomaterialien und Werkstoffen einzusetzen.

Die Entwicklung des [^{3}H]AA-Freisetzungstests zur Screeningmethode für die Prüfung von Biomaterialien auf Membrantoxizität erforderte eine spezielle Anpassung der Testbedingungen. Hierüber sowie über die praktische Anwendung des Tests wird im folgenden berichtet.

2. Testprinzip und Versuchsablauf

Der [^{3}H]AA-Freisetzungstest beruht auf dem Einbau von [^{3}H]-markierter AA in die Membranphospholipide von U937-Zellen und der beschleunigten Freisetzung inkorporierter [^{3}H]AA unter Einwirkung membranschädigender Agentien. Der Testablauf ist in Abb. 1 erläutert.

2.1. Optimierung der Testbedingungen

2.1.1. Markierung von U937-Zellen mit [^{3}H]AA

Der Optimierung der Testbedingungen dienten Untersuchungen zur Markierung von U937-Zellen mit unterschiedlichen [^{3}H]AA-Konzentrationen und unterschiedlicher Markierungsdauer. Wie Abb. 2 zeigt, wird bei Verwendung einer [^{3}H]AA-Konzentration von 0,05µCi/ml bereits innerhalb von 2 Stunden eine [^{3}H]AA-Einbaurate von 80% erreicht, die sich bei längerer Markierungsdauer nicht wesentlich steigern läßt. Eine Markierungsdauer von 30, 60 oder 90 Minuten ist dagegen nicht ausreichend, um die angestrebte Einbaurate von ca. 80% zu erreichen.

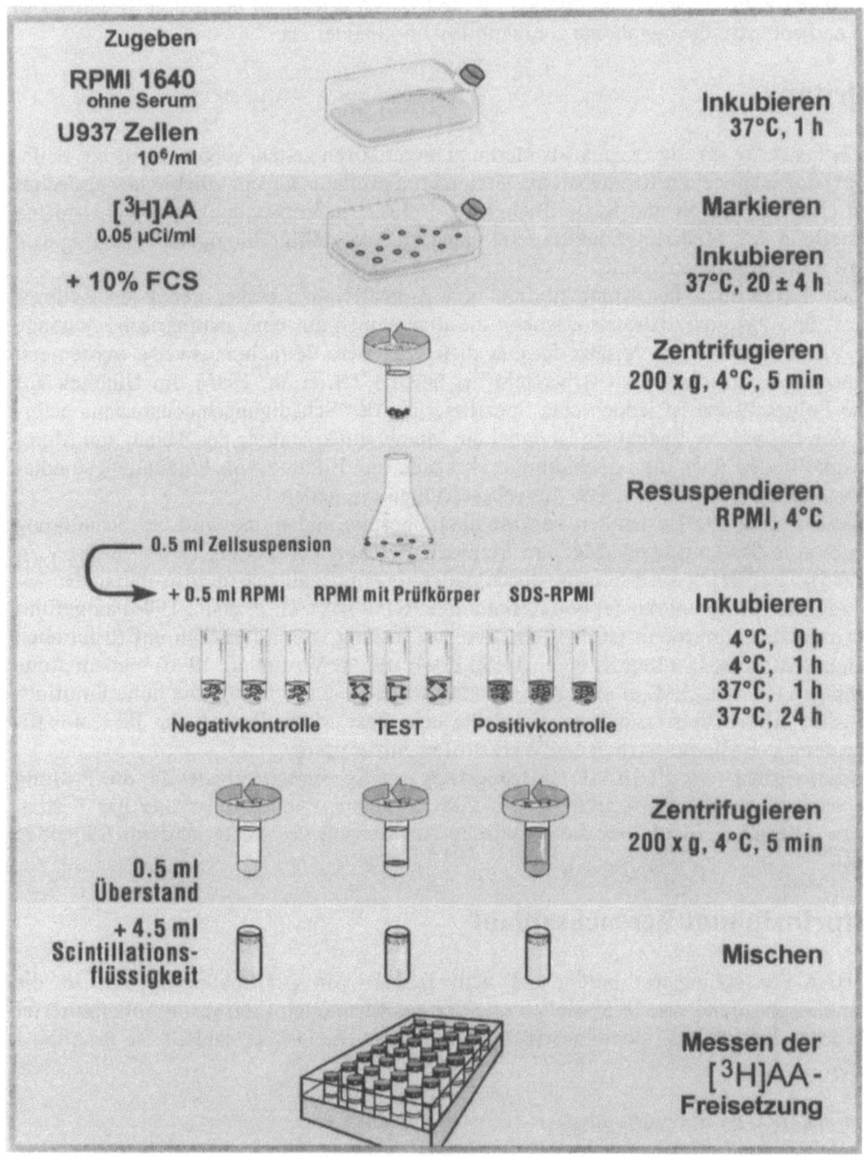

Abb. 1. **[^{3}H]AA-Freisetzungstest in U937-Zellen**
Versuchsablauf

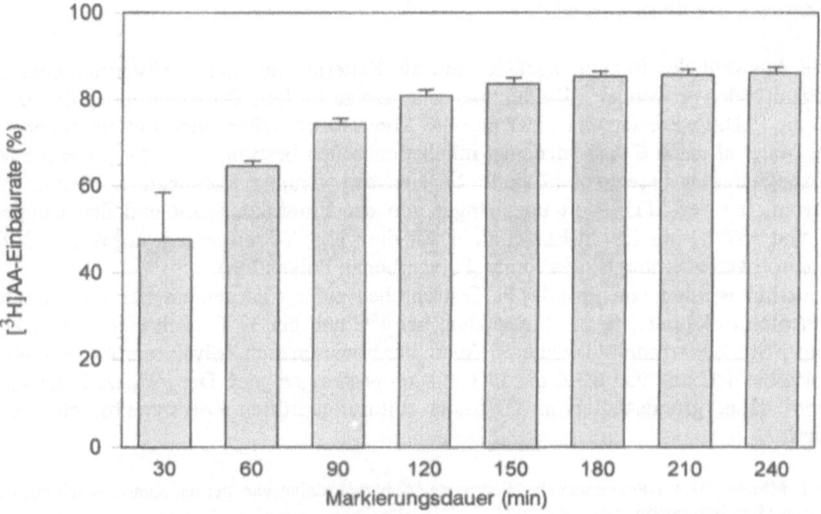

Abb. 2. **[³H]AA-Einbau von U937-Zellen in Abhängigkeit von der Markierungsdauer (n=6)**
[³H]AA-Konzentration: 0,05 µCi/ml; Zellzahl: 1,85 x 10^6/ml; Temperatur: 37°C

2.1.2. [³H]AA-Freisetzung

Die maximale [³H]AA-Freisetzung von U937-Zellen wurde in Abhängigkeit von der zur Markierung eingesetzten [³H]AA-Konzentration mit dem membranschädigenden Agens Natriumdodecylsulfat (SDS) untersucht (Abb. 3). Dabei ergab sich bei Verwendung von 0,05µCi/ml [³H]AA eine maximale [³H]AA-Freisetzung pro Stunde von 25.000cpm/ml (Zellkontrolle: 300-500cpm/ml). Diese Freisetzungsrate erwies sich für die Prüfung von Biomaterialien als ausreichend.

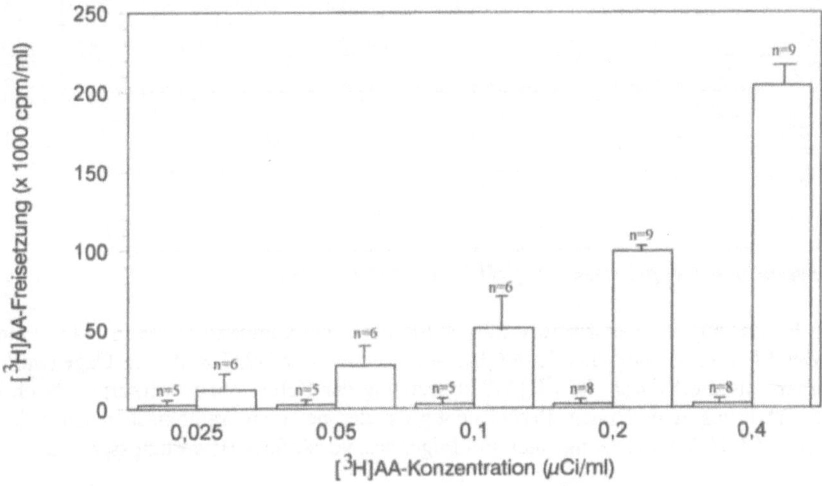

Abb. 3. **[³H]AA-Freisetzung von U937-Zellen in Abhängigkeit von der zur Markierung verwendeten [³H]AA-Konzentration**
Markierungsdauer: 2h; Zellzahl: 1,15 x 10^6/ml; Temperatur: 37°C; SDS-Einwirkung: 1280 µg/ml, 1 Stunde. □ Negativkontrolle, ▪ Positivkontrolle

2.1.3 *Auswahl der Reaktionsgefäße*

Für die Auswahl der Reaktionsgefäße sind als Kriterien optimale Zellverträglichkeit und Homogenität der verwendeten Produktions-Chargen zu fordern. Zur Beurteilung dieser Frage wurde die [^{3}H]AA-Freisetzung in 12 sterilen Kunststoffröhrchen, gefertigt aus unterschiedlichem Material, nach 6 verschiedenen Inkubationszeiten bestimmt und der jeweilige Membrantoxizitätsfaktor berechnet (Tabelle 1). Nur bei wenigen Röhrchen, vornehmlich aus Polystyren, lag der MTF-Wert unabhängig von der Einwirkungszeit und der Temperatur (+4°C und +37°C) um 1,0. In Einzelfällen war die [^{3}H]AA-Freisetzung auf das 20-30fache des Kontrollwertes erhöht (Polyallomer, Polycarbonat, Polysulfon).

Weiterhin wurden von jeweils 20 Teströhrchen einer Chargennummer die Variationskoeffizienten (VK) der [^{3}H]AA-Freisetzung bei 4°C und bei 37°C nach einer Einwirkungszeit von 1 Stunde ermittelt (Tabelle 2). Auch hier erwiesen sich Polystyrenröhrchen mit VK von 4,1% bei 4°C und von 6,3% bei 37°C als am besten geeignet. Der [^{3}H]AA-Freisetzungstest wird daher grundsätzlich in TC(tissue culture)-geprüften Polystyrenröhrchen vorgenommen.

Tabelle 1. Mittels [3H]AA-Freisetzungstest bestimmte Membrantoxizität von sterilen Kunststoffröhrchen unterschiedlicher Materialzusammensetzung

Code	Material	MTF					
		sofort 4°C	1h 4°C	1,5h 37°C	2h 37°C	3h 37°C	24h 37°C
B-20 54	Polystyren	=1,00	=1,00	=1,00	=1,00	=1,00	=1,00
B-2063	Polypropylen	1,13	1,26	1,17	1,13	1,05	1,54
D-343923	Polypropylen	1,39	1,38	1,23	1,08	2,40	1,69
C-25707	Polypropylen	1,22	1,12	1,12	0,87	1,76	1,08
A-120161	Polystyren	0,85	0,91	0,91	0,87	0,94	0,80
A-115271	Polystyren	1,06	1,04	1,00	0,89	0,97	0,79
F-3119	Pollyallomer	19,00	28,1	7,40	10,10	29,30	4,30
F-3118	Polycarbonat	30,70	12,4	5,10	8,40	9,80	11,0
F-3115	Polysulfon	n.b.	28,7	n.b.	25,8	n.b.	n.b.
C-25319	Polypropylen	2,08	3,14	2,38	1,83	2,31	2,10
D-343141	Polypropylen	1,61	2,00	5,21	4,84	2,77	3,14
A-163270	Polypropylen	n.b.	1,28	2,41	2,34	5,38	3,48

Inkubationszeiten: 0 bis 24 h
MTF = Membrantoxizitätsfaktor
n.b. = nicht bestimmt

2.2. *Bewertung der Ergebnisse des [^{3}H]AA-Freisetzungstests*

Für die Bewertung der Membrantoxizität wurde der Membrantoxizitätsfaktor (MTF) eingeführt. Der MTF ergibt sich aus der [^{3}H]AA-Freisetzung der U937-Zellen in Gegenwart des Prüfkörpers dividiert durch die [^{3}H]AA-Freisetzung der Zellen ohne Prüfkörper. Nach bisherigen Erfahrungen und unter Berücksichtigung der bei membrantoxischen Chemikalien gefundenen [^{3}H]AA-Freisetzungsraten gilt folgendes, vorläufiges Bewertungsschema:

MTF ≤ 1 keine Membrantoxizität; das Material ist kompatibel
MTF > 1-2 geringe Membrantoxizität; das Material ist bei Reversibilität kompatibel (abnehmende Tendenz des MTF während der Inkubationszeit)
MTF > 2-4 deutliche Membrantoxizität; das Material ist nur bedingt kompatibel (Kurzzeiteinwirkung und Reversibilität)
MTF > 4-8 starke Membrantoxizität; das Material ist nicht kompatibel
MTF > 8 sehr starke Membrantoxizität; das Material ist nicht kompatibel

Tabelle 2. **[³H]AA-Freisetzung von U937-Zellen in Kunststoffgefäßen unterschiedlicher Materialzusammensetzung**
Prüfung der Homogenität der Testgefäße (n = 20)

Code	Material	$\bar{x}$ cpm/ml 1h 4°C	SD cpm/ml [VK%]	$\bar{x}$ cpm/ml 1h 37°C	SD cpm/ml [VK%]
D-343923	Polystyren	1190,8	49,4 [4,1%]	1723,4	108,2 [6,3%]
D-343923	Polypropylen	736,8	371,8 [50,5%]	3853,2	8920,6 [231,0%]
C-25707	Polypropylen	2236,2	2839,6 [126,9%]	10589,4	10644,2 [100,5%]
F-3119	Polyallomer	8611,4	8875,4 [103,0%]	23759,4	22827,6 [96,0%]
F-3118	Polycarbonat	6408,6	7929,0 [123,7%]	38538,0	28587,6 [73,2%]
F-3115	Polysulfon	2693,8	4039,4 [149,9%]	19999,2	14632,0 [73,2%]
C-25319	Polypropylen	3188,0	2068,8 [64,9%]	8532,6	6342,6 [74,3%]
D-343141	Polypropylen	2375,0	3380,0 [124,3%]	7012,8	5345,4 [76,2%]

Erläuterungen: Variationskoeffizient (VK) = $\frac{\text{SD (Standardabweichung)}}{\bar{x}\text{ (Mittelwert)}} \times 100\%$

2.3. Temperatur und Reversibilität

Bei der Untersuchung von Chemikalien ist es üblich, die Membrantoxizität nach einstündiger Einwirkung des zu untersuchenden Stoffes bei 37°C zu bestimmen, da in der Regel von einer kurzzeitigen Einwirkung des schädigenden Agens ausgegangen wird. Im Falle von Biomaterialien empfiehlt es sich jedoch, auch Auswirkungen eines längeren Kontaktes (bis 24h) bei 37°C sowie die Reversibilität einer Membranschädigung zu untersuchen.

Darüber hinaus gibt die Untersuchung der Temperaturabhängigkeit der [³H]AA-Freisetzung Hinweise auf mögliche Mechanismen der membrantoxischen Wirkung des untersuchten Materials. Eine signifikante Erhöhung der [³H]AA-Freisetzung bereits bei 4°C spricht für eine enzymunabhängige, desintegrierende Wirkung des Materials. Steigerung der AA-Freisetzung bei 37°C kann durch Bildung und/oder erhöhte Freisetzung des schädigenden Agens oder durch Enzymaktivierung, insbesondere von Phospholipase A2 zustandekommen.

2.4. Dosis-Wirkungs-Beziehung

Die Abhängigkeit der Freisetzung von der Prüfkörperoberfläche wurde an Material von Reaktionsgefäßen aus Polypropylen (D-341173) geprüft. Die Oberfläche der Prüfkörper betrug 30, 60, und 120mm². In Tabelle 3 ist das Ergebnis anhand des Membrantoxizitätsfaktors dargestellt. Es wird deutlich, daß der MTF-Wert direkt proportional zur Oberfläche ansteigt.

Tabelle 3. MTF-Werte von Polypropylen (Code-Nr. D-341173) in Abhängigkeit von der Prüfkörperoberfläche (Reaktionsgefäße, Volumen 2,0ml)

Oberfläche mm²	4°C/0h	4°C/1h	37°C/1,5h	37°C/24h
30	1,2	1,2	1,1	1,1
60	2,2	2,1	2,2	2,2
120	4,6	4,4	4,6	4,4

3. Prüfung von Biomaterialien

Die Ergebnisse der Prüfung verschiedener Biomaterialien sind in Tabelle 4 dargestellt. Der MTF-Wert bei den untersuchten Materialien wies während der Inkubation eine Schwankungsbreite von 0,8 bis 1,8 auf. Alle Testmaterialien konnten als nichttoxisch bzw. sehr gering toxisch eingeschätzt werden. Weiterhin konnte festgestellt werden, daß die Biomaterialien aus Polyester, Kautschuk und Polyethylen geringfügig niedrigere MTF-Werte aufwiesen (MTF 0,8-1,28) als Stoffe aus Silicon und Polymethylmethacrylat (MTF 1,08 - 1,80). Nach der Inkubation von 24h konnte einheitlich ein MTF-Wert von $\leq$ 1,20 beobachtet werden.

4. Hinweise zu Einsatzmöglichkeiten

Der Test ist geeignet zur Prüfung der Membrantoxizität von Biomaterialien, die unmittelbaren Kontakt mit lebendem Gewebe haben, wie z.B. Endoprothesen, Nahtmaterial, Katheter und Sonden, Herzschrittmacher, Herzklappen, Gefäßprothesen, Shunts, Hautersatz, Bandscheibenersatz, Dialysatoren, Hämoadsorber, Haftschalen, Kunstlinsen, Zahnersatz, Inkapsulationsmaterial für Zellen und Medikamente.

Darüber hinaus ist der Test zur Prüfung der Membrantoxizität von Kunststoffen geeignet, die mittelbaren Kontakt mit lebendem Gewebe oder zellhaltigen biologischen Flüssigkeiten haben wie Transfusionsbestecke, Blutentnahmesysteme oder Einmalartikel aus Kunststoff zur Untersuchung oder Aufbewahrung zellhaltiger Materialien (Proberöhrchen, Reaktionsgefäße, Zentrifugenröhrchen, Kryogefäße, Zellkulturgefäße u.a.). Der empfohlene Anwendungsbereich erstreckt sich auch auf Nahrungsmittelverpackungen, sofern für den Erhaltungszustand des verpackten Gutes die Zellmembranintegrität eine Rolle spielt.

Tabelle 4. Zusammenstellung von Biomaterialien, die mit dem [^{3}H]AA-Freisetzungstest auf Zytomembrantoxizität geprüft wurden

Biomaterial (Hersteller)	Anwendung	Werkstoff	MTF			
			4°C/0h	4°C/1h	37°C/1h	37°C/24h
Palapress® vario (Kulzer GmbH)	Prothesenreparatur	Polymethylmethacrylat	1,4	1,1	1,1	1,1
Paladon® 65 (Kulzer GmbH)	Prothesenkunststoff	Polymethylmethacrylat	n.b.	1,2	1,2	1,2
Hema shield® (Meadox Medicals™ Inc., Oakland, NJ, USA)	Gefäßendoprothese	Polyester	1,1	1,3	0,9	1,1
Hem occlude® (Meadox Medicals™ Inc., Oakland, NJ, USA)	Gefäßschlinge	Kautschuk	1,3	1,2	1,1	0,8
Meniscal Bridging Bearing (De Puy® Warsaw, IN, USA)	Meniskusersatz	Polyethylen	1,1	1,2	1,0	1,2
Silicone surgical drain (International Medical Products, Brussels, Belgium)	Drainage Katheter	Silicon	1,8	1,5	1,2	1,1
Laparotomie-Katheter (Mepro, Nonnweiler)	Laparotomie-Katheter	Silicon	1,8	1,5	1,2	1,1
Combipress N (Zahnfabrik Werdau Dental GmbH, Lütjenburg)	Prothesenkunststoff	Polymethylmethacrylat	1,1	1,2	1,2	1,3
Intraplant, Hüftersatz (Endocare swiss made, Marl)	Hüftersatz	Polyethylen	1,1	1,2	1,2	1,3
Promolux (Zahnfabrik Werdau Dental GmbH, Lütjenburg)	Prothesenkunststoff	Polymethylmethacrylat	1,1	1,2	1,2	1,2

n.b. = nicht bestimmt
MTF = Membrantoxizitätsfaktor

Literatur

DELEO V.A., KONG B., DESALVA S., HARBER L.C., Surfactant induced primary cutaneous irritancy, In Vitro Toxicol. 3, 467-482, 1985

DELEO V.A., CARVER M.P., HONG J., FUNG K., KONG B., DESALVA S., Arachidonic acid release: an in vitro alternative for dermal irritancy testing, Fd. Chem. Toxic.,, 34, 167-176, 1996

GROTH TH., FALCK P., MIETHKE R.-R., Cytotoxicity of biomaterials - basic mechanisms and in vitro test methods: a review, ATLA, 23, 790-799, 1995

HENTSCHEL H., KLÖCKING H.-P., Toxikologische Bewertung von Kunststoffen, in: Kunststoff-Taschenbuch/Saechtling, begr. von FRANZ PABST, München, Wien: Hanser Verlag, 58-68, 1995

KLÖCKING H.-P., Arachidonic acid release as a measure of membrane toxicity, In VitroTechniques in Toxicology, Nottingham, 1994

KLÖCKING H.-P., SCHLEGELMILCH U., KLÖCKING R., Assessment of membrane toxicity using [^{3}H]AA release in U937 cells, Toxicol. in Vitro, 8, 775-777, 1994

KLÖCKING H.-P., SCHLEGELMILCH U., KLÖCKING R., [^{3}H]Arachidonic acid release as an alternative to the eye irritation test, in: WEISSE I., HOCKWIN O., GREEN K., TRIPATHI R.C. (eds.), Ocular Toxicology, New York, London: Plenum Press, 255-261, 1995

MÜLLER-DECKER K., FÜRSTENBERG G., MARKS F., Development of an in vitro alternative assay to the Draize skin irritancy test using human keratinocyte-derived proinflammatory key mediators and cell viability as test parameters, In Vitro Toxicol., 5, 191-209, 1992

MÜLLER-DECKER K., FÜRSTENBERG G., MARKS F., Keratinocyte-derived proinflammatory key mediators and cell viability as in vitro parameters of irritancy: a possible alternative to the Draize skin irritation test, Toxicol. Appl. Pharmacol., 127, 99-108, 1994

STARK D.M., SHOPSIS D., BORENFREUND E., WALBERG I., Alternative approaches to the Draize assay: chemotaxis cytology, differentiation, and membrane transport studies, in: A.M. Goldberg (ed.), Alternative Methods in Toxicology, Vol.1: Product Safety Evaluation, New York: Mary Ann Liebert, 179-203, 1983

In Vitro Toxicity Testing of Biomaterials Used in Stomatology

M. Cervinka, V. Pùza, Z. Cervinková

Summary

The quality of medical devices within the European Union is regulated by Directive 93/42/EEC. Among more than 400.000 items covered by this Directive are also thousands of different stomatological materials. Toxicology is responsible for the assessment of biocompatibility of all these materials. Biocompatibility is one of the main prerequisites for their clinical use. Essential for the testing of biocompatibility is the estimation of cytotoxicity, which can be assessed in vitro by using a variety of different methods. Despite some inherent limitations of the cell culture techniques, they are an accurate and reliable method of predicting the cytotoxicity. The effect of tested materials on cellular functions and cell viability can be characterized primarily by reduced cellular proliferation, alteration in cell morphology or cell metabolism. In this study we will describe a new assay in microtitration 96-well-plates based on subsequent measurements of cellular metabolic activity, proliferation and morphology in one plate (WST-1 assay, Brilliant Blue assay and Giemsa-Romanowski staining). We will demonstrate the practical use of these method for cytotoxicity testing in comparison with standard cell proliferation assay. As an example of toxicity we used dental amalgam ANA 2000 Duett.

Zusammenfassung

In vitro-Toxizitätstestung von Biomaterialien in der Stomatologie

Die Europäischen Union regelt in ihrer Richtlinie 93/42/EWG die Qualität medizinischer Zubereitungen. Von 400.000 Artikel sind tausende stomatologisch einsetzbar. Die Toxikologie ist für die Biokompatibilitätsprüfung dieser Materialien verantwortlich. Biokompatibilität ist eine der Voraussetzungen für den klinischen Einsatz dieser Materialien. Essentiell für die Biokompatibilitätstestung ist die Zytotoxizitätsabschätzung, die in vitro mit mehreren Methoden festgestellt werden kann. Trotz systeminhärenter Grenzen der Zellkulturtechniken sind diese doch genaue und verläßliche Methoden zur Zytotoxizitätsvorhersage. Die Auswirkungen der Testmaterialien auf Zellfunktionen können vor allem durch Änderungen in Proliferation, Morphologie und Metabolismus festgestellt werden. Wir stellen ein neues Verfahren basierend auf der Messung von Stoffwechselaktivität, Proliferation und Morphologie (WST-1-assay, Brilliant Blue assay und Giemsa-Romanowski staining) vor und zeigen die Anwendung bei Zytotoxizitätstestung im Vergleich zu Standard-Proliferationstests. Als Beispiel für die Toxizität verwenden wir Dentalamalgam ANA 2000 Duett.

1. Introduction

Modern stomatological care depends on usage of numerous dental materials, within European countries e.g. exist more than 10.000 items. The main goal of toxicology is to assure efficacy, safety and quality of all these materials. Toxicity testing in this field is regulated by Medical Device Directive 93/42/EEC (Official Journal of th European Communities, 1993) which came into effect on January 1st, 1995. In these documents a central position is given to the expression medical device. Medical device is any instrument, apparatus, appliance or material intended to be used for human beings for the purpose of diagnosis, prevention, treatment of disease; compensation of injury or handicap; modification of the anatomy, which does not achieve its principal intended action by pharmacological, immunological or metabolic means (for full definition see Official Journal of the European Communities, 1993). According to this definition all dental instruments and dental materials are medical devices.

The estimation of cytotoxicity assessed in vitro plays a central role in the toxicity testing. The use of cell cultures for toxicity testing is covered by ISO 10993/EN 30993 Part 5 (ISO, 1992), basic regulations for toxicity testing of dental materials are described in ISO TR 7405 (ISO, 1994). These standards describe basic requirements for cell culture techniques and devide cytotoxicity testing into three groups: eluate testing, direct contact methods, indirect contact methods. According to these standards, the selection of the test method, the cell line and the endpoint should be based upon the judgement of an expert. There are hundreds of different methods described in literature (for review see CIAPETTI G. et al., 1992; GROTH T. et al., 1995; SCHMALZ G., 1994; STANFORD J.W, 1980). Recommended tests for all devices are tests which measure cell damage (death), or changes in cell growth (proliferation) or changes in cellular metabolism. In our laboratory assessments of cell damage (death) is done by the assessment of morphological changes in living cells (dynamic observation) or in stained cells. The measurement of cell growth is done in a direct way by cell number counting, or in an indirect way by assessment of total cellular protein contents (Brilliant Blues assay). Measurement of cellular metabolism is based on the assessment of metabolic activity of cellular hydrogenases (MTT, XTT, WST-1).

Very important for toxicity testing of insoluble materials is the sample preparation. In all methods (direct contact test, indirect contact test, eluate tests) sterile material must be handled aseptically. A specific problem is the preparation of an extract (eluate). We believe that all parameters of extraction procedure should be as close as possible to the conditions in vivo. The recommended extraction vehicle is a serum-free culture medium.

Currently we introduced our new assay in 96-well-plates based on subsequent measurement of metabolic activity, cell proliferation and morphology in one microtitration plate (WST-1, Brilliant Blue and Giemsa-Romanowski staining). The main advantage of this approach is its possibility to measure cell functions well as cell morphology and its possibility to quantify cellular responses to toxic agents. Our modification is described in this article. Results of this method are demonstrated on the toxicity assessment of ANA 2000 Duett, one of the commonly used dental amalgams. We compared this assay with direct measurement of cell proliferation. In the literature there are many reports about good clinical properties of this amalgam (OSTLUND J., 1992). Data about toxicity of this material are controversial (TORSTENSON B. and BRÄNNSTRÖM M., 1992).

2. Materials and Methods

2.1. Cell lines

We used a continuous cell line Hep-2 (derived from human carcinoma of the larynx, EATCC No. 8603051). Cells were grown according to standard procedures in Dulbecco's modified MEM (ÚSOL, Prague) with 10% bovine serum (Bioveta, Ivanovice), penicillin and streptomycin (details were described by CERVINKA M. and PUZA V., 1990). After trypsinization the cell suspension was diluted and seeded into 96-well-microtitration-plates (Nunc) or 35mm petri dishes (Corning).

2.2. Materials tested

We have tested dental amalgam ANA 2000 DUETT (Nordiska Dental AB, Sweden). This is non-gamma 2 phase amalgam with high contents of copper. Amalgam was prepared according to the instruction of the producer, pellet and plastic bag with mercury were placed in capsule and mixed in amalgamator DENTAL MIX for 7 seconds and manually condensed into teflon mould (cylinders 5mm diameter, 1,5mm height). The amalgam discs were immediately used for preparation of the eluate (7 days in MEM, 37°C). We used 5ml of cultivation medium per 1g of amalgam. The eluate was sterilised by filtration (Minisart NML, 0,2μm, Sartorius) and stored in the refrigerator before use. The eluate (after appropriate dilution) was used in all assays. In all tests, standard with known toxicity was used as positive control (TWEEN 20, 0,32mg/ml).

2.3. Cell proliferation assay

This method is based on the counting of cells within a defined area during fixed time intervals and provides a precise quantitative estimation of cell proliferation. The cells were seeded in plastic petri dishes in concentration 60.000 cells per dish. In our modification (for details see CERVINKA M. et al., 1995) a perforated self-adhesive paper strip was used for easy localisation of the desired area. After 24h precultivation, the medium in petri dishes was drained, and the cells were treated with a medium supplemented with gradually diluted eluate. After exchange of the medium the cells were photographed on an inverted microscope (Olympus IMT-2) equipped with phase contrast optics. Subsequent pictures were taken after 24 and 72 hours. Changes in cell numbers were recorded from the prints. We used the frequency of cell duplication per hour (specific growth rate) as a measure of proliferation.

For the second group of tests the cells were seeded into 96-well microtitration plates. The cells were seeded into 96-well-microtiter-plate (10.000 cells/well in 200 μl/well), and preincubated for 24 hours. After this time the culture medium was replaced with medium containing appropriate concentration of tested eluate and the cells were cultivated for 48 hours. In every plate following three assays were performed subsequently.

2.4. WST-1 assay

For quantitative indication of cell metabolism new Cell Proliferation Reagent WST-1 (Boehringer Mannheim, Cat. No. 1644 807) was used. It is a ready-to-use substrate which measures the metabolic activity of viable cells. The assay is based on cleavage of WST-1 by viable cells. Reaction produces water-soluble formazan dye. Before use 1,3ml of reagent solution were mixed with 26ml of cultivation medium. After the incubation period, 100μl of the medium with WST-1 (final concentration 0,3mg/ml) was added to each well and the cells were cultivated for 2 hours in incubator (37°C, 5%CO_2). The amount of formazan dye produced by the cells in each well was quantified using a scanning multiwell spectrophotometer Titertek Multiskan MCC/340. The wave-length to measure absorbency of the formazan product was 450nm, reference wave-length was 690nm. Results were expressed as percentage of the control value.

2.5. Brilliant Blue assay

Our modification is in principle based on a protocol published in INVITTOX database (CLOTHIER R., 1989). We are using Coomassie Brilliant Blue G, Aldrich Chem. Corp. Inc. instead of Kenacid blue. The assay measures the protein contents by absorption of a specific stain to cell proteins. This colorimetric assay in 96-well-plates is used for indirect determination of total cell protein as an estimation of cell proliferation. The amount of absorbed dye in each well was quantified using scanning multiwell spectrophotometer Titertek Multiskan MCC/340. The wave-length to measure the absorbency of released stain was 570nm, the reference wave-length was 405nm. Results were expressed as percentage of the control value.

2.6. Giemsa staining in 96-well-plates

After staining with Brilliant blue, the plates were rinsed in distilled water and stained in standard Giemsa-Romanowski staining (dilution 1:10) for 3 minutes. Stained plates were examined microscopically.

One-way analysis of variance (ANOVA) with Dunnett's **multiple comparison** post test was used for the statistical evaluation of the results, means were considered to be significantly different if $P < 0{,}05$(*), $P < 0{,}01$(**).

3. Results and Discussion

3.1. Proliferation assessment

We have performed 6 indipendent experiments, in each experiment 4 petri dishes in each concentration and 3 different places in each petri dish. Counting was performed in two intervals, 24 and 72 hours after beginning of the treatment. The results are summarized in Fig. 1, 24 hours treatment of cells with 5 different concentrations of eluate from ANA 2000 is toxic only in the highest concentration (dilution 1:2). Longer treatment (72 hours) results in enhanced toxicity, the eluate was non-toxic only after dilution 1:32. Positive control (Tween 20) reacts in standard way, after 72 hours treatment the cell number decreased - negative growth rate.

3.2. Assessment in 96-well-microtitration-plates

In preliminary experiments we tested the appropriate concentration of reagent, optimum cultivation period etc. After standardization we have carried out three independent experiments. In each microtitration plate cells were fixed in one column by ethanol at the beginning of treatment. This column serves as a inner control, in the case of WST-1 assay there should be zero metabolic activity, in the case of Brilliant blue assay the value should be around 50% of control value.

3.3. WST-1 assay

After 48 hours of treatment with four different concentations of eluate, the microtitration-plates were assessed for metabolic activity by WST-1 assay. Results of these assays are demonstrated on Fig. 2. Significant toxic effect was detected in the dilution 1:2 and 1:4.

3.4. Brilliant Blue assay

After measurement of formazan production in WST-1 assay, the plates were washed with PBS and stained with Brilliant blue staining solution. Results of this assay are demonstrated on Fig. 3. In this case we observed significant toxic effects only in the highest concentration of eluate (dilution 1:2). The absorbance in column with fixed cells is about 50% of control value. It is what we expected from the growth rate of this cell line.

3.5. Morphology assessment

After the Brilliant blue assay the plates were stained with Giemsa-Romanowski and morphological changes were evaluated. Morphological changes on cells are only moderate changes even in highest concentration tested. The results are demonstrated on Fig. 4.

4. Conclusions

It seems that the results of assay in 96-well-plates correlate quite well with direct proliferation assay, which is very time consuming and much more expensive. Therefore we recommend to use combination of assays in 96-well-microtitration-plate as a minimum battery test covering basic cytotoxicological endpoints.

Our results demonstrate that eluate prepared from the ANA 2000 Duett dental amalgam is slightly cytotoxic to the cells of stabilised cell lines Hep-2. This is in agreement with other studies (TORSTENSON B. and BRÄNNSTRÖM M., 1992).

Acknowledgement

This work was partially financially supported by the grant of The Czech Ministry of Health No. 3263-3.

Literature

CERVINKA M. and PÙZA V., In vitro toxicity testing of dental materials used in medicine: effects on cell morphology, cell proliferation and DNA synthesis, Toxicology in vitro, 4, 711-716, 1990

CERVINKA M., PÙZA V., CERVINKOVÁ Z., Bestimmung der Zellproliferationskinetik in situ als Alternativmethode beim Testen der Biokompatibilität von Metallegierungen, in: SCHÖFFL H., SPIELMANN H., TRITTHART H.A. (Hrsg.), Ersatz- und Ergänzungsmethoden zu Tierversuchen, Band III, Forschung ohne Tierversuche 1995, Wien New York, Springer-Verlag, 203-211, 1995

CIAPETTI G., CENNI E., CAVEDAGNA D., PRATELLI L., PIZZOFERRATO A., Cell Culture Methods to Evaluate the Biocompatibility of Implant Materials, ATLA, 20, 52-60, 1992

CLOTHIER R., The FRAME cytotoxicity test, FRAME-INVITTOX protocol No. 3, ISSN 0960-2194, 1989

Council Directive 93/42/EEC, Official Journal of the European Communities, L169, 1-43, 1993

GROTH T., FALC P., MIETHKE R., Cytotoxicity of Biomaterials - Basic Mechanisms and In Vitro Test Methods: A Review, ATLA, 23, 790-799, 1995

ISO 10993-5, Biological evaluation of medical devices, Part 5: Tests for cytotoxicity: in vitro methods, 1-7, 1992

ISO/TR 7405, Preclinical evaluation of biocompatibility of medical devices used in dentistry, 1-63, 1994

OSTLUND J., MÖLLER K., KOCH G., Amalgam, composite resin and glass ionomer cement in Class II restorations in primary molars - a three year clinical evaluation, Swedish Dental Journal, 16, 81-86, 1992

SCHMALZ G., The use of cell cultures for toxicity testing of dental materials: advantages and limitations, Dentistry, 22, 6-11, 1994

STANFORD J.W., Recommended standard practices for biological evaluation of dental materials, International Dental Journal, 30, 140-189, 1980

TORSTENSON B. and BRÄNNSTRÖM M., Pulpal response to restoration of deep cavities with high-copper amalgam, Swedish Dental Journal, 16,3, 93-99, 1992

Enclosure

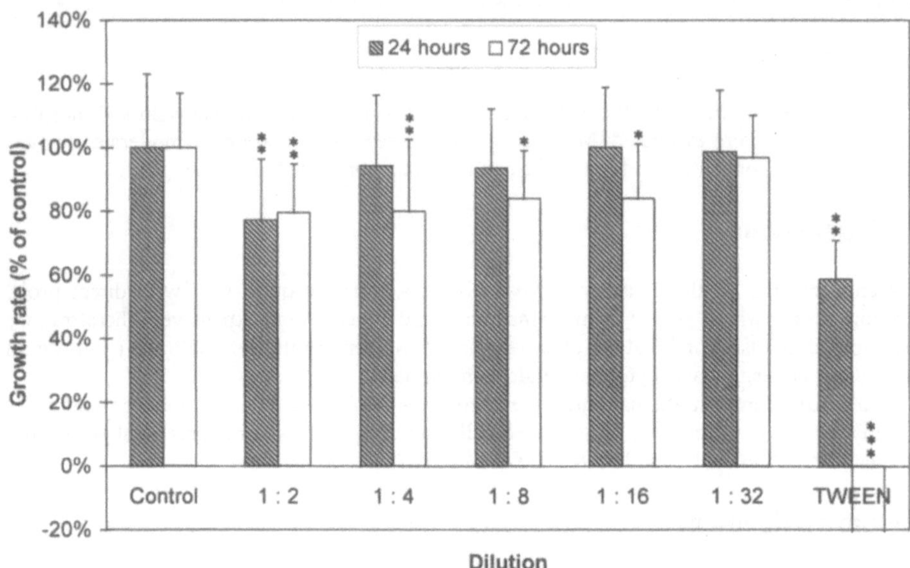

Fig. 1. Effects of eluated prepared from ANA 2000 Duett dental amalgam on the proliferation activity (specific growth rate) of Hep-2 cells after 24 and 72 hours treatment with different dilutions of eluate prepared from tested material. Values are means ± SD for 3 counted areas in 4 parallel dishes in 6 independent experiments

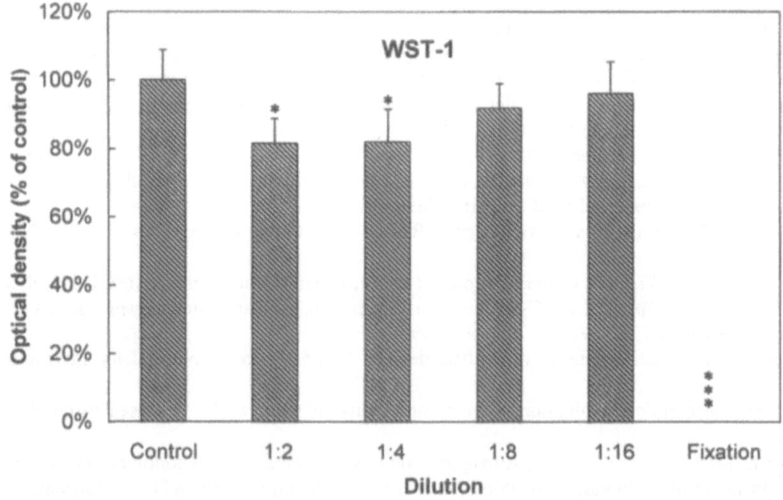

Fig. 2. **Toxicity assessment of different dilutions of eluate prepared from dental amalgam ANA 2000 Duett** Results of photometric method based on metabolic conversion of WST-1. Values are means ± SD in three independent experiments

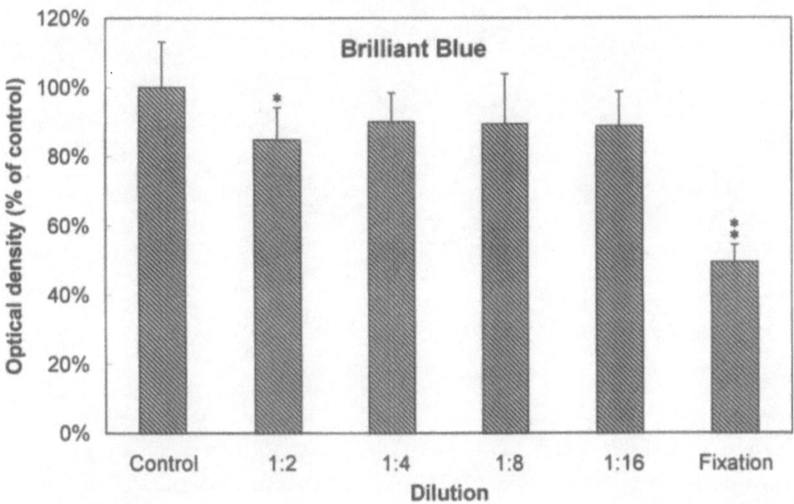

Fig. 3. **Toxicity assessment of different dilution of eluate prepared from dental amalgam ANA 2000 Duett** Results of photometric methods based on protein determination by Brilliant blue method. Values are means ± SD in three independent experiments

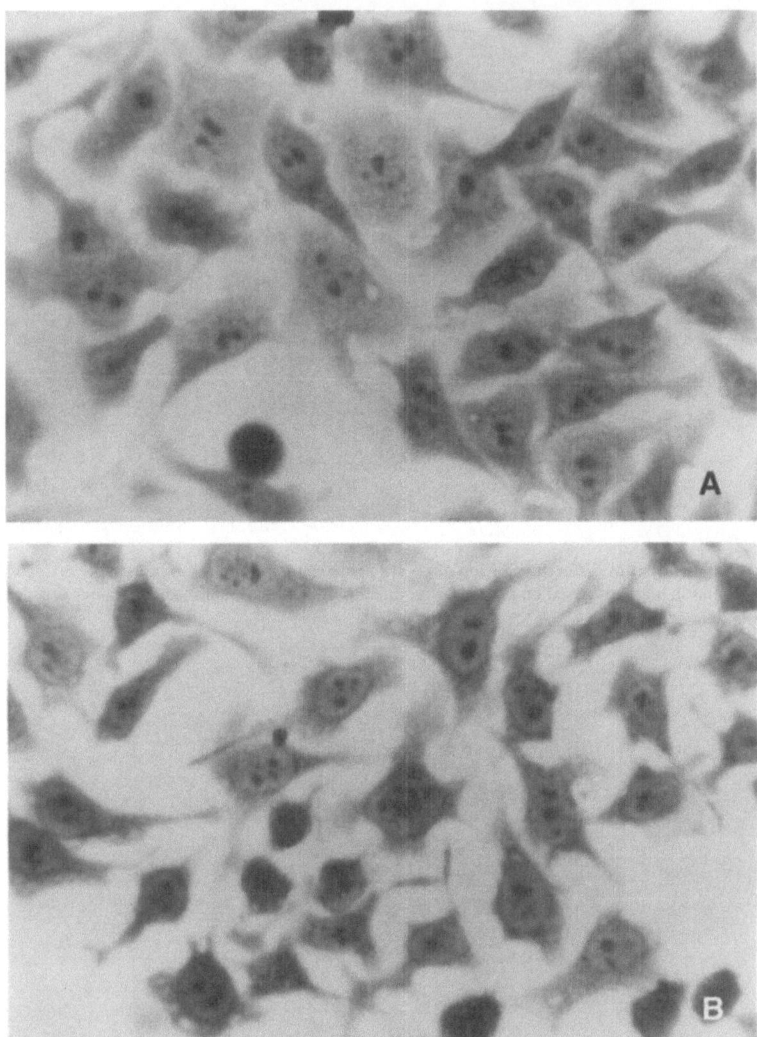

Fig. 4. **Changes in the cell morphology after 48 hour exposure to eluate prepared from dental amalgam ANA2000 Duett**

A = control culture, B= cells treated with eluate in 1:2 dilution. Giemsa-Romanowski staining, magnification 150x

Entwicklung einer Datenbank zur Dokumentation der verfügbaren Informationen über die Biokompatibilität von Dentalwerkstoffen

A. Schedle, H. Ofner, M. Karner, A. Franz, L. Havelec, R. Slavicek

Zusammenfassung

Die Biokompatibilität zahnärztlicher Substanzen ist eine Frage von zunehmender Bedeutung für Zahnärzte, Patienten, Sozialversicherungen, zuständige Behörden, Normungsausschüsse, Zahntechniker, Hersteller und Benannte Stellen und wird von der Directive 93/42/EEC für Medizinprodukte in Verbindung mit den europäischen Normen der Serie EN 30993 angesprochen. Trotz zunehmenden öffentlichen Interesses sind die Forschungsergebnisse zur Biokompatibilität von zahnärztlichen Substanzen noch immer widersprüchlich. Dies wurde auch durch zwei Forschungsprojekte (unterstützt durch das Österreichische Bundesministerium für Gesundheit und Konsumentenschutz - BMfGK) gezeigt: Es wurde ein Review der erhältlichen Literatur über Zellkultur- und Tierversuche zur Biokompatibilität von zahnärztlichen Substanzen durchgeführt und in einer strukturierten Datenbank dokumentiert. In dieser Studie konnte gezeigt werden, daß aus verschiedenen Versuchssystemen zum Teil widersprüchliche Ergebnisse resultieren. Die oft unterschiedlichen Biokompatibilitätsdaten einzelner zahnärztlicher Substanzen wurden zumeist durch nicht harmonisierte und daher nicht vergleichbare Versuchsansätze ermittelt. Die Ergebnisse der meisten in vitro-Studien von zahnärztlichen Substanzen erwiesen sich als nicht verwertbar für die Beurteilung des Patientenrisikos.

Die Einrichtung einer Europäischen Datenbank mit Informationen über die Biokompatibilität zahnärztlicher Substanzen würde als Werkzeug für eine harmonisierte Biokompatibilitätstestung dienen. Ziel dieses Projektes wäre, alle Informationen, die für die Biokompatibilitätstestung von zahnärztlichen Substanzen notwendig sind, in Form einer strukturierten Datenbank verfügbar zu machen. Diese Datenbank würde wichtige Hintergrundinformationen zur Weiterentwicklung der Normen der Serie EN 30993 hinsichtlich Validierung und Standardisierung der Biokompatibilitätstestung im Bereich der Europäischen Union liefern.

Die Weiterentwicklung und Validierung von in vitro-Methoden hinsichtlich ihrer Einsatzfähigkeit für die Schätzung des Patientenrisikos bei Verwendung zahnärztlicher Substanzen bietet eine Möglichkeit, schrittweise auf Tierversuche zu verzichten. Zusätzlich können die im Rahmen der Studien des BMfGK ermittelten Biokompatibilitätsdaten (Zellkultur- und Tierversuche) für das europäische Zulassungssystem von Dentalmaterialien zur Verfügung gestellt werden und dadurch zur Vermeidung unnötiger Tierversuche beitragen.

Summary

Development of a database to document all available information on the biocompatibility of dental materials

The biocompatibility of dental materials is a question of increasing importance for dentists, patients, public health services, competent authorities, standardiziers, dental technicians, laboratories, manufacturers and notified bodies and is addressed by the Directive 93/42/EEC on medical devices in association with the series EN 30993 regarding the harmonization of European Standards. In spite of increasing public interest the research results concerning the biocompatibility of dental materials are still controversial. This has also been shown by a recent research project (founded by the Austrian Ministry of Health and Consumer Protection) in which a comprehensive review of the available scientific literature on cell culture systems for assaying dental material biocompatibility was conducted. The inconsistant nature of results obtained with different experimental systems has been illustrated. Often, due to non-harmonized experimental approaches, contradictory biocompatibility data have been achieved for dental amalgam or other dental materials.

In order to obtain clear statements on the risk analysis of dental amalgam and other dental materials, the establishment of a European database would serve as an important tool in assuring a uniform approach to biocompatibility testing for all parties concerned. The aim of this project, which would be organized with European partners, is to ensure that all information relevant to the biocompatibility testing of dental amalgam and other dental materials, is provided in a stuctured form as a European database. This database would then serve as a source of background information for the further extension and development of the EN 30993 series of European standards concerning the validation and standardization of testing within the European Community.

The further development and validation of in vitro-methods applicable for risk assessment of dental materials is an important tool for the stepwise reduction of animal experiments. In addition, biocompatibility data (cell culture- and animal studies) obtained in the course of studies commissioned by the Austrian Ministry of Health and Consumer Protection can be made available for the European testing system of dental materials and will also lead to a reduction in unnecessary animal experiments.

1. Einleitung

Viele in vitro-Studien haben gezeigt, daß Metallionen von Dentallegierungen (GEIS-GERSTORFER J. et al., 1991; WATAHA J.C. et al., 1991; SCHEDLE A. et al., 1995), Amalgamen (BRUNE D., 1986; OKABE T. et al, 1987) und Zementen (PETERS W.J. et al., 1972) abgegeben werden. Ebenso wurde nachgewiesen, daß im wässrigen Milieu auch Composites Substanzen abgeben (RUYTER I.E., 1995). Unter bestimmten in vivo-Bedingungen werden von Dentallegierungen Metallionen abgegeben, die mit lokaler Entzündung oder anderen unerwünschten Wirkungen assoziiert sein können (BERGENHOLTZ A. et al., 1965; HAO S.Q. and LEMMONS J.E., 1989). HENSTEN-PETTERSEN A. (1991) betont, daß vor allem durch die Einführung von elastomeren Abdruckmaterialien, Aufbrennlegierungen, Compositmaterialien, Fissurenversieglern und kiefer-orthopädischen Adhäsivsubstanzen nicht nur die Bandbreite der zahnärztlichen Behandlungsmöglichkeiten verbessert wurde, sondern auch das Risiko des Auftretens von Nebenwirkungen zugenommen hat, da viele dieser Materialien biologisch aktive Bestandteile mit dem Potential, unerwünschte biologische Reaktionen hervorzurufen, besitzen.

Aus diesem Grund ist eine standardisierte Testung von Dentalmaterialien, vor allem von neu am Markt kommenden, erforderlich. Die Normen der Serie EN 30993 geben diesbezüglich Richtlinien an. Die meisten der in diesen Normen vorgeschlagenen Testmethoden erlauben jedoch für Dentalmaterialien keine Aussagen zur Schätzung des Patientenrisikos und sollten daher zu diesem Zweck weiterentwickelt werden.

2. Literaturstudie

In einer ausführlichen Literaturstudie wurde ermittelt, welche Zellkulturuntersuchungen und Tierversuche mit Dentalmaterialien bereits durchgeführt wurden. Alle erhältlichen einschlägigen Arbeiten wurden strukturiert zusammengefaßt (Abb. 1a und 1b), wobei besonderer Wert auf eine detaillierte Aufschlüsselung der Versuchsmethoden gelegt wurde. Für Zellkulturuntersuchungen betraf dies Zellart, Kulturbedingungen und die Art der Zugabe der Substanz (als Prüfkörper, als Eluat oder als Einzelsubstanzen) bzw. ob die Herstellung der Substanz praxisrelevant (nach internationalen Normen) erfolgte. Anzahl der Versuchswiederholungen und statistische Auswertung wurden erhoben. Bei den Tierversuchen wurden folgende Punkte, sofern aus den jeweiligen Arbeiten ersichtlich, analysiert: Art und Anzahl der Tiere, Anzahl der Gruppen und der Tiere pro Gruppe, Anzahl der Proben pro Tier, genauer Applikationsort der Proben, Beobachtungszeitraum zwischen Operation (Behandlung) und Auswertung, Methode der Auswertung des Versuches sowie der statistischen Analyse. Beispielhaft sind in der Folge Zellkulturuntersuchungen der Zytotoxizität von Amalgam und Tierversuche zur Prüfung der Biokompatibilität von Composites zusammengefaßt.

2.1. Zellkulturuntersuchungen zur Prüfung der Zytotoxizität von Amalgam

Zur Ermittlung der Toxizität wurden verschiedene Zelltypen eingesetzt: HELA-Zellen, Gingivafibroblasten, L929-Fibroblasten, menschliche Epithelzellen, BHK-21-Makrophagen, Mausmakrophagen, RL XVI-Zellen (Rattenleber). Die Inkubationszeit in den einzelnen Arbeiten war unterschiedlich: 2 Stunden bis 2 Wochen. Die Methode der Prüfkörperherstellung war heterogen, in zwei Arbeiten wurde die EN-Norm 21559 berücksichtigt. Die Prüfkörper wurden zwischen 2 Stunden und 2 Wochen in unterschiedlichen Medien (Luft, aqua dest., künstlicher Speichel, Gewebekulturmedium, physiologische Kochsalzlösung) ausgelagert. Die methodischen Aspekte der einzelnen Arbeiten sind in Tabelle 1 zusammengefaßt.

Übereinstimmend wurde in den meisten Arbeiten festgestellt, daß frisch hergestellte Amalgamprüfkörper zytotoxisch wirkten. Die Zytotoxizität von Amalgamprüfkörpern nahm ab, wenn sie vor der Testung ausgelagert wurden. Die Autoren der einzelnen Arbeiten fanden unterschiedliche Zeitpunkte für die Abnahme der Zytotoxizität: 3 Stunden bis 28 Wochen. Permanente Toxizität von Amalgam (auch nach Auslagerung) wurde ebenfalls beobachtet (NAKAMURA M. and KAWAHARA H., 1979).

2.2. Tierversuche zur Prüfung der Biokompatibilität von Composites

Als Versuchstiere wurden Affen, Hunde, Hausschweine, Frettchen und Ratten verwendet. Als Applikationsorte wurden neben gefüllten Zahnkavitäten auch subkutane Implantationen und Implantationen unter das Schädelperiost beschrieben. Aus mehreren Arbeiten waren zum Beispiel weder Zahntyp noch Applikationsort am Zahn ersichtlich. Die Liegedauer der Füllungen war zwischen 120 Minuten und 24 Monaten mit unterschiedlichen Intervallen. Die methodischen Aspekte der einzelnen Arbeiten sind in Tabelle 2 zusammengefaßt, die Ergebnisse in Tabelle 3. Da die Fragestellungen unterschiedlich und die Versuchsanordnungen heterogen und teilweise schwer nachvollziehbar waren, sind die Ergebnisse kaum vergleichbar. Ebenso bleibt die Frage nach der Relevanz für die Risikoabschätzung für den Patienten bei den meisten Arbeiten offen.

3. Biokompatibilitäts-Datenbank dentaler Werkstoffe

Bisher wurden 153 Zellkulturarbeiten und 236 Tierversuche strukturiert zusammengefaßt (Abb. 1a und 1b). Mit der Einrichtung einer Datenbank wurde begonnen. Die in Abb. 1a und 1b dargestellten Strukturen repräsentieren gleichzeitig die Suchformulare für die Zellkultur- bzw. Tierversuchsdatenbank. Die Kästchen unter den Schriftzügen stellen die Suchfelder dar. Ebenso ist geplant, alle verfügbaren klinischen Studien zur Biokompatibilität von Dentalwerkstoffen in die Datenbank zu integrieren.

Wie die Literaturstudie gezeigt hat, ist die Heterogenität der Ergebnisse nicht nur auf die unterschiedlichen getesteten Substanzen zurückzuführen sondern vor allem auf die fehlende Vergleichbarkeit der Versuchsanordnungen. Mittels der strukturierten Datenbank sind für die Versuchsanordnungen notwendige Detailinformationen rasch verfügbar. Jeder relevante methodische Aspekt (Abb. 1a und 1b) ist für alle Arbeiten abrufbar - so kann der Zusammenhang zwischen Methode und Ergebnis unmittelbar hergestellt werden. Die Entwicklung von Versuchsanordnungen mit Praxisrelevanz kann erheblich beschleunigt werden. Die Übersicht über Versuchsdesign und statistische Auswertung ermöglicht kurzfristig eine Beurteilung der Relevanz der Ergebnisse. Durch die rasche Verfügbarkeit von gut dokumentierten Ergebnissen können unnötige Wiederholungen von Versuchen vermieden und so eine Reduktion von Tierversuchen erzielt werden.

4. Diskussion und Schlußfolgerungen

Die beschriebene Datenbank ist ein Instrument zur Entwicklung von Strategien zur Reduktion von Tierversuchen im Rahmen der Biokompatibilitätstestung von Dentalmaterialien. Ein erster Schritt in diese Richtung ist die Entwicklung von in vitro-Methoden mit Relevanz für die Risikoabschätzung von dentalen Werkstoffen. Der Einfluß von Zelltyp, Auswertungsmethode, Prüfkörperherstellung, Inkubationszeit etc. auf die Ergebnisse wird im Rahmen der Datenbank dokumentiert und ist für alle bisher durchgeführten Versuche abrufbar. Ebenso ist die Methodik der Tierversuche einschließlich ihrer Ergebnisse dokumentiert und die Aufschlüsselung der Versuchsmethoden läßt erkennen, ob die Versuchsanordnung den in vivo-Bedingungen nahekommt. Durch den Vergleich der Ergebnisse von in vitro-Studien mit realitätsnahen Tierversuchen, oder in weiterer Folge mit klinischen Studien, kann die Relevanz der in vitro-Ergebnisse beurteilt werden. Schließlich können die Variablen der *in vitro*-Versuchsanordnungen schrittweise verändert werden, um die Resultate dieser Studien jenen von *in vivo*-Studien anzupassen. Dadurch wäre eine Erhöhung der Relevanz von in vitro-Studien für die Abschätzung des Patientenrisikos einzelner Dentalmaterialien erreichbar.

Zusammenfassend ermöglicht die Einrichtung der Datenbank eine Reduktion von Tierversuchen durch die rasche Verfügbarkeit von gut dokumentierten Ergebnissen und unterstützt die Weiterentwicklung standardisierter Biokompatibilitätstests unter folgenden Aspekten:

1. Die Datenbank liefert wichtige Hintergrundinformationen zur Weiterentwicklung der Normen der Serie EN 30993 hinsichtlich Validierung und Standardisierung der Biokompatibilitätstestung im Bereich der Europäischen Union.
2. Durch die Weiterentwicklung und Validierung von in vitro-Methoden hinsichtlich ihrer Einsatzfähigkeit für die Risikoabschätzung von zahnärztlichen Substanzen kann schrittweise auf Tierversuche verzichtet werden.
3. Die Datenbank erleichtert eine europaweite Harmonisieruung der Biokompatibilitätstestung unter Einsparung von Tierversuchen.

Danksagung

Wir danken Herrn Dr. WOLFGANG ECKER für wertvolle Ideen, fachliche Unterstützung und Diskussionsbeiträge bei der Entwicklung der Datenbank zur Biokompatibilität von dentalen Werkstoffen.

Diese Arbeit wurde unterstützt durch das Österreichische Bundesministerium für Gesundheit und Konsumentenschutz.

Literatur

BEER R., GÄNGLER P., KREHAN F., WUTZLER P., Das Dentinbonding - Material Scotchbond in der biologischen Testkette ist eine haftvermittelnde Composite - Füllungstechnik pulpaverträglich? Zahn-, Mund-, Kieferheilkunde, 77, 243-251, 1989

BENKERT V. O., BEER R., GÄNGLER P., KOCH I.-L., Biologisch-experimentelle Untersuchungen zahnärztlicher Füllungswerkstoffe im Anwendungstest am Hausschwein, Zahn-, Mund-, Kieferheilkunde, 75, 555-561, 1987

BERGENHOLTZ A, HEDEGARD B, SOEREMARK R, Studies of the transport of metal ions from gold inlays into environmental tissues, Acta Odont Scand, 23, 135-46, 1965

BRUNE D, Metal release from dental biomaterials. Biomaterials, 7, 163-175, 1986

COX C.F., WHITE K.C., RAMUS D.L., FARMER J.B., MILNER SNUGGS H., Reparative dentin: factors affecting its deposition, Quintessence International, 23, 257-270, 1992

ERIKSEN H.M. and SKOGEDAL O., Effect of composite resin restorations in monkey teeth with experimentally induced pulpitis, Scandinavian Journal of Dental Research, 84, 297–303, 1976

FELTON D., BERGENHOLTZ G., COX C.F., Inhibition of Bacterial Growth under Composite Restorations Following GLUMA Penetration, Journal of Dental Research, 68, 491-495, 1989

GÄNGLER P., HOYER I., KREHAN F., Pulpaschutz und Evicrol®-Füllung im vitalmikroskopischen Test am Endodont, Zahn- Mund- und Kieferheilkunde, 70, 339-344, 1982

GEIS-GERSTORFER J, SAUER KH, PÄSSLER K, Ion release from Ni-Cr-Mo and Co-Cr-Mo casting alloys, International Journal of Prosthodontics, 4, 152-158, 1991

GOLDSCHMIDT P.R., COGEN R.B., TAUBMAN S.B, Effects of amalgam corrosion products on human cells, Journal of Periodontal Research, 11, 108-115, 1976

GRIEVE A.R., ALANI A., SAUNDERS W.P., The effects on the dental pulp of a composite resin and two dentine bonding agents and Associated bacterial microleakage, International Endodontic Journal, 24, 108-118, 1991

HANSASUTA CH., NEIDERS M.E., AGUIRRE A., COHEN R.E., Cellular inflammatory responses to direct restorative composite resins, The Journal of Prosthetic Dentistry, 69, 611-616, 1993

HAO S.Q., LEMONS J.E., Histology of dog dental tissues with Cu-based crowns (abstract), Journal of Dental Research, 68, 322, 1993

HENSTEN-PETTERSEN A. and JACOBSEN N., Toxic effects of dental materials, International Dental Journal, 41, 265-273, 1991

HEYS R.J., HEYS D.R., COX C.F., AVERY J.K., Histopathologic Evaluation of three Ultraviolet-Activated Composite Resins on Monkey pulps, Journal of Oral Pathology, 6, 317-330, 1977

HOYER I., GÄNGLER P., KREHAN F., NIEMELA S., WEINERT W., Biologische Prüfung und klinische Bewertung von Komposit-Füllungen, Deutsche Zahnärztliche Zeitschrift, 44, 100-105, 1989

HOYER I., GÄNGLER P., WILL R. BENKERt O., Exposit im biologischen Test, Zahn-, Mund-, Kieferheilkunde, 77, 775-782, 1989

KAGA M., SEALE N.S., HANAWA T., Cytotoxicity of Amalgam, Journal of Dental Research, 67, 1221-1224, 1988

KATENKAMP D., NEUPERT G., STILLER D., Myofibroblasts in connective tissue capsules around implanted dental materials, Experimental Pathology, 18, 31-36, 1980

KAWAHARA H., NAKAMURA M., YAMAGAMI A., NAKANISHI T., Cellular Responses to Dental Amalgam in Vitro, Journal of dental Research, 54, 394-401, 1975

LANGELAND L. K., GUTTUSO J., JEROME D. R., LANGELAND K., Histologic and clinical comparison of Addent with silicate cements and cold-curing materials, Journal of Affective Disorders, 72, 373-385, 1966

LEIRSKAR J., On the mechanism of cytotoxicity of silver and copper amalgams in cell culture system, Scandinavian Journal of dental Research, 82, 74-81, 1974

MERYON S.D., The effect of zinc on the biocompatibility of dental amalgams in vitro, Biomaterials, 293-297, 1984

MILLEDING P., WENNBERG A., HASSELGREN G, Cytotoxicity of corroded and non-corroded dental silver amalgams, Scandinavian Journal of Dental Research, 93, 76-83, 1985

NAGI M. and SHERIF M. M., The cytotoxic potential of conventional and high copper amalgam on HeLa cells, Egyptian dental Journal, 32, 209-220, 1986

NAKAMURA M. and KAWAHARA H., Cellular Responses to the Dispersion Amalgams in vitro, Journal of Dental Research, 58, 1780-1790, 1979

NAKAMURA M., KAWAHARA H., KATAOKA Y, MAEHARA S., IZUTANI M., Biocompatibility of Dental Amalgam In Vitro during 52 Week Period, Shika Rikogaku Zasshi, 22, 228-44, 1980

NEUPERT G. und WELKER D., Morphogenetisches Verhalten von In-vitro-Zellen auf der intermetallischen Verbindung SbSn, einem Bestandteil von Ag-Sn-Cu-Sb-Amalgam, im Vergleich mit Zinn, Glas und Glaskohlenstoff, Zahn-, Mund-, Kieferheilkunde, 75, 337-341, 1987

NIEMI L. and HENSTEN-PETTERSEN A., Invitro cytotoxicity of Ag-Pd-Cu-based casting alloys, Journal of Biomedical Materials Research, 19, 549-561, 1985

OKABE T, FERRACANE J, COOPER C, MATSUMOTO H, WAGNER M., Dissolution of mercury from amalgam into saline solution, Journal of Dental Research, 66, 33-37, 1987

OKAZAKI M., OHMAE H., TAKAHASHI J., KIMURA H., SAKUDA M., Insolubilized properties of UV-irradiated CO_3, apatite-collagen composites, Biomaterials, 11, 568-572, 1990

PETERS W.J., JACKSON R.W., IWANO K., SMITH D.C., The biological response to zinc polyacrylate cement, Clinical Orthopedics, 88, 228-233, 1972

PSARRAS V., WENNBERG A., DERAND T., Cytotoxicity of corroded gallium and dental amalgam alloys, Acta odontologica Scandinavia, 50, 31-36, 1992

PLOTZKE A.E., BARBOSA S., NASJLETI C.E., MORRISON E.C. CAFFESSE R.G., Histologic and Histometric Responses to Polymeric Composite Grafts, Journal of Periodontology, 64, 343-348, 1993

ROULET J.F., Untersuchungen über den Randschluss von Komposits in vivo, SMfZ / RMSO, 86 (7), 1976

RUYTER I.E., Physical and chimical aspects related to substances released from polymer materials in an aqueous environment, Advances in Dental Research, 9, 344-347, 1995

SATO A. and KUMEI Y., New selenium-containing silver amalgam, Bulletin Tokyo Med. Dent. Univ., 29, 19-22, 1982

SCHEDLE A., WILLHEIM M., TUPPY F., AGIS H, SPITTLER A., SLAVICEK R, BOLTZ-NITULESCU G, Toxizitätstestung von Amalgam in der Zellkultur, Zeitschrift für Stomatologie, 90, 65-78, 1993

SCHEDLE A., SAMORAPOOMPICHIT P., RAUSCH-FAN X.H., FRANZ A., FÜREDER W., SPERR W. R., SPERR W., ELLINGER A., SLAVICEK R., BOLTZ-NITULESCU G., VALENT P., Response of L-929 fibroblasts, human gingival fibroblasts, and human tissue mast cells to various metal cations, Journal of Dental Research, 74, 1513-1520, 1995

STANLEY H.R., BOWEN R.L. FOLIO J., Compatibility of Various Materials with Oral Tissues, II: Pulp Responses to Composite Ingredients, Journal of Dental Research, 58, 1507-1517, 1979

STANLEY H.R., MYERS C.L., HEYDE J.B., CHAMBERLAIN J., Primate pulp response to an ultraviolet light cured restorative material, Journal of Oral Pathology, 1, 108-114, 1972

STEIN M., RITTER G., BIENENGRÄBER V., BEETKE E., WOJTOWICZ D., Das lichthärtende Komposit CuRAY-FIL, Deutsche Zahn-, Mund-, Kieferheilkunde, 79, 211-217, 1991

STEIN M., RITTER G., BIENENGRÄBER V., BEETKE E., WOJTOWICZ D., JÁNCZUK Z., Histologische Untersuchungen zur Reaktion der Pulpa im Tierexperiment nach Applikation eines lichthärtenden Kunststoffes, Zahn-, Mund-, Kieferheilkunde, 78, 139-140, 1990

SYRJÄNEN S., HENSTEN-PETTERSEN A., NILNER K., In vitro testing of dental materials by means of macrophage cultures: 2. Effects of particulate dental amalgams and their constituent phases on cultured macrophages, Journal of Biomedical Materials Research, 20, 1125-1138, 1986a

SYRJÄNEN S., NILNER K., HENSTEN-PETTERSEN A., In vitro testing of dental materials by means of macrophage cultures: 1. Methodical aspects, Journal of Biomedical Materials Research, 20, 1111-1123, 1986b

UYEN H.M., VAN DIJK L.J., BUSSCHER H.J., Adhesion of stainable, calciumrich deposits on substrata with different surface free energies. An in vivo study in beagle dogs, Journal of Clinical Periodontology, 16, 393-397, 1989

WILKINS J.S., SWARTZ M.L., PHILLIPS R.W., Testing of pit and fissure sealants in the monkey, Journal Prosthetic Dentistry, 37, 666-673, 1977

WATAHA J.C., CRAIG R.G., HANKS C.T., The release of elements of dental casting alloys into cell culture medium, Journal of Dental Research, 70, 1014-1018, 1991

Anhang

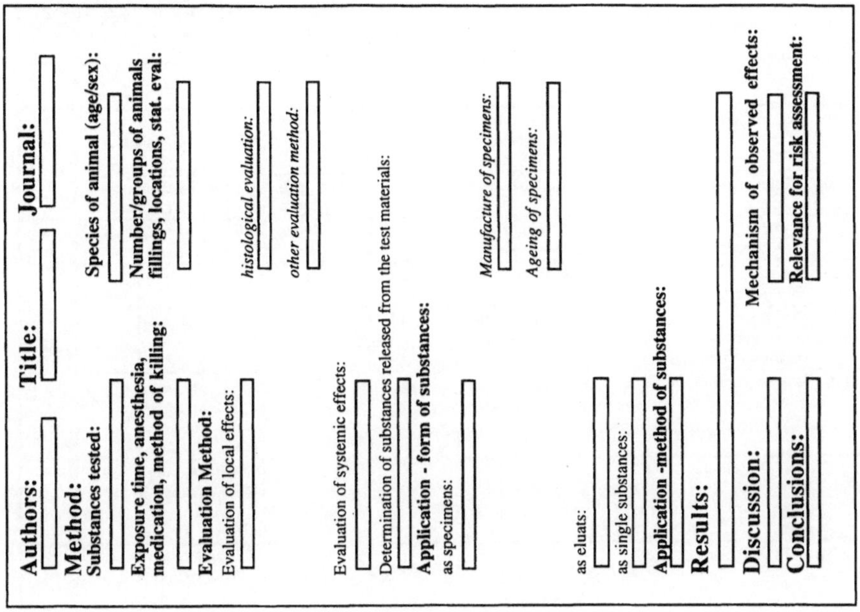

Authors: **Title:** **Journal:**

Method:
Substances tested:

Cell Culture:
Cell type: Incubation time:
Evaluation Method: Experiment repeats, statist. evaluation

Application of substances:
as specimens:
Manufacture of specimens:
Ageing of specimens:
as eluats:
as single substances:

Results:

Discussion: **Mechanism of observed effects:**

Conclusions: **Relevance for risk assessment:**

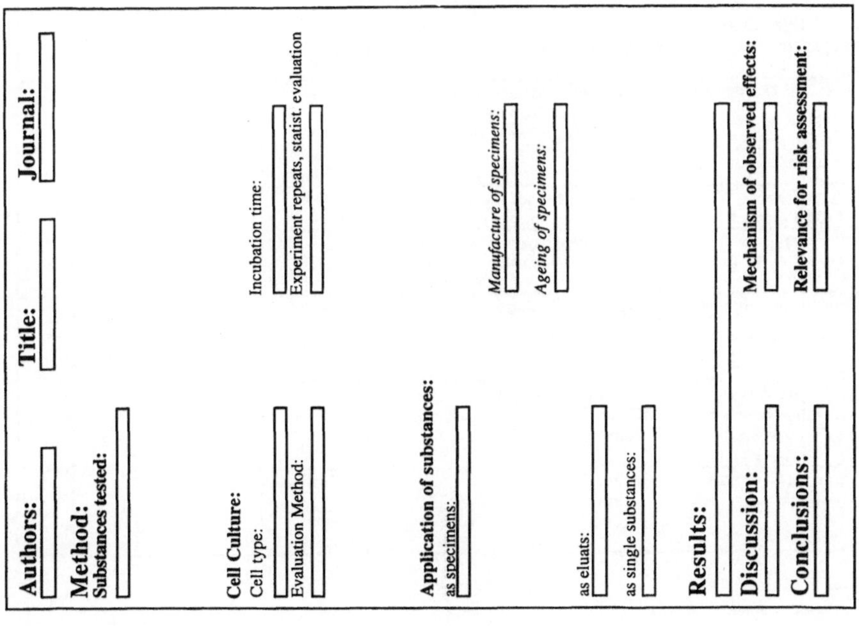

Abb. 1a. **Strukturen der Zellkulturdatenbank**
Die Kästchen stellen die Suchfelder der Suchformulare dar

Authors: **Title:** **Journal:**

Method:
Substances tested: **Species of animal (age/sex):**
Exposure time, anesthesia, medication, method of killing: **Number/groups of animals fillings, locations, stat. eval:**
Evaluation Method:
Evaluation of local effects:
histological evaluation:
other evaluation method:
Evaluation of systemic effects:
Determination of substances released from the test materials:

Application - form of substances:
as specimens:
Manufacture of specimens:
Ageing of specimens:
as eluats:
as single substances:
Application -method of substances:

Results:

Discussion: **Mechanism of observed effects:**

Conclusions: **Relevance for risk assessment:**

Abb. 1b. **Strukturen der Tierversuchdatenbank**
Die Kästchen stellen die Suchfelder der Suchformulare dar

Tabelle 1. **Zellkulturuntersuchungen zur Prüfung der Zytotoxizität von Amalgam: Zusammenstellung der Methoden**
Mittels Literaturrecherche wurde ermittelt, welche Zellkulturuntersuchungen mit Dentalmaterialien durchgeführt wurden. Alle erhältlichen Arbeiten wurden strukturiert dokumentiert. Tabelle 1 zeigt beispielhaft eine Zusammenfassung der methodischen Aspekte der Zellkulturversuche zur Prüfung der Zytotoxizität von Amalgam (k.A.: keine Angabe)

Autoren	Zelltype	Inkubationszeit	Auswertemethode	Versuchswiederholung	Prüfkörperherstellung nach Normen	Alterung der Prüfkörper	Prüfkörperzugabe als	
							Festkörper	Eluat
Goldschmidt P.R. et al., 1976	HELA-Zellen	?	^{51}Cr-Markierung, ^{3}H-Leucininkorp., Trypanblaufärbg.	k.A.	-	-	-	+
Kaga M. et al., 1988	Gingivafiborblasten	24h	morphologisch	12	ADA Spec. No. 1 (1974)	1h, 24h, 7d, 30d bei 37°C in Luft	+	-
Kawahara H. et al., 1975	L-strain-fibroblasten	2d, 4d, 7d	Zellzählung nach Evans et al.	k.A.	-	1h, 2h, 3h, 6h, 8h, 24h	+	-
Leirskar J., 1974	menschl. Epithelzellen	1d, 3d, 6d	Zellzählung	k.A.	k.A.	-	+	-
Meryon S.D., 1984	BHK-21 Fibroblasten, Mausmakrophagen	2h,	Succinatdehydrogenasefärbung, Zellzählung	k.A.	-	1d bis 31d	+	-
Milleding P. et al., 1985	L-929-fibroblasten	2h	Succinatdehydrogenasefärbung,	k.A.	-	12 bzw. 28 Wochen, in Luft, aqua dest, künstl. Speichel	+	-
Nagi M and Sherif M.M., 1986	HELA-Zellen	10, 30, 60min; 6, 24, 48h	Zellzählung, morphologisch	k.A.	-	8d in physiolog. Kochsalzlösg.	+	-
Nakamura M. et al., 1980	HELA-Zellen	24h bis 7d	automatische Zählung von Zellkolonien	k.A.	-	Extraktion von Prüfkörpern über 52 Wochen	-	+
Nakamura M. and Kawahara H., 1979	L-strain-fibroblasten	2d, 4d, 7d	Zellzählung nach Evans et al., morphologisch	k.A.	-	1h, 2h, 3h, 12h, 24h	+	-
Niemi L. and Hensten-Pettersen A., 1985	menschliche Epithelzellen	24h	Vitalfärbung mit Kristallviolett	k.A.	-	2h, 6h, 12h, 24h, 7d	+	-
Psarras V. et al., 1992	L-929-fibroblasten	2h?	Succinatdehydrogenasefärbung, Vitalfärbung mit Neutralrot	5	-	1 bis 10 Wochen in Glasröhrchen (0,9% NaCl, pH 6)	+	+
Sato A. and Kumei Y., 1982	L-strain-fibroblasten	48h	^{51}Cr-Markierung, morphologisch	k.A.	-	-	+	-
Syrjänen S. et al., 1986a	Mausmakrophagen	10min bis 1 Woche	Phagozytoserate, LDH-release	k.A.	-	-	+	-
Syrjänen S. et al., 1986b	Mausmakrophagen	10min bis 2 Wochen	morphologisch	k.A.	-	-	+	-
Neupert G. und Welker D., 1987	RL XVI (Rattenleber), embryonale Fibroblasten	40min; 24h; 2d, 4d	morphologisch	k.A.	-	-	+	-
Schedle A. et al., 1993	L-929-fibroblasten	2d, 3d, 4d	Zellzählung (Hämozytometer + Zellsorter), ^{3}H-Thymidinaufn.	6	EN-standard 21559	1h, 3h, 24h; 6 Wochen	+	-

Tabelle 2. **Tierversuche zur Prüfung der Biokompatibilität von Composites: Zusammenstellung der Methoden**
In einer Literaturrecherche wurde ermittelt, welche Tierversuche mit Dentalmaterialien durchgeführt wurden. Alle erhältlichen Arbeiten wurden strukturiert dokumentiert. Tabelle 2 zeigt beispielhaft eine Zusammenfassung der methodischen Aspekte der Tierversuche zur Prüfung der Biokompatibilität von Composites (k.A.: keine Angabe; Klasse I, II, III, IV, V: Klasse I, II, III, IV, V - Kavitäten; ZOE: Zinkoxideugenolzement)

Autoren	Tiere	Substanzen	Applikationsort	Liegedauer	Auswertemethode	Statistik
Cox C.F. et al., 1992	>40 Affen	Amalgam, Zemente, Composites	246 Klasse-V	5W 8W	Histologie	ANOVA, t-test
Eriksen H.M. and Skogedal O., 1976	10 Affen	Composite	120 Klasse-V	1-3W 1-4M	Histologie	Kruskal-Wallis
Felton D. et al., 1989	5 Affen 5 Gruppen	Composite, Dentin Bond	120 Klasse-V	8d 90d	Histologie	k.A.
Heys R.J. et al., 1977	Affen	Composite	111 Klasse-V	3d, 5, 8W	Histologie	k.A.
Roulet J.F., 1976	2 Affen	Composites	8 Zähne 12 Milchz. adhäsive Kavitäten	Zähne 11M Milchz. 6M (2), 10M (10)	Histologie	k.A.
Stanley H.R. et al., 1979	2 Affen	8 Compositeanteile	Quadranten Klasse-V	21d	Histologie	k.A.
Stanley H. R. et al., 1972	Affen	Composites	78 Klasse-V	3, 14, 60d	Histologie	k.A.
Wilkins J.S. et al., 1977	6 Affen	Composites	116 Zähne	2M (4A) 6M (2A)	Röntgen	k.A.
Beer R. et al., 1989	Ratten	Composite	s.c.Implant., Schneidezähne	14d, s.c.	Histologie, s.c. Vitalmikroskopie	k.A.
Gängler P. et al., 1982	34 Ratten	Composites	unterer Schneidezahn	bis 4h, 24, 7d	Vitalmikroskopie	k.A.
Hansasuta Ch. et al., 1993	24 Ratten 3 Gruppen	Composites	Rücken s.c.	2d, 1, 4, 8W	Histologie	k.A.
Katenkamp D. et al., 1980	Ratten	Composites	Rücken s.c.	3W, 18W	Histologie	k.A.
Okazaki M. et al., 1990	Ratten	Composites	unter dem Schädelperiost	1, 2, 3 u.4W	Histologie	k.A.
Plotzke A.E. et al., 1993	4 Hunde	Composite	OK-Quadr. Klasse-II	4M	Histologie	t-test Wilcoxon
Stein M. et al., 1990	Hunde	Composites	26 Klasse-V	90d	Histologie	k.A.
Uyen H.M. et al., 1989	4 Hunde	Composites	gefensterte Goldkronen, obere 4 Prämolaren	1, 3, 7, 14, 28d	Gravimetrisch Planimetrisch	k.A.
Grieve A.R. et al., 1991	18 Frettchen	Composite, Bonding Agent, ZOE	72 Klasse-V	7, 14, 28d	Histologie	k.A.
Benkert V.O. et al., 1987	6 Hausschweine	Silikatzement, ZOE, Composites	Klasse-V	3, 30, 90d	Histologie	k.A.
Hoyer I. et al., 1989	30 Ratten	Composites	Ratten-incisivi,	bis 120min, 1, 7d	Vitalmikroskopie	k.A.
	5 Hausschweine		Frontzähne Prämolaren Klasse-V	30 u. 90d	Histologie	
Hoyer I. et al., 1989	60 Patienten	Composite	300 Klasse-I,II,IV u. V	sofort, 3, 6, 9, 12, 18, 24M	klinisch	k.A.
	10 Ratten				Vitalmikroskopie	
Langeland L.K. et al., 1966	Patienten	Composite	141 Kavitäten	ca. 210d	Histologie	k.A.
	Schweine		127 Kavitäten			
	Affen		91 Kavitäten			
Stein M. et al., 1991	76 Patienten	Composite	76 Klasse-III,IV,V	11, 24M	klinisch	k.A.
	3 Hunde		63 Klasse-V	90d	Histologie	

Tabelle 3. **Tierversuche zur Prüfung der Biokompatibilität von Composites: Zusammenfassung der Ergebnisse**
In einer Literaturrecherche wurde ermittelt, welche Tierversuche mit Dentalmaterialien durchgeführt wurden. Alle erhältlichen Arbeiten wurden strukturiert dokumentiert. Tabelle 3 zeigt beispielhaft eine Zusammenfassung der Ergebnisse der Tierversuche zur Prüfung der Biokompatibilität von Composites

Autoren	Tiere	Substanzen	Applikationsort	Liegedauer	Auswerte-methode	Statistik
COX C.F. et al., 1992	>40 Affen	Amalgam, Zemente, Composites	246 Klasse-V	5W 8W	Histologie	ANOVA, t-test
ERIKSEN H.M. and SKOGEDAL O., 1976	10 Affen	Composite	120 Klasse-V	1-3W 1-4M	Histologie	Kruskal-Wallis
FELTON D. et al., 1989	5 Affen 5 Gruppen	Composite, Dentin Bond	120 Klasse-V	8d 90d	Histologie	k.A.
HEYS R.J. et al., 1977	Affen	Composite	111 Klasse-V	3d, 5, 8W	Histologie	k.A.
ROULET J.F., 1976	2 Affen	Composites	8 Zähne 12 Milchz. adhäsive Kavitäten	Zähne 11M Milchz. 6M (2), 10M (10)	Histologie	k.A.
STANLEY H.R. et al., 1979	2 Affen	8 Composite-anteile	Quadranten Klasse-V	21d	Histologie	k.A.
STANLEY H. R. et al., 1972	Affen	Composites	78 Klasse-V	3, 14, 60d	Histologie	k.A.
WILKINS J.S. et al., 1977	6 Affen	Composites	116 Zähne	2M (4A) 6M (2A)	Röntgen	k.A.
BEER R. et al., 1989	Ratten	Composite	s.c.Implant., Schneidezähne	14d, s.c.	Histologie, s.c. Vitalmikroskopie	k.A.
GÄNGLER P. et al., 1982	34 Ratten	Composites	unterer Schneidezahn	bis 4h, 24, 7d	Vitalmikroskopie	k.A.
HANSASUTA Ch. et al., 1993	24 Ratten 3 Gruppen	Composites	Rücken s.c.	2d, 1, 4, 8W	Histologie	k.A.
KATENKAMP D. et al., 1980	Ratten	Composites	Rücken s.c.	3W, 18W	Histologie	k.A.
OKAZAKI M. et al., 1990	Ratten	Composites	unter dem Schädelperiost	1, 2, 3 u.4W	Histologie	k.A.
PLOTZKE A.E. et al., 1993	4 Hunde	Composite	OK-Quadr. Klasse-II	4M	Histologie	t-test Wilcoxon
STEIN M. et al., 1990	Hunde	Composites	26 Klasse-V	90d	Histologie	k.A.
UYEN H.M. et al., 1989	4 Hunde	Composites	gefensterte Goldkronen, obere 4 Prämolaren	1, 3, 7, 14, 28d	Gravimetrisch Planimetrisch	k.A.
GRIEVE A.R. et al., 1991	18 Frettchen	Composite, Bonding Agent, ZOE	72 Klasse-V	7, 14, 28d	Histologie	k.A.
BENKERT V.O. et al., 1987	6 Haus-schweine	Silikat-zement, ZOE, Composites	Klasse-V	3, 30, 90d	Histologie	k.A.
HOYER I. et al., 1989	30 Ratten	Composites	Ratten-incisivi,	bis 120min, 1, 7d	Vitalmikroskopie	k.A.
	5 Haus-schweine		Frontzähne Prämolaren Klasse-V	30 u. 90d	Histologie	
HOYER I. et al., 1989	60 Patienten	Composite	300 Klasse-I,II,IV u. V	sofort, 3, 6, 9, 12, 18, 24M	klinisch	k.A.
	10 Ratten				Vitalmikroskopie	
LANGELAND L.K. et al., 1966	Patienten	Composite	141 Kavitäten	ca. 210d	Histologie	k.A.
	Schweine		127 Kavitäten			
	Affen		91 Kavitäten			
STEIN M. et al., 1991	76 Patienten	Composite	76 Klasse-III,IV,V	11, 24M	klinisch	k.A.
	3 Hunde		63 Klasse-V	90d	Histologie	

Umsetzung von EU-Recht - Einführung zum Thema

F.P. Gruber

Zusammenfassung

Es gibt unterschiedliche Auffassungen darüber, welche Möglichkeiten den einzelnen EU-Ländern bleiben, ihre nationalen Tierschutzgesetzgebungen schärfer zu formulieren als es in den EU-Richtlinien steht. Diese Diskussion soll im Mittelpunkt des Kapitels Umsetzung von EU-Recht stehen. Beiträge aus Deutschland, Österreich und Schweden sollen die Situation erhellen. Vor allem vier Antworten aus dem Bundesministerium für Landwirtschaft in Bonn sollen klarstellen, daß es den Ländern möglich ist, schärfere Gesetze zu erlassen.

Summary

Introduction to the topic „realization of EU directives"

There exist different interpretations about the possibilities, which single EU-countries have to set national animal welfare law stricter than EU-law. This discussion shall be the central point in the following session. The situation will be interpreted by the view of Germany, Austria and Sweden. Especially four answers given by the German Ministry of Agriculture will point out, that the member states are allowed to have stricter laws than the EU-directives.

1. Einleitung

Bereits während der Tagung 1995 wurde offensichtlich, daß es unterschiedliche Auffassungen darüber gibt, welchen Spielraum einzelne EU-Länder haben, in ihren Tierschutzgesetzgebungen über die EU-Richtlinien hinauszugehen. Die Diskussion soll nun anhand der Schilderungen aus einzelnen Ländern fortgesetzt werden. Auch interessieren in diesem Zusammenhang, speziell was Alternativmethoden anbelangt, die behördlichen Wege, die es einzuhalten gilt, wenn im Europäischen Arzneibuch Änderungen vorgenommen werden sollen. Ebenso von Interesse ist es, wie in den einzelnen Ländern mit der Statistik-Pflicht bei Tierversuchen umgegangen wird.

2. Vier Fragen an das Bonner Ministerium

In Deutschland hat das Referat von JÖRN STEIKE et al. (1996), veröffentlicht im Tierschutzbeauftragten 96/1, für Unruhe gesorgt. Unklarheiten, die auch nach der Antwort aus dem Landwirtschaftsministerium in Bonn (BML) im gleichen Heft noch verblieben sind, sollen hier mit vier Fragen an Frau MICAELA WILLE im BML geklärt werden:

1. Frage: Trifft es (aus der Sicht des Referates Tierschutz im BML) zu, daß die Richtlinie 86/609/EWG die Beschränkung der „zu Tierversuchen verwendeten Tiere auf ein Minimum [...] und ihre Bewahrung vor unnötigen Schmerzen, Leiden und Ängsten oder dauerhaften Schäden“ nur als unverbindliche Begründung für den Erlaß der Richtlinie nennt?
2. Frage: Ist es demgegenüber das einzige verbindliche Ziel der Richtlinie 86/609/EWG zu vermeiden, daß Wettbewerbsverzerrungen oder Handelshemmnisse sich nachteilig auf die Schaffung des gemeinsamen Marktes auswirken?
3. Frage: Kann aus der Stützung der Richtlinie 86/609/EWG auf den Artikel 100 des EG-Vertrages geschlossen werden, daß tatsächlich eine Angleichung (nicht nur Annäherung) von Rechts- und Verwaltungsvorschriften daraus abgeleitet werden kann, der Artikel 24 der Richtlinie 86/609/EWG also nur dann zum Tragen kommt, wenn damit keine Wettbewerbsverzerrungen oder Handelshemmnisse verbunden sind?
4. Frage: Kann die vom Referat Tierschutz vorgeschlagene Einführung des §10a bei der Novellierung des TierSchG so verstanden werden, daß damit eine praktische Angleichung an die Richtlinie 86/609/EWG (hauptsächlich was die Aufnahme der Tiere in die Statistik anbelangt) erfolgt, sie also keine darüber hinausgehende Reglementierung bedeutet?

Die Antworten von Frau WILLE dürfen nicht als offizielle Aussage des Ministeriums gewertet werden, da keine Zeit verblieben war, sie juristisch abzuklären. Sie geben jedoch die Meinung des Referates Tierschutz im BML wieder.

2.1. Antwort zur 1. Frage

Es ist zwar zutreffend, daß die Begründung einer Richtlinie keine eigene rechtliche Verbindlichkeit besitzt. Jedoch bedeutet dies nicht, daß den sogenannten Erwägungsgründen keinerlei rechtlich relevante Wirkung zukommt. Vielmehr sind diese ein wesentliches Instrument zur Rechtsauslegung. Aus der Begründung muß zu erkennen sein, welche Erwägungen das jeweilige Gemeinschaftsorgan zur Vornahme einer bestimmten Rechtshandlung bewegt haben.

Artikel 190 des EG-Vertrags macht daher die Begründung zur zwingenden Formvorschrift für den Erlaß von Verordnungen, Richtlinien und Entscheidungen. Der Europäische Gerichtshof (EuGH) vertritt die Auffassung, daß diese Begründungspflicht dem Rechtsschutz dient, da sie sowohl den Betroffenen als auch dem Gerichtshof die Prüfung der Rechtmäßigkeit einer Rechtshandlung erleichtert.

Ein praktisches Beispiel für die Bedeutung von Erwägungsgründen liefert das Urteil des EuGH vom 19. Oktober 1995 zur Auslegung einer bestimmten Einzelvorschrift in der sogenannten „Legehennenrichtlinie“ 88/166/EWG.

Das Bundesverwaltungsgericht hatte den EuGH um Vorabentscheidung zu der Frage gebeten, ob die im Anhang zur Richtlinie festgelegten Käfigbodenflächen von den Mitgliedsstaaten verbindlich als Mindestmaße festzulegen sind und dabei keinen Freiraum für strengere mitgliedsstaatliche Anforderungen lassen. Anlaß für diese Vorlage war die Klage eines deutschen Landwirts, der Legehennen in Legebatterien hält und sich durch die im Vergleich zur Richtlinie strengere deutsche Legehennenverordnung im internationalen Wettbewerb benachteiligt sieht.

Unter Berücksichtigung der unterschiedlichen Erwägungsgründe für den Erlaß der Richtlinie, die die Belange des ordnungsgemäßen Funktionierens der Marktorganisation für Eier und Geflügel einerseits und die des Tierschutzes andererseits in Einklang bringen soll, hat sich der EuGH für eine Auslegung der Richtlinie entschieden, die den Mitgliedsstaaten in bezug auf die Käfigbodenfläche für Legehennen in Käfigbatterien den Erlaß strengerer nationaler Vorschriften erlaubt. Zwar räumt der EuGH ein, daß diese Auslegung zu einer Benachteiligung der Legehennenhalter eines Mitgliedsstaates gegenüber denjenigen anderer Mitgliedsstaaten führen könne, doch ergäben sich diese Folgen aus dem von der Richtlinie angestrebten Harmonisierungsgrad, der durch die Festlegung von Mindestanforderungen charakterisiert sei.

2.2. Antwort zur 2. Frage

Aus den oben dargelegten Gründen ist bei der Auslegung von Richtlinien eine Differenzierung in verbindliche und unverbindliche Zielsetzungen ungeeignet.

Da der EG-Vertrag dem Gemeinschaftsgesetzgeber keine Rechtsgrundlage für Maßnahmen zum Schutze von Tieren im Sinne einer eigenständigen Zielsetzung gibt, wurden bisher alle Rechtsakte, die den Tierschutz betreffen, auf Art. 43 oder Art. 100 des EG-Vertrages gestützt. Beide Artikel ermächtigen den Gesetzgeber letztendlich zu Rechtsakten, die bestimmten marktpolitischen Zielen dienen. Während sich Artikel 43 auf Maßnahmen für die gemeinsame Agrarpolitik bezieht, erstreckt sich die Ermächtigung des Artikels 100 auf Rechts- und Verwaltungsvorschriften der Mitgliedsstaaten, die sich unmittelbar auf die Errichtung des gemeinsamen Marktes auswirken.

Diese Rechtssituation erklärt auch, weshalb in der Richtlinie 86/609/EWG zwar in den Erwägungsgründen recht ausführlich auf Tierschutzaspekte eingegangen wird, diese in Art. 1 des Richtlinientextes jedoch nicht genannt werden.

2.3. Antwort zur 3. Frage

Das Begriffspaar „Annäherung" und „Angleichung" steht in keinem Gegensatz zueinander. Im deutschen Text des Artikels 100 EG-Vertrag wird zwar das Wort „Angleichung" verwendet, jedoch wird damit nicht der Grad der Rechtsharmonisierung festgelegt. Vielmehr obliegt die Regelungsintensität, d.h. das Maß der Angleichung, dem Willen der Mitgliedsstaaten bei Erlaß der jeweiligen Richtlinientexte. Bedeutsam ist letztendlich nur, daß die auf Artikel 100 EG-Vertrag gestützten sogenannten „Harmonisierungsrichtlinien" verhindern, daß sich völlig unterschiedliche nationale Rechtsvorschriften der Mitgliedsstaaten unmittelbar negativ auf die Errichtung und das Funktionieren des gemeinsamen Marktes auswirken.

Auch der EuGH hat Art. 100 nicht im Sinne einer Pflicht zur vollständigen Harmonisierung interpretiert. Die auf Artikel 100 EG-Vertrag gestützten Richtlinien können vielmehr von der bloßen gegenseitigen Anerkennung von Kontrollen über die Festlegung von Mindestanforderungen bis hin zu einer vollständigen Harmonisierung reichen, die einer förmlichen Rechtsvereinheitlichung faktisch sehr nahe kommt.

Bei der Diskussion um den mit der Richtlinie 86/609/EWG angestrebten Harmonisierungsgrad kommt daher dem genauen Titel der Richtlinie große Bedeutung zu; dort wird als Ziel des Rechtsetzungsaktes die Annäherung der Rechts- und Verwaltungsvorschriften der Mitgliedsstaaten genannt. Nach gängigem Sprachverständnis ist dies ein deutlicher Hinweis auf die von den Mitgliedsstaaten angestrebte, beschränkte Harmonisierung.

Vor dem gleichen Hintergrund ist Art. 24 der Richtlinie zu sehen, der den Mitgliedsstaaten ausdrücklich zugesteht, strengere Maßnahmen zum Schutz der für Versuchszwecke verwendeten Tiere oder zur Kontrolle und Beschränkung der Verwendung von Versuchstieren zu ergreifen. Diese Abweichungsklausel entspricht dem Wunsch der Mitgliedsstaaten, den Grad der mit der Richtlinie bezweckten Harmonisierung abzumildern. Die nationalen

Vorschriften sollen nur insoweit angeglichen werden, wie dies für das Funktionieren des gemeinsamen Marktes erforderlich ist. Dabei ist die jeweilige Rechtsordnung und -systematik sowie die bruchlose Fortentwicklung des Rechts der Mitgliedsstaaten ein Maßstab, den die Gemeinschaft bei der Bestimmung ihrer Angleichungsmaßnahmen zu berücksichtigen hat.

Der Artikel 24 ist daher nicht restriktiv im Hinblick auf die Ziele des Artikels 100 EG-Vertrag auszulegen. Dies zeigt sich auch darin, daß die Kommission im Notifizierungsverfahren für die Umsetzung dieser Richtlinie, die mit der Novellierung des Tierschutzgesetzes von 1986 erfolgt ist, keine rechtlichen Bedenken geäußert hat.

2.4. Antwort zur 4. Frage

Ja, die Regelung des von uns vorgeschlagenen neuen §10a soll in erster Linie die Übereinstimmung mit der in den anderen Mitgliedsstaaten praktizierten Auslegung der Richtlinie verbessern.

3. Diskussion

Frau MICAELA WILLE vom BML ist für diese Antworten zu danken. Gerade bei der nun angelaufenen Diskussion zur Novellierung des Tierschutzgesetzes in Deutschland sind diese Hinweise sehr wertvoll. Wegen der in Deutschland sehr stark betonten verfassungsmäßig garantierten Freiheit von Forschung und Lehre muß als nächstes abgeklärt werden, inwieweit diese Grundrechte vom EU-Recht beeinflußt werden können. Konkret wird es in den nächsten Monaten darum gehen, ob EU-Richtlinien in Deutschland deshalb nicht umgesetzt werden können, weil sie gegen das Grundrecht der Freiheit von Forschung und Lehre verstoßen könnten. Da nach dem EU-Grundlagenvertrag in jedem Fall EU-Recht Landesrecht bricht, muß die ganze Debatte um die Forschungs- und Lehrfreiheit unter diesem Gesichtspunkt neu aufgearbeitet werden. Die sinnvollste Lösung wäre es sicher, diverse „Freiheiten“ unter einen Gesetzesvorbehalt zu stellen. Damit könnte die Rechtsannäherung zwischen den EU-Staaten einen großen Schritt vorwärts kommen.

EU-Recht: Der Freiraum des österreichischen Gesetzgebers bei der Regelung von Tierversuchen

F. Harrer

Zusammenfassung

Richtlinien normieren typischerweise nur Mindeststandards. Die EU-Tierversuchsrichtlinie enthält (Artikel 24) eine diesbezügliche Klarstellung. Strengere nationale Standards zum Schutz der Tiere sind also grundsätzlich zulässig.

Die Tierversuchsrichtlinie ist - etwa im Gegensatz zur Legehennenrichtlinie - eine praktikable Initiative im Interesse des Tierschutzes. Die nationalen Gesetzgeber sollten sich bemühen, die in dieser Richtlinie enthaltenen Wertungen in den einzelnen Mitgliedsstaaten zu verwirklichen. Darin liegt die aktuelle und vornehmliche Aufgabe. Europäisches Recht steht einer weiteren „Verschärfung“ nicht entgegen. Zu beachten sind freilich die verfassungsrechtlichen Grenzen.

Summary

Scope for legislative discretion in Austria's implementation of the European Directive on animal experiments

Usually EU-directives only lay down minimum standards. Stricter national standards for the protection of animals are permissible. The directive on animal experiments is a useful measure for the protection of animals. The national legislatures should strive to implement the values, contained in this directive, in each memberstate. Stricter regulations are permissible according to Comunity Law. However, constitutional law limitations will have to be taken into account.

1. Einleitung

Die Erörterung des *legistischen Freiraums* bei der Regelung von Tierversuchen erfordert, daß man die grundsätzliche Bedeutung des Tierschutzes in der EU beleuchtet. Im Anschluß daran sollen konkrete tierschutzrechtliche Aktivitäten der EU dargestellt werden: die Richtlinie zum Schutz von Legehennen bei Käfighaltung als negatives Beispiel, die Tierversuchsrichtlinie im Sinne einer insgesamt günstig zu beurteilenden Initiative. Auf der Grundlage dieser Überlegungen soll schließlich der Freiraum des nationalen Gesetzgebers erörtert werden.

2. Der Schutz der Tiere in der EU

Die Leistungen der EU auf dem Gebiet des Tier- und Naturschutzes sind immer wieder, namentlich in neuerer Zeit, kritisiert worden. Prominente Stichworte sind etwa das Elend der Tiere beim Transport, die Verhältnisse in der Intensivhaltung oder auch die Förderung ökologisch zweifelhafter Projekte durch EU-Mittel. Man muß in diesem Zusammenhang freilich berücksichtigen, daß der Tierschutz kein eigenständiges Anliegen oder Ziel der Europäischen Gemeinschaft war und auch heute noch nicht ist. Die Europäische Gemeinschaft ist gegründet worden, weil man sich von der Schaffung eines größeren Wirtschaftsraumes vielfältige Vorteile erwartet hatte. Die „Einigung der Volkswirtschaften" sollte die Grundlage für einen „ausgewogenen Handelsverkehr" und einen „redlichen Wettbewerb" bilden (vgl. die Präambel des EWGV von 1957). Bei der Konzeption der Europäischen Gemeinschaft standen also allein *ökonomische Ziele* im Vordergrund. Dies ist ein Umstand, der sich allein durch die historische Distanz nicht hinreichend erklären läßt. In unserem Jahrhundert hatten sich längst bedeutende Köpfe für den Schutz der Tiere, für ein neues, besseres Verhältnis zu den Mitgeschöpfen engagiert. Nur LEO TOLSTOI, ROSA LUXEMBURG, ALBERT SCHWEITZER sollen hier stellvertretend für viele genannt werden (s. HARRER F., 1994). Diese geistigen Strömungen hatten die Väter des Vertrages allerdings wenig beeindruckt, in Wahrheit wohl gar nicht erreicht.

Diese Tatsache soll hier nicht weiter kritisiert, sondern vielmehr nur diagnostiziert werden. Der Schutz der Tiere kommt in der Verfassung der Europäischen Gemeinschaft nicht vor. Auch eine rechtliche Fundierung des Umweltschutzes ist erst durch die Einheitliche Europäische Akte 1987 erfolgt (vgl. Art. 130r bis 130t EWGV). Im Hinblick auf diese kompetenzrechtliche Ausgangslage überrascht es nicht, daß die Europäische Gemeinschaft eine durchdachte Konzeption zum Schutz der Tiere nicht entwickelt hat. Die verschiedenen Aktivitäten, die die Gemeinschaft gesetzt hat, ergeben kein geschlossenes Bild. Auffällig ist insbesondere auch die qualitative Diskrepanz einzelner Rechtsetzungsakte.

Ein besonders unglückliches Beispiel liefert die Richtlinie zum „Schutz" von Legehennen in der Batteriehaltung. Diese Richtlinie bzw. eine Fehlinterpretation dieser Richtlinie durch den deutschen Bundesgerichtshof hat eine „Legitimation" tierquälerischer Praktiken bewirkt.

3. „Schutz" von Legehennen in Batteriehaltung durch Europäisches Recht

Die Indiskutabilität der Batteriehaltung von Hühnern bedarf hier keiner näheren Darlegung. BERNHARD GRZIMEK hat in diesem Zusammenhang von „Tierquälerei", KONRAD LORENZ von „Kulturschande" gesprochen (vgl. HARRER F. und EILMANSBERGER TH., 1996). Die Europäische Gemeinschaft hat derartige Einwände nicht ernst genommen (auch die Verfütterung von Knochenmehl an Kälber ist bekanntlich nicht wegen des Tierschutzes zu einem Thema - auch - in der Europäischen Gemeinschaft geworden). Allerdings hat die Europäische Gemeinschaft Normen zum „Schutz" der Legehennen erlassen (Richtlinie 86/113/EWG des Rates vom 7. März 1988, ABl Nr. L 74/83). Die wichtigste dieser „Schutznormen" lautet dahin, daß für jede Legehenne eine „Käfigbodenfläche von mindestens 450cm^2 vorzusehen ist". Eine DIN-A4-Seite hat bekanntlich eine Fläche von 630cm^2. Die Sinnhaftigkeit dieses „Schutzes" muß nicht erörtert werden.

Leider ist diese „Schutzvorschrift" nicht nur wirkungslos geblieben. Der Bundesgerichtshof hat aufgrund dieser Richtlinie die Auffassung vertreten, daß eine Intensivhaltung, die den in der Richtlinie enthaltenen Anforderungen entspricht, nicht rechtswidrig und insbesondere - in einem rechtlichen Sinn - nicht tierquälerisch sein könne (Urteil vom 6. Juli 1995, Neue Juristische Wochenschrift, 1996). Das Gericht hat verkannt, daß die Richtlinie nur Mindestanforderungen enthält. Das Urteil des BGH steht in Widerspruch zur Judikatur des Europäischen Gerichtshofes (vgl. insbesondere das Urteil des EuGH vom 19. Oktober 1995, Neue Juristische Wochenschrift, 1996). Auch im Schrifttum ist der Standpunkt des Bundesgerichtshofes weithin auf Ablehnung gestoßen (SCHINDLER W., 1996; HARRER F. und EILMANSBERGER TH., 1996). Es bleibt zu hoffen, daß diese Diskussion immerhin die (typische) Bedeutung einer Richtlinie im Sinne einer Vorgabe von Mindeststandards verdeutlicht hat. Die „Legehennenrichtlinie" illustriert die Konsequenzen, die ein unreflektierter Rechtsetzungsaktivismus auf dem Gebiet des Tierschutzes auslösen kann. Hätte der europäische Gesetzgeber geschwiegen, dann hätte er dem Tierschutz einen Dienst erwiesen. Die Legitimation der Batteriehaltung von Hühnern in Deutschland beruht heute auf (wenngleich mißverstandenem) europäischem Recht.

Die Tierversuchsrichtlinie unterscheidet sich grundlegend von der Richtlinie zum „Schutz" der Legehennen in Batteriehaltung. Mit der Tierversuchsrichtlinie hat man sich ernsthaft darum bemüht, die „Regel der 3R" in die Realität umzusetzen. Diese Richtlinie ist eine bemerkenswerte europäische Initiative.

4. Tierversuchsrichtlinie

4.1. Grundlagen

Die Richtlinie (86/609/EWG vom 24. November 1996) normiert, welche Versuche (zwingend) zu untersagen sind (Art. 4); sie enthält jedoch keine Regelungen der erlaubten oder zu erlaubenden Versuche. Im Vordergrund stehen Modalitäten der Versuche. Hinweise auf Höchststandards fehlen. Art. 24 stellt außerdem klar, daß diese Richtlinie „die Mitgliedsstaaten nicht hindert, strengere Maßnahmen der für Versuchszwecke verwendeten Tiere oder zur Kontrolle und Beschränkung der Verwendung von Versuchstieren zu ergreifen".

Nach der Präambel soll die Richtlinie vornehmlich Tierquälerei vermeiden, außerdem wird auf den gemeinsamen Markt Bezug genommen. Die Richtlinie verfolgt demnach ein weiteres Ziel, nämlich die Hintanhaltung von „Tierschutz-Dumping".

Die Richtlinie hindert den nationalen Gesetzgeber nicht, strengere Regelungen zu schaffen, also über den in der Richtlinie vorgegebenen Standard hinauszugehen (tendenziell anders STEIKE J. et al., 1996, allerdings ohne tragfähige Begründung). Nach der hier vertretenen Auffassung sollten sich indes die Bemühungen de lege ferenda vornehmlich *im Rahmen der Richtlinie* bewegen. Die Richtlinie enthält wichtige Anknüpfungspunkte für die Schaffung eines modernen, den „3R" verpflichteten Tierversuchsrechts. Zunächst sollten die Kräfte auf die Umsetzung dieser Vorgaben konzentriert werden. Erst in weiterer Folge erhebt sich die Frage ob bzw. in welchen Bereichen über den Standard der Richtlinie hinausgegangen werden sollte.

Die Orientierung an der Richtlinie erscheint auch aus einem anderen Grund geboten. Das Tierversuchsrecht berührt das sensible Feld der Forschungsfreiheit. Gegen die Zulässigkeit legistischer Beschränkungen der Tierversuche hat man immer wieder die Freiheit der Forschung ins Treffen geführt. Diese Argumentation geht jedoch ins Leere, wenn und soweit der Gesetzgeber eine Richtlinie in nationales Recht umsetzt. Ein Eingriff in ein Grundrecht ist in dieser Konstellation ausgeschlossen (HARRER F., 1995).

4.2. Schwerpunkte einer Reform

4.2.1. Allgemeines

Das österreichische Tierversuchsrecht ist reformbedürftig. Die Vorgaben der Tierversuchsrichtlinie sind zum Teil strenger als jene des Tierversuchsgesetzes. Die Notwendigkeit einer Überarbeitung steht insoweit nicht in einem rechtspolitischen Ermessen, sie ergibt sich vielmehr aus europarechtlichen Erfordernissen.

Darüber hinaus ist zu betonen, daß die Richtlinie dem nationalen Gesetzgeber einen nicht unerheblichen Gestaltungsfreiraum beläßt. Europäisches Recht dient leider nicht selten als Vorwand oder Begründungshilfe, wenn das Unterlassen ökologisch sinnvoller Maßnahmen „gerechtfertigt" werden soll. Jedenfalls auf dem Gebiet der Tierversuche ist diese Argumentation, oder besser Politik, verfehlt. Strengere Standards zum Schutz der Tiere sind, um es nochmals hervorzuheben, europarechtlich zulässig. Reformbemühungen wären durch europarechtliche Schranken nicht eingeengt.

4.2.2. Grenzen der Belastbarkeit

Artikel 12 Abs. 2 der Richtlinie hat folgenden Wortlaut: „Soll ein Tier einem Versuch unterzogen werden, bei dem mit erheblichen und möglicherweise länger anhaltenden Schmerzen zu rechnen ist, so muß dieser Versuch der Behörde besonders angezeigt oder begründet oder von der Behörde ausdrücklich genehmigt werden. Die Behörde hat geeignete gerichtliche oder administrative Schritte zu veranlassen, wenn sie nicht davon überzeugt ist, daß der Versuch für grundlegende Bedürfnisse von Mensch und Tier von hinreichender Bedeutung ist." Eine vergleichbare Regelung enthält das Tierversuchsgesetz 1988 nicht. Im § 4 Abs. 3 dieses Gesetzes wird nur betont, daß alle an der Durchführung von Tierversuchen beteiligten Personen eine „ethische und wissenschaftliche Verantwortung" tragen. Es sei die „Pflicht jedes Wissenschaftlers", die Notwendigkeit jedes Tierversuches „selbst zu prüfen und gegen die Belastung der Versuchstiere abzuwägen".

Die Prüfung der Belastungsgrenze obliegt nach der Richtlinie mithin einer *Behörde.* Allerdings läßt sich die Konkretisierung der Belastungsgrenze, also die Frage, ob ein bestimmter Versuch „für grundlegende Bedürfnisse für Mensch und Tier von hinreichender Bedeutung ist", nicht ohneweiteres auf eine medizinische oder naturwissenschaftliche Dimension reduzieren. Kaum weniger bedeutsam erscheint die ethische Komponente. Deshalb hat man beispielsweise in Deutschland und in der Schweiz Kommissionen geschaffen, die jene Behörden, die über Tierversuchsanträge zu entscheiden haben, beraten sollen. Derartige „Ethik-Kommissionen" sollten auch im österreichischen Tierversuchsrecht etabliert werden. Man würde damit einerseits den Wertungen der Richtlinie Rechnung tragen; außerdem würden diese Maßnahmen zu *verbesserter Transparenz* beitragen. Aufgrund der derzeitigen Gesetzeslage wird das gesamte Tierversuchsgesetz „unter dem Ausschluß der Öffentlichkeit" vollzogen. Diese Besonderheit ist nach der hier vertretenen Auffassung ein Mangel. Über die Belastungsgrenzen bei Tierversuchen sollte eine öffentliche Diskussion geführt werden (können).

4.2.3. Vermeidung unnötiger Doppelausführungen

Ein Tierversuch ist jedenfalls dann unnütz, wenn die (angeblich) erforderlichen Erkenntnisse bereits im Rahmen eines früheren Tierversuchs gewonnen wurden. Dieser Grundsatz ist sowohl im Tierversuchsgesetz 1988 als auch in der Tierversuchsrichtlinie verankert. Nach § 3 Abs. 3 lit. d Tierversuchsgesetz 1988 ist ein Tierversuch „keinesfalls zulässig, wenn tatsächlich und rechtlich zugängliche Ergebnisse eines im In- oder Ausland durchgeführten Tierversuchs vorliegen, deren Richtigkeit und Aussagekraft keine berechtigten Zweifel bestehen und sie in Österreich aufgrund der maßgeblichen Rechtsvorschriften behördlich anerkannt werden". Eine ähnliche Formulierung enthält Art. 22 Abs. 1 der Richtlinie: „Um unnötige Doppelausführungen von Versuchen zur Einhaltung einzelstaatlicher oder gemeinschaftlicher Gesundheits- und Sicherheitsvorschriften zu vermeiden, erkennen die Mitgliedsstaaten die Gültigkeit der Ergebnisse von Versuchen, die auf dem Gebiet eines anderen Mitgliedsstaats durchgeführt wurden, soweit wie möglich an, es sei denn, daß zusätzliche Versuche zum Schutz der Volksgesundheit und öffentlichen Sicherheit notwendig sind."

Die Realität in Österreich trägt dem dargelegten Postulat, Doppelausführungen nach Möglichkeit zu vermeiden, nicht hinreichend Rechnung. Dieser Mangel beruht auch auf kompetenzrechtlichen bzw. verfahrensrechtlichen Gegebenheiten. Das Tierversuchsgesetz wird teilweise von den Ländern vollzogen. Die Prüfungs- und Begutachtungspraxis ist dementsprechend heterogen. Es wäre eine unrealistische Vorstellung, wenn man annehmen wollte, daß alle Tierärzte ,die in diesem Zusammenhang befaßt werden, in jedem einzelnen Fall grenzüberschreitend klären, ob bereits entsprechend ausländische Erfahrungen vorliegen.

Um Doppelausführungen tatsächlich (nach Möglichkeit) zu vermeiden, müßte eine Zentralstelle geschaffen werden, die *in jedem Einzelfall* die erforderlichen Recherchen durchführt. So lange die Ergebnisse dieser Erhebungen nicht vorliegen, sollte kein Tierversuch durchgeführt werden dürfen.

Eine weitere Anregung, die dem Verfasser im Rahmen des Kongresses 1995 zugegangen ist, sollte in diesem Zusammenhang aufgegriffen werden. Das bisherige Tierversuchsdatenwesen ist ergebnisbezogen. Es stehen also nur Informationen über die Ergebnisse von Tierversuchen zur Verfügung. Richtigerweise sollte aber auch das Versuchsstadium eingebunden werden. Möglicherweise kann auch auf diesem Weg dem Anliegen, unnötige Doppelausführungen zu vermeiden, gedient werden.

Literatur

HARRER F., Tierschutz und Recht, in: HARRER F. und GRAF G. (Hrsg.), Tierschutz und Recht, Wien: Verlag Orac, 9-19, 1994

HARRER F., Anpassungserfordernisse im Recht der Tierversuche, Österreichische Juristenzeitung, 854-858, 1995

HARRER F. und EILMANSBERGER TH., Käfighaltung von Hühnern und Europarecht, Zeitschrift für Rechtspolitik, 245-248, 1996

SCHINDLER W., Die Henne, das Ei und die europäische Kulturordnung, Neue Juristische Wochenschrift, 1802-1803, 1996

STEIKE J., KAEGLER M., SCHEUBER H.-P., Umsetzung der EU-Tierschutzrichtlinie durch Tierschutznovelle '95?, Der Tierschutzbeauftragte, 22-24, 1996

The Swedish Animal Protection Law - stricter than EU legislation ?

U. Hansson

Summary

In many ways, Swedish legislation is stricter than EU legislation. One thing, though, is the law, and another thing is the observance and surveillance of the law. It seems that Sweden is fairly strict in this aspect, whereas there are many examples of EU member states disregarding EU legislation. Hormones and antibiotics are given routinely to animals, animals are kept in miserable conditions, transported long distances, slaughtered with unnecessary suffering, despite EU regulations. As for animals used for scientific purposes, there are many examples of the member states not observing the EU regulations.

Sweden may not be able to keep some of its stricter animal protection regulations, since these will be considered an obstruction to the free market. Examples for this are the export of baby calves, the labeling of products produced in an unethical way or the ban of cosmetics tested on animals.

Zusammenfassung

In mancher Hinsicht ist die Schwedische Gesetzgebung strenger als die der EU. Gesetzte sind nun aber eine Sache, eine andere ist die Einhaltung und Überwachung dieser Gesetze. Schweden scheint in dieser Hinsicht ziemlich streng zu sein, während es in den EU-Mitgliedsstaaten viele Beispiele für die Mißachtung der EU-Vorgaben gibt. Hormone und Antibiotika werden routinemäßig an Tiere verfüttert, Tiere unter unwürdigen Bedingungen gehalten, über lange Strecken transportiert und unter unnötigen Leiden geschlachtet. Auch in der Versuchstierhaltung gibt es viele Beispiele für die Mißachtung der EU-Vorgaben.

Schweden wird einige der strengeren Tierschutzbestimmungen nicht aufrechterhalten können, da diese als Einschränkung für den freien Wettbewerb angesehen werden, u.a. der Export von Babykälbern, die Kennzeichnung von Produkten, die auf unethischem Weg hergestellt wurden, oder das Verbot von im Tierversuch getesteten Kosmetika.

1. Swedish animal welfare

Animals are kept and used for different reasons. Some are kept as pets whereas the majority is kept, hunted, killed or used for food, fur, fun or experiments and testing. The Swedish animal welfare legislation regulates various aspects of the treatment of animals kept in captivity.

The recent Swedish Animal Protection Act was passed in 1988 and was then considered very radical. Since then Sweden has become a member of the European Union. Does Swedish animal protection legislation differ very much from supranational legislation? What impact has the membership had so far on animal welfare in Sweden, and what will happen in the future?

To highlight these questions I have compared Swedish and international legislation in three areas, namely the treatment of calves, pigs and animals used for scientific purposes.

First of all, it is important to stress that Swedish legislation (as other EU member states) is supposed to follow supranational legislation.

2. Legislation with impact on Swedish animal welfare

- EU regulations, in this case primarily the directives, are obligatory in all EU member states. The directives specify minimum requirements, the member states being permitted to have stricter rules as long as they are not considered an obstacle to competition or movement within the Common Market.
- The Council of Europe regulations are sometimes forgotten in this context, but both the EU as an organisation and the majority of its member states have ratified the conventions of the Council of Europe. This means that the conventions are obligatory. This is also valid for the Recommendations of the Permanent Animal Protection Committee of the Council.
- Swedish legislation. It consists of the Animal Protection Act and subsequent ordinances and statutes, including the ordinance concerning the previewing of all planned experiments by ethical committees (Table 1).

3. Member state legislation subordinated EU legislation

Swedish legislation, as it is the case with the legislation of other EU member states, is subordinated to EU legislation. EU legislation is to be incorporated into the legislation of each member state. If EU (or Sweden itself) considers any Swedish law as opposed to EU law, Swedish law has to give in.

The member states within the EU display a great variety in obediance and observance of EU regulations, roughly speaking with the most obedient in the north (e.g. Denmark and Sweden) and the less obedient in the South (e.g. Portugal)

Within the member states there is also a difference in the way animals are looked at and treated. (As a matter of fact, there may also be a great difference between the public view on animals and the way animals are in fact treated, or allowed to be treated.) For example, Swedes and Danes regard themselves as very kind to animals.

4. Swedish animal protection legislation as compared with the conventions of the Council of Europe and EU directives

Even if the regulations are expressed differently, it is fairly easy to compare them as they are written. Whether or not the regulations are observed is discussed below.

4.1. Calves

The treatment and transport of baby calves is one example of differences between Swedish and EU animal protection law.

The Swedish law states as basic provisions that animals shall be treated well, be protected from unnecessary suffering and disease, and that stables and other premises shall allow the animals to behave naturally. Apart from this, the ordinance for calves states specifically that the newborn calf should be given colostrum as soon as possible after birth, tethering of baby calves (up to one month old) is not permitted, and the calf shall have food suitable to its age which means among other things that they must be given food with sufficient iron and dry fibre content.

Therefore the production of veal calves for white meat is not permitted in Sweden. Swedish law also forbids the exportation of calves younger than two months old.

As to bedding, Swedish law requires bedding for calves up to one month old, whereas the EU requires it only up to two weeks old. The minimum pen size requirements in Sweden are more ge nerous than in the EU.

In contrast to Swedish law, the EU directive specifically states that the requirement of adequate iron and fibre content in the calves' food does not apply to veal calves (Table 2).

Transport of baby calves is permitted by the EU. As a consequence, baby calves are transported long distances within the EU, for example from Ireland to the Netherlands (where there is a surplus of dry milk), France (where there is a great demand for white meat) and even further on.

4.2. Pigs

As for other animals, the Swedish Animal Protection Act and subsequent ordinances state as basic provisions that animals shall be treated well, be protected from unnecessary suffering and disease, and that stables and other premises shall allow the animals to behave naturally.

From this follows, among other things, that the pigs should be given adequate bedding, especially farrowing pigs, daylight and opportunity of being outdoors, weather allowing. (This perhaps has to be mentioned explicitly in a country with Sweden's climat. In another country the animal welfare act may postulate that the animals have to be given adequate shelter from the sun.)

Swedish law does not permit tethering, which is permitted by the EU. Nor does the Swedish law permit that farrowing sows are kept in crushes, that means, fixated. As for dry sows, it is permitted by the EU that they are kept in metal crates, even arranged in rows one on top of another. This must not be done in Sweden.

Tail clipping is permitted, and seems to be common practice, within the EU member states whereas it is seldom used in Sweden. As for castration it is common practice in Sweden, due to the opinion that the meat from uncastrated pigs tastes bad (Table 3).

4.3. Animals used for scientific purposes

In this area, there is a closer correspondence between the legislation concerning the protection of animals used for scientific purposes in Sweden and the Council of Europe than farm animals.

This does not mean that the (legal) protection is stricter, but only that there is less difference in national and supranational legislation. This may be due to the fact that the use of animals for scientific purposes has been the concern of various groups of people, whereas the situation of farm animals has attracted public concern only recently. Whatever the reason, the legislation concerning the protection of animals used for scientific purposes was the first convention adopted within the Council of Europe. Sweden has a long tradition of trying to protect the animals used for experiments, has its own legislation as well as having ratified the Council of Europe Convention, (ETS 123). The EU Directive is almost a copy of the Convention.

In Swedish legislation, as well as in supranational legislation, animals must be bred for the purpose of being used for experiments. Swedish legislation, as well as supranational legis-lation, states that alternatives should be used whenever available.

Animal experiments should not be carried out in education, unless preparing students for expected practices in their professions.

As a rule, the Swedish regulations are more generous towards the animals in the minimum requirements of cage size than the Council of Europe and the EU legislation.

Swedish legislation states that animals should be spared unnecessary suffering, not defining who is to judge whether the suffering is necessary or not. According to EU legislation, experimentation that will cause the animals severe and/prolonged pain shall be registered or permitted by special authority.

There is one big difference between Swedish law and supranational law: the previewing of all planned experiments by ethical committees. These committees (seven in all) in fact preview every planned experiment. There is no equivalent to this previewing in EU legislation. The only thing required in the EU is that the responsible authority shall give each insti-tute a general permission to use animals in research (Table 4).

5. Difference between legislation and observance

There is a marked difference between legislation and practice in most EU member states. I will give only a few examples.

The use of hormones as general food additive is forbidden in the EU. This ban is observed in Sweden, but openly neglected in many EU member states. The same is valid as regards bedding for calves.

According to EU legislation, institutions must not carry out animal experiments unless given permission by responsible authority. This is not done in many cases. Minimum require-ments for cages sizes for animals intended and used for experiments also exist in EU regu-lations. There are many examples of these regulations being violated.

EU, as Sweden, stipulates that animals used for experiments must be bred for this purpose. This is observed in Sweden, whereas it is common in other EU member states to use animals picked up from the street.

According to EU regulations wild caught primates must not be used for research, but so far it has been impossible to make responsible authorities from each member state to issue a policy declaration stating this.

6. Stricter Swedish animal protection legislation may be changed

When Swedish animal protections rules are regarderd as an obstacle to the European common market, Swedish regulations will have to give in. One example of this is the present ban on the use of cadavers in animal food. Other examples are genetically manipulated animals, hens in battey cages, the export of baby calves, the import of animal tested cosmetics and the labeling of unethically produced food (Table 5).

7. Ways of improving animal welfare in EU

The basic idea of the European Union is to have a single market for the economic resources of the member states. Thus the EU is primarily concerned with the economic side of trade, not with the treatment of those animals who are part of the trade.

It is a fact that Declaration No 24 in the Treaty of Maastricht says that EU should consider the welfare of animals. This declaration, however, belongs to the secondary legal rules. Thus, it is subordinated to the primary rules and and of no practical consequences.

The only way to bring about a different treatment of animals within the EU would probably be to include animal welfare in the primary rules.

Enclosure

Table 1. Legislation influencing animal welfare in Sweden

EU	Treaty of Rome	Member state legislation must not be an osbstacle to competition and movement within the Common Market.
	Treaty of Maastricht	Policy declarations, but no requirements
	Directives (86/113, 87/153, 88/166, 91/629, 91/630, 93/119)	Policy declarations and obligatory minimum requirements. Member states may have stricter rules, but must not be an obstacle to free market.
Council of Europe	Conventions (65, 87, 102, 123, 125, 145)	Declarations and minimum requirements, obligatory when a convention is ratified. Ratified by EU and most member states.
	Recommendations (21st Nov. 1986, 21st Oct. 1988, Appendix 21st Oct. 1988	Recommendations and minimum requirements, obligatory when when a convention is ratified. Ratified by EU and most member states.
Sweden	Swedish Animal Protection Act and subsequent ordinances and statutes; ordinance concerning previewing of animal experiments	Recommendations and minimum requirements. Each farmer or previewing committee is free to take measures to better treatment.

Table 2. Some aspects of Swedish animal welfare legislation concerning calves as compared with supranational legislation (July 1996)

CALVES	S legislation	S practice	Council of Europe	EU legislation	EU practice	Changes in S legisl. due to EU membership?
	Animals shall be protected from unnescessary suffering and disease. Premises shall allow natural behavior		Animals shall be able to stand up, lie down, groom themselves, and see other calves	Animals shall be able to stand up, lie down, groom themselves and see other calves		
Area, m^2 per calf	1,30 -2,00 (calf 100-150 kg)			1,50 (calf 150 kg)	?	
Boxes/crates. Length, width	1,20-1,50 x 0,80		Width should not be less, and preferably more than calf's; length should be larger, plus 40cm, than calf	Perforated walls. Width 90cm ± 10%, or 0,80x calf's height (from 2004/08) (not valid if less than 6 calves)	?	
Baby calves (0-2 months)						
Floor				Slatted floor permitted		
Bedding	Obligatory up to 1 month old		Obligatory up to 2 weeks old	Obligatory up to 2 weeks old	?	
Tethering	Forbidden before 1 month		Permitted (should not be tethered)	Permitted, if kept tethered, tethers must be inspected regularly	?	
Crates (=individual boxes)			Calves in crates shall not be tethered; be able to see other animals	Permitted	?	
Food	Shall have adequate structure and nourishment (= veal calves for white meat not possible)		Shall have adequate iron and fibre content. Liquid food twice daily up to 4 weeks	Shall have adequate iron and fibre content. Does not apply to the production of veal calves for white meat	?	
Rawmilk (Colostrum)	Should be given as soon as possible					
Light/darkness	Daylight obligatory			Must not be kept permanently in darkness. Natural or artificial lighting	?	
Muzzle	Forbidden			Forbidden	?	
Export to other countries	Forbidden			Permitted	?	Permitted from 1997?
Calves (2-6 months)						
Bedding			Should have bedding		?	
Food	Shall have adequate structure and nourishment		Shall have adequate iron and fibre content	Shall have adequate iron and fibre content	?	

Sources: Sweden: The Animal Protection Act, 534, 1988, and subsequent ordinances; Council of Europe, Convention No 87 and Recommendations Concerning Cattle, 1988 plus, Appendix C, Special provisions for calves, 1993; European Union, Directive 91/629/EEC; S = Swedish

Table 3. Some aspects of Swedish animal welfare legislation concerning pigs as compared with supranational legislation (July 1996)

PIGS	S legislation	S practice	Council of Europe	EU legislation	EU practice	Future S leg.
All pigs						
Stables and pens	Shall allow animals to behave naturally. Should have sleeping, feeding and dung area		Should allow to perform spec. behavior. Should have separate resting and dung areas	Shall allow pigs to stand, lie, keep clean, and see other animals	?	
Pens: area per pig, m^2	0,20–1,02/(<10 →110kg)		Should not be less than 0,40/pig >50kg, or 0,65/pig >110kg	0,15-1,00/(<10 → 110kg), from 1998	?	
Light/darkness	Windows obligatory		No permanent darkness	No permanent darkness	?	
Litter	Obligatory		If practical	If possible	?	
Floor	Resting area must not be slatted					
Tethering/fixation	Forbidden (see sow, below)		Permitted	Permitted. Forbidden from 2006	?	
Piglets						
Castrated without anaesthesia	Before 6 weeks	Maj. castr.	Before 8 weeks; should be avoided	Before 4 weeks	?	
Tailing	Forbidden, if not med.indic.		Performed by competent person	When medically indicated.	?	
Tooth clipping/slipning	Before 1 week		Performed by competent person	When medically indicated; before 7 days	?	
Weaning, taken from mother	Not before 4 weeks			Not before 3 weeks	?	
Outdoor pasturing	In summer, if possible. Shall have protection from sun	Unusual			?	
Pigs to be killed (fattening pigs)						
No of pigs/stable section	Maximum 300				?	

Table 3. Continued from previous page

Sows and gilts						
Tethering	Forbidden		Permitted (pig's need of movement stressed)	Permitted, forbidden from 1996/2006 in new/all buildings (invalid for < 6-5 pigs)	?	
Fixation	Forbidden (farrowing sow may be put in crush, up to 1 week, in sp. cases)		Permitted; pigs should be able to move freely, temporarily	Permitted, forbidden from 1996/2006 in new/all buildings (invalid for < 6-5 pigs)	?	
Crushes, size	2,00-0,80m (140-300kg)				?	
Space behind farrowing sow,	0,3 m				?	
Farrowing pigs (additonal)	2,5m²/pig		Slatted floor should not be used in cover area	Comfortable resting area mandatory; Must have adequate space to facilitate delivery when necessary	?	
Bedding	Obligatory, sawdust/shavings insufficient		Slatted floor should not be used in resting or farrowing area		?	
Dry sows (additional reg.)			Should be allowed social contacts			
Boars						
Pens	At least 7m²		Slatted floor should not be used in covering area	Should have comfortable resting area. At least 6m², or bigger if used for covering		

Sweden: The Animal Protection Act, 534, 1988, and subsequent ordinances; Council of Europe: Convention No 87, plus Recommendations Concerning Pigs, 1986; European Union: Directive 91/630/EEC, S = Swedish

Table. 4. Some aspects of Swedish legislation concerning animals used for experiments as compared with supranational legislation (July 1996)

ANIMALS USED FOR EXPERIMENTS	S legislation	S practice	Council of Europe (each country can have stricter rules for protection)	EU legislation	EU practice	Changes in S. legisl. due to EU membership
Animals bred for purpose	Obligatory	Observed	Obligatory; exceptions possible	Obligatory	?	
including primates	Obligatory from 1996	Observed	Permitted	?	?	Cannot require that imported primates are not wild caught, when importing from another EU member state
Use of wild animals	Forbidden	Exceptions possible	Permitted		?	
Primates	Import of wild caught primates forbidden 1992			Forbidden	?	
Housing			Animals should be given space, treatment etc., at least to some extent according to needs			
Cages	Minimum sizes given Dogs, cats not to be caged Primates cages permitted, but should be kept in groups	Minimal size interpreted as recommended size; observed Dogs, cats mostly not caged Primates caged and loose housed.	Recommended minimum sizes	Minimum sizes, (generally smaller than S)	?	
Control/inspection of animals used for experiments	Municipal inspectors	50% of municipalities have inspector		Should be done	?	
Previewing of animal experiments	Obligatory	7 committees, experimentators in majority, some animal welfare repr. obligatory		Not obligatory, the authority should give each institution license to perform experiments	?	
Alternatives, available	Shall be used	Not always observed	Shall be used	Should be used	?	
Alternatives, research	Gov. funding of ca. $30.000/year		Alternative research shall be encouraged	ECVAM		

Table 4. Continued from previous page

Education	Students should be given alternatives, if asked for	Can be difficult for individuals	Permitted for students who will be performing exp. in future			
Cosmetics						
Non-animal security testing				Obligatory from 1998, if alts. available	Against GATT?	Mandatory from 1998, if alts. available
Animal testing to prove expected property effects				Permitted		
Ban of import of animal- tested cosmetics	Parliament decision 1989	Not implemented		Not permitted		Not permitted
Animal-testing info on label	Parliament decision 1989	Not implemented		Not permitted		Not permitted
Chemicals						
Registering of new chemicals	Obligatory			Obligatory		
Use of alternatives	Permitted			Equivalent alts. should be used		
Animal testing	Mandatory in some cases			Obligatory in some cases		
Acceptance of results of exp perfrmed in other countries	Obligatory	Not always observed	Obligatory	Obligatory	?	
Statistics	Obligatory	Observed	Obligatory	Obligatory	?	
Animals included	All vertebrates (not foetuses), incl those killed for tissue etc.		All vertebrates (not foetuses), excl. those killed for tissue etc.	All vertebrates (not foetuses), excl those killed for tissue, etc.		
Animals used				Number should be halved by year 2000		
Experiments without anaesthesia	Permitted,if judged necessary		Permitted if judged necessary			
Especially painful experiments	Should be regis-tered or permitted by spec. authority		Should be registered or permitted by special auhority			

Table 4. Continued from previous page

Examples of procedures	S legislation		Council of Europe	EU legislation	EU practise	Future Swedish legislation
Monoclonal antibody prod. by ascites	Permitted (should not be used)	Used at university level	Permitted	Permitted	?	
LD_{50}	Permitted	Not used	?	?	?	
Fixed dose procedure	Permitted	Used	Permitted	Permitted	Used	
LC_{50}	Permitted	Used	Permitted	Used	Used	

S = Swedish

Table 5. Some examples of Swedish legislation which may be changed due to EU membership

	Present S legislation	Future S legislation due to EU membership
Use of carcass meat in animal food	Forbidden	Permitted?
Genetically manipulated animals (Belgian Blue)	Forbidden	Permitted?
Hens in battery cages	Forbidden	Permitted?
Baby calves, export	Forbidden	Permitted?
Tansport	Long distances forbidden	Permitted?
Animal tested cosmetics	Ban passed by Parliament (not yet implemented)	Ban not permitted?
Consumer's right to know origin of food	Permitted	Not permitted?

S = Swedish

Die europäische Tierversuchsstatistik: Anspruch, Realität und Perspektiven

R. Kolar

Zusammenfassung

Die europäische Tierversuchsstatistik gibt nicht das wahre Ausmaß der in Europa im vorgegeben Erfassungszeitraum durchgeführten Tierversuche wieder. Die Kategorisierung der Tierversuche nach ihren Einsatzgebieten, wie sie mit der Vorgabe der Tabellen des Europarates beabsichtigt war, konnte nur unzureichend erfolgen. Die Bedeutung dieser Tatsache für den Tierschutz liegt darin, daß nur anhand einer exakten Quantifizierung und Analyse der Tierversuche in Hinblick auf die Anwendungsbereiche eine sinnvolle Prioritätensetzung bei der Forschungsförderung im Bereich der tierversuchsfreien Alternativmethoden möglich ist. Die Gründe für die Mängel der Tierversuchsstatistik liegen in erster Linie in einer ungenügenden Umsetzung der maßgeblichen EU-Richtlinie in den Gesetzen und Verordnungen der Mitgliedsstaaten, der Konzeption der Erfassungstabellen sowie in den einzelnen Gliedern der Informationskette, über die die Datenerhebung verläuft. Für eine Untersuchung der bereits gefundenen sowie zur Ermittlung weiterer Ursachen für die Mängel in der europäischen Tierversuchsstatistik und vor allem einer Verbesserung zukünftiger Tierversuchsstatistiken bedarf es der Zusammenarbeit von Wissenschaftlern, Behörden und Tierschützern.

Summary

The European Statistics on Animal Experimentation: Claims, Reality and Prospects

The European statistics on animal experimentation does not reflect the true number of animal experiments that have been carried out in the period given. The categorization of animal experiments according to the fields where they were conducted as had been intended by the creation of the tables of the Council of Europe could only be done in an unsatisfactory way. The meaning of this situation for animal welfare is in the fact that only by an exact quantification and analysis of the animal experiments according to the areas of their use makes a reasonable setting of priorities with regard to the funding of animal-free alternative methods possible. The causes for the deficiencies of the statistics are an insufficient implementation of the EU-Guideline concerned, the conception of the registration tables, and within the single links of the information-chain involved in the collection of the data. The examination of the reasons for the faults of the statistics, the finding of further ones and above all an improvement of future statistics on animal experiments need cooperation between scientists, regulators, and animal welfarists.

1. Einleitung

Die Europäische Kommission sieht, ebenso wie die europäischen Tierschutzverbände, in der statistischen Erfassung von Tierversuchen ein wichtiges Instrument, um zu einer Verwirklichung der 3R (reduce, refine, replace) im Bereich der Tierversuche zu gelangen. Sowohl auf nationaler als auch europäischer Ebene werden erhebliche Anstrengungen unternommen, Tierversuche zu vermeiden, das Leiden von Tieren zu verringern und Alternativmethoden zur Anwendung zu bringen. So weit möglich, versuchen auch Tierschützer hierbei mitzuwirken. Diese Aktivitäten können nur dann sinnvoll geplant und koordiniert werden, wenn der status quo betreffend Tierversuchen hinreichend erfaßt und analysiert wird. Nur dann lassen sich beispielsweise diejenigen Forschungsbereiche definieren, innerhalb derer es einer verstärkten Förderung von Alternativmethoden bzw. ihrer Validierung bedarf oder wo umgehend gesetzgeberische Maßnahmen ergriffen werden müssen, um zumindest diejenigen Tierversuche zu unterbinden, für die bereits erwiesenermaßen Alternativmethoden vorliegen (RUSCHE B., 1994).

Bei der Förderung der Entwicklung von Alternativmethoden durch die öffentliche Hand wird außerdem sinnvollerweise großer Wert darauf gelegt, daß die zu fördernden Methoden eine hohe Tierschutzrelevanz aufweisen. Das bedeutet, daß bevorzugt solche Ansätze gefördert werden, die einen Bereich ansprechen, in dem hohe Tierversuchszahlen und/oder hohe Belastungen der verwendeten Tiere verzeichnet werden, oder wo aufgrund der vorliegenden Voraussetzungen davon ausgegangen werden kann, daß der Ersatz von Tierversuchen durch Alternativmethoden relativ zügig realisiert werden kann. Potentielle Antragsteller haben jedoch - wie auch entsprechende Anfragen an die Akademie für Tierschutz belegen - große Probleme, einen entsprechenden Nachweis zu erbringen, da Ihnen die hierfür notwendigen Informationen entweder überhaupt nicht oder nicht ausreichend detailliert vorliegen.

Das Fehlen relevanter Entscheidungskriterien für die Förderung der Entwicklung von Alternativmethoden verhindert eine sinnvolle Prioritätensetzung. Eine unvollständige oder fehlerhafte Datengrundlage kann daher dazu führen, daß Handlungs- und Finanzierungsschwerpunkte an der falschen Stelle ansetzen. So ist es z.B. unannehmbar, daß die Relevanz bestimmter Kategorien von Tierversuchen undokumentiert bleibt, weil diese nicht oder nur unvollständig erfaßt werden oder weil derartige Tierversuche falsch oder uneinheitlich kategorisiert werden.

Die Bemühung, die Qualität von Tierversuchsstatistiken zu verbessern, muß nicht zwangsläufig darauf hinauslaufen, daß noch mehr Daten erhoben werden müssen. Denn in der Bundesrepublik Deutschland aber auch in anderen EU-Mitgliedsstaaten wird durchaus schon ein großer Anteil der Daten erhoben, die für Tierschützer bzw. die Alternativmethodenforschung von Interesse sind. Es werden unter Umständen sogar Daten erhoben, die unter diesem Gesichtspunkt nur geringe Relevanz haben mögen. An dieser Stelle könnte möglicherweise eine Entbürokratisierung stattfinden. Es müssen vornehmlich die bereits vorhandenen Informationen in sinnvoll strukturierter Weise aufbereitet werden und auch bis zur Europäischen Kommission gelangen.

Daß die Beschreibung des Ist-Zustandes der Tierversuchssituation innerhalb der Europäischen Union keine leichte Aufgabe darstellt, hat bereits der erste Statistik-Bericht der Europäischen Kommission zum Ausdruck gebracht, der aus verschiedenen Gründen nicht die in ihn gesetzten Erwartungen erfüllen konnte (Europäische Kommission, 1994). Grundlage dieser ersten europäischen Tierversuchsstatistik von 1994 waren die von den Mitgliedsstaaten im Jahre 1991 erhobenen Daten. Die Europäische Kommission hat in der Einleitung zu diesem Bericht die Feststellung getroffen, daß die in dem Bericht vorgelegten Tierversuchszahlen das tatsächliche Ausmaß an Tierversuchen nicht realistisch wiedergeben und daß die Zahlen dementsprechend nach oben korrigiert werden müssen. Auf weitere Probleme haben Wissenschaftler und Tierschützer in der Vergangenheit hingewiesen (RUSCHE B. und SPIELMANN H., 1994; STRAUGHAN D. W., 1994).

Es muß in diesem Zusammenhang insbesondere geklärt werden, inwiefern der Informationsfluß innerhalb der Informationskette (Wissenschaftler → regionale Behörden → nationale Behörden → Europäische Kommission) prinzipielle Probleme aufwirft und wie sich diese auflösen lassen.

2. Die Erhebung von Tierversuchsstatistiken innerhalb der Europäischen Union

2.1. Rechtliche Grundlagen für die Erhebung von Tierversuchsstatistiken innerhalb der Europäischen Union

2.1.1. Europäisches Übereinkommen zum Schutz der für Versuche und andere wissenschaftliche Zwecke verwendeten Wirbeltiere

Am 18. März 1986 wurde erstmals die Notwendigkeit einer europäischen Tierversuchsstatistik auch aus der Sicht der europäischen Regierungen formuliert und innerhalb des Europäischen Übereinkommens zum Schutz der für Versuche und andere wissenschaftliche Zwecke verwendeten Wirbeltiere verankert (EUROPARAT, 1986). Die Unterzeichnerstaaten dieses Übereinkommens einigten sich darauf, statistische Angaben u.a. zur Art und Zahl der verwendeten Tiere zu sammeln. Die Relevanz der in Anhang B des Übereinkommens aufgeführten Erfassungstabellen wurde dabei ausdrücklich betont.

2.1.2. EU-Richtlinie 86/609/EWG zum Schutz der Versuchstiere

Am 24. November 1986 wurde eine für die EU-Mitgliedsstaaten verbindliche Richtlinie erlassen, der als Modell das genannte Europäische Übereinkommen zugrunde lag (Europäische Kommission, 1986; Europäische Kommission, 1996). Gemäß Artikel 13 und 26 der EU-Richtlinie 86/609/EWG zum Schutz der Versuchstiere sind die EU-Mitgliedsstaaten gehalten, statistische Informationen zur Zahl der verwendeten Versuchstiere und ihrem Verwendungszweck zu erheben und diese Daten in regelmäßigen Abständen, die einen Abstand von 3 Jahren nicht überschreiten dürfen, der Europäischen Kommission vorzulegen.

Die in dieser Richtlinie angesprochenen Punkte dienen ausdrücklich dem Zweck „daß die Zahl der zu Versuchs- und anderen Zwecken verwendeten Tiere auf ein Minimum beschränkt bleibt" (Europarat, 1986). Auch hieraus wird also ersichtlich, daß die Tierversuchsstatistik ganz eindeutig dem Tierschutz dienen soll. Leider drängt sich der Eindruck auf, daß viele, die mit dieser Statistik umgehen müssen, in ihr lediglich eine lästige bürokratische Pflichtaufgabe sehen. Das verwundert um so mehr, als auch im Statistikbericht der Europäischen Kommission auf diesen Zusammenhang hingewiesen und die diesbezügliche Rolle von ECVAM betont wird (Europäische Kommission, 1994).

2.2. Ursachen für die Mängel der EU-Tierversuchsstatistik

Daß die erste europäische Tierversuchsstatistik tatsächlich erhebliche Mängel aufweist, hat, wie bereits erwähnt, die Europäische Kommission selbst bestätigt. Einige davon sind unmittelbar ersichtlich, so z.B. die Tatsache, daß Belgien und Luxemburg überhaupt keine Zahlen vorgelegt haben, daß sich die Zahlen aus Frankreich im Gegensatz zu den anderen Mitgliedsstaaten auf das Jahr 1990 beziehen, während Portugal nur ein rudimentäres Zahlenwerk präsentierte, welches zudem die Tierversuche aus dem Jahr 1992 zu quantifizieren versucht.

Schon beim ersten Blick auf die Tabelle der EU-Tierversuchsstatistik, die die Gesamtzahlen der in den Mitgliedsstaaten verwendeten Tiere darstellt, ist außerdem erkennbar, daß z.B. Irland, Italien und Dänemark nicht alle geforderten Daten vorgelegt haben. Andere existente Mängel sind nicht unbedingt so offensichtlich und bedürfen einer weitreichenden Analyse und Ursachenforschung.

Folgende Ursachen für die Mängel der EU-Tierversuchsstatistik sind in erster Linie anzusprechen:

- Abweichung der nationalen Regelungen von den Vorgaben von EU-Richtlinie und Europäischem Übereinkommen
- Mängel in den Tabellen des Europarates
- mangelnde Erfahrung der Mitgliedsstaaten
- Probleme bzw. Mißinterpretationen seitens der verantwortlichen Wissenschaftler
- unzulängliche Bearbeitung der Daten durch die nationalen Behörden

2.2.1. Abweichung der nationalen Regelungen von den Vorgaben von EU-Richtlinie und Europäischem Übereinkommen

Bis heute haben in verschiedenen EU-Mitgliedsstaaten weiterhin Regelungen Bestand, die in entscheidenden Punkten von der EU-Richtlinie abweichen. Hierzu gehören:

- abweichende Legaldefinitionen von Tierversuchen in den Mitgliedsstaaten
- mangelnde bzw. unzureichende rechtliche Grundlagen für die Erfassung von Tierversuchen in den Mitgliedsstaaten
- abweichende Vorgehensweise bei der Erfassung von Tierversuchen in den Mitgliedsstaaten (Abweichungen von den Tabellen des Europäischen Übereinkommens)

Für die Bundesrepublik Deutschland muß exemplarisch festgestellt werden, daß gleich alle drei genannten Probleme zur Zeit noch vorliegen und zum Teil kausal miteinander verknüpft sind. Beispielsweise sind Eingriffe und Behandlungen zu Demonstrationszwecken bei der Aus-, Fort- und Weiterbildung keine Tierversuche im Sinne des Deutschen Tierschutzgesetzes. Es fehlt daher auch die rechtliche Voraussetzung für ihre Erfassung. Dementsprechend weichen die Tabellen der deutschen Versuchstiermeldeverordnung unter anderem von Tabelle 2 Spalte 5 (Bildung und Ausbildung) des Anhangs B zum Europäischen Übereinkommen ab. Es soll an dieser Stelle nicht unerwähnt bleiben, daß das Deutsche Tierschutzgesetz in seiner Neufassung von 1986 bereits in Kraft war, als die EU-Richtlinie verabschiedet wurde. Daher hatte die BRD bei der Unterzeichnung des Europäischen Übereinkommens Vorbehalt gegen Art. 27 Abs. 2 angemeldet.

Es ist zu begrüßen, daß im Referentenentwurf für die anstehende Neufassung des Deutschen Tierschutzgesetzes dieses Problem angegangen wird. Um so bedauerlicher ist die Tatsache, daß die Wissenschaftsgesellschaften dieser Initiative massiv entgegenarbeiten.

Auch andere Mitgliedsstaaten haben sich nicht an die Vorgaben zur Erfassung und Übermittlung der Daten gehalten (RUSCHE B. 1994; STRAUGHAN D. W., 1994; Europäische Kommission, 1994). Dies ist um so bemerkenswerter, da sich alle EU-Mitgliedsstaaten auf die Verwendung dieser Vorgaben - der Tabellen des Europäischen Übereinkommens - geeinigt hatten (Europäische Kommission, 1996).

Grundsätzlich ist festzuhalten, daß die Tierversuchserfassung sich auf allen Ebenen direkt an den Vorgaben der Europäischen Kommission orientieren *muß*, da eine nachträgliche Umstrukturierung der Daten, wie sie immer dann vorkommt, wenn sich nationale und europäische Vorgaben/Kategorien signifikant unterscheiden, prinzipiell mit einem Verlust an Information bzw. einem im Nachhinein nicht mehr quantifizierbaren Fehler einhergeht.

2.2.2. Mängel in den Tabellen des Europarates

Schon aus den Formulierungen der Tabellen des Europarates - und nahezu sämtlicher Tabellen, die von den Mitgliedsstaaten für die Erfassung von Tierversuchen eingesetzt werden (z.B. die Tabellen der deutschen Versuchstiermeldeverordnung) - ergeben sich die verschiedensten Probleme. Diese hängen damit zusammen, daß aufgrund der Formulierungen Tierversuche nicht eindeutig bestimmten Kategorien zuzuordnen sind. Mit Erlaß der deutschen Versuchstiermeldeverordnung wurde dieses Problem von der BRD übernommen (Bundesministerium für Ernährung, Landwirtschaft und Forsten, 1988).

Es wird somit ersichtlich, daß eine umfassende Analyse der bestehenden Problematik und ihrer Ursachen erfolgen muß, um in Hinblick auf zukünftige EU-Tierversuchsstatistiken in angemessener Weise korrigierend eingreifen zu können. Die europäischen Tierschutzorganisationen können hier möglicherweise Anregungen geben. Es ist erfreulich, daß die Europäische Kommission die Tierschützer ernst nimmt und an deren Perspektive interessiert ist. Hier ist insbesondere auf eine Untersuchung der Akademie für Tierschutz zu verweisen, welche auf einer europaweiten Umfrage unter Behörden, Wissenschaftlern und den europäischen Tierschutzorganisationen basiert und mit finanzieller Unterstützung durch die Europäische Kommission durchgeführt wurde.

Diese Umfrage hat z.B. zu Tage gebracht, daß bezüglich verschiedener Kategorien der deutschen Versuchstiermeldeverordnung bei den betroffenen Wissenschaftlern tatsächlich Uneinigkeit besteht. Um mit Punkt 6 der Tabelle II des Formblattes der Versuchstiermeldeverordnung nur ein Beispiel zu nennen: Manche Wissenschaftler tragen hier Versuche ein, die bereits unter einem der Punkte 1-5 genannt wurden, während andere solche Doppelmeldungen strikt vermeiden.

2.2.3. Mangelnde Erfahrung der Mitgliedsstaaten sowie Probleme bzw. Mißinterpretationen seitens der verantwortlichen Wissenschaftler

Die Europäische Kommission selbst gibt als Erklärung für die unbefriedigende europäische Tierversuchsstatistik an, daß die Mitgliedsstaaten bis dahin keine Erfahrungen zur Erhebung der entsprechenden Daten sammeln konnten und daß es innerhalb der betroffenen Laboratorien zu Schwierigkeiten bzw. Mißinterpretationen gekommen sei (BONINO E., 1995). So bleibt zu hoffen, daß ein Jahrzehnt nach Inkrafttreten der EU-Richtlinie 86/609/EWG alle Beteiligten an Erfahrung dazugewonnen haben.

2.2.4. Unzulängliche Bearbeitung der Daten durch die nationalen Behörden

Die nationalen Behörden können von der Kritik leider nicht ausgenommen werden. Die Bearbeitung der Tabellen durch die meisten Mitgliedsstaaten erfolgte derart mangelhaft, daß einfache Plausibilitätskontrollen (Vergleich von Gesamttierzahlen) zeigen, daß die Zahlen so nicht stimmen können.

3. Ausblick

Im zuständigen Gremium der Europäischen Kommission versuchen sich die Vertreter der EU-Mitgliedsstaaten bereits seit 1988 über neue Erfassungstabellen zu einigen. Es ist zu hoffen, daß in zukünftigen Beratungen die Position der europäischen Tierschutzverbände berücksichtigt und endlich ein brauchbares Erfassungsschema vorgelegt wird.

Doch auch wenn prinzipiell die Überarbeitung der Tabellen des Anhangs des Europäischen Übereinkommens sicherlich als Schritt in die richtige Richtung zu begrüßen ist, ist nicht davon auszugehen, daß hiermit alle bestehenden Probleme gelöst werden. Denn wie zuvor soll die Verwendung der neuen Tabellen nicht verbindlich in der EU-Richtlinie festgeschrieben werden, so daß hier wieder auf die Kooperationsbereitschaft der Mitgliedsstaaten vertraut wird. Ob das nach den Erfahrungen der Vergangenheit als der richtige Weg anzusehen ist, darf zumindest in Frage gestellt werden.

Außerdem muß die Europäische Kommission und die europäische Gerichtsbarkeit konsequenter gegen diejenigen Mitgliedsstaaten vorgehen, die es versäumt haben, selbst die in der EU-Richtlinie verbindlich festgelegten Regelungen umzusetzen. In der Vergangenheit ist lediglich gegen das Großherzogtum Luxemburg ein Vertragsverletzungsverfahren eingeleitet worden, weil Luxemburg weder eine Tierversuchsstatistik vorgelegt noch irgendwelche Maßnahmen ergriffen hat, der Richtlinie diesbezüglich nachzukommen. Die diesbezügliche Klage der Kommission wurde im übrigen vom Europäischen Gerichtshof abgewiesen, weil dieser das vorprozessuale Verfahren als unzureichend für die notwendige eingehende Untersuchung des luxemburgischen Gesetzes ansah (EuGH, 1996).

Als wünschenswert in Hinblick auf die Prioritätensetzung im Bereich der Alternativmethodenförderung seien hier wichtige zusätzliche Informationen genannt, deren Erfassung über das bisher Dokumentierte hinaus geht, wie z.B. zur Belastung der verwendeten Tiere in Anlehnung an das Schweizer System. Diese Informationen können zudem ohne einen signifikanten bürokratischen Mehraufwand ermittelt und verarbeitet werden.

Literatur

BONINO E., Answer given on behalf of the European Commission to written question 1615/95EN, DOC_EN\QE\274\274741 (PE 191.758), 1995

Bundesministerium für Ernährung, Landwirtschaft und Forsten, Bericht über den Stand der Entwicklung des Tierschutzes (Tierschutzbericht) 1995, Drucksache 13/350 des Deutschen Bundestages, 57-74, Bonn, 1995

Bundesministerium für Ernährung, Landwirtschaft und Forsten, Verordnung über die Meldung von in Tierversuchen verwendeten Wirbeltieren (Versuchstiermeldeverordnung), Bundesgesetzblatt Teil I Nr. 37, 1213-1216, Bonn, 1988

EUGH, Urteil der Sechsten Kammer vom 25.04.1996 - Rechtssache C-274/93 „Vertragsverletzung eines Mitgliedsstaats - Nichtdurchführung der Richtlinie 86/609/EWG des Rates - Schutz der für Versuche und andere wissenschaftliche Zwecke verwendeten Tiere"; Informationsdienst der Europäischen Gemeinschaften, 1996

Europäische Kommission, Council Directive 86/609/EEC of 24 November 1986 on the approximation of laws, regulations and administrative provisions of the Member States regarding the protection of animals used for experimental and other scientific purposes, Official Journal of the European Communities L358, 1-29, 1986

Europäische Kommission, First Report from the Commission to the Council and the European Parliament on the Statistics on the Number of Animals Used for Experimental and other Scientific Purposes, COM(94), 195 final. 27 May 1994, Brussels: CEC000, Brüssel 1994

Europäische Kommission, Speaking Note to Oral Question H-0199/96, 1996

Europarat, European Convention for the Protection of Vertebrate Animals used for Experimental and other Scientific Purposes, Strasbourg, 1986

RUSCHE B., Bericht der EU-Kommission über statistische Informationen zur Anzahl der für Versuche oder andere wissenschaftliche Zwecke verwendeten Tiere, ALTEX 11, 4, 1994

RUSCHE B. und SPIELMANN H., Letter to the Editor, ATLA, 22, 512, 1994

STRAUGHAN D. W., First European Commission Report on Statistics of Animal Use, ATLA, 22, 289-292, 1994

Tierversuchsfreie Kosmetik: Die Positivliste des Deutschen Tierschutzbundes und andere Listen

I.W. Ruhdel

Zusammenfassung

Nach dem derzeitigen Stand werden auch in Zukunft Tierversuche für die Prüfung von kosmetischen Produkten und deren Inhaltsstoffen durchgeführt. Daher werden auch weiterhin Tierschutzorganisationen sogenannte Kosmetik-Positivlisten erstellen, um tierschutzbewußten Verbrauchern die Möglichkeit zu geben, Produkte zu wählen, denen bestimmte Kriterien in bezug auf die „Tierversuchsfreiheit" dieser Produkte zugrunde liegen. Zwei verschiedene Bewertungsprinzipien für die Erstellung von Kosmetik-Positivlisten haben sich etabliert: zum einen die Festsetzung eines Stichtages, ab dem keine Tierversuche für das Produkt und die Rohstoffe durchgeführt werden dürfen, und zum anderen eine flexible Regelung, bei der die Kosmetikfirmen bestätigen müssen, daß ihre Produkte und die verwendeten Inhaltsstoffe in den jeweils letzten fünf Jahren vor ihrer Markteinführung nicht in Tierversuchen getestet wurden. Aus der Sicht des Deutschen Tierschutzbundes werden durch diese „rollierende Fünfjahres-Regelung" keine Tierversuche vermieden. Nur durch die kontrollierte Einhaltung von strengen Richtlinien mit festem Stichtag, wie denen des Deutschen Tierschutzbundes, kann die Erwartungshaltung tierschutzbewußter Verbraucher erfüllt und ein politisches Zeichen gesetzt werden.

Summary

Cosmetics not tested on animals: The Cosmetic Positive List of the Deutsche Tierschutzbund and other Lists

With regard to the recent developments animal experiments for cosmetic products and ingredients will still be performed in the future. Therefore animal welfare organisations will continue to publish so-called cosmetic positive lists with the intention to give consumers the possibility to choose cruelty-free products. Two different criteria for cosmetic positive lists have been set up: on the one hand a fixed cut-off date since that animal experiments have neither been performed for the products nor for the used ingredients. On the other hand the five-year rolling policy: cosmetic manufacturers say that neither the products nor the ingredients used have been tested in the respective last five years. From the point of view of the Deutsche Tierschutzbund the „rolling" policy is not strict enough and does not prevent animal experiments. The controlled observance of strict criteria including a fixed cut-off date, as performed by the Deutsche Tierschutzbund, complies with the expectations of consumers and gives a political signal.

1. Einleitung

Als der Deutsche Tierschutzbund vor ca. 16 Jahren die Kosmetik-Positivliste zur Abschaffung weiterer Tierversuche für Kosmetika ins Leben rief, war vielen Verbrauchern noch unbekannt, daß auch für Kosmetika und deren Inhaltsstoffe Millionen Tiere in Versuchen ihr Leben lassen müssen. Mittlerweile zeigt ein Großteil der Bevölkerung durch zahlreiche Aktionen und Proteste, daß er solche kosmetischen Produkte, für die immer noch zahlreiche Tiere gequält und getötet werden, nicht akzeptiert. Doch solange es kein vollständiges gesetzliches Verbot von Tierversuchen im Bereich der Kosmetik gibt, kann sich der tierschutzbewußte Verbraucher beim Kauf nur an dem orientieren, was Kosmetikfirmen oder Tierschutzorganisationen, die sich dieser Problematik angenommen haben, aussagen.

Zahlreiche Tierschutzorganisationen in ganz Europa erstellen sogenannte Kosmetik-Positivlisten, um tierschutzbewußten Verbrauchern die Möglichkeit zu geben, Produkte zu wählen, denen bestimmte Kriterien in bezug auf die „Tierversuchfreiheit" dieser Produkte zugrunde liegen. Die Organisationen verwenden verschiedene Kriterien, um solche Listen zu erstellen, die mehr oder weniger der Problematik der Tierversuche für Kosmetik oder den Erwartungen der Verbraucher gerecht werden.

2. Tierversuche für Kosmetik

Verschiedene gesetzliche Bestimmungen spielen bei der Herstellung und dem Verkauf von Kosmetika eine Rolle. Substanzen, die unter das Chemikaliengesetz (1994) oder Arzneimittelgesetz (1994) fallen, müssen für die Zulassung in zahlreichen Tierversuchen getestet werden. Die Zulassung fertiger kosmetischer Mittel wird über das Lebensmittel- und Bedarfsgegenständegesetz (1995) geregelt. Hier wird von Kosmetikherstellern verlangt, daß die Sicherheit und Unbedenklichkeit ihrer Produkte für den Verbraucher gewährleistet sind. Bestimmte Testverfahren sind jedoch nicht vorgeschrieben.

Seit der Novellierung des Tierschutzgesetzes (1993) sind Tierversuche für die Entwicklung von „dekorativen" Kosmetika grundsätzlich verboten. In der Praxis hat dieses Verbot jedoch kaum eine Wirkung, da nur ein geringer Bruchteil der kosmetischen Mittel in diese Kategorie fallen. Cremes, Shampoos, Lippenstifte usw. sind „pflegende" Kosmetika und die Durchführung von Tierversuchen zu ihrer Entwicklung ist daher nicht verboten.

Dank des Engagements zahlreicher Tierschutzorganisationen und Millionen tierschutzbewußter Bürger wurde innerhalb der Europäischen Union ein Tierversuchsverbot für Kosmetika ausgesprochen. In der sechsten Änderung zur EU-Kosmetik-Richtlinie (1993) wird festgehalten, daß ab dem 1. Jänner 1998 keine kosmetischen Mittel auf den Markt gebracht werden dürfen, deren Bestandteile oder Kombinationen von Bestandteilen im Tierversuch getestet wurden. Leider wurde dieses Verbot mit dem Passus eingeschränkt, daß bis zu diesem Zeitpunkt Alternativmethoden wissenschaftlich validiert sein müssen. Aufgrund des zweiten Berichtes der Europäischen Kommission vom Juli 1996 (Europäische Kommission, 1996) ist absehbar, daß ein Tierversuchsverbot selbst in Teilbereichen der Sicherheitsprüfung unwahrscheinlich ist.

Auch in Deutschland wird aller Voraussicht nach in absehbarer Zeit kein vollständiges Tierversuchsverbot ausgesprochen werden. Sowohl in dem derzeit diskutierten Novellierungsentwurf des Tierschutzgesetzes (Bundesministerium für Ernährung, Landwirtschaft und Forsten, 1995) als auch im Ergänzungsentwurf des Lebensmittel- und Bedarfsgegenständegesetzes (Bundesministerium für Gesundheit, 1996) ist in bezug auf Tierversuche eine Anpassung an das EU-Recht vorgesehen.

Unabhängig von gesetzlichen Vorschriften führen die europäischen Kosmetik- und Rohstoffhersteller auch Tierversuche im Rahmen zusätzlicher Prüfungen durch. Dies kann zum Beispiel zum Schutz vor möglichen Schadensersatzansprüchen oder zur Beantwortung neuer toxikologischer Fragestellungen sein.

Die Anerkennung von tierversuchsfreien Methoden geht nur sehr schleppend vorwärts. Daher werden auch in Zukunft Tierversuche für Kosmetika durchgeführt. Tierschutzbewußte Verbraucher, die keine Kosmetika verwenden wollen, die in Tierversuchen geprüft wurden, sind demzufolge weiterhin auf Orientierungshilfen beim Einkauf angewiesen. Bei der Information von Verbrauchern darf man die Tierversuchsproblematik nicht nur auf die Prüfung von fertigen Produkte beschränken, sondern es müssen auch die verwendeten Inhaltsstoffe berücksichtigt werden.

3. Die Problematik des Begriffes „tierversuchsfrei"

Der tierschutzbewußte Verbraucher würde am liebsten nur Kosmetika verwenden, für die zu keinem Zeitpunkt Tiere getötet oder gequält wurden, d.h. daß weder für Produkte noch für Inhaltsstoffe Tierversuche akzeptiert werden. Diese Erwartungshaltung kann jedoch nicht erfüllt werden, da man bedauerlicherweise davon ausgehen muß, daß nahezu jeder Stoff, natürlicher oder chemischer Herkunft, irgendwann einmal an Tieren getestet wurde.

Es muß daher festgehalten werden, daß es keine „tierversuchsfreie" Kosmetik gibt. Tierschutzbewußte Verbraucher und Tierschutzorganisationen, die Positivlisten erstellen, müssen somit Kompromisse eingehen.

Ein Gericht in Deutschland urteilte (Oberlandesgericht Frankfurt, 1989), daß die Werbung mit dem Slogan „tierversuchsfrei" oder ähnlichen Formulierungen, die nicht näher erläutert sind, den Verbraucher in die Irre führt. Trotzdem werben weiterhin Kosmetikhersteller mit Aussagen wie: „Dieses Produkt wurde nicht im Tierversuch getestet." Damit ist aber z.B. keineswegs gesagt, daß auch die Rohstoffe nicht im Tierversuch getestet wurden. Auch die allgemeinere Formulierung „Für unsere Produkte werden keine Tierversuche durchgeführt" schließt nicht aus, daß Rohstoffe in Tierversuchen getestet werden. Wenn es heißt „Wir testen unsere Produkte nicht im Tierversuch", kann das bedeuten, daß Tierversuche zwar nicht selbst durchgeführt, wohl aber in Auftrag gegeben werden.

Die sechste Änderung der EU-Kosmetik-Richtlinie (Europäische Kommission, 1993) liefert in bezug auf Werbung ebenfalls keine befriedigende Lösung. Nach dem Richtlinientext müssen Angaben über Tierversuche aussagen, ob die Tests am Fertigerzeugnis und/oder an Bestandteilen durchgeführt wurden. Nach diesem Wortlaut ist zu befürchten, daß in bezug auf Tierversuche nur die Aussage „Endprodukt wurde nicht an Tieren getestet, Inhaltsstoffe wurden an Tieren getestet" zulässig sein wird. Diese Formulierung ist jedoch unzureichend, da sie den Konsumenten nicht über die eigentliche Problematik der Tierversuche aufklärt. Der Verbraucher sollte durch eine eindeutige Kennzeichnung von Kosmetika die Möglichkeit haben, Firmen zu erkennen, die aufgrund ihrer Firmenphilosophie auf neue Inhaltsstoffe verzichten, solange für diese Tierversuche durchgeführt werden müssen.

4. Kosmetik-Positivlisten

Für Verbraucher ist es daher besonders wichtig, von Institutionen, die nicht am Verkauf von Kosmetika verdienen, wie z.B. Tierschutzorganisationen, Einkaufshilfen für Kosmetika zu erhalten. So veröffentlichen mittlerweile zahlreiche Tierschutzorganisationen im In- und Ausland Kosmetik-Positivlisten.

Zwei verschiedene Bewertungsprinzipien für die Erstellung von Kosmetik-Positivlisten haben sich etabliert: zum einen die Festsetzung eines Stichtages, ab dem keine Tierversuche für das Produkt und die Rohstoffe durchgeführt werden dürfen, und zum anderen eine flexible Regelung, bei der die Kosmetikfirmen bestätigen müssen, daß ihre Produkte und die verwendeten Inhaltsstoffe in den jeweils letzten fünf Jahren vor ihrer Markteinführung nicht in Tierversuchen getestet wurden.

4.1. Kosmetik-Positivlisten mit festem Stichtag

4.1.1. Die Positivliste des Deutschen Tierschutzbundes

Der Deutsche Tierschutzbund begann als erste Tierschutzorganisation weltweit mit der Erstellung einer Positivliste für Kosmetika (Deutscher Tierschutzbund, 1995). Im Laufe der Jahre wurden die Richtlinien des Deutschen Tierschutzbundes zur Aufnahme in die Positivliste aufgrund der gesammelten Erfahrungen immer umfangreicher, um möglichst alle Aspekte in bezug auf Tierversuche für Kosmetika zu berücksichtigen. Die letzte Änderung der Kriterien erfolgte 1992.

Nur Hersteller, die alle Kriterien für ihre gesamte Produktpalette erfüllen, werden in der Positivliste des Deutschen Tierschutzbundes geführt. Hersteller auf dieser Liste dürfen für die Entwicklung und Herstellung ihrer kosmetischen Produkte keine Tierversuche durchführen.

Es dürfen keine Rohstoffe verarbeitet werden, die nach dem 1. Jänner 1979 im Tierversuch getestet wurden. Hierbei ist ausschlaggebend, daß die Substanzen vor dem 1. Jänner 1979 auf dem Markt waren - unabhängig davon, ob sie vor diesem Zeitpunkt im Tierversuch getestet wurden. Wird oder wurde ein synthetischer Stoff, der vor dem 1. Jänner 1979 bereits auf dem Markt war, nach dem Stichtag von Dritten im Tierversuch getestet, dürfen die Hersteller der Positivliste diesen Stoff weiterhin verwenden, sofern sie mit dem Unternehmen, das die Tierversuche durchführt, weder gesellschaftsrechtlich noch vertraglich in Verbindung stehen.

Grundsätzlich dürfen die Kosmetikhersteller der Positivliste des Deutschen Tierschutzbundes keine Rohstoffe verwenden, die durch Tierquälerei gewonnen oder für die Tiere eigens getötet wurden.

Die Hersteller legen eine Rohstoffliste mit Angaben der Lieferanten vor, um somit eine Kontrolle zur Einhaltung der Richtlinien zu ermöglichen.

Im Interesse der Verbraucher sind die Hersteller verpflichtet, die Inhaltsstoffe vollständig auf den Produkten oder in für den Verbraucher zugänglichen Katalogen zu deklarieren.

Alle Angaben erfolgen in rechtsverbindlicher Form. Bei Zuwiderhandlung gegen die Kriterien des Deutschen Tierschutzbundes können Vertragsstrafen erhoben werden.

Seit Ende 1994 haben Firmen der Kosmetik-Positivliste des Deutschen Tierschutzbundes die Möglichkeit, ihre Produkte mit einem eingetragenen Warenzeichen zu versehen. Dieses Emblem „Hase mit schützender Hand" wird vom Internationalen Herstellerverband gegen Tierversuche in der Kosmetik e.V. (IHTK) vergeben. Dieser Verband wurde im Dezember 1989 gegründet, um die wirtschaftlichen Interessen der Firmen der Kosmetik-Positivliste des Deutschen Tierschutzbundes zu vertreten.

4.1.2. Die Positivlisten des Verbandes „Tierrechts-Signet" in der Schweiz

In der Schweiz vergibt der Verband „Tierrechts-Signet" zwei Warenzeichen zur Kennzeichnung von Kosmetika. Die Kriterien zur Vergabe des sogenannten Gold-Signets orientieren sich direkt an den Richtlinien des Deutschen Tierschutzbundes. Die Produkte mit diesem Zeichen wurden nie am Tier getestet und die Rohstoffe wurden seit 1979 nicht an Tieren geprüft.

Für Firmen, die die strengen Kriterien des Gold-Signets nicht erfüllen können, vergibt der Verband noch ein zweites Zeichen, das sogenannte Alternativ-Signet. Dieses Zeichen können Hersteller führen, die ihre Endprodukte nie in Tieren getestet haben. Es dürfen nur Rohstoffe verwenden werden, die „einer ernsthaften Prüfung zugänglich sind" und seit mindestens fünf Jahren nicht mehr im Tierversuch getestet wurden. Falls dies bei einem Rohstoff nicht eindeutig nachgewiesen werden kann, muß der Hersteller die Entwicklung von Alternativmethoden mit einem vertraglich vereinbarten Betrag finanziell unterstützen.

Hersteller, die eines dieser Embleme führen wollen, dürfen außerdem keine Rohstoffe verwenden, die auf tierschutzwidrige Weise gewonnen wurden.

Auch hier müssen Firmen, die dieses Warenzeichen verwenden, schriftlich nachweisen, daß die Vertragsbedingungen eingehalten werden.

4.2. Variabler Stichtag

Eine Variante des festen Stichtages wird für die Erstellung einer Kosmetik-Positivliste in England von der Tierschutzorganisation Royal Society for the Prevention of Cruelty to Animals (RSPCA) verwendet, deren Kriterien zur Zeit auch in Amerika von Tierschutzorganisationen erwogen werden. Hierbei wählt sich der Kosmetikhersteller seinen eigenen Stichtag, ab dem er keine Tierversuche mehr durchführt und auf Inhaltsstoffe verzichtet, die nach diesem Datum im Tierversuch getestet wurden. Hersteller, die auf dieser Liste verzeichnet sein wollen, füllen auf freiwilliger Basis einen Fragebogen aus, der von der Tierschutzorganisation ausgewertet wird.

4.3. Rollierende Fünfjahres-Regelung

Die Kriterien der „rollierenden Fünfjahres-Regelung" wurden von der englischen Tierschutzorganisation British Union for the Abolition of Vivisection (BUAV) erstellt und werden mittlerweile in zahlreichen europäischen Ländern zur Erstellung weiterer Kosmetik-Positivlisten angewendet.

Zur Aufnahme in diese Listen füllen die Firmen einen Fragebogen aus, den die Tierschutzorganisationen auswerten. Darüber hinaus geben die Firmen eine Selbstverpflichtungserklärung ab, daß ihre Produkte und die verwendeten Inhaltsstoffe in den jeweils letzten fünf Jahren nicht an Tieren getestet wurden. Das besagt, daß diese 1996 Rohstoffe verwenden dürfen, die 1991 im Tierversuch getestet wurden. Im Jahr 2000 können dann die Substanzen verwendet werden, die 1995 neu zugelassen und vorher an Tieren geprüft wurden usw.

Kosmetikfirmen müssen weder Produkt- noch Inhaltsstofflisten vorlegen, so daß eine Prüfung oder Kontrolle seitens der Tierschutzorganisation nicht erfolgen kann.

5. Bewertung

Solange der Gesetzgeber die längst vorhandenen Alternativmethoden zur Sicherheitsprüfung nicht anerkennt, können Tierversuche für Kosmetika nur verhindert werden, wenn auf den Einsatz neuer Inhaltsstoffe verzichtet und statt dessen auf bekannte und bewährte Rohstoffe zurückgegriffen wird. Die Zahl an bekannten Rohstoffen ist groß genug, um eine ausreichende Palette von Kosmetika auf den Markt zu bringen.

Durch die „Fünfjahres-Regelung" werden keine Tierversuche vermieden. Es wird lediglich eine „Schamfrist" eingehalten, nach deren Ablauf man neue, kürzlich in Tierversuchen getestete Rohstoffe verwenden kann. Darüber hinaus reicht das Ausfüllen eines Fragebogens und die Abgabe einer Selbsverpflichtungserklärung als Basis für eine fundierte Verbraucherinformation nicht aus. Der Deutsche Tierschutzbund lehnt daher diese Regelung ab.

Aus der Sicht des Deutschen Tierschutzbundes kann nur ein fester Stichtag, ab dem keine Tierversuche für Endprodukte und kosmetische Rohstoffe mehr durchgeführt werden, ein politisches Zeichen setzen. Der Deutsche Tierschutzbund fühlt sich gegenüber den Verbrauchern verpflichtet, nur Firmen zu empfehlen, die seine strengen Auflagen erfüllen.

Tierschutzbewußte Verbraucher, die sich an der Kosmetik-Positivliste des Deutschen Tierschutzbundes orientieren, können daher mit gutem Gewissen heute tierversuchsfreie Kosmetik erwerben und mit ihrem Kaufverhalten nicht nur deutlich machen, daß sie Tierversuche für Kosmetika ablehnen, sondern auch auf marktwirtschaftlichem Wege die entsprechenden Akzente setzen.

Literatur

Bundesministerium für Ernährung, Landwirtschaft und Forsten, Referentenentwurf eines Gesetzes zur Änderung des Tierschutzgesetzes vom 30.6.1995, Bonn, 6, 1995

Bundesministerium für Gesundheit, Ergänzungsentwurf zum Verkehrsverbot für im Tierversuch geprüfte kosmetische Mittel vom 22.5.1996

Gesetz über den Verkehr mit Arzneimitteln, Bundesgesetzblatt I, 3018, 1994

Gesetz über den Verkehr mit Lebensmitteln, Tabakerzeugnissen, kosmetischen Mitteln und sonstigen Bedarfsgegenständen, Bundesministerium für Gesundheit, 1995

Gesetz zum Schutz vor gefährlichen Stoffen, Bundesgesetzblatt I, 1703, 1994

Kommission der Europäischen Gemeinschaften, Entwicklung, Validierung und rechtliche Anerkennung von Alternativmethoden zu Tierversuchen KOM (94) 606 endg. vom 15.12.1994, Brüssel, 22-23, 1994

Oberlandesgericht Frankfurt am Main, 6 U 138/84, 1989

Rat der Europäischen Gemeinschaften, Richtlinie 93/35/EWG vom 14. Juni 1993 zur sechsten Änderung der Richtlinie 76/768/EWG zur Angleichung der Rechtsvorschriften der Mitgliedsstaaten über kosmetische Mittel, in: Amtsblatt der Europäischen Gemeinschaften Nr. L 151 vom 23.6.1993

Tierschutzgesetz, Bundesgesetzblatt I, 254, 1993

Möglichkeiten und Grenzen der Prüfung von Kosmetika mit in-vitro Methoden aus der Sicht der kosmetischen Industrie

J. Spengler

Zusammenfassung

Aus Sicht der Körperpflegemittelindustrie sind Tierversuche zu Prüfungen der Haut- und Schleimhautirritation, der perkutanen Penetration, der in vitro-Genotoxizität und der Photoirritation ersetzbar. Andere toxikologische Prüfparameter, insbesondere zum Ersatz des Draize-Tests, zur Sensibilisierung, zur Langzeittoxizität, zur Reprotoxizität, zum Metabolismus, zur in vivo-Genotoxizität sind zur Zeit nicht oder nur zum Teil ersetzbar. Die Körperpflegemittelindustrie verzichtet auf Tierversuche zur Absicherung der kosmetischen Fertigprodukte. Dies setzt voraus, daß Chemikalien ausreichend toxikologisch-dermatologisch charakterisiert sind. Eine Chemikalie kann nur dann als geeigneter kosmetischer Inhaltsstoff angesehen werden, wenn die Sicherheit und die Eignung für den Einsatzzweck nachgewiesen wurden. Dafür sind die Rohstoffhersteller im Rahmen ihrer chemikalien- und gefahrstoffrechtlichen Prüfverpflichtungen und gemäß Produkthaftung verantwortlich.

Zur Absicherung des kosmetischen Fertigprodukts und zur Rohstoffauswahl verwendet die Körperpflegemittelindustrie routinemäßig in vitro-Testmethoden. Das irritative Potential kann zuverlässig im RBC-, NRU-, HET/CAM-Test oder durch Prüfungen an rekombinierten Hautkulturen oder Organkulturen erkannt werden. Bei Prüfungen im NRU-Test mit definierter ultravioletter Bestrahlung lassen sich auch mögliche phototoxische Reaktionen erkennen. Zusätzliche genotoxische Fragestellungen können mit den verfügbaren in vitro-Mutagenitätstests abgeklärt werden. Mit der perkutanen Permeationsprüfung an isolierten Säugerhäuten ist eine Risikoabschätzung zur systemischen Belastung möglich. Mit dem Nachweis, daß keine Inhaltsstoffe, bzw. nur geringe unwirksame Mengen, durch die Haut penetrieren, werden weiterführende toxikologische Prüfungen überflüssig. Wenn hautreizende, sensibilisierende, systemtoxische, fruchtschädigende und erbgutverändernde Wirkungen sicher ausgeschlossen werden können, wird empfohlen, unter Berücksichtigung der GCP-Grundsätze, die Lokalverträglichkeit des kosmetischen Mittels an Humanprobanden zu prüfen. Die Grenzen der in vitro-Prüfungen von Kosmetika liegen weniger in den chemisch-physikalischen Eigenschaften der Fertigprodukte, als vielmehr in der fehlenden offiziellen Anerkennung der Prüfmethoden und der aufgezeigten Prüfstrategie.

Summary

Possibilities and limits of in vitro-methods for testing cosmetics

From the point of view of the cosmetics industry, animal tests are replacable in the fields of skin- and mucosis irritation, percutaneous penetration, in vitro-genotoxicity and photoirritation. Other toxicological testing parameters, as e.g. the Draize-Test, sensibilizaation, long-term toxicity, reprotoxicity, metabolisme or in vivo-genotoxicity, are not - or not totally - replaceable at present. The cosmetics industry renounes to animal tests for the security testing of cosmetical devices. This can only be done, if the chemical products used are sufficiently characterized from a toxicological-dermatological point of view and if the products have proved their security and aptitude for the way in which they are ment to be used. It's the producer of the raw material who is responsible for this in the legal context of his obligation to test chemical products.

To reassure the security of cosmetical devices and to select raw materials, the cosmetics industry regularely uses in vitro-testing methods. The irritation potential can reliably be tested with RBC-, NRU-, HET/CAM- Test of by test working with recombined skin or organ cultures. The NRU-Test with defined UV-radiation also shows up possible phototoxic reactions. Te available mutagenicity tests answ genotoxic questions. The risk of systemic strain can be evaluated by a percutaneous permeation test on isolated mammal skin. If all undesired effects can be excluded, the local compatibility of the cosmetic device should be tested on humans, respecting the GCP-principles. The limits of in vitro-test are not defined by chemical or physical characteristics of the final device but by laking accaptance from official bodies.

1. Rechtliche Anforderungen

Die Sicht der Industrie hat sich am technisch Machbaren, an den wissenschaftlich anerkannten Methoden und an den internationalen gesetzlichen Vorschriften zu orientieren. Bekanntlich enthält die 6. EG-Kosmetikrichtlinie (EG-KRL) ein Vermarktungsverbot für Inhaltsstoffe und Kombinationen von Inhaltsstoffen, sofern sie ab dem 1. Januar 1998 zur Einhaltung der EG-KRL in Tierversuchen überprüft worden sind. Das Vermarktungsverbot kann um mindestens 2 Jahre verschoben werden, wenn keine alternativen Versuchsmethoden verfügbar sind, die das gleiche Schutzniveau für den Verbraucher gewährleisten (Richtlinie 93/35 EWG, 1993a). Daneben gilt in Deutschland das Tierversuchsverbot für die Entwicklung dekorativer kosmetischer Mittel gemäß Tierschutzgesetz. Es ist vorgesehen, daß das Adjektiv „dekorative" gestrichen wird.

Das SCC und ECVAM haben in dem Bericht für 95 an die DGXXIV der Europäischen Kommission einmütig erklärt, daß es nach ihren Auffassungen keine Alternativmethoden gibt, die bis zum heutigen Tag als ausreichend validiert anzusehen sind und die einen Ersatz von Tierversuchen zulassen (Scientific Committee for Cosmetology, 1995). Es ist deshalb davon auszugehen, daß die Europäische Kommission vorschlagen wird, das Tierversuchsverbot um weitere zwei Jahre auszusetzen.

Dessenungeachtet vertritt die Mehrzahl der europäischen Kosmetikhersteller die Auffassung, daß grundsätzlich zur Absicherung des kosmetischen Fertigprodukts keine Tierversuche erforderlich sind. Bekanntlich verlangt das neue europäische Kosmetikrecht die Bewertung der Sicherheit des kosmetischen Fertigerzeugnisses für die menschliche Gesundheit, wobei in der Bewertung das allgemeine toxikologische Profil der Bestandteile, der chemische Aufbau und der Grad der Exposition zu berücksichtigen sind. Daraus entsteht ein Widerspruch, dessen Bewältigung durch die Körperpflegemittelindustrie aufgezeigt werden soll.

Aus pragmatischen Gründen empfiehlt es sich, zwischen der Rohstoffsicherheit und der Absicherung des kosmetischen Fertigprodukts zu unterscheiden. Die Berücksichtigung des toxikologischen Profils der Bestandteile bedeutet, daß toxikologische Informationen über die Inhaltsstoffe verfügbar sein und bewertet werden müssen. Welche Informationen benötigt werden, ergibt sich aus den toxikologischen Guidelines des SCC (LOPRIENO N., 1992).

Tabelle 1. Toxikologische Anforderungen gemäß SCC Guidelines

- Akute Toxizität
- Haut- u. Schleimhautverträglichkeit
- Sensibilisierung
- Perkutane Permeation
- Mutagenität
- Phototoxizität

Weitere Informationen sind notwendig, wenn eine beträchtliche orale Aufnahme erwartet werden kann und wenn Daten über perkutane Permeation eine beträchtliche Penetrationsrate der Inhaltsstoffe aufzeigen.

- Subchronische Toxizität
- Toxikokinetik
- Teratogenität
- Mutagenität in vivo

Die Körperpflegemittelindustrie vertritt die Auffassung, daß eine Chemikalie **nur** dann als kosmetischer Inhaltsstoff angesehen werden kann, wenn der Nachweis der Sicherheit geführt werden kann. Für diesen Nachweis sind die Rohstoffhersteller verantwortlich. Neue Chemikalien gemäß Chemikaliengesetz (Richtlinie 93/18 EWG, 1993; Chemikaliengesetz, 1980) dürfen nur dann vermarktet werden, wenn die entsprechenden toxikologisch-ökologischen Grunduntersuchungen durchgeführt worden sind. Diese Grunduntersuchungen werden für den Arbeits- und Umweltschutz durchgeführt, sie decken weitgehend auch die Anforderungen für die Sicherheit eines kosmetischen Rohstoffes ab, sodaß die Körperpflegemittelindustrie an den chemikalienrechtlichen Untersuchungen partizipiert. Aus diesem Grund ist es falsch zu behaupten, daß die Körperpflegemittelindustrie für die Rohstoffsicherheit ohne Tierversuche auskommt. Diese Tierversuche werden jedoch von der Körperpflegemittelindustrie nicht durchgeführt oder in Auftrag gegeben. Eine Leugnung dieser Zusammenhänge würde nicht nur zum Zusammenbruch unserer Absicherungsstrategie für das kosmetische Fertigprodukt führen, sondern auch die Verbrauchersicherheit in Frage stellen. Dies bedeutet aber nicht, daß wir die Rohstoffhersteller aus ihrer Mitverantwortung für die Entwicklung, Standardisierung und Validierung von Ersatzmethoden zum Tierversuch freistellen. Es ist eine Tatsache, daß zur Zeit sich hauptsächlich die Körperpflegemittelindustrie an den kosten- und personal-intensiven Standardisierungs- und Validierungsstudien beteiligt.

2. Rohstoffauswahl

Wie sichert die Körperpflegemittelindustrie ihre Produkte ab?

Unter der Voraussetzung, daß die chemikalienrechtlichen Prüfungen abgeschlossen sind, werden zur Einsatzentscheidung und zur Auswahl eines kosmetischen Inhaltsstoffes folgende Ersatzmethoden zum Tierversuch routinemäßig angewandt: in vitro-Irritationsprüfungen zur Bewertung der Haut- und Schleimhautverträglichkeit, perkutane Permeations-Tests, Genotoxizitätsstudien in vitro und Phototoxizitätsprüfungen.

2.1. In vitro-Irritationsprüfung

Bei der Hautverträglichkeitsprüfung empfehlen wir eine Kombination einer in vitro-Irritationsprüfung mit nachfolgend dermatologischer Prüfung am Menschen (COLIPA, 1996). Zur Ermittlung des möglichen irritativen Potentials werden der RBC- (Red Blood Cell) Test (PAPE W.J.W. et al, 1986), Zytotoxizitätstests (wie der Neutralrottest (NRU), Kenacid Blau Test (KBT)) (BORENFREUND E. and PUERNER J.A., 1985), Prüfungen an der Chorionallantois des bebrüteten Hühnereis (HET/CAM-Test) (KÜNSTLER K., 1986), an rekombinierten Hautkulturen (VANGHAN F.L., 1990) oder Organkulturen (BARTNIK F. et al., 1990) verwendet. Die Auswahl der Testmethoden ist von den chemisch-physikalischen Eigenschaften, insbesondere dem pH-Wert und der Löslichkeit der Testsubstanz abhängig. Bei einer sachgerechten Auswahl einer Batterie von in vitro-Methoden kann das irritative Potential einer Substanz zuverlässig erkannt werden. Weil verschiedene Substanzklassen im Zellkulturtest unterschiedliche Reizschwellenwerte ergeben, empfehlen wir Vergleichsuntersuchungen mit bekannten chemisch ähnlichen Substanzen und entsprechende Positivstandards.

2.2. Perkutane Permeation

Die perkutane Permeation kann durch Untersuchungen an isolierten Säugerhäuten in der Rangordnung Humanhaut, Schweinehaut, Rattenhaut ersetzt werden (COLIPA, 1995). Damit wird eine Resorptionsrate oder Resorptionsgrößenordnung ermittelt, die für die gesundheitliche Risikoabschätzung eine Schlüsselinformation ist. Wir wissen, daß es unterschiedliche Permeationsraten für Häute verschiedener Spezies gibt; diese Raten sind aber relativ konstant, sodaß diese Unterschiede kein Nachteil sind. Wegen immer schonenderer Operationsmethoden und aus ethischen Gründen steht oft nicht genügend Humanhaut zur Verfügung, so daß überwiegend auf Säugetierhäute zurückgegriffen werden muß. Wir bevorzugen Untersuchungen mit isolierten Häuten von Schlachtschweinen, die eine vergleichbare Resorptionsrate zum Menschen aufweisen (NOSER F.K. et al., 1988). Fragen der Verstoffwechselung oder der Kinetik können mit diesen Modellen nicht beantwortet werden. Nach dem derzeitigen Stand der Wissenschaft ist dies nur in einem Tierversuch zu beantworten. Für eine Einsatzentscheidung eines kosmetischen Inhaltsstoffes, der seine chemikalienrechtlichen Grunduntersuchungen hinter sich hat, sind derartige Fragestellungen jedoch verzichtbar. Die Forderung wegen einer möglichen Verstoffwechslung in der Haut nur mit „viable human skin“ zu arbeiten, halten wir wegen der relativ geringen Stoffwechselaktivität der Haut nur für konkrete Verdachtsfälle für gerechtfertigt. Die allgemeine Erfüllung derartiger Ansprüche wird zum Ende vieler Experimente führen, weil soviel Humanhaut nicht verfügbar ist. Perkutane Permeations-Untersuchungen an organtypischen Hautkulturen sind nach unseren Erfahrungen noch nicht soweit entwickelt, daß sie die Experimente mit isolierten Säugerhäuten ersetzen können.

2.3. Genotoxizität

Die Genotoxizität in vitro (SPENGLER J. et al., 1988) kann an Mikroorganismen (meist Salmonellen und/oder Colibakterien) und in Zellkulturen mit Somazellen und Germinalzellen geprüft werden. Diese Genotoxizitätsprüfungen sind in der Lage, Erbgutveränderungen an unterschiedlichen biologischen Endpunkten (DNA, Gen, Chromosom, Genom) aufzuzeigen. Eine stoffwechselabhängige mutagene Wirkung ist jedoch damit nur bedingt erfaßbar, weil die Leberzellfraktionszusätze (S9 Mix) in der Regel nicht alle aktivierenden und inaktivierenden Enzyme enthalten. Hierbei muß man wissen, daß häufig erst eine Verstoffwechslung die mutagene Wirkung der Testsubstanz hervorruft. Dessen ungeachtet kann aber festgestellt werden, daß in vitro-Genotoxizitätsprüfungen weltweit anerkannt werden und wesentliche Beiträge zur Reduzierung und zum Ersatz von Tierversuchen leisten.

2.4. Phototoxizität

Bei der Phototoxizität (PAPE W.J.W. et al.,1988, BORENFREUND E. and PUERNER J.A., 1985) können im RBC-Test und NRU-Test mit selektiver UVA- und/oder UVB-Bestrahlung Photoirritationen erkannt werden. Eine zuverlässige Abschätzung von Substanz-Veränderungen unter Sonnenexposition ist damit möglich.

Alle anderen toxikologischen Parameter sind zur Zeit nur eingeschränkt oder nicht ersetzbar. Unter Berücksichtigung der 3R (Replacement, Reduction, Refinement) ergibt sich der in Tabelle 2 dargestellte Überblick.

Tabelle 2. Ersatz und Einschränkungsmöglichkeiten von Tierversuchen

	Replacement	Reduction	Refinement
akute Tox.		*	
Hautverträglichkeit	*		
Augenschleimhautverträglichkeit	*		
Augenverträglichkeit		*	*
Sensibilisierung	zur Zeit kein Ersatz, aber Lösungsansätze in Arbeit		
Haut-Penetration	*		
Genotox. in vitro	*		
Phototox.			
- Irritation	*		
- Sensibilisierung		*	
- Mutagenität		*	
Langzeittox.	zur Zeit kein Ersatz, keine Ansätze für eine Lösung		
Toxikokinetik			
Reprotox.			
in vivo-Genotox.			
Kanzerogenität			

Für die akute Toxizität ist zur Zeit nur ein Teilersatz durch die ATC (Acute toxic class method und die Fixed dose method) möglich. Dies gilt leider auch für den klassischen *Draize-Test zur Augenverträglichkeit* am Kaninchen. Hier ist nur ein Teilersatz möglich, nämlich die Prüfung der Schleimhautirritation. Reversible oder irreversible Effekte auf das oder im Auge können mit den Methoden zur Zeit nicht erkannt werden. Ich rate deshalb davon ab, von einem Totalersatz des Draize-Tests zu sprechen. Für die *Sensibilisierung* gibt es Ansätze durch Experimente mit immunkompetenten Zellen. Diese Methoden sind jedoch noch nicht in einem Stadium, um in eine breite Validierung einzutreten. Nach unserer Auffassung ist noch weitere Grundlagenforschung notwendig. Für die *Photosensibilisierung* und *Photomutagenität* ist zur Zeit nur ein Teilersatz möglich. In Validierungsstudien muß die Eignung der verfügbaren Methoden noch hinterfragt werden. Für die *langzeittoxische Untersuchung*, die *Toxikokinetik*, die *Reprotoxizität*, die *in vivo-Mutagenität* und die *Kanzerogenität* gibt es bis heute keinen Ersatz und keine erfolgversprechenden Ansätze für eine Problemlösung.

3. Fertigproduktabsicherung

Unter Berücksichtigung dieser wissenschaftlichen Darlegungen hat der IKW eine tierversuchsfreie Absicherungsstrategie für das kosmetische Fertigprodukt empfohlen (Industrieverband Körperpflege- und Waschmittel, 1995). Wir schlagen dazu ein mehrstufiges Prüfverfahren vor. Der erste Schritt besteht darin, daß der sachverständige Sicherheitsbewerter eine Risikoabschätzung auf der Basis der oben beschriebenen verfügbaren Toxizitätsdaten für das Fertigprodukt vornehmen muß. Hierbei ist besonders die bestimmungsgemäße und vorauszusehende Anwendung des Fertigprodukts zu berücksichtigen, d.h. die Expositionsbedingungen müssen geklärt werden. Die Häufigkeit, die Dauer, die Art und die Menge der Einzelanwendung sind zu hinterfragen, und es ist zu berücksichtigen, daß die genannten Parameter sich gegenseitig verstärken oder abschwächen können.

Das SCC hat in seinen toxikologischen Guidelines einzelne Fakten aufgeführt, die sinnvollerweise zur Expositionsabschätzung geklärt werden sollten (LOPRIENO N., 1992) (Tabelle 3).

Tabelle 3. Expositionsabschätzung

1. Produktart
2. Art der Applikation (versprüht, abgespült oder verbleiben etc.)
3. Konzentration der Inhaltsstoffe
4. Menge der Einzelanwendung
5. Häufigkeit der Anwendung
6. Gesamtfläche des Hautkontakts (cm^2)
7. Wo findet Kontakt statt (Schleimhaut, Haut, sonnengeschädigte Haut etc.)
8. Dauer des Kontaktes
9. Vorhersehbarer Mißbrauch
10. Art der Konsumenten (Kinder, hautempfindliche Personen, professioneller Gebrauch)
11. Aufnahmemenge in den Körper
12. Anzahl der Konsumenten
13. Anwendung auf der Haut mit UV-Exposition

Mit der Klärung der Exposition werden mögliche Gefährdungen erkannt und in der Mehrzahl der Fälle der Prüfungsumfang begrenzt.

In den nächsten Schritten sind folgende Fragen zu klären:

- Die **Prüfung auf rechtliche Zulässigkeit** der Formulierung unter Berücksichtigung der Regeln im Vertriebsland. Hierbei ist besonders an die Regelungen nach dem europäischen Kosmetikrecht zu denken, wonach zahlreiche Inhaltsstoffe vom SCC evaluiert und zugelassen sind. Daneben sind arbeitsschutzrechtliche Einstufungen und Kennzeichnungen und lebensmittel- und arzneimittelrechtliche Vorschriften, wie z.B. Verschreibungs- oder Apothekenpflicht, zu berücksichtigen. Für international operierende Hersteller empfiehlt es sich auch, amerikanische und japanische Rechtsvorschriften mit abzuklären. Mit dieser Überprüfung der rechtlichen Zulässigkeit werden zahlreiche sichere Rohstoffe belegt und damit viele toxikologische Einzelprüfungen überflüssig.
- Eine **Chemisch-physikalische Bewertung** des Fertigprodukts mit den Kriterien Produktart, Zubereitungsart, prozentualer Anteil toxikologisch-dermatologisch relevanter Inhaltsstoffe, pH-Wert etc., ist ebenfalls notwendig.
- Die **toxikologisch-dermatologische Relevanz** von Inhaltsstoffen wird weitgehend durch ihren prozentualen Anteil in der Formulierung mitbestimmt. Hilfsweise kann zur ersten Orientierung auch die EG-Zubereitungsrichtlinie herangezogen werden. Rohstoffe, die als ätzend, reizend und/oder sensibilisierend gekennzeichnet sind, verlieren z.B. diese Eigenschaften, wenn die genannten Konzentrationen in dem kosmetischen Fertigprodukt nicht erreicht werden. Zur Vermeidung von Mißverständnissen muß jedoch darauf hingewiesen werden, daß die Zubereitungsrichtlinie für Kosmetika nicht gilt.
- Im nächsten Schritt sind die **Ergebnisse der mikrobiologischen Prüfung** zu berücksichtigen. Am einfachsten ist die mikrobiologische Bewertung, wenn das Fertigprodukt keimfrei bzw. keimarm ist und eine 30monatige Haltbarkeit garantiert werden kann. Keimarm heißt: max. 1.000 Keime/g bzw. 100 Keime/g in Baby- und Augenkosmetika bei Abwesenheit spezifisch pathogener Keime.
- Zur **Überprüfung des irritativen Potentials** der Rezeptur empfehlen wir zunächst in

vitro-Prüfungen. Je nach Formulierung bieten sich dazu die bereits genannten Alternativ-Methoden an (Tabelle 4). Welcher Test oder welche Testkombination gewählt wird, hängt auch hierbei von der chemisch-physikalischen Eigenschaft der Formulierung (z.B. pH-Wert-Löslichkeit) und der Zubereitungsart ab. Alkoholische, wässrige tensidhaltige Lösungen können zuverlässig in den drei ersten Tests auf ihre irritative Wirkung überprüft werden. Schwerlösliche, fettig/ölige Formulierungen sind sinnvoller in den letzten drei Tests zu prüfen.

Tabelle 4. Routinemäßig verwendete Alternativmethoden zur Irritationsprüfung

z.B. RBC-Test
Zytotoxizitätstests (Neutralrottest, Kenacid Blue Test)
Chorionallantoismembran-Test (HET/CAM)
Prüfung im organotypischen Hautmodell
Prüfung an isolierten Häuten

- Zum Ausschluß einer möglichen systemtoxischen Wirkung empfehlen wir Untersuchungen zur perkutanen Permeation an isolierten Säugerhäuten. Wenn keinerlei Resorption durch die Haut stattfindet, sind weitere Prüfungen zur Langzeittoxizität, Teratogenität und Pharmakokinetik überflüssig. Wenn Stoffe resorbiert werden, muß geklärt werden, um welche Stoffe es sich handelt und wie groß die Menge ist. Nur wenn unbedeutende und unwirksame Mengen gefunden werden, kann auf eine weitere Abklärung verzichtet werden. Dies gilt für ca. 95% aller kosmetischen Zubereitungen. Die perkutane Permeation ist deswegen eine Schlüsselinformation, die nicht hoch genug eingeschätzt werden kann, weil sie direkt und indirekt dazu beiträgt, Tierversuche einzuschränken.
- Unter der Voraussetzung, daß toxikologische Informationen über kosmetische Inhaltsstoffe keine Hinweise auf systemtoxische, hautreizende oder sensibilisierende Eigenschaften erkennen lassen, können Lokalverträglichkeitsprüfungen mit dem Fertigprodukt am Menschen durchgeführt werden. Gegen Prüfungen am Menschen gibt es erhebliche ethische Vorbehalte, deshalb empfehlen wir, daß die Prüfungen an Menschen in Anlehnung an die Grundsätze der Good Clinical Practice der EU durchgeführt werden. Dies bedeutet im wesentlichen, daß sich der verantwortliche Prüfer vor jeder Applikation mit der Formulierung vertraut macht und eine Risikoabwägung zur Prüfung am Menschen vornimmt. Die Probanden müssen über die möglichen Risiken aufgeklärt werden, was sie schriftlich bestätigen. Eine Probandenversicherung ist abzuschließen. Diese Prüfung bezieht sich ausschließlich auf die Lokalverträglichkeit. Das Probandenkollektiv ist dabei so zu wählen, daß eine statistische Aussage gewährleistet ist. Durch gezielte Auswahl der Probanden können die Testbedingungen verschärft werden. Je nach Anwendung des kosmetischen Fertigprodukts ist eine Variation, Kombination oder Ergänzung der aufgeführten Testansätze erforderlich und möglich. Es bieten sich ein offener Epikutantest, ein geschlossener Epikutantest, ein kontrollierter Anwendungstest, ein Gebrauchstest und/oder ein Markttest an.
- Nicht unwesentlich ist, daß nach der Einführung eines neuen kosmetischen Produkts ein Monitoring zur Akzeptanz und Verträglichkeit des kosmetischen Fertigprodukts durchgeführt wird. Nach dem neuen europäischen Kosmetikrecht sind die Hersteller verpflichtet, unerwünschte gesundheitliche Nebenwirkungen zu erfassen und in ihrer Ursache zu klären. Dermatologische Rücktestungen mit einzelnen Inhaltsstoffen lassen zuverlässige Aussagen zur allergologischen Potenz und zur möglichen individuellen irritativen Unverträglichkeit von Inhaltsstoffen und/oder Formulierung zu. Erfahrungen der Giftinformationszentren können Hinweise zur Häufigkeit des Fehl- und Mißbrauchs und dessen Auswirkungen liefern. Es kommt darauf an, die Rückschlüsse aus den Marktbeobachtungen in das Sicherheitskonzept mit aufzunehmen. Auch ist daran zu denken, daß ein

erweiterter Warnhinweis oder eine geänderte Produktaufmachung oder -verpackung wietere Zwischenfälle verhindern und damit das Produkt sicher machen.

Diese Teststrategie wird von der Mehrzahl der europäischen Kosmetikhersteller getragen und wurde in der IKW-Broschüre unter dem Titel „Leitfaden zur Sicherheitsprüfung und Erfassung unerwünschter Nebenwirkungen kosmetischer Mittel" publiziert (Industrieverband Körperpflege- und Waschmittel, 1995). Aus wissenschaftlicher Sicht werden mit dieser Absicherungsstrategie sicherlich nicht alle denkbaren Parameter abgedeckt. Dies gilt besonders für die Augenverträglichkeit. Da nach unseren Erfahrungen Schäden am Auge durch millionenfache tägliche Anwendung kosmetischer Mittel bisher nicht aufgetreten und auch für die Zukunft unwahrscheinlich sind, halten wir die möglichen Risiken, die mit unserer Teststrategie verbunden sein könnten, für akzeptabel und zumutbar. Die Körperpflegemittelindustrie würde es begrüßen, wenn Wissenschaftliches Komitee und nationale Gesundheitsbehörden diese Auffassung teilen und als offizielle akzeptierte Teststrategie unterstützen würden. Die Grenzen eines Tierversuchsverzichtes zur Absicherung des kosmetischen Fertigprodukts sehe ich weniger in der technischen Ausführung als vielmehr in den produkthaftungsrechtlichen Anforderungen. Wenn das Wissenschaftliche Komitee und/oder nationale Gesundheitsbehörden die von der Körperpflegemittelindustrie vorgeschlagene Teststrategie nicht akzeptieren, sondern ausdrücklich Tierversuche zur Absicherung verlangen, sind die Grenzen der technischen Machbarkeit schnell erreicht. Man muß sich dabei klar machen, daß im Falle von produkthaftungsrechtlichen Auseinandersetzungen die Kosmetikhersteller, insbesondere der Personenkreis, der mit der Sicherheitsbewertung betraut ist, dann besondere Risiken eingehen, wenn wissenschaftliche Gutachter und Behörden vor Gericht Gegenpositionen aufbauen. Wir sehen dessen ungeachtet in unserer Teststrategie einen wirksamen Beitrag zur Einschränkung und zum Ersatz von Tierversuchen. Inzwischen liegen auch soviele Markterfahrungen vor, daß dieses Vorgehen nicht nur als gerechtfertigt, sondern auch als sicher angesehen werden kann.

Literatur

BARTNIK F. et al., Skin organ culture for the study of skin irritancy, Toxic. in-vitro, 4 (415), 293-301, 1990

BORENFREUND E. and PUERNER J.A., Toxicity determined in vitro by morphological alterations and neutral red absorption, Toxicology letters 24, 119-124, 1985

COLIPA, The European Cosmetic Toiletry and Perfumery Association, Cosmetic Product Test Guidelines for the Assessment of Human Skin Compatibility, 1996

COLIPA, The European Cosmetic Toiletry and Perfumery Association , Cosmetic Ingredients: Guidelines for Percutaneous Absorption/Penetration, 1995

Gesetz zum Schutz vor gefährlichen Stoffen (Chemikaliengesetz-Chem.G), BGBl, 1718, 1980

Industrieverband Körperpflege- und Waschmittel, Leitfaden zur Sicherheitsprüfung und Erfassung unerwünschter Nebenwirkungen kosmetischer Mittel, Frankfurt, 1995

KÜNSTLER K., Toxikologische Untersuchungen an Haut und Schleimhaut, in: BURGER, GROSTANOV, MENSCHLER, KRAUPP, SCHNEIDERS, DE GREUTER u. Co (Hrsg.), Aktuelle Probleme der Biomedizin, Berlin, New York, 247-255, 1986

LOPRIENO N., Guidelines for safety evaluation of cosmetics ingredients in the EC countries, Fd. Chem. Toxic., 9, 809-815, 1992

NOSER F.K. et al., In vitro permeation with pig skin, Instrumentation and comparison of flow-through versus static-diffusion protocol, J. Appl. cosmetology, 6, 111-122, 1988

PAPE W.J.W. et al., Validation of the red blood cell test system as in vitro assay for the rapid screening of irritation potentials of surfactants, Molecular Toxicol., 1, 525-536, 1987

Richtlinie 93/18 EWG des Rates zur Angleichung der Rechts- und Verwaltungsvorschriften der Mitgliedstaaten für die Einstufung, Verpackung und Kennzeichnung gefährlicher Zubereitungen an den technischen Fortschritt, L 104/46, 1993

Richtlinie 93/35 EWG des Rates vom 14. Juni 1993 zur sechsten Änderung der Richtlinie 76/768 EWG zur Angleichung der Rechtsvorschriften der Mitgliedstaaten über kosmetische Mittel, Amtsblatt der EG Nr. L 151/32-37, 1993a

Scientific Committee for Cosmetology, The use of Alternative Methods in theSafety Evaluation of cosmetic Ingredients, 1995 Report to DGXXIV, Commission Decision 78/45 EEC, 1995

SPENGLER J. et al., In vitro-Methoden zur Prüfung kosmetischer Mittel, Ärztliche Kosmetologie, 18, 421-430, 1988

VANGHAN F.L., Use of an epidermal culture for cutaneous toxicity studies AN, Drug Pharm. Sci., 42, 271-297, 1990

Phototoxizität von Fluorochinolonen im *in vitro*- 3T3-Zellmodell im Vergleich zu *in vivo*-Experimenten

G. Kempka, H.-W. Vohr, H.-J. Ahr, E. von Keutz, G. Schlüter

Zusammenfassung

Phototoxische und photoallergische Reaktionen finden zunehmendes Interesse in der Dermatologie und bei der Entwicklung neuer Pharmaka und Kosmetika. Eine Vielzahl von *in vivo*- und *in vitro*-Modellen wurden zur präklinischen Untersuchung des phototoxischen Potentials neuer Wirkstoffe vorgeschlagen. Bei Fluorochinolonen, einer wichtigen Klasse hochwirksamer Antibiotika, sind phototoxische Reaktionen eine bekannte Nebenwirkung bei Patienten, die auch im Tiermodell nachgewiesen werden kann. Es bestehen jedoch erhebliche Unterschiede zwischen den verschiedenen Fluorochinolonen in der Ausprägung dieser Effekte. Zur Auswahl neuer Entwicklungskandidaten aus dieser Stoffklasse war es somit entscheidend, in einem einfachen *in vitro*-Modell nicht nur eine qualitative, sondern auch eine quantitative Bestimmung des phototoxischen Potentials der Substanzen durchzuführen.

Aus diesem Grund wurde das bereits validierte Modell mit 3T3-Zellen der Maus benutzt. In diesem wurde eine Vielzahl von Kandidaten vergleichend untersucht und nach 2 Kriterien eingeordnet: nach dem EC_{50}-Wert und der eingesetzten UV-Dosis.

Einige Fluorochinolone wurden zur Validierung auch in vivo bezüglich der Photoreaktion an Meerschweinchen und Ratten getestet. Insgesamt ergab sich eine gute Übereinstimmung zwischen der *in vitro* und der *in vivo* ermittelten Rangordnung. Die Experimente in vivo an Ratten ergaben weiterhin, daß die hier untersuchten Fluorochinolone kein photoallergisches, sondern nur ein phototoxisches Potential besitzen.

Somit steht mit dem 3T3-Test ein in vitro-System zur Verfügung, das eine zuverlässige quantitative Einstufung des **phototoxischen** Potentials von Fluorochinolonen erlaubt und erfolgreich bei der Kandidatenauswahl eingesetzt werden kann.

Summary

Phototoxicity of fluorquinolones in the in vitro 3T3-cell model compared to in vivo experimentations

The increasing interest in the phototoxic and photoallergic reactions of compounds strongly increases in the dermatology and in the development of new pharmaceuticals and cosmetics. Various of *in vivo*- and *in vitro*-models have been developed for preclinical investigations of the phototoxic potentials of new compounds. For fluoroquinolones, an important class of highly effective antibiotics, phototoxic reactions are well-known side effects in patients and are also detectable in different animal models. However, there are considerable differences between individual fluoroquinolones in the expression of these effects. Thus, for the selection of new developmental candidats from this class a simple in vitro-model was of importance for qualitative and quantitative determination of phototoxic potentals of compounds.

For this reason, the already valided model of 3T3-cells from mouse was used for the screening of known as well as new quinolones. These substances were selected for two criteria in the in vitro-model: the EC_{50}-value and UV-dose used.

In addition to this *in vitro*-model, *in vivo*-photoreaction tests in guinea pigs and rats were performed to corroborate the in vitro-findings. A good correlation was found between the *in vitro*- and *in vivo*-ranking of the substances according to their phototoxic potential. Furthermore, the *in vivo*-experiments in rats did not bring a photoallergic potential of tested fluoroquinolones to light. They turned out to be exclusively phototoxic.

Thus, the in vitro-3T3-model allows the quantitative ranking of **phototoxic** potential and can be used for selection of new developmental candidats.

1. Einleitung

Phototoxizität ist als toxische Antwort der licht-(UV-)bestrahlten Zelle (Haut) definiert worden, die als unerwünschte Nebenwirkung bei der Behandlung mit bestimmten Substanzen wie z.B. Pharmaka oder Kosmetika vorkommen kann. Die anerkannten Tests zur Erfassung der Phototoxizität werden an verschiedenen Tiermodellen in *in vivo*-Experimenten durchgeführt (FORBES P.D. et al., 1977). Es gibt aber auch mehrere *in vitro*-Modelle zur Identifizierung von phototoxischen Substanzen, wie z.B. an Bakterien, Zellkulturen oder Haut-Organkulturen (DANIELS F., 1965; HOCKLEY K. et al., 1986; KAIDBEYK.H. and KLIGMAN A.M., 1978; LASAROW R.M. et al., 1992; SPIELMANN H. et al., 1994a, 1994b).

Für die Bestimmung des phototoxischen Potentials der Pharmaka wurde ein 3T3-Zellmodell benutzt (SPIELMANN H. et al., 1994a). Für die Testvalidierung wurden zunächst bekannte phototoxische Verbindungen eingesetzt. Anschließend wurde das Screening der Fluorochinolon-Derivate in diesem Modell durchgeführt. Die Phototoxizität wurde nach der Substanzbehandlung und UV-Bestrahlung in einem Vitalitätstest gemessen.

Die durch die oben aufgeführten *in vitro*-Untersuchungen erhaltenen Ergebnisse wurden mit *in vivo*-Untersuchungen an Meerschweinchen und Ratten verglichen bzw. abgesichert. Bei dem Meerschweinchentest wurde ein nach MAURER modifizierter Test (MAURER T., 1984, 1987) benutzt. Für die Analyse der immunkompetenten Zellen auf Photoreaktionen wurden die Lymphknoten im sogenannten UV-LLNA bei Ratten durchgeführt (VOHR et al., 1992, 1994).

2. Material und Methoden

2.1. Zellkultur

Maus-Fibroblasten der Zellinie BALB/C 3T3 clone A31 (American Type Culture Collection - ATCC) wurden in DMEM (Gibco, Eggenstein) mit 10% FCS (Seromed, Berlin) und 1% Peniccilin-Streptomycin (Gibco) kultiviert. Die Zellen wurden in eine 96-Napf-Platte in einer Dichte von 1 x 10^4 für 24h eingesetzt, die genaue Zellzahl wurde in einem Zellzähl-Gerät (Schärfe-System) ermittelt. Die Testsubstanzen wurden in einer entsprechenden Konzentrationsreihe in FCS-freiem Medium vorbereitet und für 1h zu den Zellen zugegeben. Anschließend wurden die Testplatten (mit Ausnahme der Kontrollplatte) mit einer Quecksilber-Metall-Halogenidlampe mit einem H1-Filter und einer Intensität von 1,67mW/cm^2 bestrahlt.

Nach 20 bzw. 60min (2 und 6J UV-A/cm^2) wurde das Medium in den Platten gegen „frisches" Kulturmedium (ohne Testsubstanz) ausgetauscht und die Platten weitere 24h kultiviert.

2.2. Zytotoxizitätsmessung

Die Wirkung der Substanzen wurde in einem Vitalitätstest bestimmt. Für diesen Test wurde Neutralrot benutzt, das nur von lebenden Zellen aufgenommen wird. Aus einer Stammlösung (Sigma) wurde Neutralrot den Zellen entsprechend der Herstellerhinweise zugegeben. Nach einer Inkubation von 2h bei 37°C wurden die Zellen gewaschen und die Farblösung mit einer Ethanol-Eisessig-Mischung aus den Lysosomen extrahiert. Die quantitative Auswertung erfolgte im Spektrophotometer bei einer Wellenlänge von 540nm (ZHANG S.Z. et al., 1990).

2.3. Photoreaktionen in Meerschweinchen

4-6 Wochen alte, weibliche Meerschweinchen (DHPW; Winkelmann, Borchen) wurden auf dem Rücken geschoren. Am nächsten Tag erhielten sie 0, 30 oder 100mg/kg Körpergewicht der angegebenen Substanz als Einzeldosis mittels Schlundsonde. 30min später wurden sie mit 20J UV-A/cm^2 bestrahlt. Einige Tiere blieben völlig unbehandelt und dienten als Bestrahlungskontrollen.

Die Hautveränderungen am Rücken wurden 1, 3, 24, 48 und 72h nach Bestrahlungsende beurteilt. Die Körpergewichtsentwicklung wurde täglich festgestellt.

Die Hautrötungen wurden durch verschiedene Stufen bewertet: von 0,5 (kaum wahrnehmbare, partielle Rötungen) bis 3 (starker Sonnenbrand mit Hautschwellungen).

2.4. Photoreaktionen in Ratten

Pigmentierte (FB30) und nicht-pigmentierte (Wistar) Ratten wurden 14 Tage hindurch täglich mit 50mg/kg der Testsubstanzen oral appliziert (Schlundsonde). Während der letzten drei Behandlungstage wurden sie zusätzlich (30min nach Applikation) mit 20 J UV-A/cm^2 bestrahlt. Vehikel-behandelte Tiere dienten als Kontrolle. Substanz-behandelte, unbestrahlte Tiere dienten als Bestrahlungskontrolle. 2 Tage nach der letzten Behandlung wurden die aurikulären Lymphknoten entnommen und in der Durchflußzytometrie (FACScan) die Subpopulationen u.a. in Hinblick auf T-Memory-Bildung (CD4/CD45R) analysiert.

3. Ergebnisse

3.1. Validierung des Modells mit bekannten Verbindungen

Zur Modell-Validierung wurden 7 Testsubstanzen mit unterschiedlicher phototoxischer Wirkung ausgesucht. Das phototoxische Potential wurde durch Substanzkonzentration (EC_{50}) und UV-Dosis bestimmt. Es wurden 5 Substanzgruppen mit unterschiedlicher Phototoxizität gebildet:

1. Nicht phototoxisch	UV-Bestrahlung - 60min, $ED_{50} \geq 100\mu g/ml$
2. Leicht phototoxisch	UV-Bestrahlung - 60min, $ED_{50} > 50\mu g/ml$
3. Moderat phototoxisch	UV-Bestrahlung - 60min, $ED_{50} < 50\mu g/ml$
4. Stark phototoxisch	UV-Bestrahlung - 20min, $ED_{50} < 100\mu g/ml$
5. Extrem phototoxisch	UV-Bestrahlung - 20min, $ED_{50} < 10\mu g/ml$

Laurylsulfat und Thioharnstoff wurden zur Gruppe 1 eingestuft (ED_{50} > 100µg/ml nach 60min der UV-Bestrahlung); Tetracyclin - zur Gruppe 2 (ED_{50} = 75µg/ml nach 60min der UV-Bestrahlung); Zimtaldehyd - zur Gruppe 4 (ED_{50} = 15µg/ml nach 20min der UV-Bestrahlung); Chlorpromazin und Meladinin - zur Gruppe 5 (ED_{50} < 10µg/ml nach 20min der UV-Bestrahlung). Chlorhexidin wurde trotz seiner Zytotoxizität (ED_{50} = 20µg/ml ohne UV-Bestrahlung) als nicht phototoxisch klassifiziert, da die ED_{50} = 18-20µg/ml auch nach UV-Bestrahlung beträgt (Tabelle 1).

Tabelle 1. Bestimmung des phototoxischen Potentials in Maus Fibroblasten BALB/c 3T3.A31 erfolgte nach Substanzkonzentration (EC_{50} - µg/ml) und UV-Dosis (min)

	UV-Bestrahlungszeit			Phototoxizitätsrang
	0min	20min	60min	
Chlorhexidin	20	20	18	1
Chlorpromazin	30	3	1,5	5
Laurylsulfat	> 100	> 100	> 100	1
Meladinin	80	3	3	5
Tetracyclin	> 100	> 100	75	2
Thioharnstoff	> 100	> 100	> 100	1
Zimtaldehyd	40	15	5	4

3.2. *Screening der Fluorochinolon-Derivate im in vitro-Modell*

Zu den getesteten Verbindungen gehörten sowohl handelserhältliche (Ciprofloxacin, Enrofloxacin, Fleroxacin, Lomefloxacin, Ofloxacin, Sparfloxacin) als auch neuentwickelte Chinolon-Derivate (Tabelle 2).

Analog zu den Referenz-Substanzen verlief die Bestimmung des phototoxischen Potentials in Abhängigkeit von Substanzkonzentration (ED_{50} - µg/ml) und UV-Expositionszeit.

Die Unterschiede im phototoxischen Potential der Fluorochinolone sind in diesem *in vitro*-Test zu erkennen: Ciprofloxacin, Enrofloxacin, Fleroxacin und Ofloxacin wurden als leicht phototoxisch eingestuft, während Lomefloxacin und Sparfloxacin ein starkes phototoxisches Potential zeigten.

Im weiteren wurde dieses 3T3-Modell für das Screéning der Entwicklungskandidaten eingesetzt: So wurden z.B. 3 Substanzen identifiziert, die als extrem phototoxisch eingestuft wurden (Gruppe 5), und auch 2 Verbindungen, die kein nachweisbares phototoxisches Potential besaßen (Gruppe 1).

Tabelle 2. Bestimmung des phototoxischen Potentials von Fluorochinolone in Maus Fibroblasten BALB/c 3T3.A31 erfolgte nach Substanzkonzentration (EC_{50} - µg/ml) und UV-Dosis (min)

	UV-Bestrahlungszeit			Phototoxizitätsrang
	0min	20min	60min	
Ciprofloxacin	> 100	> 100	60	2
Enrofloxacin	> 100	> 100	65	2
Fleroxacin	> 100	> 100	55	2
Lomefloxacin	> 100	50	25	4
Ofloxacin	> 100	> 100	50	2
Sparfloxacin	> 100	25	25	4
BAY y 3118	> 100	7	5	5
BAY v 3545	> 100	8	6	5
BAY x 8843	> 100	4	3	5
BAY 12-8039	> 100	> 100	> 100	1
Trovafloxacin	> 100	> 100	> 100	1

3.3. Bestimmung der Phototoxizität in vivo

Wie Abb. 1 zeigt konnten deutliche Unterschiede bezüglich der Hautrötung nach Applikation der drei Chinolone (Sparfloxacin (SPX), Ciprofloxacin (CPX) und Bay 12-8039) und UV-A-Bestrahlung festgestellt werden. Während Ciprofloxacin nur zu einer leichten, kurz anhaltenden Photoreaktion führte, war die durch Sparfloxacin induzierte Reaktion weit stärker (deutlicher Sonnenbrand zum Teil mit Hautschwellungen) und lange anhaltend. Bay 12-8039 zeigte hingegen keinerlei Hinweis auf ein photoreaktives Potential.

Obwohl nach Gabe von SPX und CPX, aber nicht Bay 12-8039, Aktivierungen von aurikulären Lymphozyten in den Ratten gefunden wurden, konnte für keine Substanz eine Bildung von T-Memory-Zellen nachgewiesen werden, wie sie anscheinend für photoallergische Substanzen und Kontaktallergene charakteristisch ist. Die beobachteten Photoreaktionen sind daher mit hoher Wahrscheinlichkeit auf phototoxische Vorgänge zurückzuführen. Dieses wird auch durch die gute Korrelation mit den in vitro-Ergebnissen bestätigt, die für Photoallergene nicht zu erreichen ist.

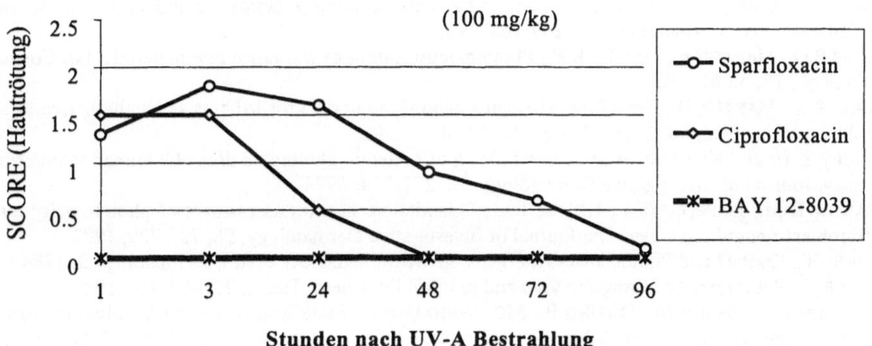

Abb. 1. **Hautreaktion von Meerschweinchen nach oraler Applikation von Chinolonen und UV-A-Bestrahlung**
30min nach oraler Gabe von 100mg/kg der Testsubstanz wurden die am Rücken geschorenen Meerschweinchen mit 20J UV-A/cm² bestrahlt. Die Hautrötung und Ödembildung wurde zu den angegebenen Zeiten nach Bestrahlungsende bestimmt. Pro Gruppe wurden 5 Tiere eingesetzt; angegeben sind die Mittelwerte der Bestimmungen, korrigiert gegen bestrahlte, Vehikel-behandelte Kontrolltiere. Als Vergleich dienten unbestrahlte, Vehikel-behandelte Tiere

4. Diskussion

Eine phototoxische Wirkung kann bei einer großen Zahl von Medikamenten und Kosmetika durch UV-Bestrahlung bei Menschen und Tieren ausgelöst werden. Der Mechanismus der Phototoxizität ist nicht vollständig bekannt. Eine der Hypothesen beruht auf der mikrosomalen Lipid-Peroxidation in der Zelle, bei der Lipid-Peroxy-Radikale entstehen (VOHR et al., 1992). Zu Acceleratoren dieser Peroxidation gehört neben anderen Faktoren auch Licht in Anwesenheit von phototoxischen Substanzen. So hat die frühe Identifizierung solcher phototoxischer Verbindungen (noch in der Entwicklungsphase) eine besondere Bedeutung.

Um diese Substanzen zu erkennen und ihr phototoxisches Potential zu bestimmen, wurde ein in vitro-Modell mit Fibroblasten der BALB/c Maus (3T3 Zellen) etabliert (SPIELMANN H. et al, 1994a, 1994b). Zunächst wurde der UV-Bestrahlungs-Test mit bekannten Modellsubstanzen (phototoxischen, zytotoxischen und Kontrollen) validiert. Erwartungsgemäß wirkten Meladinin, Zimtaldehyd und Chlorpromazin stark phototoxisch auf die Zellen;

Tetracyclin erwies sich als schwach phototoxisch; Chlorhexidin verursachte eine starke Zytotoxizität, aber keine Phototoxizität; Laurylsulfat und Thioharnstoff hatten weder photo- noch zytotoxischen Einfluß.

Als nächstes wurde die Phototoxizität der Fluorochinolone in diesem Modell getestet. Die Substanzreihenfolge sieht folgendermaßen aus (von nicht bis stark phototoxisch): 12-8039 < Enrofloxacin ≤ Ciprofloxacin ≤ Flerofloxacin ≤ Ofloxacin < Lomefloxacin < Sparfloxacin.

Diese Reihenfolge wurde durch die in vivo-Untersuchungen, bei denen Bay 12-8039, CPX und SPX eingesetzt wurden, bestätigt. Aufgrund der Hautreaktionen bei Meerschweinchen konnte 12-8039 als nicht, CPX als leicht und SPX als stark phototoxisch klassifiziert werden.

Die Lymphknotentests an Ratten ergaben für keine Substanz ein photoallergisches Potential. Insgesamt erwies sich somit der 3T3-Test als zuverlässig prädiktiv für diese phototoxische Substanzklasse.

Literatur

DANIELS F., A simple microbiological method for demonstrating phototoxic compounds, The Journal of Investigative Dermatology, 44, 259-263, 1965

FORBES P.D., URBACH F., DAVIES R.E., Phototoxicity testing of fragrance raw materials, Fd. Cosmet. Toxicol., 15, 55-60, 1977

HOCKLEY K., BAXTER D., Use of the 3T3-cell - neutral red uptake for irritants as an alternative to the rabbit (Draize) test, Fd. Chem. Toxic., 24, 473-475, 1986

KAIDBEY K.H. and KLIGMAN A.M., Identification of systemic phototoxic drugs by human interdermal assay, Journal of Investigative Dermatology, 70, 272-274, 1978

LASAROW R.M., ISSEROFF R.R., GOMEZ E.C., Quantitative in vitro assessment of phototoxicity by a fibroblast-neutral red assay, The Journal of Investigative Dermatology, 98, 725-729, 1992

MAURER T., Contact and Photocontact Allergens, in: MARCEL DEKKER (ed.), Dermatology 3, 1984

MAURER T., Phototoxicity testing - in vivo and in vitro. Fd. Chem. Toxic., 25, 407-414, 1987

SPIELMANN H., LIEBSCH M., DÖRING B., MOLDENHAUER F., Erste Ergebnisse der Validierung von *in vitro*-Phototoxizitätstests im Rahmen eines EG/COLIPA Projektes, ALTEX, 11 (1), 22-31, 1994a

SPIELMANN H., LOVELL W.W., HÖLZLE E., JOHNSON B.E., MAURER T., MIRANDA M.A., PAPE W.J.W., SAPORA O., SLADOWSKI D., ECVAM Workshop Report *In Vitro* Phototoxicity Testing, ATLA, 22, 314-348, 1994 b

VOHR et al., The UV-irradiated local lymph node assay: a new screening test for photoreactive compounds, Arch. Derm. Res., 284, 41, 1992

VOHR et al., Light effects demonstrated in a modified local lymph node assay in mice, Photoderm. Photoimm. Photomed., 10, 57-64, 1994

ZHANG S.-Z., LIPSKY M.M., TRUMP B.F., HSU I.-C., Neutral red (NR) assay for cell viability and xenobiotic-induced cytotoxicity in primary cultures of human and rat hepatocytes, Cell Biology and Toxicology, 6, 219-234, 1990

Kosmetika ohne Tierversuche - ist das Wünschbare auch machbar ?

J. Meier

Zusammenfassung

Die 6. Änderung der EG-Kosmetik-Richtlinie (76/768/EWG) vom 14. Juni 1993 (93/35/-EEC) untersagt, bei verschärften Sicherheitsanforderungen, ab dem 1. Januar 1998 den Einsatz von Inhaltsstoffen und Kombinationen von Inhaltsstoffen in kosmetischen Mitteln, falls diese nach jenem Datum in Tierversuchen geprüft wurden. Sollten bis zu diesem Zeitpunkt keine wissenschaftlich validierten Alternativmethoden zu Tierversuchen zur Verfügung stehen, kann das Verbot für einen Zeitraum von mindestens zwei Jahren hinausgeschoben werden. Die EG-Kommission wacht (nach Artikel 4 Absatz 1, i der Richtlinie) „insbesondere über die Entwicklung, Validierung und rechtliche Anerkennung der Versuchsmethoden, für die keine lebenden Tiere verwendet werden". Weil die erhobene Forderung aus der Sicht von Politikern, Verbraucherschutz- und Tierschutzorganisationen seitens der Industrie nicht wunschgemäß rasch in die Praxis umgesetzt wird, sieht sich letztere dem Vorwurf ausgesetzt, mit mangelndem Einsatz an der zugewiesenen Aufgabe zu arbeiten. Der Vortrag zeigt auf, welche zum Teil sich diametral entgegenstehenden Forderungen und Erwartungen der beteiligten Interessengruppen die zur Zeit bestehende Polarisierung hervorgerufen haben und welche Rahmenbedingungen geändert bzw. welche Positionen geräumt werden müßten, damit das Wünschbare - der Verzicht auf Tierversuche für Kosmetikprodukte - auch machbar wird. Mit Sicherheit kann es nicht die Aufgabe der Kosmetikindustrie sein, den Politikern die Entscheidung abzunehmen, vorhandene Alternativmethoden als Ersatz für Tierversuche zu akzeptieren. Ebenso sicher ist, daß die Kosmetikindustrie jedes Tierversuchsmodell durch von den Behörden akzeptierte Alternativmethoden ersetzen wird.

Summary

Cosmetics without animal experiments - is this a realistic approach ?

The 6th Amendment of the EU Cosmetics Guideline (76/768/EWG) dated June 14th, 1993 (93/35/EEC) prohibits the use of ingredients and combinations thereof in cosmetic products, if these have been tested on animals. At the same time, safety requirements are increased. If there are no validated alternative methods available at January 1st, 1998, the ban may be postponed by the European Commission, which watches over the development, validation and legal acceptance of alternative methods to be established. Since to date no such alternatives have been accepted by governmental authorities, consumer protection organizations, animal laws organizations and politicians focus on the cosmetic industry and accuse it not to work with the necessary strength towards this goal. It is shown that the sometimes diametrically different views of the problems involved only led to polarization between the different groups of interest. This polarization has to be overcome. From the point of view of a representative of the cosmetic industry it is possible to market cosmetic products without the use of animal test systems. This is, however, only possible, if we agree that for the time being the consumer has to take some additional risks in using such products. Moreover, the cosmetic industry will be pleased to follow respective guidelines of the European Commission with accepted alternative methods. However, it cannot and will not be the business of the cosmetic industry to take the responsibiltiy for these political decisions from the political bodies of the European Union. Thus, the cosmetic industry is essentially the wrong addressee to be critisized for the current lack of accepted alternative methods.

1. Einleitung

Tiere haben an den Folgen menschlicher Tätigkeit zu leiden. Tierversuche, durchgeführt mit dem Ziel des Erkenntnisgewinns oder zur Erfüllung gesetzlicher Sicherheitsbedingungen, bilden in diesem Kontext einen Bereich besonderer Sensibilität (HOLZHEY H., 1990). Die Begegnung mit kritisch eingestellten und engagierten Gegnern des Tierversuchs hat mittlerweile bei vielen biomedizinischen Forschern zu einer nüchternen Überprüfung ihrer Ansichten geführt und die Bereitschaft geweckt, sich ernsthaft mit den ethischen und praktischen Aspekten von Tierversuchen auseinanderzusetzen (ZBINDEN G., 1990). Das von vielen Tierversuchsgegnern vorgebrachte Argument, daß Tierversuche eine reine Alibifunktion hätten und die im Tierversuch gewonnenen Erkenntnisse grundsätzlich nicht auf den Menschen übertragen werden könnten, trifft allerdings überhaupt nicht zu, konnte doch gezeigt werden, daß die Mehrzahl der falschen Voraussagen bezüglich deren Übertragbarkeit von Tierversuchen auf den Menschen durch nachträglich erklärbare Unzulänglichkeiten in der Versuchsanlage und -durchführung oder durch übertriebene Sicherheitsanforderungen zustande gekommen sind (ZBINDEN G., 1990). Dabei ist unbestritten, daß bis dato unvorhersehbare und unerwünschte Nebenwirkungen von Substanzen (mit zum Teil fatalen Folgen) zu einer Verschärfung sicherheitstoxikologischer Anforderungen, also zu mehr Tierversuchen, geführt haben (ZBINDEN G., 1983). Neben Arzneimitteln und Chemikalien sind selbstverständlich auch Lebensmittel und Kosmetika Bestandteil der heutigen Sicherheitsphilosophie in unserer Gesellschaft (vgl. SMYTH D.H., 1982). Der einzige Weg aber, sicher zu sein, daß durch ein neues Produkt keine gesundheitliche Beeinträchtigung erfolgt, besteht darin, es gar nicht erst herzustellen. Andererseits ist es auf unserem Planeten noch nie so vielen Menschen gleichzeitig so gut gegangen wie heute; schenkt man den Medien die nötige Aufmerksamkeit, dann stellt man allerdings fest, daß sich noch nie so viele Menschen in ihrer Existenz derart bedroht fühlten, wie sie dies heute tun: Jeder will alt werden, keiner aber alt sein. Daneben sind „schön" sein und „gepflegt" sein Attribute, mit denen sich jedermann zu schmücken sucht. Diesen Bedürfnissen kommt nun die Kosmetikindustrie mit ihren Produkten in gewisser Weise entgegen, wobei festzuhalten ist, daß sie diese Bedürfnisse nicht schafft sondern zu befriedigen sucht. Die tierexperimentelle Prüfung von Kosmetika erweckt bei vielen Menschen deshalb starke Emotionen, weil man in weiten Bevölkerungskreisen den Gebrauch solcher Produkte als nicht absolut lebensnotwendig erachtet und deshalb weniger bereit ist, Versuchstieren Leid zuzumuten, als beispielsweise bei einem Arzneimittel. Dabei wird vergessen, daß Gebrauchsmittel des täglichen Lebens, wie Seife, Zahnpasta und Haarshampoo auch Kosmetika sind. Angesichts dieser Problematik haben Politiker in einem mutigen Schritt ein Tierversuchsverbot für Kosmetika erlassen, welches am 1. Januar 1998 in der Europäischen Union in Kraft treten soll und welches in der 6. Änderung (Direktive 93/35/EEC) der EU-Kosmetik Richtlinie (76/768/EEC) festgeschrieben wurde. Ungefähr fünfzehn Monate vor diesem Stichtag hat sich allerdings bei allen interessierten Kreisen eine gewisse Ernüchterung bemerkbar gemacht, zumal ein solches Verbot von der Verfügbarkeit validierter Alternativmethoden abhängig gemacht wird; nachdem auf diesem Gebiet seit über zehn Jahren gearbeitet wird, und die Europäische Kommission 1991 sogar die Bildung eines European Centre for the Validation of Alternative Methods (ECVAM) (MARAFANTE E. and BALLS M., 1994) beschlossen hat, wundert sich der Außenstehende, warum denn bis heute keine Alternativmethoden in einer Art validiert sind, daß sie Tierversuche ersetzen können. Die Kritik fokussiert sich dabei primär auf die Kosmetikindustrie, der vorgeworfen wird, sie benütze zu dieser Thematik ausgerichtete Veranstaltungen *„zur Selbstdarstellung, um letztendlich in der Öffentlichkeit gut dazustehen und ohne öffentlichen Druck weiterhin Tierversuche durchführen zu können“* (RUHDEL I., 1996). Zu solchen und ähnlichen Vorwürfen haben wir unlängst Stellung genommen (MEIER J. und MÜLLER P., 1996) und es ist Ziel dieses Beitrages, aufzuzeigen, daß man mit plakativen Schuldzuweisungen der Realität weder gerecht werden kann, noch der Sache dient. Im folgenden wird der Versuch unternommen, die Rolle der einzelnen Beteiligten (in alphabetischer Reihenfolge) zu skizzieren und aufzuzeigen, wo gemeinsam angesetzt werden sollte, um das Wünschbare, Kosmetika ohne Tierversuche, Wirklichkeit werden zu lassen.

2. Behörden

Jedes Land hat Gesundheitsbehörden, deren Aufgabe es ist, den gesundheitlichen Schutz der Bevölkerung sicherzustellen. Hierzu dienen Gesetze und Richtlinien beispielsweise darüber, welche Anforderungen neue Chemikalien, Arzneimittel und Kosmetikprodukte erfüllen müssen, damit sie legal auf den Markt gebracht werden dürfen. Obwohl allgemein bekannt ist, daß keine (Aufsichts-) Behörde in der Lage ist, eine vollumfängliche Kontrolle sicherzustellen, verzeiht unsere multimediale Gesellschaft den Behörden nicht den geringsten Fehler, wenn es um das Wohl der Bewohner geht. Solche Aussichten verhelfen mit Sicherheit nicht zu mutigen Entscheidungen; im Gegenteil, bevor nicht hieb- und stichfest bewiesen („validiert“) ist, daß das Neue das Althergebrachte mindestens ebensogut ersetzen kann, bleibt das Altbewährte sakrosankt.

3. Der globale Markt

Die Europäische Union gehört zwar zu den größten Wirtschaftsräumen, der Nabel der Welt ist sie aber nicht. Die global tätige Kosmetikindustrie hat deshalb ein Recht, von den Politikern zu erfahren, wie sie ab 1998 im EU-Raum nur tierversuchsfreie Kosmetika anbieten soll, während sie in anderen Teilen der Welt gerade deshalb an einer Registrierung neuer Kosmetikprodukte gehindert werden dürfte. Der hie und da geäußerte Rat, die geforderten Tierversuche in einer bestimmten Wirkstoffkonzentration durchzuführen, und das entsprechende Produkt dann im EU-Raum in etwas veränderter Konzentration unter dem Titel „tierversuchsfrei“ zu verkaufen, ist ein Etikettenschwindel, den die Kosmetikindustrie mit Entschiedenheit ablehnt.

4. Industrieverbände

Die Industrieverbände versuchen, nach dem Motto *„Es wird nichts so heiß gegessen, wie es gekocht wird“* zu beruhigen. So wurde schon gesagt, daß man neue Substanzen doch einfach nach dem Chemikaliengesetz registrieren solle, das ja etliche Tierversuche fordert, um den Schutz des Verbrauchers zu gewährleisten. Hat die Substanz diese Hürde genommen, kann sie dann „zufällig“ auch als Kosmetikgrundstoff verwendet werden. Als Grundstoff für Kosmetika sei sie dann aber nicht geprüft worden und könne demnach als „tierversuchsfrei“ auf den Markt gebracht werden. Auch dies ist aus der Sicht der Kosmetikindustrie Etikettenschwindel.

5. Kosmetikindustrie

Das Verhalten der Industrie beruht generell auf „*Bereitwilligkeit, Klugheit und Folgsamkeit gegenüber zentraler Anweisung*“ (SMYTH D.H., 1982). Man mag dies beklagen, wegdiskutieren läßt es sich nicht. Es ist zwar nicht heldenhaft, aber wirtschaftlich erfolgreich, den Weg des geringsten Widerstandes zu gehen. Zu jedem Punkt einer behördlichen Checkliste einen Beitrag einreichen zu können, befriedigt die Beamten und erspart Probleme selbst dort, wo mit etwas gesundem Menschenverstand eine weitaus bessere Lösung (ggf. auch mit weniger oder sogar ohne Tierversuche) (vgl. MEIER J. und WIEBER E., 1987) zu erreichen wäre. Daneben scheint die Wettbewerbssituation, in der sich die einzelnen Unternehmen befinden, einem gemeinsamen, geschlossenen Auftreten im Wege zu stehen. Schließlich kann ja eine Verschärfung oder auch nur eine Veränderung gewisser Rahmenbedingungen dazu führen, daß Mitbewerber nicht mehr konkurrenzfähig bleiben, was ohne besonderen Aufwand zu mehr Marktanteilen führen kann.

6. Medien

Der alte Sinnspruch „*Good news are no news*“ wird selbst von Medienmachern kaum bestritten. Skandale sind es, welche die Auflage bzw. Einschaltquote heben. Dies ist eine Feststellung, die auch im Hinblick auf den Tierschutz vollumfänglich zutrifft. Dabei eignet sich die (Pharma- und Kosmetik-) Industrie ausgezeichnet als „Sündenbock“, zumal diese Industriezweige auch wirtschaftlich in der Lage sind, Veränderungen finanziell zu tragen. Der Bauernstand eignet sich hierfür schon weniger, da man ihm staatstragende Bedeutung beimißt, und die privaten Tierhalter schon gar nicht, weil es sich hierbei um die zahlende Klientel handelt. Die oft geäußerte Behauptung, daß die Medienberichterstattung lediglich ein Spiegel unserer Gesellschaft sei, ist nachhaltig zu bezweifeln: Heute machen die Medien mehrheitlich die Stories und die Gesellschaft reagiert.

7. Politiker

Es wäre zu billig, wollte man Politikern generell unterstellen, sie vereinnahmen den Tierschutz als dankbares, die Menschen mobilisierendes Thema primär für Wahlzwecke. Daß solches aber sehr wohl vorkommen kann, wurde anderweitig schon festgestellt (AUNE A.I., 1995). Hingegen darf daran erinnert werden, daß für die Anerkennung von Alternativmethoden die Europäische Kommission zuständig ist. Die Direktive 93/35/EEC wurde von Politikern festgelegt und die politische Entscheidung, Alternativmethoden festzulegen, um die vom Verbraucher geforderte Sicherheit der Produkte zu gewährleisten, läßt sich nicht wegdelegieren. Im Augenblick hat man aber das Gefühl, der Sinnspruch „*Es ist leichter eine politische Suppe zum Kochen zu bringen, als diese auszulöffeln*“ bewahrheitet sich ein weiteres Mal.

8. Tierschutz

Dem Tierschutz obliegt es unbestrittenermaßen, sich für die Belange der Tiere stark zu machen. Den Tierschutzorganisationen kommt das Verdienst und die Pflicht zu, zum Schutz der Tiere politischen Druck auszuüben. (Als Vertreter der Industrie wünschte man sich bisweilen nur, daß andere Bereiche, wo der Mensch mit Tieren zusammenkommt, in der Landwirtschaft etwa oder in der privaten Tierhaltung, von den Tierschutzorganisationen mit derselben Konsequenz und derselben Hartnäckigkeit thematisiert werden könnten.) Mit sogenannten Positivlisten werden den Verbrauchern Kosmetikhersteller von sogenannten „tierversuchsfreien“ Kosmetikprodukten empfohlen. Der Deutsche Tierschutzbund e.V.

beispielsweise nimmt in diese Positivliste Herstellerfirmen auf, die in ihren Produkten Rohstoffe verwenden, die spätestens vor dem 1. Januar 1979 in Tierversuchen geprüft wurden. Solche Produkte mit dem Vermerk „tierversuchsfrei" auf den Markt zu bringen ist aus der Sicht nicht nur der Kosmetikindustrie ein Etikettenschwindel, der sich mit dem moralischen Anspruch einer solchen Organisation nur schwer in Einklang bringen läßt. Die amerikanische FDA beispielsweise stellt in einem Rundschreiben vom November 1991 zu den mit Tierrechts-Signeten als tierversuchsfrei etikettierten Kosmetikprodukten lapidar fest: *„These companies that say that they don't test on animals are skirting the issue. Practically every ingredient that's used in cosmetics was at some point tested on animals. Probably a statement like «no new animal testing» would be more accurate*" (FDA, 1991) und im Februar 1995 wird festgestellt: «*If the safety of a cosmetic product is not adequately substantiated, the product is considered misbranded and may be subject to regulatory action unless the principal display panel bears the statement, „Warning -- the safety of this product has not been determined".*» (FDA, 1995). Welche Mutter im deutschsprachigen Raum würde ihrem Baby eine pflegende Hautcreme mit der Aufschrift: *„Warnung: Dieses Produkt wurde nicht auf mögliche gesundheitliche Risiken geprüft*" zumuten? Demgegenüber läßt sich die Lüge vom im Tierversuch geprüften „tierversuchsfreien" Produkt jedoch durchaus als verkaufsfördernde Werbung einsetzen.

9. Verbraucherschutz

Wir vergessen leicht, daß der Hauptgrund für Tierversuche der Verbraucherschutz ist. Da es für uns „Normalverbraucher" in einer hochtechnisierten industriellen Gesellschaft zunehmend schwieriger wird, uns auf unsere persönlichen Eindrücke und auf den gesunden Menschenverstand zu verlassen, um Fehler beim Kauf von Gütern und Dienstleistungen zu verhindern, müssen Regierungen und andere Organisationen die Aufgabe des Verbraucherschutzes übernehmen (SMYTH D.H., 1982). In diesem Zusammenhang sei die simple Formel für die Risikobeurteilung *„Risiko gleich Eintretenswahrscheinlichkeit eines Ereignisses mal Schweregrad der Auswirkung durch die Akzeptanz in der Bevölkerung"* bemüht. Von besonderem Interesse ist hierbei, daß Eintretenswahrscheinlichkeit nicht nur *groß*, sondern auch *spät* bedeuten kann. Die beiden chemischen Substanzen, die unter den Menschen mit Sicherheit die größten Schäden verursacht haben und noch verursachen, der (Äthyl-) Alkohol und das Nikotin, sind wahrscheinlich gerade deswegen kein Thema für den Verbraucherschutz, weil die Eintretenswahrscheinlichkeit eines schweren Krankheitsverlaufs für den Verbraucher erst spät Tatsache wird. Andererseits sind Risiken, denen in unserer multimedialen Gesellschaft keine Akzeptanz zukommt, auch dann unendlich groß, wenn aus wissenschaftlicher Sicht die Eintretenswahrscheinlichkeit äußerst nahe bei Null liegt. Für diese Bemerkung spricht unser Umgang mit der Bovinen Spongiformen Encephalopathie, besser bekannt als „Rinderwahnsinn". Während der Verbraucherschutz für den Vebraucher absolute Sicherheit und totale Verläßlichkeit anstrebt, müssen wir ehrlicherweise feststellen, daß die Naturwissenschaften gerade solches nicht anbieten können.

10. Wie weiter ?

Die Frage, ist das Wünschbare machbar, das heißt, sind Kosmetikprodukte ohne Tierversuche möglich, wurde noch nicht beantwortet. Ein JA liegt durchaus im Bereich des Möglichen, falls alle Beteiligten folgende Fragen im offenem Dialog angehen:

1. Die grundsätzliche Frage, ob menschlichem Schutzbedürfnis und menschlicher „Überlegenheit“ die gesamte belebte und unbelebte Natur unterzuordnen sei, ist an der Frage des Tierversuchs voll entbrannt, wird heftig, zum Teil wutentbrannt und kontrovers diskutiert, ist aber keineswegs beantwortet und deshalb ein ungelöstes gesellschaftliches Problem. *„Mit der Delegation ungelöster gesellschaftlicher Probleme in Form wissenschaftlich unlösbarer Fragestellungen an die Fachvertreter werden wir unserer Verantwortung als Bürger und bewußte Konsumenten nicht gerecht“* (BERNHARD H.P., 1990). Die Tatsache, daß viele Menschen Tierversuche grundsätzlich ablehnen, dies jedoch nicht konsequent, weil sie auf gewisse Annehmlichkeiten, wie bestimmte medizinische Hilfe und fleischliche Ernährung nicht verzichten (vgl. RUH H., 1990), erleichtert die Lösung des Problems keineswegs. Selbst der Wille, die mehr praktische und bescheidenere Fragestellung, *„Wieviel Risiko sind wir als Verbraucher bereit zu übernehmen, wenn wir dadurch auf Tierversuche verzichten können ?“* zu beantworten, scheint mir unter den Beteiligten zur Zeit nicht ernsthaft diskussionswürdig zu sein. Aber auch das ist ein gesellschaftliches Problem, dessen Lösung uns beschäftigen muß, bevor wir uns auf „Sündenböcke“ einschießen.
2. Vor mittlerweile 12 Jahren wurde von wissenschaftlich kompetenter Seite festgehalten: *„...what is now lacking and what we ought now to achieve is the validation of one or more of these test methods. It is not very important which [in vitro] method is chosen - several are suitable - but the methods have to be validated by programmes of comparison between different laboratories, and then they will have to gain acceptance by, first, a national authority. Otherwise we will never achieve acceptance for regulatory use. We do not seek just to produce scientific papers to be discussed at scientific meetings, but would wish the results of our studies to be used for administrative purposes“* (SCHLATTER CH., 1985). In der Zwischenzeit wurde viel Papier produziert, zu brauchbaren Entscheidungen ist es noch nicht gekommen, obwohl, z.B. im Bereich der Zytotoxizitätsprüfungen, umfangreiche Validierungsstudien publiziert worden sind (MEIC, 1996).
3. Folgende Gedanken eines Behörden-Vertreters scheinen mir bemerkenswert: *„Essentially, the methods would not necessarily have to be validated, but accepted. The LD_{50} method was never validated in the current sense, but simply accepted by most countries and incorporated into their guidelines. Somewhere someone should have the courage to do the same with alternative methods. Especially now with the current network of international agreements, no producer willingly conducts two different tests when one of them is internationally accepted. Given this situation, it lies with the authorities to begin accepting, or even requiring, alternative methods as a substitute“* und schließlich: *„It should not be forgotten that real alternatives are in essence revolutions, and revolutions cannot be incorporated into an existing structure. All our laws are based on animal experiments. Therefore it should be acknowledged that the existing structure will have to change before something revolutionary can be introduced. These thoughts are particularly directed at those who are involved in the preparation and revision of laws. If this revolutionary seed of new methods is so important..., then the philosophy of the law should be changed in accordance. Without this essential change, a breakthrough will never be achieved“* (PIODA L., 1994). Die (Kosmetik-) Industrie wird jede Alternativmethode einem Tierversuch vorziehen, sofern diese nur endlich von den zuständigen Behörden als Alternative akzeptiert wird.
4. Allen Beteiligten gilt schließlich die Aufforderung, ihre gegenwärtige Position an folgendem Satz zu übedenken: ***Wer die Welt anders haben will, als sie heute ist, kann sie nicht gleichzeitig behalten wollen, wie sie heute ist.***

Literatur

AUNE A.I., Kommunikationsproblem Tierversuche - Eine Analyse am Beispiel der „Münchener Makaken“, in: HAMMER C. und MEYER J. (Hrsg.), Tierversuche im Dienste der Medizin, Lengerich: Pabst Science Publishers, 171-198, 1995

FDA - U.S. Food and Drug Administration, FDA Consumer, Cosmetic Safety - more complex than at First Blush, November 1991 und Februar 1995 (http://vm.cfsan.fda.gov/~dms/cos-205.html), 1995

HOLZHEY H., Das Leiden der Tiere, in: REINHARDT C.A. (Hrsg.), Sind Tierversuche vertretbar?, Zürich: Verlag der Fachvereine an den Schweizer Hochschulen und Techniken, 23-33, 1990

MARAFANTE E. and BALLS M, The European Centre for the Validation of Alternative Methods (ECVAM), in: REINHARDT C.A. (ed.), Alternatives to Animal Testing, Weinheim: Verlag Chemie, 21-25, 1994

MEIC, (Multicenter Evaluation of in vitro Cytotoxicity), MEIC evaluation of acute systemic toxicity, ATLA, 24, Supplement 1, 1996

MEIER J. und MÜLLER P., 6. Änderung zur EU-Kosmetikrichtlinie - wie weiter? Eine persönliche Stellungnahme zum Tierversuchsverbot in der 6. Änderung (Direktive 93/35/EEC) der EU-Kosmetik Richtlinie (76/768/EEC) aus der Sicht eines Vertreters der Kosmetikindustrie, ALTEX , 13 (2), 104-105, 1996

MEIER J. und WIEBER E., Versuchstierfreie Gehaltsbestimmung von Oxytocin-Präparaten, ALTEX 7, 12-16, 1987

PIODA L., The position of the authorities, in: REINHARDT C.A. (Hrsg.), Alternatives to animal testing, Weinheim: Verlag Chemie, 173-176, 1994

RUH E., Theologische Ethik und Tierversuche, in: REINHARDT C.A. (Hrsg.), Sind Tierversuche vertretbar?, Zürich: Verlag der Fachvereine an den Schweizer Hochschulen und Techniken, 49-61, 1990

RUHDEL I., Kommentar zum COLIPA-Symposium vom 29.11.-30.11.1995 aus der Sicht des Deutschen Tierschutzbundes, ALTEX, 13 (1), 41-42, 1996

SCHLATTER Ch., Round table discussion, Fd Chem Toxicol., 23, 329, 1985

SMYTH D.H., Alternativen zu Tierversuchen, Stuttgart: Gustav Fischer Verlag, 1982

ZBINDEN G., Biomedizinische Forschung und Tierversuche, in: REINHARDT C.A. (Hrsg.), Sind Tierversuche vertretbar ?, Zürich: Verlag der Fachvereine an den Schweizer Hochschulen und Techniken, 93-103, 1990

ZBINDEN G., Können Tierversuche in der Toxikologie eingeschränkt werden? in: WALTER P. (Hrsg.), Bedeutung und Notwendigkeit des Tierversuchs in der experimentellen Biologie, Basel: USGEB, 40-52, 1983

Permeationskinetik topisch applizierter Wirkstoffe in Humanhaut: in vitro-Infrarotspektroskopie als vielseitiges Verfahren zur Messung des transdermalen Transportes

T.M. Bayerl

Zusammenfassung

Eine neue in vitro-Methode zur empfindlichen Messung der vollständigen Permeationscharakteristik von topisch applizierten Substanzen oder deren Formulierungen durch Humanhaut wird in ihren Grundlagen erläutert und ihre Vielseitigkeit anhand einiger Anwendungen demonstriert. Die neue Methode basiert auf einer Weiterentwicklung der ATR-Meßtechnik der Infrarotspektroskopie und entspricht den geplanten OECD-Richtlinien für in vitro-Methoden zur Messung des Transportes durch die Haut. Sie bedarf keiner markierten Substanzen und nur äußerst geringer Probenmengen, kann simultan in nur einer Messung die Kinetiken für alle in einer Formulierung enthaltenen Komponenten liefern und ermöglicht Informationen über Metabolisierungsprozesse beim Durchgang durch die Haut. Die Substanzen können als Pulver, Flüssigkeiten oder halbfeste Zubereitungen unter kontrollierten Bedingungen (Temperatur, Luftfeuchtigkeit und -druck) appliziert werden. Messungen wurden sowohl an intakter menschlicher Spalthaut wie auch an Kulturhaut (menschliche Keratinozytenschichten) durchgeführt, wobei als Proben kleine Liposomen oder Wirkstoffformulierungen verwendet wurden. Es wurden einfache exponentielle Kinetiken und drastische Temperatur- und Größenabhängigkeiten für den transdermalen Liposomentransport und wesentlich komplexere Permeationscharakteristiken für Wirkstoffe erhalten.

Summary

Permeation kinetics of topically applied substances through human skin: In vitro-infrared spectroscopy as a versatile method for measuring transdermal transport

A novel in vitro- method for studying the permeation kinetics of topically applied chemicals or of their formulations through human skin is reported and some applications are given to demonstrate its versatility. The method is based on the infrared ATR technique and fulfills the recently proposed OECD guidelines on in vitro-methods for measuring percutaneous absorption of chemicals. The new method requires very low amounts of sample and does not rely on the use of labelled substances and allows simultaneous determination of the permeation kinetics of all components of a formulation with a single measurement. Furthermore, the method provides information about metabolization of the chemicals on their way through the skin and about changes of the integrity of carrier systems. Samples can be applied topically either as powder, fluid or semisolid formulations under controlled conditions of temperature, humidity and pressure. The method was employed to study percutaneous adsorption of either liposomes or of drug formulations through human skin and human keratinocyte layers. We observe a striking all-or-nothing dependence of transdermal liposomal transport on temperature and liposome size with single exponential kinetics and an even more complex permeation characteristics for drug formulations.

1. Einleitung - Die Notwendigkeit neuer in vitro-Meßverfahren

Der experimentelle Nachweis der Permeation topisch applizierter Wirkstoffe durch die Haut ist ein vom Gesetzgeber in naher Zukunft vorgeschriebener Wirksamkeitstest für viele Pharmazeutika und Kosmetika. Diese Messungen erfolgen bisher entweder mit Tierversuchen oder mit in vitro-Modellen, wobei letztere zum Teil beträchtliche Defizite bezüglich ihrer Realitätsnähe, Wirtschaftlichkeit oder Reproduzierbarkeit aufweisen. Tierversuche hingegen sind kostspielig, mit ethischen Problemen behaftet und ab 1.1.1998 nach EU-Richtline für kosmetische Anwendungen verboten.

Die Etablierung eines schnellen, wirtschaftlichen und äußerst realitätsnahen in vitro-Verfahrens als Screening-Methode zur Messung der kompletten Permeationscharakteristik von Wirkstoffen und ihrer Formulierungen durch Humanhaut ist deshalb dringend geboten. Eine kürzlich entwickelte und bereits in der Anwendung befindliche Realisierung eines solchen in vitro-Verfahrens soll im folgenden vorgestellt werden. Das neue Verfahren bedarf keiner radioaktiv oder anderweitig markierter Substanzen, kann im Bereich der topisch applizierten Wirkstoffe eine massive Reduzierung von Tierversuchen ermöglichen und darüber hinaus bisher nicht zugängliche Informationen über die Wechselwirkung der Wirkstoffe innerhalb der Haut liefern. Außerdem ist es mit der zum Beschluß vorliegenden „OECD Guideline for the testing of chemicals - dermal delivery and percutaneous absorption. In vitro method" konform. Durch die Etablierung dieses Verfahrens werden einerseits zahlreiche neue Aspekte bei der Charakterisierung der Permeabilitätsbarriere der Haut erstmals meßbar und andererseits wird der forschenden Pharma- und Kosmetikindustrie ein wirtschaftliches und hochsensitives Untersuchungsverfahren entsprechend den OECD-Richtlinen zur Verfügung gestellt.

2. Die Methode - Infrarot-ATR-Technik

2.1. Enwicklungsstand der Infrarotspektroskopie

Zwei wesentliche Innovationen in der Gerätehardware haben in der vergangenen Dekade die Anwendungsmöglichkeiten der Infrarotspektroskopie drastisch erweitert und diese zu einem der empfindlichsten und am universellsten anwendbaren Analyseverfahren gemacht. Der wichtigste Schritt war der Übergang von der Monochromatortechnik zur Fourier-Transformations-Technik (FT-IR). Damit wurden erstmals empfindliche IR-Messungen in stark verdünnten wäßrigen Lösungen möglich. In einem nächsten Schritt wurde die Empfindlichkeit der Methode für Messungen an Oberflächen und in sehr verdünnten Lösungen durch die Anwendung der bereits in den sechziger Jahren entwickelten Methode der Abgeschwächten Totalreflexion (ATR) noch einmal wesentlich gesteigert. Gleichzeitig wurde durch immer kompaktere Konstruktion der Interferometer und die drastisch gestiegene Leistungsfähigkeit der Computer die Größe der FT-IR-Spektrometer auf „Benchtop" Format reduziert. Mit dieser Entwicklung reduzierte sich ihr Preis auf ca. ein Zehntel des Betrages, der bei ihrer Markteinführung vor ca. 10 Jahren verlangt wurde, wodurch diese Geräte heute zur Grundausstattung vieler analytisch arbeitender Labors gehören. Für eine umfassende Darstellung der FT-IR-Technik sei hier auf die Literatur verwiesen (SKOOG H. and LEARY J., 1992).

2.2. Prinzipien der abgeschwächte Totalreflexion (ATR)

Die ATR-Technik wird immer dann angewendet, wenn die zu untersuchende Probe anders schwer meßbar ist (z.B. Pasten, Pulver und Festkörper geringer Löslichkeit) oder gezielt Oberflächeneigenschaften untersucht werden sollen (z.B. dünne Filme). Ihre Grundlage ist die Durchstrahlung eines im infraroten Spektralbereich durchlässigen, im allgemeinen kristallinen Materials (Platten aus Silizium, Germanium u.a., typische Dimensionen sind 25 x 10 x 2mm) mit einem infraroten Lichtstrahl (Abb. 1). Der IR-Strahl liegt hierbei in einer Ebene parallel zur Seitenfläche der Platte und sein Einfallswinkel in dieser Ebene wird so gewählt, daß er um einige Grad von der Längsachse der ATR-Platte abweicht. Unter diesen Bedingungen wird der Strahl zwischen den beiden Oberflächen der Platte mehrfach hin- und herreflektiert (Totalreflexion), bevor er die Platte wieder verläßt. Bei jeder Reflexion tritt ein Teil der Intensität des Strahls um einige hundert Nanometer über die Oberfläche der Platte hinaus und formt damit auf der Platte das sogenannte evaneszente Strahlungsfeld. Sein wichtigstes Kennzeichen ist eine in Normalenrichtung zur Plattenoberfläche exponentiell abfallende Intensität. Man bezeichnet die Entfernung, bei der die Intensität auf den $^1/_e$ten Teil des Anfangswertes abgefallen ist, auch als Penetrationstiefe des IR-Feldes. Dieser Wert läßt sich durch Wahl des Plattenmaterials, des Einfallswinkels und des die Platte umgebenden Mediums im Bereich von 0,2 bis ca. 1,0µm variieren (HARRICK N. and DUPRE F., 1966).

Bringt man nun eine IR-aktive Probe nahe genug an die Plattenoberfläche in den Bereich des evaneszenten Feldes, so wird die Probe einen Teil der Intensität aus dem evaneszenten Feld durch IR-Absorption bei bestimmten Frequenzen entnehmen. Im Detektor, der am Ausgang der ATR-Platte positioniert ist, wird bei dieser Frequenz dann eine Absorption beobachtet, analog zu einer klassischen IR-Transmissionsmessung. Dieser teilweise Intensitätsverlust durch die Probenabsorption wird als abgeschwächte Totalreflexion (ATR) bezeichnet (HARRICK N., 1967). Die Vorteile der ATR gegenüber der Transmissionsmessung sind:

1. die höhere Empfindlichkeit wegen der mehrfachen Reflexion (handelsübliche ATR-Platten haben ca. 20-30 Reflexionen) und
2. die Tiefenempfindlichkeit, da nur die Teile der Probe absorbieren, die in den Bereich des evaneszenten Feldes der Platte gelangen.

2.3. Permeationsmessungen an Humanhaut

Die Tiefenempfindlichkeit der ATR-Methode ist das entscheidende Element für das neue Verfahren zur Messung der Penetration durch Humanhaut. Verwendet man als Probe ein Stück Spalthaut und legt diese mit der dermalen Seite zur Plattenoberfläche orientiert auf die ATR-Platte, so kann das evaneszente IR-Feld zwar die untere, d.h. dermale Oberfläche der Haut penetrieren, aufgrund der Dicke der Hautschicht (mindestens 100µm) aber nicht in ihre inneren Schichten eindringen. Folglich werden am Detektor nur Signale von Substanzen ein Absorptionssignal liefern, die in der in unmittelbarer Nähe (Abstand < 1µm) zur Plattenoberfläche befindlichen Hautschicht oder in der dazwischen liegenden wäßrigen Phase lokalisiert sind.

Der Aufbau für eine zeitaufgelöste Permeationsmessung ist somit sehr einfach realisierbar (Abb. 1). Auf der Oberseite der horizontal orientierten ATR-Platte wird im einfachsten Fall ein der Plattengröße entsprechend großes Stück humane Spalthaut (dermale Seite zur Plattenoberfläche orientiert) aufgebracht. Die Unterseite der ATR-Platte ist an eine Einrichtung zur Thermostatierung (z.B. Wasserbad oder Peletierelemente) gekoppelt, die die Temperatur des Aufbaus bei physiologisch sinnvollen Werten (37°C) konstant hält. Die ATR-Platte ist hierbei in eine Nährlösung so eingebettet, daß die dermale Seite der auf der Platte befindlichen Haut von der Lösung umspült wird und dadurch eine Aufrechterhaltung der biologischen Funktion und strukturellen Integrität der Haut über den Zeitraum der Messung gewährleistet ist. Die epidermale Seite der Haut wird dagegen, durch geeignete Dichtungselemente von der Nährlösung isoliert, zur Luft (Luftfeuchtigkeit und -druck regelbar) exponiert. Auf dieser Seite wird nun eine Lösung einer auf Penetrationskinetik zu untersuchenden Substanz topisch appliziert. Voraussetzung ist, daß die zu untersuchende Substanz im Wellenzahlbereich 1.000-3.000cm^{-1} IR-Absorptionsbanden aufweist. Diese Bedingung ist für fast alle organischen Moleküle und auch für Wasser erfüllt. Die eigentliche Bestimmung der Permeationskinetik der Substanz erfolgt nun durch Messung der Intensität der Absorptionsbanden der zu untersuchenden Substanz in konstanten Zeitabständen nach der topischen Applikation (Zeitnullpunkt). Wegen der geringen Penetrationstiefe des evaneszenten Feldes im Vergleich zur Hautdicke kann die Substanz zum Zeitnullpunkt keine Absorptionssignale liefern. Der unmittelbar nach der Applikation beginnende Permeationsprozeß der Substanz durch die Haut bringt sie jedoch schließlich in den Bereich des evaneszenten Feldes, wo sie durch ihre IR-Absorption detektiert wird. Anreicherung der Substanz in den untersten Hautschichten durch den Permeationsprozeß führt somit zu einer zeitlich zunehmenden Intensität einer zuvor aus dem IR-Spektrum gewählten, charakteristischen Absorptionsbande der Substanz. Kommerziell verfügbare FT-IR-Spektrometer gestatten die Messung derartiger Absorptionsveränderungen mit außerordentlicher Empfindlichkeit innerhalb von 5-10 Sekunden. Durch die zeitaufgelöste Messung kann die Veränderung der Absorption als Funktion der Inkubationszeit (d.h. nach der topischen Applikation der Substanz oder ihrer Formulierung) aufgezeichnet werden. Gleichgewicht ist erreicht, wenn keine Veränderungen der Absorption mit der Zeit mehr detektiert werden können. Eine graphische Darstellung der Absorptionsänderung über die Inkubationszeit gibt dann die Kinetik der Permeation der Substanz durch die Haut (s. Abb. 2-3). Eine quantitative Bestimmung der durch die Haut permeierten Substanzmenge ist durch eine vorherige Eichmessung möglich, bei der die Absorption der gesamten, topisch applizierten Substanzmenge auf derselben ATR-Platte vor dem Aufbringen der Haut gemessen wird. Dieser Wert kann dann mit der durch Permeation erreichten Veränderung der Absorption ins Verhältnis gesetzt und daraus die Gesamtmenge an durch die Haut diffundierter Substanz bestimmt werden.

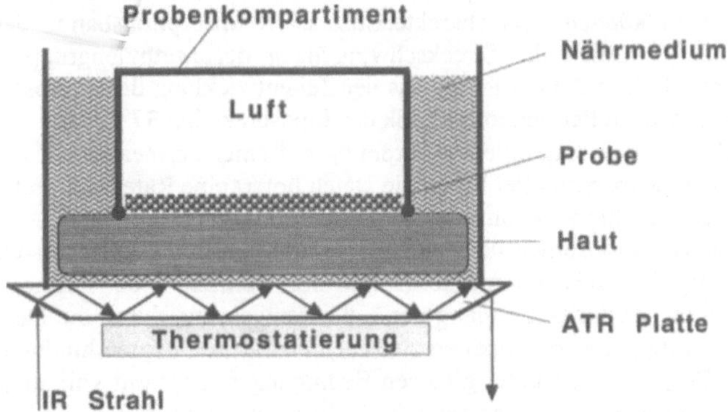

Abb. 1. Schematische Darstellung des ATR-Meßaufsatzes zur Messung der Permeation von topisch applizierten Substanzen durch menschliche Haut

Die Vorteile des neuen Verfahrens lassen sich wie folgt zusammenfassen:

1. Wegen der hohen Empfindlichkeit der IR-Spektroskopie werden nur sehr geringe Probenmengen (mg-Bereich) und Hautmengen (ca. 1cm^2) benötigt.

2. Da es möglich ist, simultan die Zeitentwicklung beliebig vieler Absorptionsbanden zu verfolgen, kann in einer einzigen Messung nicht nur die Permeation eines Wirkstoffes, sondern auch seiner Formulierungshilfsstoffe oder Carriersysteme quantitativ bestimmt werden.
3. Permeationsuntersuchungen können in Abhängigkeit von der Temperatur der Haut und anderer Parameter (z.B. Partialdruck, mechanische Behandlung der Hautoberfläche usw.) durchgeführt werden.
4. Die epidermale Seite der Haut kann mit Luft in Berührung sein. Damit ist ein realistisches Modellsystem geschaffen, welches insbesondere den asymmetrischen Aspekt der Hautfunktion, die Trennung zwischen einem wäßrigen Kompartiment (Organismus) und der Luft, widerspiegelt.
5. Die Verwendung teurer radioaktiv oder anderweitig markierter Substanzen entfällt.
6. Tritt bei der Permeation der Substanz durch die Hautschichten eine teilweise oder vollständige Metabolisierung auf, so kann auch diese durch die Analyse der entsprechenden Frequenzänderungen der Absorptionsbanden nachgewiesen werden.

3. Anwendungsbeispiele

3.1. Messung der Permeation von Liposomen durch menschliche Keratinozytenschichten

Diese Messungen wurden an einem Modellsystem für menschliche Haut, an in Zellkultur gezüchteten menschlichen Keratinozytenschichten, durchgeführt (s.a. REINL H. et al., 1995). Diese Kulturhaut (Dicke ca. 50µm) wurde in dem oben beschriebenen ATR-Setup auf die Silizium ATR-Platte aufgebracht. Auf der zur Luft exponierten epidermalen Seite wurden zum Zeitnullpunkt 200µl einer wäßrigen Lösung kleiner unilamellarer Liposomen (Durchmesser ≈ 50nm) aus Dimyristoyl-Phosphatidylcholin (DMPC) in Wasser (Konzentration 10mg DMPC pro ml) aufgetragen. Die Messung wurde bei zwei Temperaturen (37 und 10°C) durchgeführt, um die Abhängigkeit der Permeation der Liposomen durch die Kulturhaut als Funktion des Phasenzustandes der Liposomen (kristalline Phase bei 10°C, fluide Phase bei 37°C) betrachten zu können. Als charakteristische IR-Absorptionsbande der Liposomen („Fingerprintbande") wurden die Streckschwingungen der Methylengruppen der DMPC Fettsäureketten gewählt. In Abb. 2 ist die aus der Zeitentwicklung dieser Absorptionssignale ab Zeitnullpunkt erhaltene Permeationskinetik der Liposomen bei 37°C dargestellt.

Es ergibt sich klar eine Kinetik erster Ordnung mit einer Permeations-Halbzeit von $t_{½}$ ≈ 100min und ein monoexponentieller Fit an die Daten liefert eine Ratenkonstante von k =6,6 x $10^{-3}min^{-1}$. Im Gegensatz hierzu konnte bei 10°C (kristalliner Zustand des DMPC) überhaupt keine Permeation von Liposomen über einen Zeitraum von 24h beobachtet werden. Dieser Befund wurde als Hinweis interpretiert, daß der dominierende Permeationsweg der Liposomen durch die Kulturhaut entlang der äußerst engen und durch die Desmosomen für größere Partikel völlig gesperrten Spalten zwischen den Keratinozyten hindurchführt (REINL H. et al., 1995). Eine Messung unter gleichen Bedingungen, aber mit voll ausdifferenzierter humaner Spalthaut (Dicke 200µm) anstelle der Kulturhaut zeigte, daß die Permeationskinetik der Liposomen bei 37°C qualitativ sehr ähnlich zu der in Abb. 2 gezeigten ist, allerdings unterscheiden sich die Ratenkonstanten k um ca. eine Größenordnung (k = 6,4 x $10^{-4}min^{-1}$). Von daher erscheint es durchaus sinnvoll, die praktisch unbegrenzte Ressource Kulturhaut als Modell für voll ausdifferenzierte Haut einzusetzen, solange man sich hauptsächlich für die qualitativen Aspekte des transdermalen Transportes interessiert.

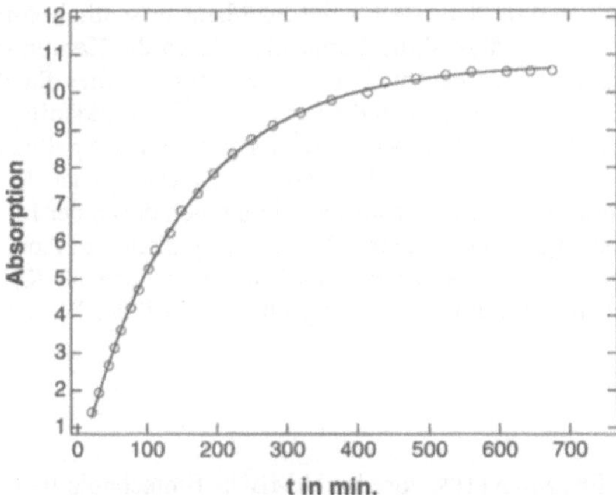

Abb. 2. Permeationskinetik einer wäßrigen Lösung kleiner unilamellarer Liposomen aus DMPC durch eine ca. 50µm dicke Keratinozytenschicht (Kulturhaut) bei einer Temperatur von 37°C. Die durchgezogene Linie wurde durch eine monoexponentielle Kurvenanpassung erhalten

3.2. Permeation einer Wirkstofformulierung durch Humanhaut

Diese Experimente wurden an 200µm dicker, humaner Spalthaut und an Keratinozytenschichten bei 37°C durchgeführt. Der Zeitraum zwischen der Entnahme beim Spender und dem Beginn der Messung betrug 4h, die Spalthaut kann in der Meßzelle bis zu 3 Tage metabolisch aktiv und morphologisch intakt gehalten werden. Insgesamt 150mg einer Lipogelformulierung des Wirkstoffes - es handelt sich dabei um ein Entwicklungsprodukt der Fa. Hoechst Marion Roussel, Produktgruppeneinheit Dermatogie (Frankfurt/M.) zur topischen Behandlung von Psoriasis - wurden aufgebracht (Zeitnullpunkt) und die Zeitentwicklung der Absorptionsintensität einer seiner IR-Fingerprintbanden wurde über bis zu 40h verfolgt. Das Ergebnis ist in Abb. 3 für die Spalthaut und für die Keratinozytenschichten dargestellt.

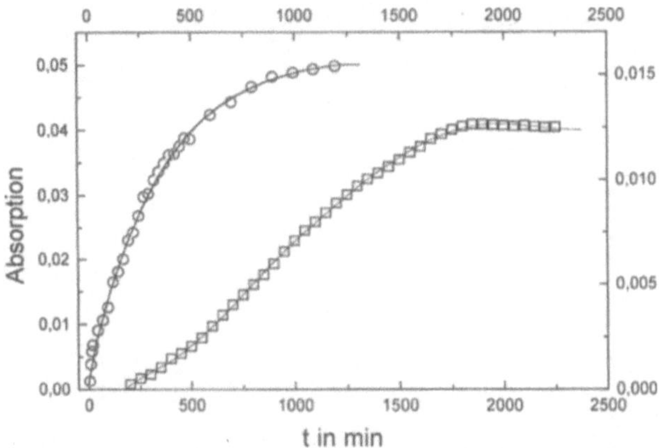

Abb. 3. Permeationskinetik einer topisch applizierten Wirkstofformulierung der Firma Hoechst Marion Roussel, Produktgruppeneinheit Dermatologie, Frankfurt/M. (Wirkstoff A 77 1726 in einer lipophilen Gelzubereitung) durch 200µm dicke, humane Spalthaut (Quadrate, linke Achse) und durch Keratinozytenschichten (Kreise, rechte Achse) bei einer Temperatur von 37°C

Es ist offensichtlich, daß die Kinetik für die Spalthaut wesentlich komplexer als die für Keratinozyten erhaltene ist. Während die Permeation durch die Keratinozytenschicht durch einfach exponentielles Verhalten beschrieben werden kann, ist dies für die Spalthaut nicht der Fall. Es ist jedoch bemerkenswert, daß die Permeation des Wirkstoffs durch die Spalthaut nicht wesentlich langsamer verläuft, obwohl die hier verwendete Spalthaut voll ausdifferenziert, unbehaart und 4-5 mal dicker als die Keratinozytenschicht ist. Die Vermutung liegt nahe, daß die Permeationswege des Wirkstoffes sehr ähnlich denen der Liposomen im obigen Beispiel sind. Berücksichtigt man die unterschiedlichen y-Skalen in Abb. 3 wird offensichtlich, daß die absoluten Mengen des permeierten Wirkstoffes sich für Kultur- und Spalthaut signifikant unterscheiden. Vermutlich wird ein größerer Anteil des Wirkstoffes innerhalb der Spalthaut gebunden.

Danksagung

Der Autor dankt DR. EISENBLÄTTER von der NIMBUS Biotechnologie GmbH, Leipzig, für die Überlassung zahlreicher Meßdaten, PROF. REIßIG vom Anatomischen Institut der Universität Leipzig für die Präparation von Keratinozytenschichten sowie DR. KRAEMER und DR. BOHN von der Firma Hoechst Marion Roussel, Produktgruppeneinheit Dermatologie, Frankfurt/M., für die Überlassung einiger Entwicklungsergebnisse und für kritische Hinweise bei der Manuskripterstellung.

Literatur

HARRICK N.J., Internal Reflection Spectroscopy, New York :Wiley-Interscience Publishers, 1967

HARRICK N.J., DUPRE F.K., Effective thickness of bulk materials and of thin films for internal reflection spectroscopy, Applied optics, 5, 1739-1745, 1966

REINL H.M., HARTINGER A., DETTMAR P., BAYERL T.M., Time-resolved infrared ATR measurements of liposome transport kinetics in human keratinocyte cultures and skin reveals a dependence on liposome size and phase state, J. Invest. Dermatol., 105, 291-295,1995

SKOOG, D.A. and LEARY J.J., Principles of Instrumental Analysis, New York: Harcourt Brace Jovanovich, 252-295, 1992

Entzündungsmediatoren aus einer humanen Keratinozytenlinie als Indikatoren für Hautreizung: Entwicklung einer Ersatzmethode für den Draize-Test

K. Müller-Decker, T. Heinzelmann, G. Fürstenberger, F. Marks

Zusammenfassung

Ersatzmethoden für den Tierversuch zur Testung von hautreizenden Stoffen werden von der Öffentlichkeit und dem Gesetzgeber mit großem Nachdruck gefordert. Wir haben einen Zellkulturtest für hautreizende Wirkung entwickelt, bei dem ein zentraler Auslösemechanismus von Hautentzündungen gemessen wird. Es handelt sich dabei um die Freisetzung der primären Entzündungsmediatoren IL-1α und Arachidonsäure (AA) aus Keratinozyten. Sie stellt eine generelle Antwort der Zellen auf die Einwirkung von Irritantien dar. Dieses zeigten wir am Modell der menschlichen Keratinozyten HPKII für 15 strukturell unterschiedliche Testsubstanzen. Auch in der menschlichen Haut stimulieren irritierende Chemikalien den AA-Metabolismus. Entzündungssymptome wie Erythembildung und Zunahme des transepidermalen Wasserverlustes korrelierten mit der Freisetzung von AA und ihren Metaboliten sowie von IL-1α in der Zellkultur. Aufgrund dieser Befunde dürfte das Verfahren als Ersatzmethode für Tierversuche geeignet sein, insbesondere wenn es in Zukunft mit weiteren in vitro-Tests kombiniert werden kann.

Summary

Proinflammatory mediator release from human keratinocytes in vitro as indicator of skin irritation: Development of an alternative to the Draize test

There is an urgent demand for the substitution of animal experiments by cell culture-based methods in toxicological testing. We have developed an in vitro-assay for skin irritancy which is based on a central trigger mechanism of skin inflammation, i. e. the release of primary proinflammatory mediators such as IL-1α and arachidonic acid from keratinocytes. This release represents a general response of the cells to the effect of irritants. Using the human keratinocyte line HPKII we have shown this for 15 structurally different compounds. Arachidonic acid metabolism is also stimulated by irritants in human skin in vivo. Moreover, the clinical symptoms of inflammation such as erythema development and the increase of transepidermal water loss correlate with the release of arachidonic acid and it' s metabolites as well as of IL-1α in cell culture. Considering these results we propose this method to become suitable as a substitution for animal tests, in particular if it can be combined with additional in vitro assays in the future.

1. Einleitung

1.1. Vom Tierversuch zum Zellkultur-Test

Die sichere Anwendung von neu entwickelten Chemikalien setzt rigorose Prüfungen auf schädliche Wirkungen voraus. Dazu dienen vom Gesetzgeber vorgeschriebene Standardtestverfahren an lebenden Tieren. Die Untersuchung der lokalen Hautverträglichkeit einer Substanz stellt, insbesondere für die kosmetische Industrie, eine essentielle Prüfung dar. Der hierfür weltweit auch heute noch gebräuchliche Draize-Tierversuch (DRAIZE J. et al., 1944) genügt den behördlichen Anforderungen. Dennoch bestehen wissenschaftlich durchaus Zweifel an seiner Zuverlässigkeit. Diese betreffen die Interlaboratoriums-Reproduzierbarkeit und die Übertragbarkeit der Ergebnisse auf den Menschen. Druck, insbesondere auf die Kosmetikbranche, übt die Europäische Union mit ihrer 6. Änderung der EU Kosmetik Richtlinie (76/768/EEC) vom 14. Juni 1993 aus. Sie sieht ab 1.1.1998 ein generelles Verbot von Tierversuchen für die Testung von Inhaltsstoffen und ihren Kombinationen in kosmetischen Mitteln vor. Sollten allerdings bis zu diesem Datum keine wissenschaftlich validierten Ersatzmethoden entwickelt sein, tritt die Richtlinie frühestens im Jahr 2000 in Kraft.

Weil Entzündungsprozesse komplexe Reaktionen sind, die in der Zell- und Gewebekultur bisher nicht in allen Einzelheiten nachvollzogen werden können, wird für eine zuverlässige toxikologische Bewertung von Chemikalien eine Kombination mehrerer in vitro-Tests nötig sein. Diese Tests sollten molekulare Prozesse erfassen, die für eine Entzündungsreaktion charakteristisch sind. Untersuchungen von Wirkmechanismen sind deshalb erforderlich, damit in Zukunft Ersatzmethoden für den Tierversuch in umfangreichen, international angelegten Validierungsverfahren bestehen können.

1.2. Reaktionen der Haut auf Umweltreize

Als Schutzorgan des Körpers reagiert die Haut empfindlich auf schädliche Einflüsse aus der Umwelt. Eine erste Abwehrlinie stellt die symbiontische Mikroflora dar. Eine weitere Barriere besteht in dem kompakten Stratum corneum aus mit Lipiden verschweißten Korneozyten. Schließlich antworten die tiefer liegenden Hautzellen auf Reizstoffe mit einer Lawine von Reaktionen, um die Körperabwehr zu alarmieren und die Schutzfunktion der Haut zu verstärken. Epidermale Zellen wie Keratinozyten und Langerhans'sche Zellen, dermale Fibroblasten und Endothelzellen werden aktiviert, weitere Zelltypen wie Leukozyten rekrutiert. Sie alle kommunizieren miteinander, über Signalmoleküle wie Entzündungsmediatoren und Wachstumsfaktoren (CUNNINGHAM F., 1990; GREAVES M. and CAMP R., 1988; KUPPER T., 1989; LUGER T. and SCHWARZ T., 1994; MCKENZIE R. and SAUDER D., 1990). Dadurch kommt es zu den charakteristischen Entzündungssymptomen, also Erythem, Ödem, Hitzegefühl, Eiterbildung, Schmerz sowie zu einer regenerativen Hyperplasie des Epithels. Vor allem Keratinozyten übernehmen eine Auslöserfunktion bei dieser Gewebsreaktion, denn sie sind besonders darauf spezialisiert, auf exogene Stimulierung hin endogene Signale auszusenden und damit die Schutz- und Abwehrmechanismen in Gang zu setzen und zu kontrollieren (BARKER J. et al., 1991). Zu den endogenen Signalstoffen, die von Keratinozyten unmittelbar nach Reizung freigesetzt werden, gehören Gewebshormone wie die Cytokine Interleukin-1α (IL-1α) und Tumornekrosefaktor α sowie Arachidonsäure (AA) und ihre Metabolite, die sogenannten Eicosanoide. Zu letzteren zählen in Keratinozyten die Prostaglandine PGD_2, PGE_2, PGF_{2a}, Leukotrien B_4 und 5- und 12-Hydroxyeicosatetraensäure (HETE). Gemeinsam ist diesen primären Entzündungsmediatoren, daß sie selbst oder, wie im

Falle der Eicosanoide das Vorläufermolekül AA, bereits in hohen Konzentrationen in ruhenden Keratinozyten gespeichert vorliegen und bei Stimulierung der Zellen sofort freigesetzt werden, und daß sie allein oder synergistisch mit anderen Mediatoren in allen Phasen des Entzündungsprozesses wirksam sind. Dabei können sie vor allem die Biosynthese und Freisetzung weiterer Mediatoren aus Keratinozyten und anderen Zelltypen initiieren, also eine regelrechte Lawine von Schutz- und Abwehrreaktionen in Gang setzen.

2. Material und Methoden

Um die Eicosanoidfreisetzung messen zu können, wurden die Kulturen 6h nach Aussaat der Keratinozyten für 18h mit 1-^{14}C-Arachidonsäure (AA) markiert und in frischem Medium mit Testchemikalien behandelt. Die aus dem Kulturmedium extrahierten AA und Eicosanoide wurden durch Dünnschichtchromatographie getrennt und durch Radiodensitometrie quantifiziert. Das Kulturmedium unmarkierter, behandelter Parallelkulturen diente zur Bestimmung des freigesetzten IL-1α mittels eines Enzym-Immun-Assays (EIA). Cytotoxische Effekte wurden mit dem MTT-Farbtest über eine photometrische Vermessung der Formazan-Eluate ermittelt (MÜLLER-DECKER K. et al., 1994). Diese Methode beruht darauf, daß eine mitochondriale Succinat-Dehydrogenase in vitalen Zellen MTT reduziert (MOSMANN T., 1983). Dabei entsteht ein unlösliches, violett-schwarzes Formazan, dessen Menge nach Elution photometrisch bestimmt werden kann und dem Anteil der lebenden Zellen entspricht.

Für die Gewinnung von Saugblasenflüssigkeit wurden 11-12 Probanden behandelt. Mit Hilfe von Duhring-Kammern wurde SLS and Aqua bidest. als Lösungsmittelkontrolle auf die volare Seite der Unterarme im 'Patch' appliziert. Jeder Proband wurde mit seiner individuellen Reizdosis behandelt, die im Rahmen einer vorangegangenen Screening-Phase (Patch Testung mit verschiedenen Konzentrationen) ermittelt wurde. Nach 6- und 24stündiger Okklusion wurden die Kammern entfernt und subepidermale Blasen mittels Unterdruck erzeugt. Die Flüssigkeit wurde für die Analyse der Eicosanoide und des IL-1α abgezogen. IL-1α wurde mittels Enzym-Immun-Assays quantifiziert. [$^{18}O_2$]-markierte Lipidstandards wurden der Blasenflüssigkeit zugemischt. Die extrahierten und angereicherten Eicosanoide wurden dann für die Gaschromatographie/Massenspektrometrie hydrogeniert und weiter in Trimethylsilyl-/Methoxim-Pentafluorobenzylester derivatisiert. Massenspektren wuden als Einzelionenchromatogramme aufgenommen. Anhand der Signalstärke der koeluierenden kalibrierten [$^{18}O_2$]-markierten internen Stabilisotope der Lipide wurden die Eicosanoide quantifiziert. Der Wilcoxon-Matched-Pairs-Test wurde zur statistischen Auswertung genutzt.

3. Ergebnisse und Diskussion

3.1. Hautreizende Chemikalien induzieren die Freisetzung von Entzündungsmediatoren aus Keratinozyten-Zellkulturen

Die Messung der Freisetzung von primären proinflammatorischen Mediatoren wie IL-1α und Arachidonsäure bietet sich als möglicher in vitro-Test für hautreizende Chemikalien an. Daß es sich hierbei in der Tat um eine generelle Zellantwort auf Irritantien handelt, zeigten wir an einer menschlichen Keratinozytenlinie (HPKII) für 15 strukturell unverwandte Testsubstanzen (MÜLLER-DECKER K. et al., 1994).

Zu diesem Zweck wurden zunächst die Testbedingungen bezüglich der Aussaatzelldichte der Zellen (2,5 x 10^5 Zellen/35mm Schale), des Alters der Kulturen und des Serumgehaltes im Medium (1% fötales Kälberserum) optimiert. Als Positivkontrolle für die „Screening-Experimente“ diente die Reaktion der Zellen auf den Ca^{2+}-Ionophor A23187, einem stark hautreizenden Stoff. Die Standardabweichung für die Intra- bzw. Inter-Assay-Reproduzierbarkeit lag in einem Bereich von 10% bzw. 20%.

In unseren Experimenten induzierten alle getesteten Substanzen dosisabhängig eine Freisetzung von IL-1α und Arachidonsäure. Allerdings zeigten sich deutliche Unterschiede im zeitlichen Verlauf (Abb. 1). Solche Unterschiede deuten auf verschiedene - wenn auch noch unbekannte - Wirkmechanismen hin. Die Zeitkinetiken erlaubten eine Einteilung der Stoffe in drei Klassen:

1. Substanzen, die eine rasche AA-Freisetzung innerhalb von einer Stunde bewirken, wie Ethanol, Phenol, Acrylamid, Benzalkoniumchlorid (BKCl) und A23187.
2. Substanzen, die eine verzögerte AA-Freisetzung, d.h. nach 4-12h auslösen, wie Triethanolamin, Cyclohexanol, $SnCl_2$, $ZnCl_2$, Tween 80 und Natriumdodecylsulfat (SLS).
3. Substanzen, die zu einer späten AA-Freisetzung nach 12-24h führen, wie Aceton, Glyzerin, $NiSO_4$ und Benzoesäure.

Eine rasche AA-Freisetzung war nicht immer mit einer raschen IL-1α-Freisetzung gekoppelt. Auch konnten die Auslöser einer schnellen Keratinozytenreaktion nicht immer als die nach ihren SC50- und ED10-Werten wirksamsten Substanzen eingestuft werden (Abb. 1, vgl. z. B. Ethanol). Aufgrund dieser Beobachtungen dürfte die Messung der Freisetzungskinetiken der Mediatoren angezeigt sein, um die Reizwirkung einer Chemikalie vollständig erfassen zu können.

Um die Wirksamkeiten der Testchemikalien untereinander vergleichen zu können, wurden diejenigen Substanzkonzentrationen bestimmt, welche

1. die AA-Freisetzung halbmaximal stimulierten (SC_{50}),
2. für einen zehnfach erhöhten IL-1α-Spiegel (ED_{10}) sorgten, (die Begrenzung auf den ED_{10} war erforderlich, da einige Substanzen bei höheren Konzentrationen den Enzym-Immun-Test für IL-1α unspezifisch stören), und
3. die Vitalität der Zellen um die Hälfte inhibierten (IC_{50}), (Abb. 1).

Beim Vergleich der SC_{50}- mit den ED_{10}-Werten kam Folgendes heraus: Die Messung der AA-Freisetzung war im Vergleich zur IL-1α-Freisetzung für 11 von 15 Testchemikalien der sensitivere Endpunkt, was sowohl die Konzentrations- als auch die Zeitabhängigkeit angeht. Trotzdem erwies sich der IL-1α-Test als wertvoll, so z. B. bei der Testung von $SnCl_2$, $ZnCl_2$ und Acrylamid. Diese nach ihren SC_{50}-Werten für die AA-Freisetzung gleich potenten Chemikalien konnten durch ihre ED_{10}-Werte im IL-1α-Test klar unterschieden werden. Eine eindeutige Korrelation zwischen AA-Freisetzung und zytotoxischer Wirkung war nicht zu erkennen, wie es uns der Vergleich der SC_{50}-Werte mit den IC_{50}-Werten zeigte. Der MTT-Vitalitätstest war für 7 Substanzen (Aceton, Ethanol, $NiSO_4$, Phenol, $ZnCl_2$, $SnCl_2$, A23187) sensitiver, für 3 Substanzen (Tween 80, SLS, BKCl) gleich empfindlich und für 5 Substanzen (Glyzerin, Benzoesäure, Triethanolamin, Cyclohexanol, Acrylamid) unempfindlicher als der AA-Freisetzungstest. Die Schädigung der Zellen scheint also nicht in jedem Fall eine Voraussetzung für eine AA-Freisetzung zu sein. Diese Einschränkung gilt nicht für die IL-1α-Freisetzung: Nahezu alle Testsubstanzen, Tween 80 und Triethanolamin ausgenommen, mußten mit vergleichbaren oder höheren Konzentrationen als es ihren IC_{50}-Konzentrationen entsprach eingesetzt werden, um eine Freisetzung von IL-1α auszulösen.

3.2. Validierung der Methode am Menschen

Sind die mit der Zellkultur gewonnenen Daten ein zuverlässiges Maß für die hautreizende Wirkung? Auf den ersten Blick scheint diese Frage mit Ja zu beantworten zu sein. Eine Analyse der einschlägigen Literatur zeigte aber, daß die vorhandenen Daten aus dem Draize-Kaninchentest für eine genauere Bewertung der Methode völlig unzureichend waren.

Außerdem blieb das Problem der Übertragbarkeit auf den Menschen. Wir haben daher eine Validierungsstudie an Probanden durchgeführt. Dabei handelte es sich um eine offene, randomisierte, Placebo-kontrollierte Prüfung mit gesunden Männern (Durchschnittsalter 18-45 Jahre, weiße Hautfarbe). Es galt zunächst in einer „Screening"-Phase die klinischen Symptome der Hautreizung visuell zu beurteilen. Zusätzlich wurde der Grad der Hautreizung quantitativ durch die nicht-invasive Messung des transepidermalen Wasserverlustes (TEWL) mittels Evaporimetrie bestimmt (AGNER T. and SERUP J., 1990).

Substanz	AA	IL-1α	AA SC_{50} (M)	IL-1α ED_{10} (M)
Aceton			> 1,4 x 10^{0}	> 3,1 x 10^{0}
Ethanol			1,4 x 10^{0}	2,4 x 10^{0}
Glyzerin			6,8 x 10^{-1}	3,0 x 10^{0}
$NiSO_4$			1,4 x 10^{-1}	n.e.
Benzoesäure			1,2 x 10^{-2}	> 1,0 x 10^{-1}
Triethanolamin			4,0 x 10^{-2}	> 1,0 x 10^{-1}
Cyclohexanol			3,0 x 10^{-2}	5,3 x 10^{-2}
Phenol			2,6 x 10^{-2}	(-)
$SnCl_2$			3,2 x 10^{-2}	3,1 x 10^{-3}
$ZnCl_2$			2,6 x 10^{-2}	9,5 x 10^{-5}
Acrylamid			2,5 x 10^{-3}	1,0 x 10^{-1}
Tween 80			1,9 x 10^{-4}	8,6 x 10^{-5}
SLS			3,2 x 10^{-5}	4,5 x 10^{-5}
Benzalkoniumchlorid			2,3 x 10^{-6}	2,8 x 10^{-5}
A23187			2,5 x 10^{-6}	4,4 x 10^{-5}

Abb 1. **Stimulierung der Mediatorfreisetzung aus Keratinozyten durch Chemikalien unterschiedlicher in vivo-Reizwirkung**

Zeitkinetiken der Mediatorfreisetzung aus behandelten Keratinozyten: Freisetzung innerhalb ■ einer Stunde, ░ nach 4-12h, □ nach 12-24h

Dosiswirkungen: SC_{50}, halbmaximal stimulierende Konzentration; ED_{10}, Konzentration, die die IL-1α-Freisetzung um das 10fache über die Basiskonzentration der Kontrollkultur stimuliert

Die Studie war so angelegt, daß in der Screening-Phase 20 Probanden nach Messung des basalen TEWL einem Patch-Test unterzogen wurden. Zu diesem Zweck wurden die jeweiligen Substanzen in 4 verschiedenen Konzentrationen auf der Innenseite des Unterarms appliziert und mittels Duhring-Kammern für 24h okkludiert (FROSCH P. and KLIGMAN A., 1979). Die Applikationsfelder waren durch Pflasterschablonen voneinander getrennt. 15min, 24h und 48h nach Entfernung der Kammern wurde der TEWL gemessen und die Symptome visuell beurteilt, mit dem Ziel, eine individuelle Reizdosis für jede Testchemikalie zu ermitteln. In einer anschließenden „Challenge"-Phase wurden dann bei 12 nach einem Zufallsprinzip ausgewählten Probanden die Testsubstanzen in der individuellen Reizdosis und, als Kontrolle, das Lösungsmittel für je 6h und 24h auf vorher nicht behandelte Testfelder im Patch appliziert. Die Freisetzung von Arachidonsäure, Eicosanoiden und IL-1α in der Haut wurde quantitativ gemessen. Dieses schien uns für eine Bewertung der Relevanz der in vitro-Endpunkte wichtig. Zu diesem Zweck wurden per Unterdruck subepidermale Blasen über den Testfeldern erzeugt und Blasenflüssigkeit gesammelt. Die IL-1α-Konzentration wurde in einem 50µl Aliquot der Flüssigkeit bestimmt. Weitere 100µl dienten der quantitativen Lipidanalyse mittels Gaschromatographie/Massenspektometrie im Negativionen-Ionisationsmodus. Bei dieser hochsensitiven Methode werden zwei unabhängige Parameter zur Charakterisierung des jeweiligen Metaboliten genutzt, nämlich die Retentionszeit in der Gaschromatographie und das Auftreten von charakteristischen Negativionen in der Massenspektrometrie (LEHMANN W. et al., 1992). Den Proben sofort zugemischte $[^{18}O]_2$-markierte Lipide dienten als interne Standards. Die aus der Haut stammenden $[^{16}O]_2$-Lipide wurden anhand der Peakflächen der um 4 Massen schwereren, kalibrierten $[^{18}O]_2$-Standardlipide quantifiziert. Für diese Analyse war es nötig, die Lipide aus der Blasenflüssigkeit zu extrahieren, zu reinigen und in flüchtige, hitzestabile Derivate zu überführen. Da in der Haut freigesetzte Arachidonsäure nicht wie in der Zellkultur sofort an Serumalbumin gebunden und damit vor weiterer Metabolisierung geschützt wird, wurden in der Blasenflüssigkeit neben der Arachidonsäure auch Eicosanoide (PGD_2, PGE_2, $PGF_{2\alpha}$, 6-keto-$PGF_{1\alpha}$, LTB_4, 5-,12-,15-HETE) quantitativ bestimmt. Neun der in Zellkultur untersuchten Substanzen wurden auf diese Weise am Menschen getestet. Die Ergebnisse zeigen eine weitgehende Korrelation zwischen *in vivo*- und *in vitro*-Resultaten. Für drei der neun an Probanden getesteten Chemikalien (BKCl, SLS und Triethanolamin) liegen inzwischen alle Ergebnisse in statistisch ausgewerteter Form vor. BKCl ist demnach stärker irritierend als SLS, während Triethanolamin im beobachteten Zeitraum so gut wie keinen Effekt auf die Haut hatte.

Bereits 6h nach Applikation von BKCl zeigte ein Drittel der Probanden ein leichtes, ungleichmäßiges Erythem (Score 1). Nach 24h wurde bei allen Versuchspersonen ein Erythem, wenn auch unterschiedlichen Schweregrades, beobachtet. Zum Teil traten schwere Symptome wie Erytheme mit Schuppung, Papeln, Vesikeln oder Pusteln auf (Score 3). Barrierestörungen in der behandelten Haut, erkennbar an einem deutlich erhöhten transepidermalen Wasserverlust, wurden ebenfalls nur durch BKCl und SLS, nicht aber durch Triethanolamin hervorgerufen. Die irritierende Wirkung von BKCl und SLS korrelierte mit einem signifikant erhöhten Spiegel von verschiedenen Arachidonsäuremetaboliten in der Blasenflüssigkeit. Allerdings fanden sich diese Mediatoren, wenngleich in deutlich geringerer Menge, auch in Kontrollflüssigkeiten. Vermutlich reichte der mechanische Reiz bei der Erzeugung der Saugblasen für eine Ausschüttung aus. Die individuellen IL-1α-Konzentrationen variierten bereits bei den Kontrollen so stark, so daß mit einem Kollektiv von 12 Probanden eine statistisch signifikante Aussage nicht getroffen werden konnte.

4. Schlußfolgerungen

Wir verstehen unsere Untersuchungen als einen Schritt hin zu einer Ersatzmethode für Hautirritationstests mit Tieren wie dem Draize-Test. Unsere Studie hat gezeigt, daß

1. irritierende Chemikalien in der menschlichen Haut den Arachidonsäuremetabolismus stimulieren und
2. die Reizwirkung auf menschliche Haut mit der Freisetzung von Arachidonsäure und ihren Metaboliten sowie von IL-1α in der menschlichen Keratinozytenlinie HPKII korreliert.

Hält man sich die Komplexizität des Entzündungsprozesses und die vermutlich sehr unterschiedlichen Wirkungsweisen von irritierenden Chemikalien vor Augen, so mag die relativ hohe Aussagekraft eines Tests mit einem so einfachen Objekt, wie es eine Keratinozytenlinie darstellt, auf den ersten Blick überraschen. Man bedenke jedoch, daß die Freisetzung von primären Entzündungsmediatoren aus einem Zelltyp, der gewissermaßen ein „Interface" zwischen Außenwelt und Organismus bildet, eine sehr allgemeine Antwort auf alle Arten von äußeren Reizen sein dürfte. Trotzdem kann der von uns entwickelte in vitro-Test den Tierversuch sicher nicht vollständig ersetzen, sondern sollte in eine Batterie weiterer Tests eingebunden werden (HERTZINGER T. et al., 1995). Unter dieser Voraussetzung scheint er uns aber für ein „Vorscreening" gut geeignet zu sein. Entscheidend ist, daß Zuverlässigkeit und Relevanz des Tests für den beabsichtigten Zweck gemäß international vorgeschriebenen Validierungsrichtlinien nachgewiesen werden können (GRUBER F. und SPIELMANN H., 1996).

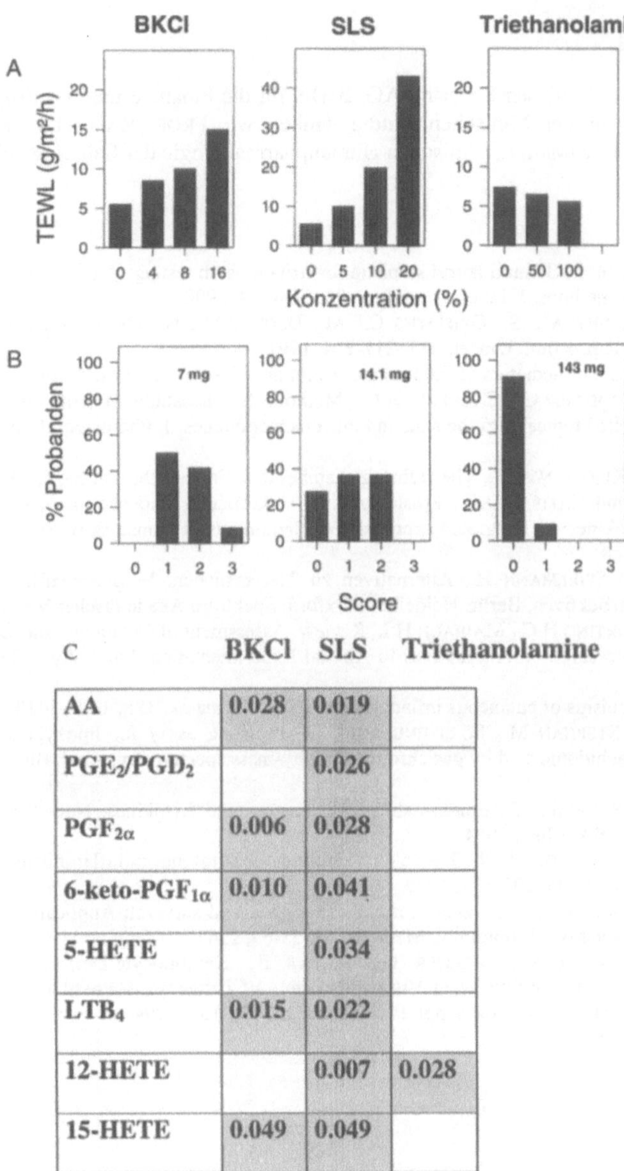

	BKCl	SLS	Triethanolamine
AA	0.028	0.019	
PGE_2/PGD_2		0.026	
$PGF_{2\alpha}$	0.006	0.028	
6-keto-$PGF_{1\alpha}$	0.010	0.041	
5-HETE		0.034	
LTB_4	0.015	0.022	
12-HETE		0.007	0.028
15-HETE	0.049	0.049	

Abb. 2. **Irritation der menschlichen Haut nach 24h Patch-Applikation von Benzalkoniumchlorid (BKCl), SLS und Triethanolamin**

A) Messung des TEWL mittels Evaporimetrie. Die Meßwerte sind Mittelwerte aus drei unabhängigen Messungen pro Testfeld.

B) Klinisch visuelle Beurteilung des Erythemgrades: Score 0 = keine Veränderung, Score 1 = leichtes, ungleichmäßiges Erythem, Score 2 = leichtes, gleichmäßiges Erythem, Score 3 = Erythem mit Schuppung und/oder Papeln und/oder Vesikeln und/oder Pusteln.

C) Stimulierung des AA-Metabolismus: Für statistisch signifikante Erhöhungen sind die entsprechenden p-Werten (Wilcoxon- Matched-Pair-Test, N = 12) angegeben

Danksagung

Der besondere Dank gilt der Schering AG, Berlin für die Finanzierung des Projektes. Für die Unterstützungen in der klinischen Studie danken wir PROF. RAFF, DR. KECSKES, DR. SEIBERT und FRAU ZIMMER (Klinischen Humanpharmakologie der Schering AG).

Literatur

AGNER T. and SERUP J., Sodium lauryl sulphate for irritant patch testing: A dose response study using bioengineering methods, J. Invest. Dermatol, 95, 543-547, 1990

BAKER J.N.W.N., MITRA R.S., GRIFFITHS C.E.M., DIXIT V.M., NICKOLOFF B.J., Keratinocytes as initiators of inflammation, Lancet, 337, 211-214, 1991

CUNNINGHAM F., Lipid mediators in inflammatory skin disorders, J. Lipid Mediators, 2, 61-74, 1990

DRAIZE J. H., WOODARD G., CALVERY H.O., Methods for the study of irritation and toxicity of substances applied topically to the skin and mucous membranes, J. Pharmacol. Exp. Ther., 82, 377-390, 1944

FROSCH P. J. and KLIGMAN A.M., The Duhring chamber test, Contact Dermatitis, 5, 73-81, 1973

GREAVES M.W. and CAMP R.D.R., Prostaglandins, leukotrienes, phospholipase, platelet activating factor, and cytokines: an integrated approach to inflammation of human skin, Arch. Dermatol. Res., 280, 33-41, 1988

GRUBER F.P. und SPIELMANN H., Alternativen zu Tierversuchen. Wissenschaftliche Herausforderungen und Perspektiven, Berlin-Heidelberg-Oxford: Spektrum Akademischer Verlag, 1996

HERZINGER T., KORTING H.C., MAIBACH H.I., Review. Assessment of Cutaneous and Ocular Irritancy: A Decade of Research on Alternatives to Animal Experimentation, Fund. Appl. Toxicol., 24, 29-41, 1995

KUPPER T., Mechanisms of cutaneous inflammation. Arch. Dermatol., 125, 1406-1412, 1989

LEHMANN W.D., STEPHAN M., FÜRSTENBERGER G., Profiling assay for lipoxygenase products of linoleic and arachidonic acid by gas chromatography-mass spectometry, Anal. Biochem., 204, 158-170, 1992

LUGER T.A. and SCHWARZ T., Epidermal Growth Factors and Cytokines, New York, Basel, Hong Kong: Marcel Dekker Inc., 1994

MCKENZIE R.C. and SAUDER D.N., The role of keratinocyte cytokines in inflammation and immunity, J. Invest. Dermatol., 95, 105-107, 1990

MOSMANN T., Rapid colorimetric assay for cellular growth and survival: Application to proliferation and cytotoxicity assays, J. Immunol. Methods, 65, 55-63, 1983

MÜLLER-DECKER K., FÜRSTENBERGER G., MARKS F., Keratinocyte-Derived Proinflammatory Mediators and Cell Viability as in Vitro Parameters of Irritancy: A Possible Alternative to the Draize Skin Irritation Test, Tox. Appl. Pharmacol., 127, 99-108, 1994

Sind Tierversuche für die sicherheitstoxikologische Prüfung von Kosmetika nach dem 1.1.1998 in der EU noch erforderlich?

H. Spielmann

Zusammenfassung

Die 6. Änderung der EU-Kosmetik-Richtlinie (76/768/EEC) vom 14. Juni 1993 sieht ein generelles Verbot des Inverkehrbringens von kosmetischen Mitteln vor, bei denen Bestandteile oder Kombinationen von Bestandteilen nach dem 1. Januar 1998 im Tierversuch geprüft worden sind. Bis zum Wirksamwerden des Verbotes müssen die erforderlichen Ersatzmethoden entwickelt und diese und bereits vorhandene Methoden auf internationaler Ebene validiert werden. Falls Entwicklung und Validierung bis zum 1.1.1998 nicht erreicht werden können, sieht die 6. Änderung der Kosmetik-Richtlinie vor, das Datum für das Inkrafttreten des Verbotes nach Anhörung des Wissenschaftlichen Kosmetikausschusses (Scientific Committee on Cosmetology/SCC) zu verschieben.

Die für den Verbraucherschutz zuständige DG XXIV der EU in Brüssel muß dem Europäischen Parlament und dem Ministerrat der EU vor dem 1.1.1997 darüber Rechenschaft geben, welche Tierversuche zur sicherheitstoxikologischen Prüfung von Kosmetika vom 1.1.1998 durch validierte tierversuchsfreie Methoden ersetzbar sind. Auf zwei Expertenanhörungen, die 1996 in Brüssel bei der DG XXIV stattfanden, zeichnete sich folgende Lösungsmöglichkeit ab:

Vom 1.1.1998 an dürfen Kosmetik-Fertigprodukte, die in der EU vermarktet werden, nicht mehr im Tierversuch geprüft werden. Obwohl das der rechtlichen Lage in Deutschland seit 1987 entspricht, ist diese Regelung innerhalb der EU als Fortschritt zu werten, da nach Informationen der DG XXIV im Jahre 1995 noch in England, Frankreich und Österreich Tierversuche mit Kosmetik-Fertigprodukten durchgeführt wurden. Zum Ersatz der für Kosmetika üblichen Tierversuche wird für die einzelnen Tierversuche der folgende zeitlich abgestufte Rahmen angestrebt:

- Hautpenetration 1998
- Hautreizung, Korrosivität und Phototoxizität 1998/99
- Augenreizung und Sensibilisierung nicht vor dem Jahr 2000

Dieser Zeitplan ist nur bei erfolgreichem Abschluß der derzeit laufenden Validierungsstudien einzuhalten. Bei den übrigen toxikologischen Tests wird die Entwicklung und Validierung tierversuchsfreier Methoden noch länger dauern, das gilt auch für die Prüfung auf sensibilisierende Eigenschaften an der Haut.

Summary

Are animal tests still necessary for the toxological testing of cosmetics in the EU after January 1st, 1998?

The 6th amendement of The EU cosmetic Directive (76/768/EEC), dated June 14th, 1993, provides for a general prohibition of cosmetic products, if components or combinations of components of these products were tested in animal tests after January 1st, 1998. Before this prohibition becomes effective, the alternatives needed have to be developed and validated on an international level. This is also necessary for already existing alternatives. If development and validatin cannot be finished by January 1st, 1998, the prohibition will be delayed after a hearing of the Scientific Committee on Cosmetology. Before January 1st, 1997, the EU's DG XXIV in Brussels, responsible for consumer protection, has to inform the European Parliament and the Commission of the EU, which animal tests for toxicological testing of cosmetics can be replaced by validated alternatives from January 1st, 1998 on. Two hearings, held in 1996 at the DG XXIV showed up possible solutions as follows:

Starting with January 1st, 1998, cosmetic devices on the internal market my not be tested on animals anymore. Even though, this corrrespondes to the legal situation in Germany since 1987, this has to be considered as a progress within the European Union, because following the information provided by the DG XXIV from 1995, animal tests for cosmetic devices were still carried out in Great Britain, France and Austria. The planned schedule for replacing animal test usually used for cosmetics is the following:

- Skin penetration 1998
- Skin irritation, corrositivity and phototoxicity 1998/99
- Eye irritation and sensibilization not before 2000

This time schedule can only be carried out in case of successful results of the validation studies which are executed right now. As for the rest, alternatives will still take more time to be developed and validated; this has to be applied also on skin irritation testing.

1. Einleitung

Nach der 6. Änderung der EU-Kosmetik-Richtlinie (76/768/EEC) vom 14. Juni 1993 soll das Inverkehrbringen von kosmetischen Mitteln verboten werden, bei denen Bestandteile oder Kombinationen von Bestandteilen nach dem 1. Januar 1998 im Tierversuch geprüft wurden. Bis zum Inkrafttreten des Verbotes müssen die erforderlichen Ersatzmethoden in einer gemeinsamen Anstrengung von Industrie, Behörden und Foschungsinstituten entwickelt und auf internationaler Ebene validiert werden. Falls Entwicklung und Validierung bis zum 1.1.1998 nicht abgeschlossen sind, sieht die 6. Änderung der Kosmetik-Richtlinie vor, daß das Datum für das Inkrafttreten des Verbotes nach Anhörung des Wissenschaftlichen Kosmetikausschusses (Scientific Committee on Cosmetology/SCC) der EU verschoben wird. Da der Zeitpunkt für eine Entscheidung über die Akzeptierung validierter Alternativmethoden für den Kosmetikbereich in Kürze fallen wird, soll hier eine kurze Darstellung der Lösungsmöglichkeiten für dieses schwierige wissenschaftliche Problem gegeben werden, die sich gegen Ende des Jahres 1996 abzeichnen.

Bei der Umsetzung der 6. Änderung der EU-Kosmetik-Richtlinie ist zu beachten, daß es nach EU-Recht einerseits Stoffe gibt, die ausschließlich nach den Vorgaben der EU-Kosmetik-Richtlinie 76/68/EEC sicherheitstoxikologisch zu prüfen sind, und daß es außerdem Stoffe gibt, die als Inhaltsstoffe in kosmetischen Produkten eingesetzt und toxikologisch als Industriechemikalien geprüft werden, da sie primär nicht in Kosmetika eingesetzt werden sollten. Die zuletzt genannten Stoffe wurden bisher nach dem Chemikalienrecht umfangreich unter Gesundheits- und Umweltschutzaspekten geprüft. Die zuletzt genannte Möglichkeit soll durch die 6. Änderung der Kosmetik-Richtlinie eingeschränkt werden.

Außerdem ist wichtig, daß kosmetische Fertigprodukte seit der Novellierung des Tierschutzgesetzes im Jahre 1987 in Deutschland nicht mehr im Tierversuch geprüft werden dürfen. Die Tierversuchszahlen, die in Deutschland erhoben werden, belegen, daß dieses Verbot eingehalten wird. Das entspricht auch den Erfahrungen des Industrieverbandes Körperpflege- und Waschmittel (IKW). In den übrigen EU-Mitgliedsstaaten werden jedoch in unterschiedlichem Umfang sicherheitstoxikologische Tierversuche mit kosmetischen Fertigprodukten durchgeführt. Nach der 6. Änderung der Kosmetik-Richtlinie soll das nach dem 1.1.1998 auf keinen Fall mehr zulässig sein. Nach den Erhebungen der EU wurden 1995 noch in England, Frankreich und Österreich mit kosmetischen Fertigprodukten Tierversuche durchgeführt.

2. Das Scientific Committee on Cosmetology (SCC) der DG XXIV der EU

Nach der 6. Änderung der Kosmetik-Richtlinie der EU muß die EU-Kommission dem Ministerrat und dem Europäischen Parlament einen jährlichen Bericht über den Stand der Validierung von Alternativen zu Tierversuchen vorlegen. Dieser Bericht soll Angaben über Anzahl und Art der in den EU-Mitgliedsstaaten im Bereich der Kosmetika durchgeführten sicherheitstoxikologischen Tierversuche enthalten. Für diesen Jahresbericht ist im Rahmen des Verbraucherschutzes die DG XXIV der EU zuständig, und zwar speziell das ihr zuarbeitende Scientific Committee on Cosmetology (SCC) unter Vorsitz von PROF. KEMPER (Münster, Deutschland).

Die Arbeitsgruppe „in vitro-Methoden" des SCC hat unter Federführung von PROF. NICOLA LOPRIENO bisher 3 Jahresberichte unter dem Titel „Development, validation and legal acceptance of alternative methods to animal experiments in the field of cosmetic products" für die Jahre 1993-1995 vorgelegt (CEC, 1996). Das SCC ist auch das Gutachtergremium der EU-Kommission, das die Entscheidung fällen muß, ob eine tierversuchsfreie toxikologische Testmethode in Europa anstelle des bisher üblichen Tierversuches für Kosmetika akzeptiert wird. Die Jahresberichte des SCC enthielten bisher noch keine abschließende Bewertungen der Validität tierversuchsfreier Testmethoden für die Risikoabschätzung von Inhaltsstoffen von kosmetischen Zubereitungen.

Das SCC hat jedoch grundsätzlich erkennen lassen, daß es der Prüfung auf Hautpenetration eine entscheidende Bedeutung bei der Entscheidung über den Umfang der toxikologischen Prüfungen für einen Stoff oder eine Zubereitung beimißt. Durch diese Grundsatzentscheidung werden die Weichen in eine neue Richtung gestellt, denn es sollen bei Stoffen, die nicht durch die Haut gelangen, keine systemischen toxikologischen Prüfungen mehr erforderlich sein, sondern nur lokale Prüfungen an Haut und Schleimhäuten. Konkret heißt das, das SCC hält Tierversuche mit systemischer Applikation nur bei Stoffen für erforderlich, die die Haut durchdringen. Bei den übrigen Stoffen und Zubereitungen sind Tierversuche mit wiederholter, oraler Gabe nicht mehr erforderlich, wie z.B. die Prüfung auf fruchtschädigende und krebserzeugende Eigenschaften. Aufgrund der beschriebenen Entscheidung des SCC konzentrierten sich in Europa die Bemühungen um die Entwicklung und Validierung toxikologischer in vitro-Methoden vorwiegend auf den Ersatz von Tierversuchen zur Prüfung auf lokale Wirkungen an Haut und Schleimhäuten.

3. Staatliche Initiativen

Seit 1993 hat die EU über das europäische Validierungszentrum ECVAM verschiedene Validierungsstudien zum Ersatz toxikologischer Tierversuche für den Kosmetikbereich gefördert. Das geschah in enger Kooperation mit dem Europäischen Herstellerverband für Kosmetika (COLIPA) in Brüssel und mit nationalen Zentren für die Entwicklung und Validierung von Alternativmethoden, wie z.B. FRAME und ZEBET. Speziell für die toxikologische Prüfung von Kosmetika wurden in der EU seit 1993 folgende Validierungsstudien finanziell unterstützt:

1. Förderung durch EU bzw. ECVAM:
   - Validierung des BCOP-Tests (Hornhaut von Rinderaugen aus Schlachthofmaterial) zum Ersatz des Draize-Tests am Kaninchenauge (GAUTHERON P. et al., 1994).
   - EC/Home Office-Validierungsstudie von Ersatzmethoden für den Draize-Test am Kaninchenauge (BALLS M. et al., 1995a).
   - ECVAM/COLIPA-Validierungsstudie von in vitro-Phototoxizitätstests (SPIELMANN H. et al., 1994, 1996a).
   - ECVAM-Validierungsstudie von 3 in vitro-Tests zur Prüfung auf hautreizende/ätzende Wirkungen (BOTHAM P.A. et al., 1995)

2. Förderung durch das Deutsche Forschungsministerium BMBF und ZEBET:
   - Validierung von 2 Ersatzmethoden zum Draize-Test am Kaninchenauge (SPIELMANN H. et al., 1995, 1996b).
   - ECVAM/COLIPA-Validierungsstudie von in vitro-Phototoxizitätstests (SPIELMANN H. et al., 1994, 1996a).

Unabhängig von diesen umfangreichen internationalen Validierungsstudien haben BMBF und ZEBET Einzelprojekte zur Entwicklung bzw. Verbesserung toxikologischer in vitro-Tests an Haut und Schleimhäuten gefördert. Staatliche Instutionen in anderen Ländern der EU haben sich praktisch nicht an Validierungsstudien finanziell beteiligt.

4. Initiativen der europäischen Kosmetikindustrie

Der Europäische Herstellerverband für Kosmetika (COLIPA) hat 1993 sofort nach Inkrafttreten der 6. Änderungsrichtlinie das Steering Committee on Alternatives to Animal Testing (SCAAT) gegründet, das sich intensiv darum bemüht hat, die bereits in den Labors der Mitgliedsfirmen etablierten Ersatzmethoden wissenschaftlich zu evaluieren und einer experimentellen Validierung zuzuführen. Die Mitgliedsfirmen des deutschen Herstellerverbandes von Kosmetika IKW (Industrieverband Körperpflege und Waschmittel) war maßgeblich an der Arbeit des SCAAT beteiligt.

COLIPA und ECVAM haben 1994 auf einem ECVAM-Workshop gemeinsam mit dem SCC die Möglichkeiten zum Umsetzen der 6. Änderung des Kosmetik-Richtlinie der EU erörtert, und zwar unter dem Aspekt einer intensiven Kooperation (BALLS M. et al., 1995b). COLIPA hat sich dann nach eingehender Analyse durch SCAAT an einer Reihe von Validierungsstudien beteiligt und Methodensammlungen von in vitro-Tests für den Kosmetikabereich publiziert, in denen der Stand der Entwicklung kritisch aus der Sicht der Praxis bewertet wird (COLIPA, 1995). COLIPA hat sich aktiv zusammen mit ECVAM an mehreren Validierungsstudien von in vitro-Tests beteiligt (siehe oben unter ECVAM). Zusätzlich hat COLIPA in den Jahren 1994-1996 eine Validierungsstudie von in vitro-Tests zum Ersatz des Draize-Tests am Kaninchenauge durchgeführt, die noch nicht abgeschlossen ist.

Unabhängig von diesen Bemühungen um die Validierung von Alternativmethoden ist das SCAAT der COLIPA überwiegend der Meinung, daß die europäischen Hersteller von Kosmetika vom 1.1.1998 an auf Tierversuche bei kometischen Fertigprodukten verzichten können.

1995 hat COLIPA in Brüssel ein internationales Symposium zum Thema „Alternatives to Animal Testing" durchgeführt und dabei die folgende Einschätzung des SCAAT zum Verzicht auf toxikologische Tierversuche vom 1.1.1998 abgegeben:

1. Gute Aussichten für in vitro-Tests:
   - Hautpenetration/-absorption
   - Hautreizung
   - Phototoxizität
   - Augenreizung
2. Begrenzte Aussichten für in vitro-Tests:
   - Sensibilisierung der Haut
3. Geringe Aussichten für in vitro-Tests:
   - akute Toxizität
   - systemische Toxizität
   - Embryotoxizität
   - Mutagenität in vivo
   - Immunotoxikologie
   - Kanzerogenität
   - Neurotoxizität
   - Reproduktionstoxizität

Im Jahre 1996 ist diese Einschätzung der COLIPA vielfach von den übrigen beteiligten Expertengruppen intensiv diskutiert worden, insbesondere mit ECVAM und dem SCC der DG XXIV der EU.

5. Beurteilung der Einsatzmöglichkeit von in vitro-Methoden zur sicherheitstoxikologischen Prüfung von Kosmetika zum 1.1.1998

Die EU-Kommission und die EU-Mitgliedsstaaten müssen bereits ein Jahr vor dem 1.1.1998 entscheiden, ob der Verzicht auf Tierversuche für Kosmetika unter Verbraucherschutzaspekten möglich ist. Es ergibt sich daraus, daß bei Berücksichtigung des für eine ausgewogene Abstimmng in der EU erforderlichen Zeitraumes die grundsätzlichen Entscheidungen schon im Herbst 1996 fallen müssen, d.h. deutlich mehr als ein Jahr vor dem in der 6. Änderung der Kosmetik-Richtlinie der EU festgesetzten Termin.

5.1. Kosmetische Zubereitungen

Industrie, Behörden und unabhängige Experten sind inzwischen davon überzeugt, daß vom 1.1.1998 an auf sicherheitstoxikologische Prüfungen bei kosmetischen Zubereitungen verzichtet werden kann. Dies mag aus deutscher Sicht unbefriedigend sein, es ist aber innerhalb der EU als großer Fortschritt anzusehen, da auch noch 1995 in mehreren Mitgliedsstaaten Tierversuche mit kosmetischen Zubereitungen durchgeführt wurden.

5.2. Prüfungen auf lokale Wirkungen an Haut und Schleimhäuten

Für die einzelnen Gebiete der lokalen Toxizitätsprüfung wird die Entscheidung im Herbst 1996 wahrscheinlich folgendermaßen aussehen:

5.2.1. Hautpenetration/-absorption

1995 lag der OECD der Entwurf einer OECD-Prüfrichtlinie für die Prüfung auf Hautpenetration in vitro mit menschlicher Haut aus Operationsmaterial und mit tierischer Haut aus Schlachthofmaterial zur Entscheidung vor. Die USA und Kanada waren nur bereit, die in vitro-Prüfung mit frisch gewonnener menschlicher Haut zu akzeptieren. Auf die Initiative von ECVAM hin haben die Mitgliedsfirmen der COLIPA der OECD Daten aus firmeninternen Tests vorgelegt, die mit in vitro-Methoden mit menschlicher und tierischer Haut erzielt wurden. Dabei zeigte sich erwartungsgemäß, daß die mit der in vitro Methode erarbeiteten Ergebnisse sehr viel besser mit den von der Prüfung am Menschen her bekannten Daten übereinstimmen als Tierversuchsdaten, da die stark behaarte Haut der üblichen Labortiere sich stark von der Haut des Menschen unterscheidet. Daraufhin wird wahrscheinlich noch im Jahre 1996 die in vitro-Methode durch die OECD akzeptiert (OECD, 1996).

Die neue OECD-Prüfrichtlinie wird dann die erste toxikologische in vitro-Methode sein, die die OECD akzeptiert. Eine Besonderheit ist in diesem Fall, daß die OECD die neue Methode ohne eine aufwendige experimentelle Validierung akzeptieren wird. Das ist nur möglich, weil ausreichende experimentelle Daten von hoher Qualität bereits in den Laboren der Industrie mit der neuen Methode erarbeitet wurden. Es ist damit zu rechnen, daß nach der Akzeptierung durch die OECD auch das SCC der DG XXIV die in vitro-Methode für die Prüfung von Kosmetika akzeptieren wird.

5.2.2. Hautreizung

In den Laboratorien der europäischen Hersteller von Kosmetika wird bereits eine große Zahl von in vitro-Methoden zur Prüfung auf hautreizende Eigenschaften verwendet, die den Draize-Test an der Kaninchenhaut als den international vorgeschriebenen Tierversuch ersetzen könnten. Die besten Ergebnisse wurden mit in vitro-Tests erzielt, bei denen menschliche Haut aus Operationsmaterial oder sogenannte „künstliche menschliche Haut“ eingesetzt wird. Zufriedenstellende Ergebnisse liefert auch ein in England entwickelter Test, bei dem Rattenhaut verwendet wird. Die genannten Modelle eignen sich sehr gut zur Identifizierung von Stoffen mit stark hautreizenden bzw. ätzenden Eigenschaften, wie die ersten Ergebnisse einer ECVAM-Validierungsstudie gezeigt haben (BOTHAM P.A. et al. 1995).

Für die Kosmetikindustrie sind diese in vitro-Methoden jedoch nicht so wichtig wie Methoden, mit denen Stoffe mit geringen hautreizenden Eigenschaften identifiziert werden können. Grundsätzlich werden dieselben in vitro-Methoden für diesen Zweck verwendet, wie zur Identifizierung der Stoffe mit stark hautreizenden Eigenschaften. Eine experimentelle Validierung der in vitro-Methoden für diesen Zweck wird erst nach Abschluß der Validierungsstudie von in vitro-Methoden zur Prüfung auf stark reizende Eigenschaften möglich sein. Vor 1997 ist deshalb mit dem Beginn der Validierungsstudie von in vitro-Methoden zur Prüfung auf schwach hautreizende Eigenschaften nicht zu rechnen und mit einem Abschluß der Studie nicht vor 1998/99. Zum 1.1.1998 wird aus den genannten Gründen kein validierter in vitro-Test zur Prüfung auf hautreizende Eigenschaften zur Verfügung stehen, sondern frühestens im Jahr 2000.

5.2.3. Phototoxizität

Die zweistufige EU/COLIPA-Validierungsstudie von in vitro-Phototoxizitätstests, die von ZEBET koordiniert wurde, wurde erfolgreich abgeschlossen, und die Ergebnisse der Validierung unter blinden Bedingungen wurden im April 1996 dem SCC vorgelegt, das jedoch wahrscheinlich im Jahre 1996 keine Entscheidung über die Validität der in vitro-Methoden fällen wird. Die Ergebnisse, die mit der 3T3-Mäusefibroblastenzellinie erzielt wurden (SPIELMANN H. et al., 1994, 1996a), waren in 10 Laboratorien nicht nur sehr gut reproduzierbar, sondern sie gestatteten eine bessere Prädiktion der phototoxischen Eigenschaften der Prüfsubstanzen für den Menschen, als sie mit jeder anderen *in vivo*- oder *in vitro*-Prüfmethode erzielt werden konnten.

Auf Vorschlag von ECVAM und COLIPA wird deshalb zur Zeit von ZEBET der Entwurf einer OECD-Prüfmethode zur Erfassung phototoxischer Eigenschaften mit Hilfe einer in vitro-Methode erarbeitet, in der die 3T3-Mäusefibroblastenzellinie verwendet wird. Der Entwurf der neuen Methode soll 1997 bei der OECD eingereicht werden. Gleichzeitig werden auf Empfehlung des SCC noch einmal 10 Stoffe mit UV-Filtereigenschaften in der neuen in vitro-Methode in einer kleinen Validierungsstudie in 4 Laboren geprüft. Gegen Ende des Jahres 1997 müßte die neue in vitro-Methode von OECD und SCC akzeptiert werden. Sie müßte dann in den Mitgliedsstaaten der EU bei Prüfung auf phototoxische Eigenschaften in jedem Fall angewendet werden.

5.2.4. Augenreizung

Trotz mehrerer mit großem Aufwand durchgeführter Validierungsstudien von Ersatzmethoden zum Draize-Test am Kaninchenauge (BALLS M. et al., 1995a; GAUTHERON P. et al., 1994; SPIELMANN H. et al., 1994, 1996a) waren die Ergebnisse bisher so unbefriedigend, daß zur Zeit noch nicht absehbar ist, wie lange es noch dauern wird, bis ein in vitro-Test für behördliche Zwecke in der EU akzeptiert werden kann.

Bei den Validierungsstudien haben sich drei Probleme als fast unüberwindlich erwiesen, die bei den Bemühungen um den Ersatz des Draize-Tests am Kaninchenauge in der Vergangenheit zu wenig berücksichtigt wurden:

1. Im Draize-Test werden versehiedene Parameter der Reizung an unterschiedlichen Geweben des Auges bestimmt und die Reizung an der Cornea wird stärker bewertet als an Bindehaut oder Iris. Da in den in vitro-Tests üblicherweise nur ein oder zwei Parameter der Reizung bestimmt werden, ist es sehr schwierig zu entscheiden, welche Parameter der Augenreizung *in vivo* mit den Meßwerten der *in vitro*-Tests bei der Validierung verglichen werden sollten. In den USA wird deshalb ein gemischter und gewichteter Faktor, der MAS-Score, zur Bewertung der Augenreizung in vivo herangezogen, der in Europa nicht zur Klassifizierung augenreizender Stoffe benutzt wird.
   Außerdem wird im Draize-Test die Heilung bzw. Reversibilität der Augenschäden nach mehreren Tagen beurteilt. Dieser Aspekt wird bisher in keinem in vitro-Test erfaßt.
2. Es ist schon lange bekannt, daß der Draize-Test am Kaninchenauge, der in der EU mit nur 3 Tieren durchgeführt wird, eine sehr schlechte Reproduzierbarkeit aufweist. Im Gegensatz dazu zeichnen sich fast alle in vitro-Tests durch eine sehr gute Reproduzierbarkeit aus. Infolgedessen hat es sich bei Validierungsstudien als fast unmöglich erwiesen, mit biometrischen Standardmethoden eine befriedigende Korrelation der *in vivo*-Daten zu den *in vitro*-Daten darzustellen und zu berechnen (SPIELMANN H. et al., 1995).
3. Jedes Unternehmen der kosmetischen Industrie hat entsprechend dem Produktspektrum hausintern in vitro-Tests entwickelt und etabliert, die eine befriedigende Prädiktion der augenreizenden Eigenschaften ermöglichen. Die Validierungsstudien haben leider gezeigt, daß diese Test für Stoffgruppen und Produkte anderer Hersteller sehr viel weniger geeignet sind (BALLS M. et al., 1995a). Insbesondere hat kein in vitro-Test den Anspruch erfüllen können, das gesamte Reizspektrum des Draize-Tests von nicht reizend über gering reizend bis hin zu stark reizend/ätzend in befriedigendem Maße zu erfassen.

Die Situation ist nicht so entmutigend wie es nach dieser Darstellung scheinen mag, denn Validierungsstudien belegen, daß es mit in vitro-Tests möglich ist, stark augenreizende Stoffe zu identifizieren, wie z.B. mit dem HET-CAM-Test am bebrüteten Hühnerei (SPIELMANN H. et al., 1995). Die Validierungsstudien haben darüber hinaus gezeigt, daß die in vitro-Tests zur Identifizierung schwach augenreizender Stoffe modifiziert werden müssen. Gleichzeitig war es erfreulich, daß mehrere in vitro-Tests in der Lage sind, die augenreizenden Eigenschaften oberflächenaktiver Stoffe, die z.B. in der Kosmetikindustrie wichtig sind, richtig zu erfassen (BALLS M. et al., 1995a). Dieses Ergebnis wurde auch in der bisher noch nicht publizierten COLIPA-Validierungsstudie bestätigt.

COLIPA und ECVAM planen daher in nächster Zukunft eine Validierungsstudie zum Ersatz des Draize-Tests am Kaninchenauge für schwach reizende Stoffe und Zubereitungen, die in der Kosmetikindustrie wichtig sind. Bei realistischer Einschätzung werden die Ergebnisse vor dem Jahr 2000 nicht auswertbar sein.

5.2.5. Sensibilisierung

In den vergangenen fünf Jahren wurden erstaunliche Fortschritte beim Verständnis der biochemischen und zellbiologischen Mechanismen erzielt, die für die sensibilisierenden bzw. allergisierenden Eigenschaften von Stoffen und Zubereitungen an der Haut verantwortlich sind. Ein Teil der zellulären Reaktionen, die sich an den Zellen der Hornschicht (Keratinozyten) abspielen sowie an den immunologisch kompetenten Langerhanszellen der Haut und an den lokalen Lymphknoten, können heute bereits in der Zellkultur mit tierischen und menschlichen Zellen nachgeahmt werden.

Es läßt sich heute dennoch nicht absehen, ob es aufgrund dieser Fortschritte in den nächsten 5-10 Jahren möglich sein wird, Stoffe mit sensibilisierenden Eigenschaften so zuverlässig zu identifizieren, daß sie für sicherheitstoxikologische Prüfungen von den Behörden der EU-Mitgliedsstaaten anerkannt werden.

5.2.6. Systemische Toxizität

Es erscheint derzeit nicht möglich, für den Bereich der systemischen Toxizitätsprüfung eine seriöse Angabe über den vollständigen Ersatz von Tierversuchen zu machen. Bei Stoffen, die in Kosmetika verwendet werden und die durch die Haut penetrieren, müssen unter dem Aspekt des Verbraucherschutzes auch nach dem 1.1.1998 Tierversuche zur Abklärung der systemischen toxischen Wirkungen durchgeführt werden.

6. Ausblick

Nachdem Forderungen in der europäischen Öffentlichkeit zum Verzicht auf belastende toxikologische Tierversuche nur zögerlich zur Verminderung des Leidens der Versuchstiere und der Tierzahlen führten, hat das Europäische Parlament durch die 6. Änderung der Kosmetik-Richtlinie erstmals gesetzlich für einen bestimmten Produktbereich den Ausstieg aus der klassischen tierexperimentellen Toxikologie gefordert. Die Analyse der Tierzahlen, die auf diesem speziellen Gebiet in Europa verbraucht werden, bestätigt gleichzeitig, daß toxikologische Prüfungen von Kosmetika nur 3% der gesamten Versuchstiere in der EU ausmachen. Selbst wenn das zur Zeit noch nicht erreichbare Ziel zum vollständigen Verzicht auf Tierversuche im Kosmetikabereich verwirklicht würde, kann nur mit einer sehr geringen Abnahme der Tierversuche gerechnet werden. Die Öffentlichkeit in Europa scheint dennoch das Ziel der 6. Änderung der Kosmetik-Richtlinie zu begrüßen, denn lokale Reizwirkungen lassen sich wahrscheinlich am einfachsten mit tierversuchsfreien Methoden an Zellen und Geweben erfassen. Außerdem möchte eigentlich niemand, daß reizende Stoffe in das sehr schmerzempfindliche Auge des Kaninchens appliziert werden, nur um ein neues Shampoo zu entwickeln.

Vor diesem Hintergrund erscheint das Argument schlüssig, man sollte keine neuen Kosmetikinhaltsstoffe entwickeln und sich mit den bereits vorhandenen begnügen. Dabei werden zwei wichtige Aspekte vergessen. Zum einen kann man sich dem Fortschritt bei der

Entwicklung wirksamerer und auch unbedenklicherer Stoffe nicht verschließen, die die Haut gegen UV-Strahlung und andere Noxen schützen. Zum anderen kann man in einem freiheitlichen Staatswesen nicht unbedingt die eigene Entscheidung des Verzichtes auf Fortschritt nicht allen anderen Bürgern aufzwingen.

Der Verzicht auf Tierversuche für Kosmetika wird nicht abrupt realisierbar sein, sondern er wird sich nur schrittweise umsetzen lassen. Dabei werden die Interessen der Verbraucher, der Versuchstiere und der forschenden Industrie in gleicher Weise berücksichtigt. Selbstverständlich dürfen die beteiligten Gruppen das hochgesteckte Ziel nicht aus den Augen verlieren, um es mit vereinten Kräften in den nächsten 10 Jahren zu realisieren.

Literatur

BALLS M., BOTHAM P.A., BRUNER L.H., SPIELMANN H., The EC/HO international validation study on alternatives to the Draize eye irirtation test, Toxic. in Vitro, 9, 871-929, 1995a

BALLS M., DE KLERCK W., BAKER F., VON BEEK M., BOUILLON C., BRUNER L., CARSTENSEN J., CHAMBERLAIN M., COTTIN M., CURREN R., DUPIUS J., FAIRWEATHER F., FAURE U., FENTEM J., FISHER C., GALLI C., KEMPER F., KNAAP A., LANGLEY G., LOPRIENO G., LOPRIENO N., PAPE W., PECHOVITCH G., SPIELMANN H., UNGAR C., WHITE I., ZUANG V., Development and validation of non-animal tests and testing strategies: the identification of a coordinated response to the challenge and the opportunity presented by the sixth amendment of the cosmetics directive (76/768/EEC), ATLA, 23, 398-409, 1995b

BOTHAM P.A., CHAMBERLAIN M., BARRAT M.D., CURREN R.D., ESDAILE D.J., GARDNER J.R., GORDION V.C., HILDEBRANDT B., 'LEWIS R.W., LIEBSCH M., LOGEMANNP., OSBORNE R., PONEC M., REGNIER J.F., STEILING W., WALKER A.P., BALLS M., A prevaidation study on in vitro skin corrosivity testing: The report and recommendations of ECVAM workshop 6, ATLA, 23, 219-255, 1995

CEC (Commission of the European Communities), Report from the Commission: „Development, validation and legal acceptance of alternative methods to animal experiments in the field of cosmetic products", Office for Official Publishing of the European Communities, Luxemburg. 1996

COLIPA, The European Cosmetic, Toiletry and Perfume Association, Cosmetic ingredients: guidelines for percutaneous absorption/penetration, Brussels: COLIPA, 1995

GAUTHERON P., GIROUX J., COTTIN M., AUDDEGOND L., MORILLA A., MAYORDOMO-BLANCO L., TORTJADA A., HAYNES G., VERICAT J.A., PIROVANO R., GILLIOTOS E., HAGEMANN C., VANPARYS P., DEKNUT G., JACOBS G., PRINSEN M., KALWEIT S., SPIELMANN H., Interlaboratory assessment of the bovine corneal opacity and permeability (BCOP) assay., Toxicol. in Vitro, 8, 281-392, 1994

OECD, OECD guideline for the testing of chemicals: Proposal for a new guideline „Dermal delivery and percutaneous absorption: in vitro method", Paris: OECD Publication Office, 1996

SPIELMANN H., BALLS M., BRAND M., DÖRING B., HOLZHÜTTER H.G., KALWEIT S., KLECAK G., L'EPATTENIER H., LIEBSCH M., LOVELL W.W., MAURER T., MOLDENHAUER F., MOORE L., PAPE W.J.W., PFANNENBECKER U., POTTHAST J., DE SILVA O., STEILING W., WILLSHAW A., EC/COLIPA project on in vitro phototoxicity testing: first results obtained with the Balb/c 3T3 cell phototoxicity assay, Toxicol. in Vitro, 8, 793-796, 1994

SPIELMANN H., LIEBSCH M., MOLDENHAUER F., HOLZHÜTTER H.G., DE SILVA, O., Modern biostatistical methods for assessing in vitro/in vivo correlations of severely eye irritating chemicals in a validation study of in vitro alternatives to the Draize eye test, Toxic. in Vitro, 9, 549-556, 1995

SPIELMANN H., LIEBSCH M., DÖRING B., MODENHAUER F., First results of the EU/COLIPA validation trial „in vitro phototoxicity testing", In Vitro Toxicol., 9, 339-352, 1996a

SPIELMANN H., LIEBSCH M., MOLDENHAUER F., HOLZHÜTTER H.G., BAGLEY D.M., LIPMAN J.M., PAPE W.J.W., MILTENBURGER H., DE SILVA O., HOFER H., STEILING W., IRAG working group 2 report: CAM-based assays, Toxicol. Appl. Pharmacol., 1996b

Tierversuche und tierversuchsfreie Methoden: Tierschutzpolitische Forderungen und Visionen

W. Apel

Zusammenfassung

Tierversuche sind im Deutschen Tierschutzgesetz als Eingriffe und Behandlungen definiert, die für das Versuchstier mit Schmerzen, Leiden oder Schäden verbunden sein können. Daraus und aus den weiteren tierschutzrelevanten Problemen, die mit der Herkunft und (Vorrats)haltung von Versuchstieren einhergehen, ergibt sich die moralische Verpflichtung zur Abschaffung von Tierversuchen. Um dieses, von der Mehrheit der Gesellschaft mitgetragene Ziel zu erreichen, sind klare politische Rahmenbedingungen erforderlich. Unter anderem muß der Tierschutz als Staatsziel in die Verfassung aufgenommen werden, hat das Tierschutzgesetz von einem grundsätzlichen Verbot von Tierversuchen auszugehen und sind tierversuchsfreie Methoden gezielt zu fördern. Mit dem Mut zu diesen Entscheidungen und dem Vorsatz, Tierversuche abzuschaffen und nicht länger bedingunglos zu verteidigen, ist die Umstellung auf bereits vorhandene und neue Wege ohne Tierleid keine Vision mehr, sondern ein Ziel, das im Interesse von Mensch und Tier erreicht werden kann.

Summary

Animal Experimentation and Animal-Free Methods: Demands and Visions from the Animal Welfare Point of View

The German Law on Animal Protection defines experiments on animals as any operation or treatment which may cause pain, suffering or harm to the animal. That and further problems connected to the origin and the keeping (and stocking) of laboratory animals result in the moral obligation to abolish experiments on animals. To reach this aim, which is shared by the majority of human society, distinct political framework conditions are necessary. Among other things animal protection is to embody in the constitution, the Law on Animal Protection has to proceed from a prohibition of animal experimentation as a matter of priniciple, and animal-free methods must receive specific grants. With the courage to take these decisions and the firm intention to abolish animal experimentation and not to defend them unconditionally the reorientation to existing and new ways without animal harm are no longer a vision but an aim which can be reached to the advantage of human being and animal.

1. Einleitung: Das ethische Fundament

„Wie die Hausfrau, die die Stube gescheuert hat, Sorge trägt, daß die Türe zu ist, damit ja der Hund nicht hereinkommen und das getane Werk durch die Spuren seiner Pfoten entstelle, also wachen die europäischen Denker darüber, daß ihnen keine Tiere in der Ethik herumlaufen" (SCHWEITZER A., 1974).

Dieser Satz von ALBERT SCHWEITZER ist heute sicherlich nicht mehr uneingeschränkt gültig. Tiere haben in der Ethik längst ihren Platz gefunden und die meisten Menschen erkennen Tiere als Mitgeschöpfe an, die nicht gequält werden dürfen und die vor Leiden zu bewahren sind. Diese moralische Verpflichtung hat auch Eingang in die Zweckbestimmung des Deutschen Tierschutzgesetzes gefunden. Dort heißt es: „Zweck dieses Gesetzes ist es, aus der Verantwortung des Menschen für das Tier als Mitgeschöpf dessen Leben und Wohlbefinden zu schützen. Niemand darf einem Tier ohne vernünftigen Grund Schmerzen, Leiden oder Schäden zufügen".

Nur selten spiegelt sich diese Grundsatzbestimmung dann aber auch tatsächlich in der Realität wider. In allen Bereichen, die den Umgang mit Tieren berühren, tritt der Deutsche Tierschutzbund deshalb dafür ein, daß die Absichtserklärung des Gesetzes in die Praxis umgesetzt wird. Dies gilt insbesondere auch für den Bereich der Tierversuche, sind diese doch ausdrücklich als Eingriffe und Behandlungen definiert, die für das Tier mit Schmerzen, Leiden oder Schäden verbunden sein können. Nimmt man die Zweckbestimmung des Tierschutzgesetzes ernst, so kann aus dieser Definition - und aus den weiteren tierschutzrelevanten Problemen, die mit der Herkunft und der (Vorrats-)haltung von Versuchstieren einhergehen - nur die moralische Verpflichtung zur Abschaffung von Tierversuchen folgen.

2. Dogma Tierversuch: Der gesellschaftliche und rechtliche Widerstreit

Von der überwiegenden Mehrheit der Bevölkerung wird dieser Standpunkt zwar grundsätzlich geteilt. Auch zeigen Umfragen, daß die Bürger bessere Tierschutzbestimmungen wünschen. Beispielsweise haben sich in einer Infas-Erhebung schon 1992 über 69% der Befragten für eine Aufnahme des Tierschutzes in die Verfasssung ausgesprochen, nur 6 % waren dagegen. Dennoch sind viele Menschen, auch wenn sie grundsätzlich der Ansicht sind, daß alle Anstrengungen unternommen werden müssen, um Tierversuche durch tierversuchsfreie Methoden zu ersetzen, noch immer bereit, Tierversuche zu akzeptieren, wenn es der Tierversuchslobby gelingt, den Verzicht als unkalkulierbares Risiko für die menschliche Gesundheit oder als Stillstand der biomedizinischen Forschung zu stilisieren.

2.1. Strategien der Verführung: Das Standortargument

Auch vor dem Hintergrund der anstehenden Novellierung des Deutschen Tierschutzgesetzes wird genau diese Strategie eingesetzt. Unter dem Vorwand, lediglich „bürokratische Erleichterungen" erreichen zu wollen, um den Standort Deutschland zu retten, streben Wissenschafts- und Industrieverbände danach, einen Teil der Tierversuche in der Bundesrepublik den üblichen Kontrollen zu entziehen (RUSCHE B., 1996; NICKEL U., 1996).

Sogenannte „Orientierungsversuche" beispielsweise, bei denen nicht mehr als drei Tiere verbraucht werden, sollen künftig ohne eine Genehmigung durchgeführt werden dürfen. Angeblich will man dadurch möglichst schnell und flexibel auf neue Entwicklungen reagieren können. Doch ebensogut könnte ein Wissenschaftler, der einfach nur wissen will, wie Affen auf einen bestimmten Eingriff reagieren, diesen Eingriff kurzerhand als „Orientierungsversuch" deklarieren und dann ohne erwähnenswerte Kontrolle an bis zu drei Tieren durchführen.

Bereits von den politisch Verantwortlichen aufgegriffen ist die Forderung, Änderungen schon bewilligter Versuchsvorhaben von der Genehmigung freizustellen (Bundesministerium für Ernährung, Landwirtschaft und Forsten, 1995). Auch durch diesen Vorstoß besteht die Gefahr, daß bestimmte Tierversuche ganz der Genehmigung entzogen werden, indem neue Versuchsvorhaben solange umetikettiert und umdefiniert werden, bis sie als bloße Änderung eines bereits genehmigten Versuchsvorhabens durchgehen können.

Anstatt zusätzliche Freiräume dieser Art zu schaffen, sind deshalb im Gegenteil klare politische Rahmenbedingungen erforderlich, um die von der Mehrheit der Bevölkerung gewünschte Verringerung von Tierversuchen zu erreichen. Die bestehenden deutschen und europäischen Gesetze zeigen Ansätze, die in die richtige Richtung deuten, greifen aber bisher nicht konsequent.

2.2. Das Scheitern der Ansätze: Das Beispiel Kosmetik

In der Europäischen Union ist es beispielsweise immer noch möglich, Inhaltsstoffe für Haarshampoos, Lippenstifte oder andere kosmetische Mittel im Tierversuch zu testen. Für die Entwicklung einzelner Stoffe werden dabei rund 900 Tiere verbraucht (Kommission der Europäischen Gemeinschaften, 1994). In Frankreich und anderen EU-Staaten werden sogar noch kosmetische Endprodukte im Tierversuch getestet: 1993 wurden für den Bereich der Kosmetik allein in Frankreich fast 23.000 Nagetiere und Kaninchen verbraucht (Ministere de l'Education Nationale de l'Enseignement Superieur, de la Recherche et de l'Insertion Professionelle, 1994). Für Deutschland liegen derartige Zahlen mangels ausreichender Datenerfassung leider erst gar nicht vor. Allerdings hat der Industrieverband Körperpflege- und Waschmittel erklärt, daß er keine Tierversuche für Endprodukte oder Inhaltsstoffe von Kosmetik für erforderlich hält, wenn bereits ausreichend geprüfte Rohstoffe vorliegen (Industrieverband Körperpflege- und Waschmittel, 1993).

Zukunftsweisend ist in diesem Zusammenhang zwar grundsätzlich das klare Verbot von Tierversuchen in der EU-Kosmetikrichtlinie (Rat der Europäischen Gemeinschaften, 1993). Leider greift das Verbot aber nicht, da es an die Bedingung, daß validierte „Alternativmethoden" vorliegen müssen, geknüpft ist. Dies bedeutet, daß der Glaube an Tierversuche überwunden, die Frage der Güte und Übertragbarkeit eines Tierversuches und einer tierversuchsfreien Strategie geklärt und insbesondere die völlig ungerechtfertigten Hürden, die Behörden aufstellen, überwunden werden müssen (RUHDEL I. und KOLAR R., 1995).

Der hier angeführte Bereich der Kosmetik steht exemplarisch für die gesamte Misere in der naturwissenschaftlichen und medizinischen Forschung, wo man trotz erprobter oder aussichtsreicher tierversuchsfreier Verfahren dogmatisch an Tierversuchen festhält und diese bisweilen bis auf das Messer verteidigt. Der Ausspruch von ALBERT SCHWEITZER, daß Tiere aus der Ethik verdrängt werden, scheint gerade für Wissenschaftler noch immer in einem erheblichen Ausmaß Gültigkeit zu besitzen.

2.3. Selbstverantwortung der Wissenschaft: Der Tierschutzbeauftragte

Von dem 'Wahn, daß unser Handeln gegen Tiere ohne moralische Bedeutung sei', wie es ARTHUR SCHOPENHAUER (1977) einmal anders formuliert hat, sind indes auch diejenigen nicht frei, die für den Schutz von Tieren eigentlich eine ganz besondere Verantwortung tragen sollten. Diese Erfahrung jedenfalls haben die Mitarbeiter der Akademie für Tierschutz in Neubiberg mit einigen Tierschutzbeauftragten gemacht.

Die Akademie für Tierschutz hat eine Untersuchung über die statistische Erfassung von Tierversuchen in der Europäischen Union durchgeführt. Unter anderem sollten dabei auch Vorschläge erarbeitet werden, um die erfaßten Daten im Sinne des Tierschutzes einsetzen zu können. Eine Vorstellung, wie sie etwa auch von der EU-Kommission vertreten wurde, war es, dabei zum Beispiel festzustellen, in welchem Bereich vergleichsweise viele Tierversuche stattfinden, die eigentlich schnell und einfach durch tierversuchsfreie Verfahren ersetzt werden könnten. In diesen Bereichen könnten dann verstärkt Gelder zur Förderung der tierversuchsfreien Methoden bereitgestellt werden.

Anstatt aber diese Arbeit zu unterstützen, haben ausgerechnet zwei Tierschutzbeauftragte dazu aufgerufen, eine begleitende Fragebogenaktion zu boykottieren, da - so der Kern ihrer Begründung - von diesen Tierschützern ja ohnehin nichts Gutes zu erwarten sei. Was auch immer der Anlaß für diese Reaktion gewesen sein mag, dem Tierschutz gedient haben diese Tierschutzbeauftragten damit jedenfalls nicht - obwohl gerade das ihre Aufgabe wäre.

2.4. Die Demaskierung des Rechts: Staatliche Kontrolle?

Mit diesem Sachverhalt ist bereits auf das grundsätzlichere Problem verwiesen. Daß „Tierschutzbeauftragte", wie hier geschehen, zu „Tierschutzverhinderern" werden können, oder sich in anderen Fällen bei der Betreuung von Genehmigungsanträgen weniger an den Bedürfnissen der Tiere orientieren als vielmehr daran, wie sie selbst sagen, „daß der Antrag glatt durchgeht", hängt auch mit dem Grundverständnis von Tierversuchen und den gesetzlichen Rahmenbedingungen zusammen:

- Nach dem Deutschen Tierschutzgesetz ist es grundsätzlich erlaubt, Tieren zu Versuchszwecken Schmerzen, Leiden oder Schäden zuzufügen. Eine rechtliche Verpflichtung, auf Tierversuche zu verzichten, besteht also nicht. Eine Reihe von Tierversuchen, etwa Eingriffe im Rahmen der Lehre, sind aus den Tierversuchsregelungen sogar ganz herausdefiniert und stellen für den Gesetzgeber offensichtlich überhaupt kein ethisches Problem dar (Abb. 1).

Abb. 1. Beispiele für nichtgenehmigungspflichtige Tierversuche

Ausnahmen von der Genehmigungspflicht bestehen vor allem für Tierversuche, die vom Gesetzgeber vorgeschrieben sind. Solche Versuche, beispielsweise zur Sicherheitsprüfung von Arzneimitteln oder von Inhaltsstoffen in Kosmetikartikeln, müssen bei der Behörde vor Versuchsbeginn lediglich angezeigt werden. Eine ausführliche Erklärung des Versuches oder eine Begründung, warum das neue Hustenmittel oder der neue Lippenstift überhaupt gebraucht werden, ist dabei nicht erforderlich. Zwar hat die Behörde auch hier theoretisch die Möglichkeit, den angezeigten Versuch zu untersagen, sie verfügt jedoch von vornherein nicht über ausreichend Information, um eine solche Entscheidung überhaupt treffen zu können.

Viele Eingriffe, die in der Forschung an Tieren vorgenommen werden, fallen sogar ganz aus den Tierversuchsbestimmungen heraus, da sie nach dem Tierschutzgesetz nicht als Tierversuch gelten. Dazu gehören etwa Eingriffe an Tieren, die im Rahmen der Lehre an Universitäten oder bei der Ausbildung für wissenschaftliche Hilfsberufe, wie Biologie-Laboranten, stattfinden. Die Eingriffe an Tieren zu Lehr- und Ausbildungszwecken sind in ähnlicher Weise geregelt wie die oben dargestellten gesetzlich vorgeschriebenen Tierversuche.

Zu den Eingriffen, die nach dem Tierschutzgesetz nicht als Tierversuche gewertet werden, gehört weiterhin zum Beispiel auch das Töten von Tieren, um mit deren Organen Untersuchungen durchführen zu können. In diesen Fällen ist der Behörde lediglich mitzuteilen, daß die Eingriffe stattfinden. Die Behörde ist jedoch in keinem Fall befugt, solche Eingriffe zu untersagen.

- Dort wo der Gesetzgeber dann doch die Abwägung ethischer Fragestellungen vorgesehen hat, werden diese Maßnahmen durch advokatische Winkelzüge unterlaufen. Bei genehmigungspflichtigen Tierversuchen beispielsweise muß ein Wissenschaftler laut Gesetz begründen, warum er das geplante Vorhaben für so wichtig hält, daß Tiere dafür leiden müssen. Um die zuständigen Behörden bei der Entscheidung über die Genehmigung von

Tierversuchen zu unterstützen, werden Beratende Kommissionen berufen. Sie nehmen zu den Anträgen der Wissenschaftler Stellung und die Behörde kann dann aufgrund dieser Bewertung entscheiden, ob sie das Versuchsvorhaben genehmigen wird oder nicht.

So eingängig dieses Verfahren in der Theorie zunächst auch scheinen mag, so umstritten gestaltet es sich in der Praxis. Zum einen gibt es selbst für diejenigen Tierversuche, die überhaupt als solche definiert sind, zahlreiche Ausnahmen von der Genehmigungspflicht (Abb. 1). Zum anderen können genehmigungspflichtige Tierversuche nur aufgrund formaler Fehler in den Anträgen abgelehnt werden. Einen Antrag tatsächlich auch einmal aus ethischen Gründen abzulehnen, ist dagegen nicht möglich (Abb. 2). Dementsprechend erschöpft sich die Aufgabe der Beratenden Kommissionen darin, lediglich zu prüfen, ob der Antragsteller in verständlicher und wissenschaftlich korrekter Form argumentiert hat, daß die Tierbeschaffung rechtens ist und warum die „Tierverbrauchszahlen" aus seiner Sicht notwendig sind.

- Als einen Punkt unter vielen können die Beratenden Kommissionen auch prüfen, ob der Antragsteller nach „Alternativmethoden" recherchiert hat. Zu einer tiefgreifenden inhaltlichen Auseinandersetzung aber, ob der Tierversuch nicht doch ersetzt werden kann, sind sie jedoch weder befugt noch hinreichend ausgestattet. Hier zeigt sich besonders, wie sehr der Gesetzgeber den Ansprüchen der Gesellschaft, aber auch der wissenschaftlichen Entwicklung auf diesem Gebiet hinterherhinkt.

Abb. 2. Befugnisse der Genehmigungsbehörden und Beratenden Kommissionen

Maßgeblich für die gegenwärtige Auslegung der Kommissionsbefugnisse ist ein Entscheid des Berliner Verwaltungsgerichtes, der 1994 im Nachgang zur Klage eines Berliner Hochschullehrers erging (Berliner Verwaltungsgericht, 1994). Der Wissenschaftler wollte neugeborenen Affenbabys die Augenlider vernähen und erst ein Jahr später wieder öffnen. Anschließend war geplant, eine Kupferdrahtspule in die Augen einzusetzen, den Schädel der Tiere zu öffnen und dort eine Elektrode dauerhaft zu befestigen. Erst dann sollten die eigentlichen Versuche losgehen, bei denen die Affen in einem Stuhl festgeschraubt wurden. Bei diesen bis zu 6 Monaten dauernden Experimenten sollten die Tiere stundenlang bewegungslos im sogenannten „Primatenstuhl" verharren und andressierte Übungen durchführen. Als die Behörde die Versuche aufgrund ethischer Einwände untersagte, klagte der Wissenschaftler und bekam letztlich Recht (KOLAR R., 1995).

Eine ähnliches Versuchsprojekt sorgte über Jahre in München für Aufsehen. Eine Experimentatorin wollte an 20 Makaken Untersuchungen zur Augenbewegung durchführen. Nach operativen Eingriffen und der Verabreichung von Färbesubstanzen sollten die Tiere dann getötet und deren Gewebe untersucht werden. Obwohl die Beratende Kommission einstimmig empfohlen hatte, diese Versuche aus ethischen Gründen zu untersagen, erteilte die zuständige Behörde die Genehmigung. Der Deutsche Tierschutzbund, der diesen Vorfall ans Licht der Öffentlichkeit gebracht und unter anderem eine Anhörung im Bayerischen Landtag erwirkt hatte, sah letztlich von einer Klage ab, da nach dem kurz zuvor im Berliner Fall ergangenen Urteil keinerlei Aussicht auf Erfolg bestand (Deutscher Tierschutzbund, 1994).

Für den Bereich der Lehre schließlich liegt ein entsprechendes Urteil aus Hessen vor. Vor dem dortigen Verwaltungsgerichtshof wurde einem Hochschullehrer das Recht zugestanden, selbst entscheiden zu können, seine Studenten für die Darstellung eines einfachen biologischen Sachverhaltes, der Aufnahme von Zucker im Darm, Ratten aufschneiden zu lassen (Verwaltungsgericht Gießen, 1995). Das zuständige Regierungspräsidium hatte den Versuch zunächst verboten, da ein Lehrfilm vorlag, der das entsprechende Lernziel bis ins Detail erfolgreich vermitteln kann (KOLAR R., 1995).

In keinem dieser Fälle hätte ein Verzicht auf den Tierversuch ein unkalkulierbares Risiko für die menschliche Gesundheit oder den Stillstand der biomedizinischen Forschung bedeutet. Nach dem Willen und der Einschätzung der Bevölkerung wären diese Versuche daher verboten worden.

3. Die tierschutzpolitischen Forderungen

Um nun zumindest die Rahmenbedingungen dafür zu schaffen, daß Tiere künftig besser vor Schmerzen, Leiden oder Schäden bewahrt werden können, muß zum einen eine Verpflichtung zum Verzicht auf Tierversuche und zum andern die Förderung tierversuchsfreier Methoden in die Gesetzgebung eingehen (Deutscher Tierschutzbund, 1992). Die im folgenden wieder an den deutschen Verhältnissen orientierten Erläuterungen lassen sich problemlos auf die EU-Ebene oder einzelne Mitgliedsstaaten übertragen.

3.1. Tierschutz muß als Zielbestimmung in der Verfassung festgeschrieben werden

Tierschutzbestimmungen können nur dann effektiv umgesetzt werden, wenn der Tierschutz als gleichwertiges Rechtsgut neben der Forschungsfreiheit steht. Damit wäre nicht nur die Voraussetzung geschaffen, daß es überhaupt zu einer Abwägung zwischen dem Schutzrecht für Tiere und dem Recht auf Forschung kommen kann und der Tierschutz als nachgeordnetes Rechtsgut nicht schon von vornherein unterlegen ist. Die verfassungsrechtliche Gleichstellung ist vielmehr vor allem deshalb erforderlich, um dem gewandelten Empfinden in unserer Gesellschaft Rechnung zu tragen.

3.2. Die Tierversuchsbestimmungen im Tierschutzgesetz müssen vom Kopf auf die Füße gestellt werden

- Tierversuche dürfen nicht grundsätzlich erlaubt, sondern müssen grundsätzlich verboten sein.
- Alle Tierversuche sind auch als solche zu bezeichnen und entsprechend abzuhandeln.
- Tierversuche dürfen bis zu deren vollständiger Abschaffung nur ausnahmsweise und nur dann genehmigt werden, wenn alle zur Verfügung stehenden tierversuchsfreien Verfahren ausgeschöpft wurden und eine strenge ethische Abwägung ergeben hat, daß das Vorhaben noch unerläßlich ist und ein dringender Bedarf besteht.
- Alle in die Entscheidungsprozesse eingebundenen Instanzen und Personen müssen zur ethischen Abwägung befähigt sein. So dürfen etwa die Beratenden Kommissionen nur aus Sachverständigen oder sachkundigen Personen zusammengesetzt sein, die sowohl zur Beurteilung der Tierschutz- als auch der ethischen Fragen befähigt sind.
- Die Tierschutzbeauftragten müssen ebenfalls zur ethischen Abwägung befähigt sein. Sie sollten darüberhinaus selbst keine Tierversuche durchführen dürfen.
- Allen Beteiligten müssen ausreichend Finanz- und Sachmittel zur Verfügung stehen. Insbesondere müssen zentrale Datenbanken eingerichtet werden, um sich über alternative Verfahren und über die Ergebnisse bereits erfolgter Tierversuche (zur Vermeidung von Doppelversuchen) informieren zu können.

3.3. Tierversuchsfreie Methoden müssen gezielt gefördert werden

- Den Beratenden Ethikkommissionen sind eigenständige Kontrollkommissionen zur Seite zu stellen, die in jedem Einzelfall prüfen, ob alle zur Verfügung stehenden Alternativmethoden ausgeschöpft sind, und die in der Lage sind, dem Antragsteller aktiv Vorschläge für den Ersatz seines Versuchsvorhabens zu unterbreiten.
- Wissenschaftler, Politiker, Behördenvertreter und Tierschützer müssen verpflichtet werden, Foren einzurichten, in denen die Weiterentwicklung von Alternativmethoden und die Abschaffung von Tierversuchen aktiv vorangetrieben werden. Dazu gehört die konsequente weitere Verfolgung der Entwicklung von tierversuchsfreien Methoden und die Bereitschaft, diese auch einzusetzen und in die gesetzlichen Rahmenbedingungen

aufzunehmen, aber auch die ernsthafte kritische Überprüfung der etablierten sogenannten tierexperimentellen Testsysteme und der Verzicht auf Tierversuche. Diese Foren müssen international vernetzt werden.

- Alle öffentlich finanzierten oder mitfinanzierten Einrichtungen zur Förderung von Wissenschaft und Forschung müssen verpflichtet werden, tierversuchsfreie Verfahren gezielt zu unterstützen. Diese Maßnahme kann man problemlos auch dann ergreifen, wenn man auf all die zuvor genannten Forderungen nicht eingehen will. Man könnte damit beginnen, für die Förderung tierversuchsfreier Methoden das gleiche Finanzvolumen bereitzustellen wie für die Förderung von Versuchsvorhaben, in deren Rahmen Tierversuche durchgeführt werden, die nicht unmittelbar auf den künftigen Ersatz oder die Ergänzung eines Tierversuches abzielen.

Die Grundvoraussetzung zur Durchsetzung dieser Forderungen ist, daß sich mehr Wissenschaftler als bisher für tierversuchsfreie Verfahren einsetzen und nicht immer nur von Tierversuchen und deren angeblicher Notwendigkeit die Rede ist. Vor allem die Wissenschaftsgesellschaften müssen auf die Abschaffung von Tierversuchen drängen und sich nicht die bedingungslose Verteidigung von Tierversuchen zur Aufgabe machen. Denn wenn die für Tierversuche Verantwortlichen weiter auf ihr uneingeschränktes Recht zur Nutzung eines Tieres „um jeden Preis" bestehen, werden sie zwangsläufig in die Isolation getrieben. Schon um dieser Entwicklung vorzubeugen, muß die Bereitschaft zum Verzicht auf Tierversuche signalisiert werden, etwa dadurch, daß man tatsächlich auch einmal von der Untersuchung bestimmter Fragestellungen am Tier absieht.

Es mag zwar ein Grundrecht auf Forschung geben, aber es kann in unserer Gesellschaft nicht mehr darin bestehen, dazu unbedingt auch Tiere benützen zu müssen. Die Würde des Menschen wird durch diese Einschränkung nicht angetastet, denn die Würde des Menschen liegt auch in der Fähigkeit und Freiheit begründet, auf Angenehmes, Nützliches oder Profitables zu verzichten, um einem anderen Wesen Schmerzen, Leiden oder Schäden zu ersparen (dazu: SPAEMANN R., 1984 und TEUTSCH G.M., 1995).

Mit dieser Einsicht und dem Mut zu neuen Entscheidungen ist die Abschaffung von Tierversuchen und die Umstellung auf bereits vorhandene und neue Wege ohne Tierleid keine Vision, sondern ein Ziel, das im Interesse von Mensch und Tier schon bald erreicht werden kann und erreicht werden muß.

Literatur

BUNDESMINISTERIUM FÜR ERNÄHRUNG, LANDWIRTSCHAFT UND FORSTEN, Referentenentwurf eines Gesetzes zur Änderung des Tierschutzgesetzes vom 30.06.1995, Bonn, 6, 1995

DEUTSCHER TIERSCHUTZBUND E.V., Novellierungsvorschlag zum Tierschutzgesetz vom 25.02.1992, Bonn, 15f, 28 u. 55, 1992

DEUTSCHER TIERSCHUTZBUND E.V., Stellungnahme zum Fragenkatalog anläßlich der Anhörung „Die Bedeutung von Tierversuchen für die medizinische Forschung", in: Bayrischer Landtag, Bedeutung von Tierversuchen für die medizinische Forschung. Dokumentation der Anhörung am 11.03.1994

INDUSTRIEVERBAND KÖRPERPFLEGE- UND WASCHMITTEL E.V., Leitfaden zur Sicherstellung und Erfassung unerwünschter Nebenwirkungen kosmetischer Mittel, Frankfurt, 8, 1993

KOLAR R., Das entmachtete Gesetz, in: Du und das Tier, 4, 33-34,1995

KOLAR R., Ende des Tiermißbrauchs?, in: Du und das Tier, 5, 34-35, 1995

KOMMISSION DER EUROPÄISCHEN GEMEINSCHAFTEN, Entwicklung, Validierung und rechtliche Anerkennung von Alternativmethoden zu Tierversuchen KOM(94) 606 endg. vom 15.12.1994, Brüssel, 22-23, 1994

MINISTERE DE L'EDUCATION NATIONALE DE L'ENSEIGNEMENT SUPERIEUR, DE LA RECHERCHE ET DE L'INSERTION PROFESSIONELLE, Enquête sur l'utilisation d'animaux vertébrés à des fins expérimentales en France. Statistiques 1993, Paris, 3, 1994

NICKEL U., Die Anti-Tierschutzkampagne der Wissenschafts- und Industriegesellschaften, in: Du und das Tier, 5, 1996

RAT DER EUROPÄISCHEN GEMEINSCHAFTEN, Richtlinie 93/35/EWG vom 14. Juni 1993 zur sechsten Änderung der Richtlinie 76/768/EWG zur Angleichung der Rechtsvorschriften der Mitgliedsstaaten über kosmetische Mittel, in: Amtsblatt der Europäischen Gemeinschaften Nr. L 151 vom 23.06.93, 33, 1993

RUHDEL I. und KOLAR R., Draize-Test und kein Ende, in: Du und das Tier, 2, 29-31, 1995

RUSCHE B., Erhebliche Defizite, in: Du und das Tier, 5, 15-16, 1996

SCHOPENHAUER A., Preisschrift über die Moral, in: Ders., Werke in zehn Bänden, Zürich, Band 6, 278, 1977

SCHWEITZER A., Kultur und Ethik, in: SCHWEITZER A., Gesammelte Werke in fünf Bänden, München, 2, 362, 1974

SPAEMANN R., Tierschutz und Menschenwürde, in: HÄNDEL U.M. (Hrsg.), Tierschutz, Testfall unserer Menschlichkeit, Frankfurt: Fischer, 75-77, 1984

TEUTSCH G.M., Die Würde der Kreatur. Erläuterungen zu einem neuen Verfassungsbegriff am Beispiel des Tieres, Bern, Stuttgart, Wien: Haupt, 26-28, 1995

VERWALTUNGSGERICHT GIEßEN, Urteil vom 24.08.1995, 7 E 1982/94 (3), 1995

VERWALTUNGSGERICHT BERLIN, Urteil vom 07.12.1994, 1 A 232.92, 1994

Forschungspolitische Konsequenzen und Strategien für die Grundlagenforschung im Spannungsfeld zwischen Wissenschaft und gesellschaftlichen und politischen Tierschutzerwartungen und Tierschutzentwicklungen

K.-Fr. Sewing

Zusammenfassung

Das gesellschaftspolitische Umfeld der wissenschaftlichen, insbesondere der biowissenschaftlichen Forschung ist derzeit geprägt von tiefem Mißtrauen, was sich auch in zahlreichen - die Forschung behindernden - gesetzlichen Regelungen niederschlägt. An Beispielen wird exemplarisch erläutert, welcher Gewinn für die Gesellschaft aus einer wertfreien, zunächst möglicherweise als nutzlos betrachteten Grundlagenforschung gezogen werden kann. Es wird daraus die Forderung abgeleitet, der Wissenschaft für ihre Aufgaben ohne Verletzung ethischer Grundsätze den erforderlichen Freiraum zu gestatten, der nötig ist, um kreative zukunftssichernde Forschung betreiben zu können.

Summary

Consequences in reasearchpolicy and stratagies for basic reasearch caught in between science and sociopolitical expectations and developements in the field of animal protection

The sociopolitical environment for research, in particular bioresearch, is currently characterized by a deep distrust documented by numerous regulatory measures being prohibitive for fruit- and successful research.. It is illustrated by several examples, which profit the society can make from basic research originally not regarded as being useful. It is therefore requested to give research enough room - without violating ethic principles - to do creative, future oriented research.

Nehmen wir einmal an, der Kollege x in y habe die Idee, die Frage prüfen zu wollen, ob ein Prokarzinogen bis in die F2-Generation hinein keimschädigende, genotoxische und andere toxische Effekte hat. Dieser Stoff könnte für einen Produktionsprozeß einer innovativen Technik geeignet sein, bei der zum einen wichtige Informationen für eine zukünftige Energiegewinnung ohne Einsatz fossiler Brennstoffe gewonnen werden, und sich zum anderen abzeichnet, daß dieses Verfahren - serienmäßig eingesetzt - Arbeitsplätze erhalten oder gar schaffen würde. Bei diesem Forschungsprojekt sind u.a. folgende Untersuchungen vorgesehen: Die Verabreichung des zu untersuchenden Stoffes an Versuchstiere vor und während der Schwangerschaft, die Charakterisierung der potentiellen Schäden mit Hilfe gentechnologischer und molekularbiologischer Verfahren sowie das Studium des Metabolisierungsweges der zu untersuchenden Substanz mit Hilfe von radioaktiv markierten Tracern. Angesichts des ausgeprägten Sicherheitsbedürfnisses unserer Zeit und des Rufs nach Risikoabschätzung und Technologiefolgenabschätzung ist dies eine Fragestellung, die - würde sie nicht bearbeitet und würden sich gravierende Schäden daraus ergeben - schnell dem Ruf nach Bestrafung der für die Unterlassung Schuldigen laut werden lassen würde. Es ist also ein Forschungsvorhaben, dem man ohne große Not ein beachtliches öffentliches Interesse bescheinigen kann und das zur Zukunftssicherung beiträgt.

Die Idee ist gut, und das Projekt ist gut durchdacht und logisch aufgebaut, und so macht sich Prof. Neugier an die Arbeit, entwirft zusammen mit einem Unternehmen, das eventuell Interesse an seinen Arbeiten haben könnte, eine Projektskizze, um sie den für Forschung zuständigen Ministerien zur Vorprüfung vorzulegen. Diese wird nach geraumer Zeit wohlwollend beurteilt und er wird aufgefordert, einen ausführlichen Antrag vorzulegen. Er macht sich gewissenhaft an die Arbeit und realisiert, daß er folgende gesetzliche Regelungen und Vorschriften zu beachten hat:

1. Das Tierschutzgesetz, da genehmigungspflichtige Tierversuche für das Projekt unerläßlich sind.
2. Das Gentechnikgesetz, da gentechnologische Untersuchungen wesentlich zum Erfolg des Projekts beitragen.
3. Die Strahlenschutzverordnung, da er mit radioaktiv markierten Tracern arbeiten muß.
4. Die Gefahrstoffverordnung, nicht zuletzt da die zu untersuchende Substanz ein Prokarzinogen ist.
5. Die Regelungen des Arbeitsschutzes aus dem gleichen Grund.
6. Und möglicherweise noch einige weitere Regelungen.

Wenngleich er nach bestem Wissen und Gewissen alle Vorschriften zu beachten versucht - was deren intime Kenntnis voraussetzt - ist damit zu rechnen, daß die jeweiligen Genehmigungsinstanzen - aus welchem Grunde auch immer - über die erforderlichen Genehmigungen entweder gar nicht entscheiden, sodaß auch ein rechtsfähiger Widerspruch nicht möglich ist, oder durch zahlreiche Rückfragen erheblich verzögern, so daß mittlerweile ein größerer Aktenberg für das Projekt angewachsen ist und mehr als zwei Jahre vergangen sind, bevor das Projekt begonnen werden kann. Nicht auszuschließen ist auch, daß nach Beginn des Projekts eine Tierbefreiungsaktion den Arbeiten ein vorzeitiges Ende bereitet, oder sein Name auf einem öffentlichen Plakat als Embryonenschlächter oder etwas ähnliches prangt.

Ich garantiere Ihnen, für diesen Wissenschaftler war das das letzte Projekt, bei dem ihm droht, in seiner Arbeit behindert zu werden. Er wird sich in Zukunft eine Zellkultur zulegen und sich dieser mit großer Intensität widmen, bis das wissenschaftliche Forschungspotential dieser Kultur bis zum letzten Tropfen ausgelutscht ist.

Ich schildere Ihnen diesen komprimierten Sachverhalt nicht, um ein Horrorszenario zu malen, sondern weil zumindest Einzelkomponenten dieser Story heute zum wissenschaftlichen Alltag gehören, wie sich immer wieder dokumentieren läßt. So ist es nicht verwunderlich, daß sich Wissenschaftler zunehmend außerhalb der Landesgrenzen orientieren, da sie hierzulande keine Perspektiven mehr für ihre Arbeit sehen. Ich verweise in dem Zusammenhang auf das Ergebnis einer Analyse der Deutschen Forschungsgemeinschaft (Deutsche Forschungsgemeinschaft, 1996), in der zahlreiche verschiedenartige Sachverhalte und Fallbeispiele zusammengetragen sind, die Zeugnis über Forschungsbeschränkung verschiedenster Art in Deutschland ablegen.

Die Frage, der wir uns nicht entziehen dürfen, heißt: Wollen wir das und dürfen wir das?

Diese Fragen treffen den Kern des Themas meines Beitrags: Forschungspolitische Konsequenzen und Strategien für die Grundlagenforschung zwischen wissenschaftlichen und gesellschaftlichen und politischen Tierschutzerwartungen und Tierschutzentwicklungen. Man kann es auch auf den kurzen Nenner bringen: Die Rolle der Wissenschaft in der Gesellschaft.

Ich habe mit Absicht gesagt „in der Gesellschaft", weil wir keinen Zweifel daran aufkommen lassen dürfen, daß wissenschaftliche Forschung in einer so hoch entwickelten Kultur und Zivilisation wie der unsrigen ein integraler Bestandteil ist, d.h. diejenigen, die Wissenschaft betreiben, sind ebenfalls ein Bestandteil der Gesellschaft. Dies wiederum bedeutet, daß sich der Dialog wechselseitig zwischen den Trägern der Wissenschaft und den anderen Bereichen der Gesellschaft entfaltet. Dabei ist allerdings immer zu berücksichtigen und darf nie außer Acht gelassen werden, daß sich die Wissenschaft ebenso wie die Kunst eines besonderen Schutzes unserer Verfassung erfreut, indem es in Artikel 5, Absatz 3 des Grundgesetzes heißt: Kunst und Wissenschaft, Forschung und Lehre sind frei. Diese Freiheit umfaßt dreierlei - und jetzt zitiere ich RÜDIGER WOLFRUM, Direktor am Max-Planck-Institut für ausländisches öffentliches Recht und Völkerrecht: *„Die Freiheit in der Formulierung der Fragestellung, die Freiheit bei der Bestimmung der Grundsätze und Methodik der Untersuchung sowie die Freiheit hinsichtlich der Bewertung und Verbreitung der Forschungsergebnisse. Dabei stellt das Grundrecht der Forschungsfreiheit nicht nur ein Abwehrrecht des einzelnen Wissenschaftlers gegen staatliche Einflußnahme dar, sondern es enthält auch eine institutionelle Gewährleistung der wissenschaftlichen Selbstverwaltung".* Weiter schreibt er: *„Vielmehr sollen durch die Freistellung des einzelnen auch die Voraussetzungen dafür geschaffen werden, daß diese (die Wissenschaftler, Anm. d. Verf.) ihre innovativen Fähigkeiten im Interesse der gesamten Gesellschaft voll zur Entfaltung bringen können".* Dieses schreibt er unter der Überschrift „Das Grundverständnis muß sich wandeln" (WOLFRUM R., 1996).

Ich will versuchen, das zu erläutern. Wir haben die Gesetze und Vorschriften, die ich Ihnen eingangs genannt habe. Ihnen allen ist gemeinsam, daß sie dem Grundgesetz Artikel 5, Absatz 3 einen Schrankenvorbehalt auferlegen, wofür es aus unserer Verfassung keine Rechtfertigung gibt. Nur die Freiheit der Lehre unterliegt einem Schrankenvorbehalt, und das betrifft nur die Treue zur Verfassung. Dies wiederum bedeutet, daß jede Regelung durch Gesetze und Verordnungen, die die Freiheit der Forschung einschränken, einem Legitimationszwang unterliegen. Dieses gilt ohne Einschränkung auch für das Tierschutzrecht - zumindest in Deutschland.

Dieses bedeutet nicht, daß Wissenschaft und Forschung schrankenlos sind. Diese Schranken betreffen in erster Linie den Schutz der Menschenwürde, des Lebens, der Gesundheit sowie der Persönlichkeit. Sie sind also a priori durch das Tierschutzgesetz nicht gedeckt. Die Wissenschaft hat daraus nicht abgeleitet, daß Tierschutz ein nicht zu schützendes Rechtsgut darstellt, wie es ihr nicht selten unterstellt wird. Es muß allerdings festgestellt werden, daß das geltende Tierschutzrecht in Deutschland zahlreiche Regeln enthält, die dadurch, daß sie sich gegen Forschungsziele und -methoden richten, die wissenschaftliche Forschung beschränken. Wir dürfen auch nicht übersehen, daß gerade der Bereich „Tierexperimentelle Forschung" im Vergleich zu anderen tierschutzrelevanten Bereichen völlig überreguliert ist.

Dies macht der angewandten Forschung, insbesondere der, die ihre Legitimation aus gesetzlichen Vorschriften erfährt, relativ wenig Probleme. Es belastet insbesondere aber die Grundlagenforschung, der es nicht leichtfällt, den in den einschlägigen Kommissionen sitzenden Laien klarzumachen, daß es sich um ein Forschungsprojekt handelt, das ausschließlich dem Erkenntniszugewinn dient, ohne daß a priori ein Nutzen für irgendwen oder irgendwas erkennbar wird. Gerade solche Forschungsprojekte sind es, die von Genehmigungsbehörden und Kommissionen mit großem Argwohn betrachtet werden, die einer - häufig gewollten - Verzögerungstaktik unterworfen werden und deren Initiatoren der öffentlichen Verfolgung ausgesetzt werden.

Eine seriöse wissenschaftliche Forschung zielt immer darauf ab, in bisher unbekannte Dimensionen vorzustoßen, um diese zu ergründen, selbst wenn man bereits eine Arbeitshypothese zu dem hat, was man erwarten könnte. Gerade dies ist ein besonderes Merkmal der Grundlagenforschung - und wie bei einer Expedition zum Mond ist deren Vorstoß ins Unbekannte mit Risiken behaftet, mit dem positiven Risiko, über das geplante Ziel hinausgehend weitere, möglicherweise bahnbrechende Entdeckungen zu machen, aber auch mit dem negativen Risiko, das angestrebte Ziel nicht zu erreichen oder gar Probleme zu kreieren.

Lassen Sie mich ein Wort zu möglichen Forschungsstrategien sagen. Die Biowissenschaften sind in weiten Bereichen reduktionistisch angelegt, d.h. daß ausgehend von Beobachtungen am intakten Organismus versucht wird, die Ursache bis hin zu molekularen Ereignissen zu verfolgen. Dies geschieht mit den jeweils verfügbaren Methoden. Wir können zur Zeit nahezu jedes Lebewesen bis zum letzten Molekül zerlegen und wissen schon viel über die Regulationsmechanismen auf zellulärer, intrazellulärer und genetischer Ebene. Allerdings wird die reduktionistische Suchstrategie an Grenzen stoßen und wieder einer integrierenden weichen, allerdings unter Einsatz einer Methodik, die sich am Stand der biowissenschaftlichen Erkenntnisse orientiert und den biowissenschaftlichen Fortschritt berücksichtigt.

Das erste Problem ist also, sich mit der Grundlagenforschung und deren Rahmenbedingungen auseinanderzusetzen und dabei stellt sich immer wieder die triviale Frage: Was hat die Gesellschaft von der Grundlagenforschung? Erinnern wir uns an zwei markante Beispiele: Vor fast 30 Jahren hat die amerikanische Arbeitsgruppe um GILMAN und RODBELL die Entdeckung gemacht, daß ein Molekül in der Funktion einzelner Zellen eine wichtige Rolle spielt, nämlich das zyklische 3,5-Adenosinmonophosphat - kurz cAMP. Diese Entdekkung war wertfrei und hatte keinerlei anwendungsorientierten Hintergrund, sondern das Projekt diente lediglich dem Verständnis der zellulären Funktion. Diese Entdeckung, für die die Wissenschaftler auch den Nobelpreis erhielten, zog eine wahre Flut von Untersuchungen nach sich, die alle dem Verständnis zellulärer Funktionen des menschlichen und tierischen Organismus dienten. Darüber hinaus ergaben sich aus diesen Untersuchungen neue Möglichkeiten, in die Zellfunktion einzugreifen und diese unter therapeutischen Gesichtspunkten zu verändern und therapeutische wie toxische Eingriffe zu verstehen. Dies war zum Zeitpunkt der Entdeckung des cAMP überhaupt nicht abzusehen. Ähnlich zu beurteilen ist die Entdekkung von monoklonalen Antikörpern, deren Verwendung schnell eine große Verbreitung gefunden hat und deren globaler Nutzen einer vollständigen Abschätzung noch gar nicht endgültig zugänglich ist. Die Liste ließe sich noch beliebig erweitern. Sie zeigt nichts anderes, als daß eine wertfreie Forschung erst Jahre oder gar Jahrzehnte später zu einem handfesten Nutzen umgemünzt werden kann, und daß zum Zeitpunkt der Durchführung eines Projektes der Grundlagenforschung, dessen „Wert“ in den seltensten Fällen zu erkennen ist, weder für die Wissenschaft noch für den Rest der Gesellschaft, den man getrost als Laien bezeichnen darf. Eine solche Forschung ist nur möglich und kann nur gedeihen, wenn der Wissenschaftler, in dessen Hirn die entsprechenden Ideen entstehen, eine erfolgversprechende Chance hat, seine Arbeitshypothese experimentell zu verifizieren oder zu falsifizieren. Da kann es der Sache nur abträglich sein, wenn die Gesellschaft ihm unnötige Zwänge auferlegt.

Die nächste Frage lautet: Wie haben wir es mit der einzusetzenden Methodik zu halten. Darauf gibt es nur eine richtige Antwort: Es ist die Methode anzuwenden, die geeignet ist, die gestellte Frage zu beantworten. Jede andere Antwort würde an den alternden Professor erinnern, der im tiefen finsteren Wald seine Brille verloren hat, sie aber am durch Laternen erleuchteten Straßenrand sucht, weil es dort heller ist. Von dem Postulat der geeigneten Methodik darf auch nicht abgewichen werden, wenn verschiedene methodische Ansätze potentiell zum Ziel führen. Hier ist allerdings ein Schrankenvorbehalt zu machen, und zwar in dem Sinne, daß in erster Linie die Methode anzuwenden ist, die am wenigsten oder gar nicht mit dem, was wir Ethik nennen, oder anderen Interessenssphären kollidiert. An dieser Stelle warten Sie natürlich auf eine Stellungnahme zu der Frage und der Abwägung zwischen einer tierexperimentellen Methodik und dem Einsatz von den so populären Techniken der Zellkultur oder der Forschung an subzellulären Organellen.

Natürlich können Zellkulturen ein geeignetes Instrument sein, um zelluläre Prozesse zu studieren. Natürlich sind Zellkulturen ein überschaubares System, um auch zelluläre Interaktionen z.B. in Cokultursystemen zu untersuchen. Wir dürfen allerdings den Blick nicht vor folgenden Sachverhalten verschließen.

1. Zellen stammen a priori von (ehemals) lebenden Organismen.
2. Nur wenige Organe lassen sich zu proliferierenden und damit langfristig zu haltenden Zellinien verarbeiten.
3. Viele Zellinien sind nicht mehr repräsentativ für das Organ, aus dem sie ursprünglich einmal stammten.
4. Zum Studium der Interaktion eines integrierten Systems bestehend aus verschiedenen Organen sind Zellkulturen ungeeignet.

Somit bleiben noch genügend Fragen aus dem Bereich der Biowissenschaften übrig, die wohl nur tierexperimentell zu lösen sind.

Es kann getrost unterstellt werden, daß in der heutigen von ökonomischen Sachzwängen geprägten Zeit kein unnötiges Tierexperiment durchgeführt wird, wenn sich die Frage einer wissenschaftlich vertretbaren Alternative stellt.

Der nächste Komplex betrifft den intellektuellen Diskurs zwischen der Wissenschaft und anderen Bereichen der Gesellschaft mit dem Ziel der Rechtfertigung von Tierexperimenten. Auch hier kann durchaus unterstellt werden, daß die Wissenschaft ohne Einschränkung bereit ist, ihr Tun zu erläutern. Wir dürfen aber andererseits nicht die Augen davor verschließen, daß die Biowissenschaften mittlerweile so kompliziert geworden sind, daß es selbst bei Menschen mit biologischen Grundkenntnissen schwierig ist, zum einen den zu bearbeitenden Sachverhalt zu erläutern, und zum anderen noch schwieriger, eine mögliche Relevanz - was immer darunter verstanden sein mag - darzulegen. Ich versuche, das wiederum an einem Beispiel zu erläutern. In der Mitte der 60er Jahre hat sich ein britischer Wissenschaftler mit der Frage beschäftigt, welche Mechanismen im intakten Organismus zu einer Freisetzung sogenannter biogener Amine oder Mediatoren führt. Um eine größere Palette verschiedenartiger biogener Amine erfassen zu können, setzte er eine Kaskade unterschiedlicher isolierter Organe ein, die auf unterschiedliche Substanzen unterschiedlich reagieren, die er nacheinander mit dem Blut eines narkotisierten Versuchstiers superfundierte und deren Kontraktion oder Erschlaffung er registrierte (VANE J.R., 1964). Dieses Modell, das ausschließlich dem Erkenntnisgewinn in der Grundlagenforschung diente und dessen Wichtigkeit man kaum jemandem Außenstehenden hätte klarmachen können, hat letztendlich zum Verständnis des Wirkmechanismus nichtsteroidaler Antirheumatika geführt, was wiederum die Möglichkeit eröffnete, nach neuen Antirheumatika mit verbessertem Nutzen/Risiko-Verhältnis zu suchen. Wie ein Flächenbrand hat sich dieser Bereich der Forschung entwickelt und für viele Organsysteme wichtige neue Erkenntnisse gebracht, die sich auch langfristig therapeutisch nutzen und/oder unerwünschte Arzneimittelwirkungen besser verstehen ließen. Alles das war zum Zeitpunkt der Durchführung der Experimente nicht annäherungsweise erkennbar. Daß für die Resultate dieser Forschung 1982 der Nobelpreis verliehen wurde, sei hier nur am Rande erwähnt.

So bleibt noch die letzte Komponente, nämlich die Akzeptanz biomedizinischer tierexperimenteller Forschung durch die Gesellschaft. Es läßt sich in den Medien leicht über Tierexperimente - völlig abstrahiert von der Praxis - schreiben oder plaudern, und es ist leicht,

Stimmungen gegen Tierexperimente zu erzeugen. Es bedarf nur des Bildes einer narkotisierten Ratte oder eines Kaninchens, dessen Kopf aus einem Kasten schaut, um antipathische Emotionen gegen Tierexperimente zu erzeugen. Wenn derartige Bilder mit einschlägigen Texten versehen sind, dann ist der Effekt vollkommen. Vermeintlich sachliche Auseinandersetzungen über tierexperimentelle Modelle werden dann schnell - nicht selten gewollt - zu einem intellektuell nicht mehr nachvollziehbaren Schlagabtausch, bei dem die eigentlichen Probleme auf der Strecke bleiben. Dem gegenüber ist es unvergleichlich schwieriger - und es bringt auch keine großen Einschaltquoten - eine wertfreie Grundlagenforschung der Bevölkerung in einer Weise zu vermitteln, daß sie ein Verständnis für derartige Forschungsansätze entwickelt.

Es ist leicht, von der Wissenschaft zu fordern, sie müsse Sympathiewerbung treiben. Es ist allerdings weniger leicht, dieses in einer Weise umzusetzen, daß sich die Bevölkerung dafür interessiert und daß sie es versteht.

Wir müssen deshalb unterscheiden zwischen der „verständlichen Darstellung der Wissenschaft" und der Darlegung eines noch nicht durchgeführten, jedoch geplanten Forschungsprojekts. Bei der Darstellung verständlicher Wissenschaft gehen wir von bekannten Fakten aus und versuchen, diese zu erläutern. Hier haben wir etwas in der Hand, das wert oder nicht wert ist, aktuell der Gesellschaft mitgeteilt zu werden. Anders ist es bei der Darlegung und Erläuterung eines durchzuführenden Forschungsprojekts. Hier klaffen der Anspruch auf Erläuterung und die Möglichkeiten des Verstehens weit auseinander. Ich wage zu behaupten, daß ein Wissenschaftler, der mit seinen in Planung befindlichen Forschungsvorhaben an die Öffentlichkeit zu gehen versucht, auf ein unverständliches mildes Lächeln rechnen kann, weil das öffentliche Interesse daran nicht signifikant von Null verschieden ist.

Trotz mangelhaften öffentlichen Interesses an einem aktuellen Forschungsprojekt herrscht ein tiefes Mißtrauen gegenüber den Biowissenschaften und Biowissenschaftlern, und dem gilt es zu begegnen. Ich resigniere, und zwar einzig und allein daran, daß ich kaum Bemühungen erkennen kann, die darauf abzielen, Ressentiments abzubauen, sondern ich immer wieder feststellen muß, daß insbesondere von Leuten, die sich in der Öffentlichkeit gut darstellen können, Mißtrauen geschürt wird, auch an Stellen, wo es keine Berechtigung hat.

Ich würde mir wünschen, daß wir in unserer Gesellschaft die Militanz, mit der Positionen vertreten werden, ablegen, zugunsten eines verstärkten Bemühens um Verständnis.

Wenn wir unsere Zukunft meistern wollen, dann können wir das nur, wenn wir - und jetzt wiederhole ich mich - den gescheitesten Köpfen in unserem Lande die Chance und den Freiraum geben, ihre Ideen umzusetzen. Niemand wird überzeugend darlegen können, daß diese Gruppe von Menschen grausame und seelenlose Monster sind, die sich ihres eigenen Vorteils willen über alles hinwegsetzen und jede Gelegenheit nutzen, um an Gesetz und Recht vorbeizuagieren. Dies sind Menschen aus Fleisch und Blut, die ihren Beruf ergriffen haben, weil sie davon überzeugt sind, einen wesentlichen Beitrag zum Nutzen unseres Globus leisten zu können und das in aller Regel auch tun. Wir alle haben davon gleichermaßen profitiert. Diese Möglichkeiten dürfen wir durch schwer nachvollziehbare Denkmuster und daraus resultierende Überregulation der Wissenschaft nicht verspielen.

Literatur

DEUTSCHE FORSCHUNGSGEMEINSCHAFT, Forschungsfreiheit - Ein Plädoyer für bessere Rahmenbedingungen in der Forschung in Deutschland, Weinheim: VCH, 1996

WOLFRUM R., Das Grundverständis muß sich wandeln, Forschung und Lehre, 410-413, 1996

VANE J.R., The use of isolated organs for detecting active substances in the circulating blood, Brit. J. Pharmacol., 23, 360-373, 1964

Computersysteme und Tierversuche: Umsetzung der Schweizerischen Tierschutzgesetzgebung und Abwicklung der Logistik in tierexperimentell tätigen Institutionen

W. Zeller

Zusammenfassung

In Institutionen, in denen Tierversuche durchgeführt werden, wird im Sinne einer Effizienz- und Qualitätssteigerung logistischen Aspekten große Bedeutung beigemessen. Bei der Bestellung von Tieren muß überprüft werden, ob eine gültige Tierversuchsbewilligung vorliegt. Bei Lieferung der Tiere müssen Käfige und Räume vorbereitet sein. In der Akklimatisationsphase und während dem Versuch fallen Daten zu den jeweiligen Tieren an. Damit eine Kostentransparenz möglich ist, müssen Beschaffungs- und Haltungskosten der Tiere verrechnet werden.

Die Schweizerischen Behörden verlangen neben gültigen Bewilligungen Aufzeichnungen zu den Versuchen, eine Tierbestandeskontrolle und eine jährliche Berichtserstattung über die durchgeführten Versuche sowie Angaben über Anzahl und Belastung der eingesetzten Versuchstiere.

Am Beispiel des Systems TIGER (TIGER: **TI**er**GE**suchs- und **R**egistrierungssystem) wird ein möglicher Weg aufgezeigt, der einerseits die betriebsinternen Abläufe vereinfacht und andererseits die Kommunikation zwischen den verschiedenen Personen verbessert. Gleichzeitig wird die Erstellung der von den Behörden benötigten Informationen mit geringerem Aufwand ermöglicht. Konsistente und aussagekräftige Daten (Ausbildung des Personals, Gesundheitszustand der Tiere) haben eine praktische Bedeutung im Sinne des Tierschutzes.

Summary

EDP systems and animal experimentation: Transposing the Swiss Animal Welfare Act and improving logistic aspects in animal facilities and research centres

Efficiency and quality are major goals for institutions performing experiments on animals. The multilanguage EDP system TIGER (**TIerGE**suchs- und **R**egistrierungssystem, i.e. application for permits and registration of animal experiments) offers a possibility to simplify internal procedures (protocols, licences, procurement and housing of animals, cost accounting) and to improve communications among the various categories of personnel concerned. The generation of the data required by the authorities is greatly facilitated. The availability of consistent and reliable data (e.g. curricula vitae of personnel, animal-health records) is of significant importance with regard to practical aspects of animal welfare.

1. Einleitung

Die Anliegen des Gesetzgebers stoßen teilweise bei Durchführenden von Tierversuchen auf wenig Gegenliebe. Auslöser dafür ist selten eine prinzipielle Ablehnung der Grundgedanken des Tierschutzes durch die Forschenden. Die abwehrende Haltung ist eher begründet durch den großen zeitlichen Aufwand für die Zusammenstellung der von den Behörden geforderten Informationen. Nachteilig wirkt sich ebenfalls eine allfällige Unsicherheit aus, bezüglich Art und Inhalt der zu übermittelnden Angaben.

Auf Seite der Behörden werden formelle und inhaltliche Fehler sowie verspätetes Einreichen von Unterlagen bemängelt. Alle diese Punkte können durch ein effizientes Computersystem positiv beeinflußt werden.

1.1. TIGER - Tier-Gesuchs- und Registrierungsystem

Das hier vorgestellte Programm TIGER wurde in den Jahren 1994-96 gemeinsam durch die in Basel (CH) ansässigen pharmazeutischen Firmen Ciba-Geigy, Roche und Sandoz in Zusammenarbeit mit der Softwarefirma SeAG realisiert. Ziel der Entwicklung war eine mehrsprachige (deutsch, französisch, englisch), Plattform-unabhängige Client Server Applikation (Client: Windows, Mac; Server: Unix, VMS usw.). Nach den Grundsätzen der Good Laboratory Praxis (GLP) sollten die Bedürfnisse der Benutzerkreise Leitung und Administration des Versuchstierdienstes, der veterinärmedizinischen Betreuung, der Tierpfleger, der Versuchsleiter, der Laboranten, der QAU (Quality Assurance Unit) und des Tierschutzbeauftragten im Zusammenhang mit Tieren und Tierversuchen abgedeckt werden.

Im Überblick ermöglicht das seit Mitte 1995 produktive Programm die Erfassung der Daten im Bereich des Bewilligungs- und Berichtwesens für Tierversuche, die Bestellung und Lieferung von Tieren, das Drucken von Käfigkarten, die Verwaltung von Daten der Tiere (inkl. Patientenakte), das Führen einer Bestandskontrolle sowie die Verrechnung der anfallenden Kosten (Tierkosten, Haltungskosten pro Tier und Tag usw.).

Das Programm TIGER deckt mehr als die Logistik eines Versuchstierdienstes ab. Aus der Sicht des Tierschutzes sind entscheidende Verbesserungen möglich: Diese betreffen nicht nur die formalen, administrativen Abläufe, sondern sie könnnen sich auch direkt auf das Wohlbefinden der Versuchstiere auswirken. Auf diese Punkte soll in der Folge näher eingegangen werden.

2. Bewilligungswesen für Tierversuche

2.1. Schweizerische Tierschutz-Gesetzgebung, Richtlinien

Gesetzestexte, Richtlinien und amtliche Informationen sind häufig nicht für das gesamte in Tierversuche involvierte Personal zugänglich. Mit TIGER können diese Daten jederzeit dezentral abgerufen und ausgedruckt werden. Zudem ist es möglich, die Texte zentral immer auf dem neuesten Stand zu halten.

2.2. Ausbildung des Personals

Die Ausbildung des Personals ist im Hinblick auf einen artgemäßen Umgang mit den Versuchstieren und eine fachgerechte Durchführung der Tierversuche von zentraler Bedeutung.

In Anlehnung an die entsprechende EU-Richtlinie verwaltet TIGER die individuellen Angaben zur **Ausbildung von Versuchsleitern, Laboranten und Tierpflegern**. Gleichzeitig ist die bisherige **tierexperimentelle Erfahrung** einsehbar. Es kann zudem überprüft werden, ob die vorgeschriebene **periodische Weiterbildung** der Mitarbeiter stattfand.

Aus Sicht des Datenschutzes handelt es sich um vertrauliche Einträge. Sie werden durch den Tierschutzbeauftragten kontrolliert und verwaltet, eine vollständige Einsicht ist nur ihm möglich.

2.3. Erstellung von Bewilligungsgesuchen für Tierversuche

Die Gesuche (Formular A) werden mit Hilfe des TIGERs erstellt (Abb.1). Ein effizientes **Hilfesystem** gibt Auskunft über Art und Umfang der Informationen, die in den jeweiligen Paragraphen von den Behörden erwartet werden. Das System kontrolliert, ob die Gesuche vollständig ausgefüllt wurden und ergänzt gewisse Daten (Namen, Adressen, Datum) etc. korrekt und einheitlich. Mit Hilfe einer Schnittstelle können die Gesuche auf einer **Diskette** dem Amt in elektronischer Form zur Bearbeitung übergeben werden.

Die Erstellung von **Fortsetzungs- oder Ergänzungsgesuchen** ist mit minimalem Aufwand möglich, so daß sich der Gesuchssteller auf den Inhalt konzentrieren kann.

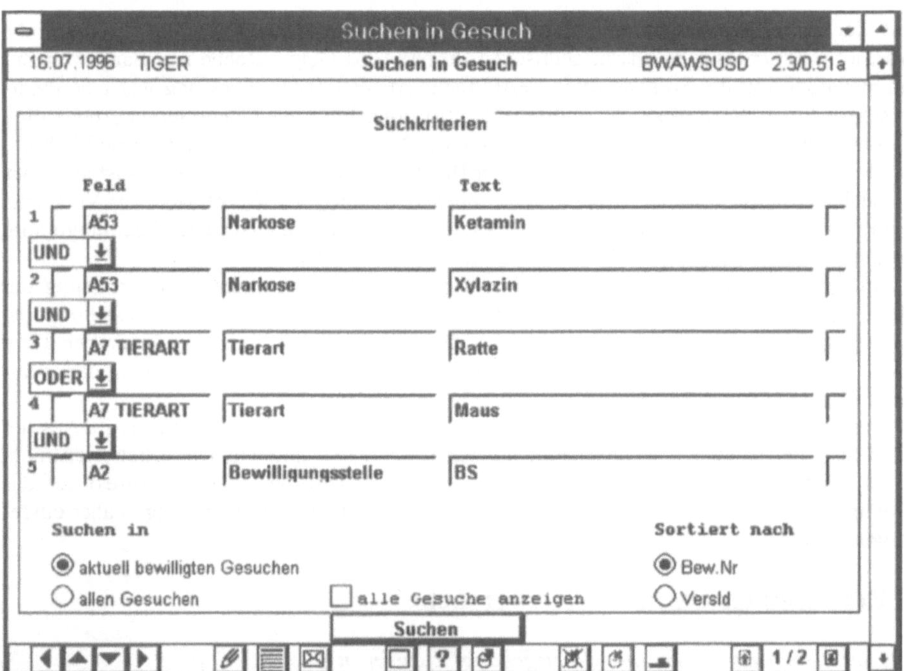

Abb. 1. **Maske zur Erstellung eines Gesuches für Tierversuche**
Es wird festgehalten, zu welcher Zeit das Gesuch bei welchem Personenkreis war. Die Erstellung von Fortsetzungs- und Ergänzungsgesuchen ist auf einfache Weise möglich

2.4. Verwaltung von Tierversuchs-Bewilligungen

Die betreffenden Versuchsleiter werden per e-mail automatisch darüber informiert, daß die Bewilligung vom Amt eingetroffen ist. Sie werden auf allfällige **Auflagen oder Einschränkungen** hingewiesen. Die Bewilligung kann jederzeit von denjenigen eingesehen werden, die

die betreffenden Tierversuche durchführen. Das System verhindert eine Überschreitung der Anzahl **bewilligter Tiere** oder eine Bestellung von Tieren außerhalb der Bewilligungsperiode.

Ein **Überblick** über die verschiedenen Gesuche und Bewilligungen kann mit Hilfe des TIGERs auf einfache Weise gewonnen werden. Dies ist besonders wichtig bei großen Firmen oder bei der Verwaltung der Unterlagen von mehreren Gesuchsstellern durch die Behörde.

2.5. Erstellen von Zwischen- und Abschlußberichten

Die jährlich einzureichenden Berichte werden durch TIGER aufgrund der während des Kalenderjahres stattgefundenen Buchungen automatisch erstellt. Die **individuelle Belastung jedes Versuchstieres** wird durch Angabe des retrospektiven Schweregrades definiert. Die Eingabe dieser Daten erfolgt laufend im Anschluß an die Tötung des Versuchstieres. Nur ein solches Vorgehen garantiert, daß sich die Versuchsdurchführenden noch an die genauen Umstände des einzelnen Experimentes erinnern. Da die Abbuchung der Tiere gleichzeitig zu einem Stopp der entsprechenden Haltungskosten führt, ist die Motivation für eine konsequente Arbeitsweise gegeben. Gleichzeitig wird der gesetzlichen Forderung nach einer **Bestandskontrolle** nachgekommen.

TIGER erleichtert insgesamt das Erstellen der Berichte und führt dank qualitativ besserer Daten zu einer aussagekräftigeren **Versuchstier-Statistik**. Die amtliche Jahresstatistik kann auf einfache Weise durch TIGER erstellt werden (Schnittstelle zu Excel™).

3. Abfragen von wissenschaftlichen und methodischen Informationen

Über den gesamten Inhalt der Tierversuchsgesuche und der Bewilligungen können jederzeit Abfragen durchgeführt werden (Abb. 2). Neben einfacheren Fragestellungen (Wer benutzt welche Tierarten oder welchen Tierstamm? Wer führt welches Modell durch? Welche Versuchsleiter und Laboranten arbeiten in einem spezifischen Projekt?) können auch **methodische Abläufe** selektioniert werden (In welchen Projekten wird eine Narkose mit Ketamin eingesetzt? Wer implantiert bei Ratten intraventrikuläre Kanülen? In welchen Versuchsanordnungen wird eine postoperative Schmerzbekämpfung durchgeführt?).

Diese Funktionalität hat sich in der Praxis als sehr nützlich erwiesen. Anhand der gefundenen Informationen können bspw. **Kontakte zwischen verschiedenen Forschungsgruppen** in die Wege geleitet werden. Dies ist dann wichtig, wenn eine Gruppe eine bestimmte Methode von einer anderen lernen möchte. Natürlich kann in der Absicht eines **Refinements** ein Vergleich von methodischen Details stattfinden, wenn ähnliche wissenschaftliche Fragestellungen durch unterschiedliche Labors abgeklärt werden.

4. Bestellung und Lieferung von Tieren

Es sind nur Bestellungen von bewilligten Tieren möglich (Abb. 3). Der Besteller wird frühzeitig darauf hingewiesen, wenn sein Tierkontingent zur Neige geht, damit er rechtzeitig ein Ergänzungsgesuch einreichen kann.

Vor der Lieferung der Tiere können **Käfigkarten** ausgedruckt werden. Diese enthalten neben wesentlichen Angaben zum Versuchstier auch Informationen über die Tierversuchsbewilligung, den Veantwortlichen für das Tier, sowie Angaben, die sich direkt auf die jeweilige Versuchsserie beziehen. Dadurch soll erreicht werden, daß alle Käfige beschriftet sind und für allfällige Rückfragen eine Ansprechperson rechtzeitig definiert wurde.

Formular A

16.07.1996 TIGER Formular A BWGSEFSL 2.3/0.51a

Versuch

Id: 1186 Kurztitel: Sokoloff Modell zur Messung des zentralen Glukoseverbrauches

Bew.Nr: 467

Gesuch

Id: 1 Status: OE ohne Einschränkung History Bew.Nr: 467

Titel des Gesuchs/Projekts: Sokoloff Modell zur Messung des zentralen Glukoseverbrauchs

Kurztitel: Sokoloff Modell zur Messung des zentralen Glukoseverbrauches

§31 Fachgebiet: DT Dementia/ ZNS Trauma

§32 Gesuchsart: N Neues Gesuch

§8 Dauer Vorh: bis auf weiteres Beginn: fortsetzung

§10 Ort: basel Datum:

Interne Bemerkung: Methode ist bis auf weiteres "on hold". Bei Wiederaufnahme soll die

Bemerkung Formular A

Zu VL | Zu TS | Zu US bei VL | Bei KVet | Ablegen

Neues | Fortsetzung | Ergänzung | Kopieren | Drucken

1/8

Abb. 2. **Beispiel für eine Textabfrage in Tierversuchs-Gesuchen**
Selektiert werden alle Bewilligungen der Bewilligungsstelle BS, in denen eine Ketamin/Xylazin-Narkose an Ratten oder Mäusen durchgeführt wird

5. Tiergesundheit

Das System verwaltet eine Vielzahl von Daten der Versuchstiere. Im Sinne einer **Patientenakte** können Angaben zu Quarantäne, Impfungen, Pflege des Tieres, tierärztlichen Untersuchungen und Behandlungen eingesehen werden (Abb. 4). Diese Angaben sind auch am Wochenende wichtig, wenn der diensthabende Tierarzt die Verantwortlichen für das Tier nicht erreichen kann. Falls Tiere **nicht versuchstauglich** sind, so wird dies im TIGER eingetragen und der Versuchsleiter wird automatisch informiert.

Das System ermöglicht dem Tierschutzbeauftragten und der Behörde eine Vielzahl von Kontrollabfragen. Bspw. kann überprüft werden ob die versuchsfreien Intervalle bei Tieren, die mehrfach in den Versuch eingesetzt werden, eingehalten wurden.

6. Schlußfolgerungen

Der Einsatz des Programmes TIGER führte einerseits zu einer allgemeinen Effizienzsteigerung der Abläufe in der Logistik bei der Beschaffung und Haltung von Versuchstieren. Der administrative Aufwand zur Erfüllung der Ansprüche der Behörden konnte bei den Gesuchstellern vermindert werden. Die Qualität der bei der Behörde eingereichten Unterlagen hat sich verbessert.

TIGER ermöglicht eine effiziente Kontrolle bezüglich des Einhaltens wichtiger Punkte der Tierversuchsbewilligungen. Die Aussagekraft der Tierversuchsstatistik wurde gesteigert.

Für die Zukunft besteht die Hoffnung, mit Hilfe der vorhandenen Daten Verbesserungen der Tierversuche im Sinne der 3R initiieren zu können.

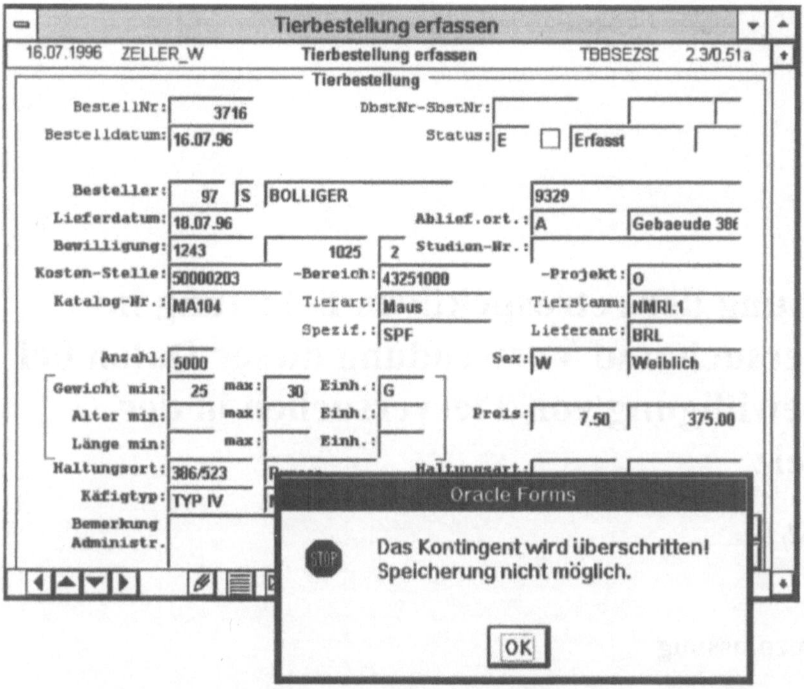

Tierbestellung erfassen

16.07.1996 ZELLER_W **Tierbestellung erfassen** TBBSEZSC 2.3/0.51a

Tierbestellung

BestellNr: 3716 DbstNr-SbstNr:
Bestelldatum: 16.07.96 Status: E Erfasst

Besteller: 97 S BOLLIGER 9329
Lieferdatum: 18.07.96 Ablief.ort.: A Gebaeude 38(
Bewilligung: 1243 1025 2 Studien-Nr.:
Kosten-Stelle: 50000203 -Bereich: 43251000 -Projekt: 0
Katalog-Nr.: MA104 Tierart: Maus Tierstamm: NMRI.1
Spezif.: SPF Lieferant: BRL
Anzahl: 5000 Sex: W Weiblich
Gewicht min: 25 max: 30 Einh.: G
Alter min: max: Einh.: Preis: 7.50 375.00
Länge min: max: Einh.:
Haltungsort: 386/523 Haltungsart:
Käfigtyp: TYP IV
Bemerkung Administr.

Oracle Forms

Das Kontingent wird überschritten! Speicherung nicht möglich.

OK

Abb. 3. Maske zur Erfassung einer Tierbestellung, Kontingentskontrolle

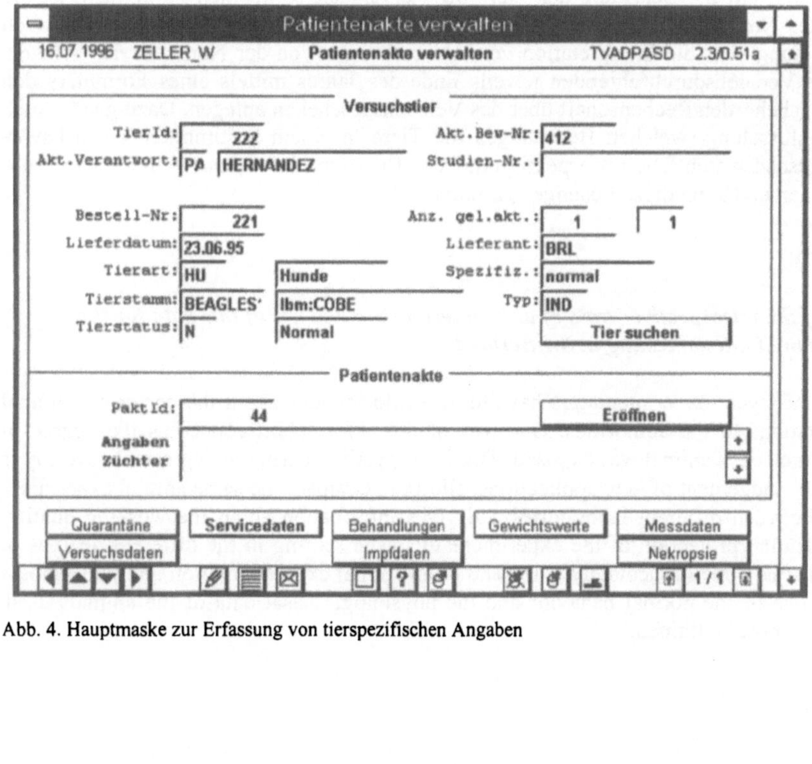

Patientenakte verwalten

16.07.1996 ZELLER_W **Patientenakte verwalten** TVADPASD 2.3/0.51a

Versuchstier

TierId: 222 Akt.Bew-Nr: 412
Akt.Verantwort: PA HERNANDEZ Studien-Nr.:

Bestell-Nr: 221 Anz. gel.akt.: 1 1
Lieferdatum: 23.06.95 Lieferant: BRL
Tierart: HU Hunde Spezifiz.: normal
Tierstamm: BEAGLES' Ibm:COBE Typ: IND
Tierstatus: N Normal Tier suchen

Patientenakte

PaktId: 44 Eröffnen
Angaben Züchter

Quarantäne | Servicedaten | Behandlungen | Gewichtswerte | Messdaten
Versuchsdaten | Impfdaten | Nekropsie

1/1

Abb. 4. Hauptmaske zur Erfassung von tierspezifischen Angaben

Erhebung der retrospektiven Belastung im Tierversuch und Verwendung dieser Daten bei der Bewilligung von Tierversuchen in der Schweiz

I. Bloch

Zusammenfassung

Die retrospektiv erfaßte effektive Belastung der Tiere im Tierversuch erlaubt, problematische Tiermodelle zu erkennen, läßt Vergleiche zwischen verschiedenen Labors zu und gibt indirekt auch eine Information über die Qualität der Arbeit der Versuchsdurchführenden. Im weiteren kann sie zur Neubeurteilung von Bewilligungsanträgen herangezogen werden. Voraussetzung, um die Belastung der Tiere im Tierversuch vornehmen zu können, ist die Kenntnis des Normalverhaltens der Tiere und deren physiologischen Basaldaten, als auch eine Ausbildung über die Interpretation von Abweichungen von der Norm. In der Schweiz müssen die Versuchsdurchführenden jeweils Ende des Jahres mittels eines Formulars den Bewilligungsbehörden Rechenschaft über das Versuchsgeschehen ablegen. Dazu gehört auch eine Aufschlüsselung, welchen Belastungen die Tiere in einem bestimmten Versuchsvorhaben ausgesetzt waren. Die retrospektiv erhobene Belastung läßt tierschutzrelevante Probleme erkennen und kann diese Lösungen zuführen.

Summary

Statistics of the retrospective stress of animal testing and the use of this data for the authorization of animal testing in Switzerland

At the end of a year experimentators have to give informations about the performed animal experimentations to the authorities. One part of this information concernes the degree of severitiy which each animal was exposed. This retrospective scoring in degrees of severitiy is usefull in the judgement of new applications, allows to compare the same animal experimental model between different laboratories and gives information about the working qualitiy concernig animal protection of the experimentators. The scoring in the different degrees of severity must be done immediately at the end of an animal experimentation and presupposes the knowledge of the normal behavior and the physiologic basal data of the animals used. This can and must be trained.

1. Einleitung

In der Schweiz müssen Bewilligungsanträge zum Durchführen von Tierversuchen mit dem prospektiv am höchsten zu erwartenden Schweregrad eingereicht werden. Dadurch kann nach einheitlichen Kriterien eine Beurteilung der Anträge vorgenommen werden und nach einheitlichen Kriterien eine Abwägung der gegenläufigen Interessen (Belastung des Tieres/ Erkenntnisgewinn) vorgenommen werden.

Es steht aber außer Frage, daß die prospektiv vorgenommene Einschätzung der Belastung der Tiere im Tierversuch nicht in allen Fällen mit der tatsächlichen Belastung übereinstimmt. Bei den Kontrolltieren und den mit Testsubstanz niedrig dosierten Tieren ist die tatsächliche Belastung häufig geringer, bei unerwartet toxischer Substanzwirkung oder nicht optimalem Versuchsablauf häufig höher. Zudem würde eine Tierversuchsstatistik mit den prospektiven Daten ein verzehrtes Bild der Wirklichkeit geben.

Es drängt sich daher auf, die effektive Belastung der Versuchstiere im Tierversuch retrospektiv zu erheben.

2. Erheben der restrospektiven Belastung

2.1. Voraussetzungen

Die Erfassung von Schmerzen, Leiden, Angst und Schäden, deren Summation die Belastung beim Versuchstier ergibt, setzt die Kenntnis der Definition dieser Begriffe voraus. Gleichzeitig müssen das Normalverhalten und die physiologischen Basaldaten der Versuchstiere bekannt sein, sonst können Abweichungen von der Norm nicht erkannt werden. Ebenso ist es unabdingbar, daß alle an einem Tierversuch beteiligten Personen (Versuchsleiter, Laborant und Tierpfleger) entsprechend aus- und weitergebildet werden.

2.2. Rechtliche Grundlagen

Bei der Durchführung von bewilligungspflichtigen Tierversuchen dürfen einem Tier Schmerzen, Leiden oder Schäden nur zugefügt werden, soweit dies für den verfolgten Zweck unvermeidlich ist (vgl. Art. 16 Abs. 1 Tierschutzgesetz vom 9. März 1978 - Schweizer Tierschutzgesetz, 1991).

Hatte ein Versuch für ein Tier erhebliche Schmerzen, Leiden oder schwere Ängste zur Folge, so darf es nicht für weitere Versuche verwendet werden (Art. 16 Abs. 4 TSchG). Kann ein Tier nach einem Eingriff nur unter Leiden weiterleben, so muß es schmerzlos getötet werden, sobald der Versuchszweck dies zuläßt (Art. 16 Abs. 5 TSchG).

Fachleute, unter deren Leitung Tierversuche durchgeführt werden, müssen die fachgerechte Betreuung der Versuchstiere sicherstellen können (Art. 59d Bst. c Tierschutzverordnung vom 27. Mai 1981, Schweizer Tierschutzverordnung, 1991)

Das Bundesamt für Veterinärwesen veröffentlicht jährlich eine Statistik, die sämtliche Tierversuche erfaßt. Sie enthält die notwendigen Angaben, um eine Beurteilung der Anwendung der Tierschutzgesetzgebung zu ermöglichen (Art. 19a Abs. 3 TSchG).

Voraussetzung für das Erfüllen der Anforderungen gemäß Artikel 16 TSchG und Artikel 59d TSchV bildet ein regelmäßiges und fachkundiges Beobachten der Tiere.

2.3. Allgemeine Beschreibung der Schweregrade

2.3.1. Keine Belastung: Schweregrad 0

Eingriffe und Handlungen an Tieren zu Versuchszwecken, durch die den Tieren keine Schmerzen, Leiden oder Schäden oder schwere Angst zugefügt werden und die ihr Allgemeinbefinden nicht erheblich beeinträchtigen.

2.3.2. Leichte Belastung: Schweregrad 1

Eingriffe und Handlungen an Tieren zu Versuchszwecken, die eine leichte, kurzfristige Belastung (Schmerzen oder Schäden) bewirken.

2.3.3. Mittlere Belastung: Schweregrad 2

Eingriffe und Handlungen an Tieren zu Versuchszwecken, die eine mittelgradige, kurzfristige oder eine leichte, mittel- bis langfristige Belastung (Schmerzen, Leiden oder Schäden, schwere Angst oder erhebliche Beeinträchtigung des Allgemeinbefindens) bewirken.

2.3.4. Schwere Belastung: Schweregrad 3

Eingriffe und Handlungen an Tieren zu Versuchszwecken, die eine schwere bis sehr schwere oder eine mittelgradige, mittel- bis langfristige Belastung (Schmerzen, andauerndes Leiden oder schwere Schäden, schwere und andauernde Angst oder erhebliche und andauernde Beeinträchtigung des Allgemeinbefindens) bewirken.

2.4. Vorgehen beim Erheben der Schweregrade

Das Erheben der Schweregrade läßt sich in drei Phasen unterteilen.

2.4.1. Versuchsvorbereitung

Die Versuchsverantwortlichen müssen die Personen bezeichnen, die die Tiere beobachten. Dabei ist zu berücksichtigen, daß die Versuchstiere während der verschiedenen Versuchsphasen unterschiedlich starke Belastungen erfahren können. In Versuchsphasen mit größeren Belastungen oder raschen Änderungen des Zustands der Tiere sollten die Tiere vermehrt beobachtet werden.

Zudem ist je nach Versuch ein Datenerfassungsblatt zum Erheben der Befunde bezüglich der Belastung von Hilfe. Damit kann vermieden werden, daß die falschen Parameter erfaßt werden oder daß durch einen täglich unterschiedlichen Untersuchungsgang Fehler in den Daten entstehen oder einzelne Parameter vergessen werden. Ein Datenerfassungsblatt ist in der Regel bei Langzeitversuchen, bei chirurgisch aufwendigen Tiermodellen und bei schwerbelastenden Versuchen notwendig. Bei leichtbelastenden Versuchen genügt es meistens, wenn allfällige Abweichungen vom Normalzustand dokumentiert werden. Die Auswahl der zu beurteilenden Parameter richtet sich nach der Tierart und der Art des Tierversuchs und wird durch die Versuchsleitenden getroffen. Zudem sollten schon in dieser Phase des Versuchs Abbruchkriterien mitberücksichtigt werden.

Die notwendige Ausbildung des Personals wurde schon weiter oben angesprochen.

2.4.2. Erfassen der klinischen Symptome und der Verhaltensparameter

Verhaltensparameter, welche Rückschlüsse auf den Allgemeinzustand zulassen, sind am besten zu erheben, wenn die Tiere aus genügender Distanz und ausreichend lange beobachtet werden. Dabei ist dem zirkadianen Rhythmus Rechnung zu tragen. Eine nähere Adspektion der Tiere gibt detaillierte Auskunft über klinische Parameter.

Die genaue Inspektion des Käfigs oder der Haltungseinheit gibt Hinweise über Futterverzehr und Wasseraufnahme, Kotbeschaffenheit und Urinmenge.

Soweit nötig, sind die Tiere durch sorgfältige Palpation auf allfällige Tumoren, Abszesse oder druckempfindliche Regionen zu untersuchen. Der Hautturgor ist bei Verdacht auf Hypovolämie zu kontrollieren.

2.4.3. Bewerten der Symptome und Parameter - Zuordnen der Schweregrade

Eine eindeutige Zuordnung des Schweregrads ist nicht immer möglich. Oft kann eine Beurteilung des Schweregrads nur vorgenommen werden, wenn eine vollständige und sorgfältige Beurteilung der Tiere zu verschiedenen Zeitpunkten erfolgt ist.

Es empfiehlt sich, zuerst die eindeutigen Fälle zuzuordnen, was in der Regel in mehr als neunzig Prozent der Fälle ohne weiteres möglich ist. Unklare Fälle können unter vergleichendem Beizug der prospektiven Einschätzung, der Daten aus vergleichbaren früheren Versuchen oder aber mit Hilfe der Richtlinie des Bundesamtes für Veterinärwesen „Retrospektive Einteilung von Tierversuchen nach Schweregraden (Belastungskategorien)“ (Bundesamt für Veterinärwesen, 1994) zugeordnet werden.

2.5. Die Richtlinie „Retrospektive Einteilung von Tierversuchen nach Schweregraden (Belastungskategorien)“ des Bundesamtes für Veterinärwesen

Diese Richtlinie beinhaltet einen ganzen Katalog von Anzeichen für Schmerzen, Schäden und Leiden bei Versuchstieren, wie er von GÄRTNER und MILITZER (1993) aufgestellt worden ist, ergänzt mit Angaben zu Hunden, Schweinen und Primaten. Sie ist ein ideales Arbeitsinstrument für all die Personen, die den Schweregrad retrospektiv zu beurteilen haben (Bundesamt für Veterinärwesen, 1994).

3. Verwendung der Daten der retrospektiv erhobenen Belastung im Tierversuch bei der Bewilligung von Tierversuchen

3.1. Meldeverfahren in der Schweiz

In der Schweiz müssen die Versuchsdurchführenden jährlich über die durchgeführten Tierversuche Bericht erstatten. Dies geschieht mittels des Formulars C, wo über die Anzahl der verwendeten Tierarten und Tierzahlen, deren Herkunft, der im Tierversuch ausgesetzten Belastung und deren Weiterverwendung nach Ausscheiden als Versuchstier Rechenschaft abgelegt werden muß. In einem Anhangsblatt kann auf besondere Vorkommnisse hingewiesen werden, und bei Prüfungen im Rahmen der Produktesicherheit muß dokumentiert werden, wieviele Substanzen getestet worden sind.

3.2. Ausgewählte Beispiele von Rückmeldungen

3.2.1. Akute Fischtoxizität, OECD 203

Gemäß OECD-Guidline sollten mindestens 5 Dosierungen, eine Kontrollgruppe und gegebenenfalls eine Gruppe mit dem Lösungsmittel für die Testsubstanz ohne Testsubstanz geprüft werden, was bei 5 Testsubstanzen maximal 245 Tiere ergibt. Nachforschungen haben ergeben, daß die ganze Teststrategie mit dem Antragsteller überdacht werden muß. Dabei geht es insbesondere um die Anzahl Dosierungen und um die gewählten Dosierungen.

Tabelle 1. Akute Fischtoxizität, OECD 203

Anzahl eingesetzte Tiere	355
Anzahl Tiere ohne Belastung (Schweregrad 0)	35
Anzahl Tiere mit Schweregrad 1	0
Anzahl Tiere mit Schweregrad 2	0
Anzahl Tiere mit Schweregrad 3	320
Anzahl geprüfte Substanzen	5
Anzahl Tiere pro Substanz	71

3.2.2. Approximative akute orale Toxizität an der Ratte (analog OECD 401)

Hier geht es darum, von unbekannten Substanzen eine erste Information bezüglich der oralen Toxizität zu erhalten. Sowohl der Tierverbrauch pro Substanz als auch die dokumentierten Schweregrade lassen ein differenziertes Arbeitsvorgehen erkennen.

Tabelle 2. Approximative akute orale Toxizität, Ratte

Anzahl eingesetzte Tiere	69
Anzahl Tiere ohne Belastung (Schweregrad 0)	0
Anzahl Tiere mit Schweregrad 1	12
Anzahl Tiere mit Schweregrad 2	14
Anzahl Tiere mit Schweregrad 3	43
Anzahl geprüfte Substanzen	20
Anzahl Tiere pro Substanz	3-6

3.2.3. Akute orale Toxizität an der Ratte, Limittest, OECD 401

Tabelle 3. Akute orale Toxizität, Ratte

Anzahl eingesetzte Tiere	223
Anzahl Tiere ohne Belastung (Schweregrad 0)	180
Anzahl Tiere mit Schweregrad 1	15
Anzahl Tiere mit Schweregrad 2	5
Anzahl Tiere mit Schweregrad 3	23
Anzahl geprüfte Substanzen	18
Anzahl Tiere pro Substanz	12.3
Effektiv	17 x 10 Tiere und 1 x 53 Tiere

Der Limittest wird offensichtlich beherrscht, mußte doch lediglich eine Substanz vertieft geprüft werden, bei der alle Voraussagen bezüglich Strukturanaloga danebenlagen.

3.3. Verwendung der retrospektiv erhobenen Daten

Eine projektbezogene Auswertung der retrospektiv erhobenen Belastungen im Tierversuch gibt viele Informationen, um daraus tierschutzrelevante Faktoren ableiten zu können. Dies ist nicht nur für die Versuchsdurchführenden, sondern auch für die Bewilligungsbehörden von nicht zu unterschätzender Bedeutung.

Tiermodelle, die retrospektiv grundsätzlich mit einer höheren Belastung verbunden sind, als dies prospektiv zu erwarten war, sind einer eingehenden Prüfung zu unterziehen.

Tiermodelle, die in mehreren Labors parallel laufen, retrospektiv aber erhebliche Unterschiede in der Belastung aufweisen, sind bezüglich der personellen Voraussetzungen zu überprüfen.

Eine Erhebung der tatsächlichen Belastung der Tiere im Tierversuch erlaubt eine objektive Öffentlichkeitsarbeit und entkräftet pauschale Urteile wie „Alle Tierversuche sind grausam".

4. Diskussion

In der Schweiz wird die Beurteilung von Bewilligungsanträgen zum Durchführen von Tierversuchen immer differenzierter vorgenommen. Noch vor 7 bis 8 Jahren gab man sich mit knappen Beschreibungen von Versuchsvorhaben zufrieden und beschränkte sich die Auswertung der Rückmeldungen über das Versuchsgeschehen im Erstellen einer Tierversuchsstatistik.

Heute spielen die prospektive Einschätzung der maximal zu erwartenden Belastung und die zusätzlich retrospektiv ermittelte effektive Belastung der Tiere im Tierversuch eine wichtige Rolle. Schon prospektiv kann im Sinne des Refinement nach Belastungsminderungen gesucht werden, und die retrospektive effektive Belastung hat nebst einem edukativen Wert für Bewilligungsbehörden und Antragsteller den großen Vorteil, daß belastende Modelle oder belastend durchgeführte Versuche laufend erkannt werden, Vergleiche zwischen verschiedenen Labors möglich sind und zur Neubeurteilung eines Bewilligungsantrages hinzugezogen werden können.

Voraussetzung dazu sind allerdings Kenntnis der Norm und eine sichere Beurteilung bei Abweichungen von der Norm.

Literatur

Bundesamt für Veterinärwesen, Retrospektive Einteilung von Teirversuchen nach Schweregraden (Belastungskategorien), BVET-Information 800.116.-1.05, Bern, 1994

GÄRTNER K. und MILITZER K., Zur Bewertung von Schmerzen, Leiden und Schäden bei Versuchstieren, Schriftenreihe Versuchstierkunde, Berlin, Hamburg: Paul Parey, 1993

Schweizer Tierschutzgesetz, Eidgen. Drucksachen- und Materialzentrale EDMZ, Bern, 1991

Schweizer Tierschutzverordnung, Eidgen. Drucksachen- und Materialzentrale EDMZ, Bern, 1991

Statistische Auswertungen zur Belastung der in wissenschaftlichen Versuchen verwendeten Tiere im Rahmen der schweizerischen Jahresstatistik 1995

M. Lehmann

Zusammenfassung

Die Belastung der Tiere in Tierversuchen wurde in der Schweiz 1995 erstmals systematisch erfaßt. Die Resultate dieser Erhebung werden dargestellt und interpretiert.

Von den 621.182 in bewilligungspflichtigen Tierversuchen eingesetzten Tieren wurden 65,3% nicht oder nur leichtgradig belastet (Schweregrad SG0 resp. SG1); 26,2% erlitten eine mittlere (SG2) und 8,5% eine schwere Belastung (SG3).

94% der Tiere, die eine schwere Belastung (SG3) erlitten, waren Mäuse, Ratten, Meerschweinchen und andere Kleinnager, weitere 5% waren Fische, und 1% umfaßt Kaninchen, Geflügel, Hunde und vereinzelt Primaten, Schweine und Schafe.

Schwer- und mittelgradig belastende Tierversuche dienen zu 74% der Entdeckung, Entwicklung und Qualitätskontrolle von Produkten und Geräten in der Medizin. Dabei werden mehr als 70% der schwerbelastenden Versuche (SG3) zur Qualitätssicherung biologischer Produkte (v.a. Vakzinen) sowie zur Entwicklung und Prüfung neuer Substanzen mit folgenden Wirkungen verwendet: antimikrobiell, antiinflammatorisch, antikonvulsiv sowie neuroprotektiv bei Durchblutungsstörungen. Dementsprechend sind 73% der Versuche mit SG2 respektive 78% jener mit SG3 in der privaten, industriellen Forschung anzutreffen, gegenüber lediglich 57,5% jener Versuche, die keine oder leichtgradige Belastungen umfassen. Versuche im Rahmen toxikologischer Abklärungen sind zu 73% nicht bis wenig belastend, zu 27% mittel bis schwer belastend. Fische in ökotoxikologischen Untersuchungen werden auffallend stark belastet (29% mit SG3).

Summary

Statistics on the severity of procedures in the context of the Swiss annual statistics 1995 on animal experimentation

In 1995 the degrees of severity of procedures were for the first time systematically collected. Results are presented.

Of 621.128 animals used in procedures 65,3% were not or only slightly constrained (degrees of severity SG0 and SG1). Another 26,2% were constrained moderately (SG2), and 8,5% suffered heavy constraints (SG3).

94% of the animals heavily constrained (SG3) were mice, rats and other small laboratory rodents, 5% were fish and 1% comprises rabbits, fowl,dogs and some single primates, pigs and sheep.

Constraining procedures (SG2 and SG3) serve research, development ans quality control of medical products. Thereby a 70% of the SG3-procedures are for quality control of vaccines and the development and control of new substances with one of the following effects: anti-microbial, anti-inflammatory, anti-convulsive or neuro-protective in the case of disturbed blood supply.

1. Einleitung

Die Jahresstatistik über Tierversuche ist ein gesetzlicher Auftrag, denn seit der Revision der Tierschutzgesetzgebung 1991 ist in der Verordnung explizit festgehalten (Art. 19a Abs. 3 TSchG): *Das Bundesamt für Veterinärwesen veröffentlicht jährlich eine Statistik, die sämtliche Tierversuche erfaßt. Sie enthält die notwendigen Angaben, um eine Beurteilung der Anwendung der Tierschutzgesetzgebung zu ermöglichen* (Schweizerisches Tierschutzgesetz, 1991). Diese Ergänzung des Tierschutzgesetzes wurde angefügt, um mehr Transparenz im Bereich Tierversuche zu schaffen, dies als Beitrag zur Versachlichung der Diskussion um Tierversuche, deren Notwendigkeit im Zusammenhang mit dem Abstimmungskampf um die Initiativen gegen Tierversuche augenfällig wurde.

Das Bundesamt bietet Gewähr, daß nur anonymisierte Aussagen gemacht werden, damit nicht auf einzelne Personen geschlossen werden kann. Damit ist garantiert - und das war auch Ziel der Revision -, daß die Forschenden nicht zu Schaden kommen können, beispielsweise bei Belästigung durch militante Tierschützer. Dieser Schutz ist ebenso legitim wie der Anspruch des Publikums auf Information. Definitionsgemäß sind anonymisierte Aussagen für Außenstehende nicht überprüfbar. Dies bedeutet, daß die Verantwortung für eine transparente Information ganz auf Behördenseite liegt, und daß, wenn diese Verantwortung nicht wahrgenommen würde, das Vertrauen des Publikums in die Tierschutzgesetzgebung massiv beeinträchtigt würde.

Seit Jahren nehmen die Tierzahlen in der Schweiz kontinuierlich und deutlich ab: gegenüber 1983 um 69% und seit dem Vorjahr um 14%. Dies ist u.a. auf den Einsatz von Alternativmethoden sowie auf optimierte Versuchsplanung zurückzuführen.

Eine wichtige Frage betrifft die Belastung in den Tierversuchen. Nimmt sie ab, haben die Entwicklungen im Sinne der 3R zu einer Verfeinerung der Eingriffe geführt, indem die Tiere weniger leiden. Tatsächlich schützt das schweizerische Tierschutzgesetz das Wohlbefinden der Tiere, nicht hingegen deren Verwendung. Die Möglichkeit der Verwendung von Tieren, beispielsweise für Tierversuche, ist in demselben Tierschutzgesetz verankert.

Für den Schutz des Individuums ist es sinnvoll, einen notwendigen, belastenden Versuch zu ersetzen durch einen weniger belastenden, bei dem aber mehr Tiere eingesetzt werden müssen. Eine solche Praxis würde in einer Statistik ohne Berücksichtigung der Belastung als Zunahme des Tierverbrauchs und damit als Rückschritt ausgewiesen. Die Jahresstatistik 1995 umfaßt erstmals Angaben zur Belastung der Tiere. Damit konnte einer langjährigen Forderung aus Tierschutzkreisen entsprochen werden.

2. Methode der Schweregrad-Einteilung

Um die Belastung in den Tierversuchen zu erfassen, wurde ein erheblicher Aufwand bei der Einteilung der verschiedensten Tiermodelle in sogenannte Belastungs- oder Schweregrade betrieben. Zu den grundsätzlichen Überlegungen der Einteilung sowie den methodischen Schwierigkeiten, auch bei der Erfassung, sei auf den Beitrag in diesem Band von BLOCH I. sowie auf die Informationsschriften des Bundesamtes für Veterinärwesen verwiesen (Bundesamt für Veterinärwesen, 1994a,b). Es würde den Rahmen sprengen, systematisch und umfassend auf diese Problematik einzugehen. Um die Vorstellung über die verschiedenen Schweregrade (SG0 bis SG3) zu erleichtern, werden im Folgenden einige wichtige Beispiele genannt.

Als typische **SG0**-Versuche (nicht belastend) können Verhaltensbeobachtungen nicht behandelter Tiere angeführt werden oder Blutentnahmen bei großen Tieren (ohne Narkose z.B. beim Hund), aber auch das Töten der Tiere zur Entnahme von Organen ohne vorangehende Eingriffe.

SG1-Versuche sind leichtgradig belastend. Sie können oberflächliche, operative Eingriffe, wie das Setzen eines Dauerkatheters in periphere Blutgefäße, beinhalten oder Blutentnahmen unter Allgemeinanästhesie oder Hautbiopsien. Auch das Halten von Tieren unter leichtgradig eingeschränkten Bedingungen sowie der Einsatz von Mutanten mit leichtgradigen, aber manifesten Krankheiten (Scid-, Obese-Maus) werden in SG1 eingeteilt. Verträglichkeitsstudien, die eine vorübergehende leichtgradige Reaktion ergeben (OECD 474, 475; Pyrogentest beim Kaninchen), gehören ebenso hierhin wie Versuche in präterminaler Narkose.

Retrospektiv, das heißt nach dem Versuch/Eingriff, können viele Tiere aus der Kontrollgruppe oder aus der niedrigsten Dosisgruppe als nicht belastet (SG0) eingeteilt werden. Dies ist ebenso möglich, wenn sich die applizierte Testsubstanz als nicht schädlich erweist. In der Folge sind SG0 und SG1 zusammengefaßt.

Bei den **SG2**-Versuchen handelt es sich um solche, die eine mittlere Belastung für das Tier bedeuten. Dies kann durch die Summierung verschiedener kleiner Eingriffe, wie beispielsweise wiederholte Blutentnahme unter Kurznarkose, hervorgerufen werden oder auch durch chirurgische Eingriffe unter Allgemeinanästhesie, die kurzfristig mittelgradige oder längerfristig leichte postoperative Schmerzen, Leiden oder Störungen des Allgemeinbefindens hervorrufen. Im Bereich der Toxikologie entspricht SG2 anhaltenden mittelgradigen Reaktionen (als Beispiele: Versuche gemäß den OECD-Richtlinien 404, 405, 406). Außerdem als SG2 eingeteilt sind Infektionsversuche mit deutlichen Symptomen sowie als weitere Beispiele Hirnläsionen oder Ischämien, die zu meßbaren Verhaltensänderungen, nicht aber zu eigentlichen funktionellen Ausfällen führen.

SG3 umfaßt schwerbelastende Versuche: Toxikologische Modelle, die Letalität erwarten lassen, Operationen mit Thoraxeröffnung mit massiven postoperativen Beschwerden, Konvulsionsversuche ohne vollständigen Bewußtseinsverlust. Weiter gehören dazu die Wirksamkeits- resp. Schutzversuche im Rahmen der Prüfung von Vakzinen sowie der Endotoxin-Schock am wachen Tier.

3. Belastung der Tiere 1995

Für das Jahr 1995 wurden erstmals die Schweregrade flächendeckend erfaßt und ausgewertet (Tabelle 1). Zwei Drittel aller in der Schweiz durchgeführten Tierversuche sind nicht oder nur wenig belastend (SG0/SG1). Etwa ein Viertel der Tiere wird mit SG2 belastet und etwa ein Zwölftel mit SG3.

Nutztiere werden allgemein relativ wenig belastet. Pferde werden stets, Katzen und Rinder meist in unbelastenden Versuchen eingesetzt. Auch die Amphibien werden wenig belastet.

Die schwerbelastenden Versuche betreffen zu 71% Mäuse, zu 21% Ratten und zu 2% andere kleine Labornager. Zu 5% sind Fische betroffen, was mehr als einem Viertel aller in der Ökotoxikologie eingesetzten Fische entspricht (28%). Kaninchen, Vögel und Hunde machen zusammen etwa 1% aus. Dazu kommen einzelne Primaten, Schweine und Schafe. Die Primaten dienen der Pharmakaentwicklung im Bereich Hämatologie sowie einem Suchtversuch im Bereich Psychopharmakologie, die Schweine der Entwicklung besserer Operationsmethoden sowie der Wirksamkeitsprüfung einer Schweinevakzine. Die Schafe wurden im Zusammenhang mit der Entwicklung von Antiparasitika belastet, die Hühner standen in neurotoxikologischen Tests und die Hunde in verschiedenen anderen toxikologischen Tests.

Tabelle 1. Anzahl Tiere nach Tierarten und Schweregrad

	SG0 / SG1	SG2	SG3	Total
Mäuse	58,6	29,5	11,9	316.254
Ratten	71,5	23,8	4,7	240.588
restl. Kleinnager	71,6	25,3	3,1	29.079
Kaninchen	82,9	13,5	3,6	9.172
Hunde	72,6	24,2	3,2	1.842
Katzen	93,7	6,3	0,0	269
Paarhufer	81,7	15,9	2,1	4.770
Unpaarhufer	100,0	0,0	0,0	53
Primaten	61,8	35,6	2,6	655
Vögel (inkl. Geflügel)	84,7	14,0	1,3	4.940
Amphibien, Reptilien	94,9	5,1	0,0	2.716
Fische	60,1	11,8	28,1	9.469
Diverse	100,0	0,0	0,0	1.476
Total	**65,3 %**	**26,2 %**	**8,5 %**	**621.182**

4. Schweregrade in bezug zum Verwendungszweck

Die prozentuale Verteilung der Schweregrade variiert mit dem Verwendungszweck der Tiere (Kategorien analog dem Europäischen Übereinkommen vom 18. März 1986 zum Schutz der für Versuche und andere wissenschaftliche Zwecke verwendeten Wirbeltiere, Europarat 1986) (Tabelle 2). Während SG3-Versuche in der Lehre und Ausbildung, der Krankheitsdiagnostik sowie der Grundlagenforschung zwischen 0,1% und 3,8% liegen, machen sie in der Toxikologie 7,3% und bei der Entwicklung, Entdeckung und Qualitätskontrolle von Pharmaka 10,5% aus. Auch SG2-Versuche sind bei der Entwicklung von Pharmaka mit 30% höher vertreten als in der Grundlagenforschung mit 21% und in der Toxikologie mit 19%. Bei den nicht oder wenig belastenden Versuchen verhält es sich umgekehrt.

Eine etwas genauere Analyse ergibt, daß mehr als ¼ sämtlicher SG3-Versuche der Wirksamkeitsprüfung von neuen, antimikrobiell wirkenden Substanzen dienen. Ebenfalls mehr als ¼ dient der Forschung und Entwicklung im Bereich Zentralnervensystem (insbesondere konvulsive Wirkung und neuroprotektive Wirkung nach Durchblutungsstörungen). Toxikologische Untersuchungen sind für etwa $^1/_8$ der SG3-Versuche verantwortlich. Außerdem sind bei SG3-Versuchen die Wirksamkeitsprüfungen von biologischen Wirkstoffen (>10%; insbesondere Impfstoffe) gewichtig vertreten, aber auch Forschung und Entwicklung in den Bereichen Arthritis und septischer Schock. Auch bei den SG2-Versuchen sind die Forschung und Entwicklung im Bereich Zentralnervensystem, Toxikologische Untersuchungen sowie die Prüfung biologischer Wirkstoffe stark vertreten, zusätzlich die Entwicklung von Krebspräparaten sowie - mit allerdings sehr heterogenen Fragestellungen - die Grundlagenforschung.

Innerhalb der Toxikologie fällt die massive Belastung in der Ökotoxikologie auf; dabei handelt es sich weitgehend um letale Versuche mit Fischen. Hingegen werden für die Prüfung von Pharmaka und Agrochemikalien unterdurchschnittlich oft schwerbelastende Versuche durchgeführt, für Lebensmittelzusatzstoffe gar überhaupt keine. Tests für Haushaltschemikalien und Kosmetika wurden 1995 in der Schweiz keine durchgeführt.

Die Prüfung der akuten oralen Toxizität nach OECD 401 belastet die Tiere zu 5% mit SG3, hingegen sind 54% in SG2 und 41% wenig bis nicht belastet. Die Prüfung nach OECD 420 erzeugt demgegenüber 86% SG2 und 14% SG1. Selbstverständlich kommt es dabei stark auf die Auswahl der geprüften Substanzen an. Beim Augenreiztest (nach OECD-Richtlinie 405) sind 82% der Tiere wenig bis nicht belastet, 17% mittel (SG2), und lediglich 1,2% werden als stark belastet eingestuft.

Jene Versuche, die im Hinblick auf eine Registrierung durchgeführt werden müssen (sog. „gesetzlich vorgeschrieben"), sind nicht belastender als der Durchschnitt aller Versuche. Auffällig ist allerdings die kleine Gruppe jener Versuche, die einzig für die Schweiz durchgeführt werden, da es sich dabei zu einem hohen Anteil um Chargenprüfungen für Vakzinen mit Gebrauchsort Schweiz handelt (2.153 Tiere, davon 27% SG3).

Tabelle 2. Anzahl Tiere nach Schweregrad und Verwendungszweck

	SG0/SG1	SG2	SG3	Total
Biologische und medizinische Grundlagenforschung	75,0 %	21,2 %	3,8 %	124.493
Entdeckung, Entwicklung und Qualitätskontrolle in der Medizin	59,4 %	30,0 %	10,5 %	392.526
Schutz von Mensch, Tier und Umwelt durch toxikologische Prüfungen	73,4 %	19,3 %	7,3 %	92.382
davon für Produkte, die vor allem in den folgenden Bereichen Verwendung finden:				
– Medizin	79,4 %	17,0 %	3,6 %	46.164
– Landwirtschaft	71,3 %	23,2 %	5,5 %	22.351
– Industrie	63,5 %	27,1 %	9,4 %	12.772
– Haushaltsprodukte				0
– Kosmetika und Toilettenartikel				0
– Lebensmittelzusatzstoffe	86,9 %	13,1 %		1.227
andere Verwendung	94,4 %	5,6 %		198
Ökotoxikologie	59,9 %	12,5 %	27,6 %	9.670
Krankheitsdiagnostik	96,5 %	3,0 %	0,5 %	9.973
Lehre und Ausbildung	96,1 %	3,8 %	0,1 %	1.808
Total	**65,3 %**	**26,2 %**	**8,5 %**	**621.182**

5. Schlußbetrachtung

Die Schweregrade sind 1995 zum ersten Mal systematisch erhoben und ausgewertet worden - für eine definitive Beurteilung der Konsistenz der Angaben ist es daher noch zu früh. Hingegen lassen sich bereits heute Gewinne feststellen:

- Es wird für ein breites Publikum sichtbar, daß ein beträchtlicher Teil der Tierversuche für die Tiere wenig belastend ist. Ebenso sichtbar wird, daß nach wie vor schwerbelastende Tierversuche durchgeführt werden, und daß es daher weder angebracht sein kann, sämtliche Tierversuche zu verteufeln noch opportun sein wird, künftig Ersatz- und Verfeinerungsbestrebungen einzustellen.
- Bei der Prüfung der Plausibilität der retrospektiven Schweregradangaben durch die Behörden sind mehrere übermäßig belastende Tiermodelle erkannt und bereits 1996 verfeinert worden.

- Die systematische Durchsicht der SG3-Versuche mit hohen Tierzahlen hat klare Hinweise auf jene Tiermodelle gegeben, deren Ersatz oder Verfeinerung mit Forschungsanstrengungen prioritär angestrebt werden muß.

Literatur

BLOCH I., Erhebung der retrospektiven Belastung im Tierversuch und Verwendung dieser Daten bei der Bewilligung von Tierversuchen in der Schweiz, in: SCHÖFFL H., SPIELMANN H, TRITTHART H.A. (Hrsg.), Ersatz- und Ergänzungsmethoden zu Tierversuchen, Band V, Forschung ohne Tierversuche 1997, Wien New York: Springer-Verlag, in Druck

Bundesamt für Veterinärwesen, Einteilung von Tierversuchen nach Schweregraden vor Versuchsbeginn (Belastungskategorien), BVET-Information 800.116.-1.04, Bern, 1994

Bundesamt für Veterinärwesen, Retrospektive Einteilung von Tierversuchen nach Schweregraden (Belastungskategorien), BVET-Information 800.116.-1.05, Bern, 1994

Bundesamt für Veterinärwesen, Tierversuche in der Schweiz 1995 - Statistik, Bern, 1996

Europarat, Europäisches Übereinkommen zum Schutz der für Versuche und andere wissenschaftliche Zwecke verwendeten Wirbeltiere vom 18.3.1986, Straßburg, 1986

Schweizerisches Tierschutzgesetz und Tierschutzverordnung (SR 455), Eidgen. Drucksachen- und Materialzentrale EDMZ, Bern, 1991

Poster

zet - Zentrum für Ersatz- und Ergänzungsmethoden zu Tierversuchen: das österreichische Referenzzentrum

H. Appl, H. Schöffl, H. Juan, H.A. Tritthart

Im Jänner 1996 wurde das **Zentrum für Ersatz- und Ergänzungsmethoden zu Tierversuchen (zet)** gegründet. **zet** versteht sich als das nationale österreichische Referenzzentrum im Sinne des Konzepts von ECVAM (European Centre for the Validation of Alternative Methods), das in jedem EU-Mitgliedsland ein nationales Referenzzentrum vorsieht.

Zweck des **Zentrums für Ersatz- und Ergänzungsmethoden zu Tierversuchen** ist die Förderung des wissenschaftlichen Tierschutzes. Im besonderen wird darunter die Durchführung und Förderung von wissenschaftlichen Maßnahmen im Sinne des 3R-Konzeptes (refine, reduce, replace) verstanden. Diese Maßnahmen sollen Tierversuche verringern bzw. unnötig machen. Auch soll das Leiden der im Versuch stehenden Tiere vermindert werden. Aus diesem Grund werden folgende Aufgaben im speziellen verfolgt:

1. Entwicklung und Validierung von Ersatz- und Ergänzungsmethoden zu Tierversuchen im Sinne des 3R-Konzeptes (refine, reduce, replace)
2. Förderung der Erforschung, Entwicklung und Validierung von Ersatz- und Ergänzungsmethoden zu Tierversuchen im Sinne des 3R-Konzeptes
3. Durchführung und Förderung der akademischen Lehre von Ersatz- und Ergänzungsmethoden zu Tierversuchen
4. Vertretung der Interessen des wissenschaftlichen Tierschutzes in nationalen und internationalen Gremien, entsprechend dem oben genannten 3R-Konzept
5. Wahrnehmung gutachterlicher Belange und sachverständige Beratung von öffentlichen Institutionen, Behörden, Firmen, Universitäten und privaten Einrichtungen
6. Sachgerechte Information der Öffentlichkeit

Die Struktur von **zet** ähnelt der eines Unternehmens. An der Spitze steht ein Verwaltungsrat mit einem Vorsitzenden und einem stv. Vorsitzenden. Der Verwaltungsrat entspricht dem Aufsichtsrat eines Unternehmens. Darunter angesiedelt ist eine aus 4 Personen bestehende operative Zentrumsleitung, deren einzelnen Mitgliedern unterschiedliche Aufgabengebiete zugeordnet sind. Gemäß dem Leitprinzip von **zet** „Tierschutz & Wissenschaft unter einem Dach" sind nicht nur Wissenschaftler sondern auch zahlreiche Personen von Seiten des Tierschutzes im Vorstand bzw. im Verwaltungsrat des **Zentrums für Ersatz- und Ergänzungsmethoden zu Tierversuchen** tätig.

An der Universität Graz bestehen für **zet** vielfältige Möglichkeiten der intensiven Zusammenarbeit mit großen universitären Forschungseinrichtungen. So ist **zet** nicht nur in der Lage, eigene Forschungsvorhaben durchzuführen sondern steht auch in- und auslän-dischen Forschungseinrichtungen als Ansprech- bzw. Kooperationspartner zur Verfügung.

So konnte mit der Zentralstelle zur Erfassung und Bewertung von Ersatz- und Ergänzungsmethoden zum Tierversuch (ZEBET im BgVV), D-Berlin, bereits ein Kooperationsvertrag abgeschlossen werden. Weitere Kooperationsabkommen sind in Vorbereitung.

Zusätzlich zur Forschungstätigkeit ist **zet** geschäftsführender Veranstalter der „Österreichischen internationalen Kongresse über Ersatz- und Ergänzungsmethoden zu Tierversuchen in der biomedizinischen Forschung“, Herausgeber der deutschsprachigen Buchreihe „Ersatz- und Ergänzungsmethoden zu Tierversuchen“ und Mitherausgeber der Fachzeitschrift „ALTEX - Alternativen zu Tierexperimenten“.

Replacement, Refinement, Reduction durch toxikologisches Screening neuer Arzneimittel

K. Bartmann, F. Locher, W. Suter, R. Bechter

Toxikologische Screening-modelle haben ihre besondere Bedeutung in der frühen Entwicklungsphase eines neuen Arzneimittels. Sie erlauben es, unter vielen Modifikationen einer chemischen Leitstruktur effizient, schnell und kostengünstig eine Vorauswahl hingehend der kritischen Endpunkte (z.B. Mutagenität oder Teratogenität) noch vor dem Start weiterer, umfangreicher toxikologischer Untersuchungen in der präklinischen Phase zu treffen. Auf den Einsatz von Tierversuchen kann in dieser Phase der Entwicklung weitgehend verzichtet werden, da mit den in vitro-Systemen Ames Test, V79 Micronucleus Test und Whole Embryo Culture etablierte und validierte Assays zur Verfügung stehen, die Hinweise auf solche Potentiale geben. Bei günstigem in vitro-Substanzprofil folgt die weitere Testung in den vom Gesetzgeber geforderten toxikologischen Studien an Versuchstieren. Positive Potentiale in den Screening Assays führen dagegen entweder zur Beendigung der Substanzentwicklung oder zur prioritären Durchführung der entsprechenden in vivo-Versuche mit den relevanten Endpunkten. Aufgrund deren Resultate wird dann über das „Substanzschicksal“ entschieden, ohne daß weitere, bei eventueller Substanzaufgabe nicht mehr benötigte Tierversuche durchgeführt werden.

Toxikologische Screening-modelle dienen in einer frühen Entwicklungsphase dem Ersatz von Voruntersuchungen am Versuchstier (Replacement) und führen zur Selektion der „besseren“ Substanzen (Refinement) für die nachfolgenden Untersuchungen in den Guidelinestudien. Dadurch verringert sich die Ausschußrate während der Entwicklung, das heißt pro marktgängigem Arzneimittel werden insgesamt weniger Tierversuche durchgeführt (Reduction).

Korrelation zwischen in vitro- und in vivo-Methoden zur Messung der Entgiftungskapazität der Leber mit Hilfe des Aminopyrinumsatzes

T. Brill, I. Scheller, B. Mayer, M. Blobner, J. Stadler

1. Einleitung

Entzündliche Lebererkrankungen führen zu einer Verminderung der Entgiftungsfähigkeit dieses Organs. Dabei ist ein Hauptfaktor die Hemmung der Cytochrom-Enzyme, die von dem Stickoxidradikal (NO) vermittelt wird. Um die Beeinflussung der Cytochrom-Entgiftung von

Aminopyrin festzustellen, wurde eine in vivo- (Aminopyrin-Breath-Test (ABT)) und eine in vitro-Methode (Aminopyrin-Turnover-Rate (ATR)) durchgeführt.

2. Material und Methoden

Männliche CD-Ratten wurden in vier Gruppen aufgeteilt. Zwei Gruppen (siehe Tabelle 1) erhielten ein hitzeinaktiviertes Corynebakterium (C.p.) um so eine paraentzündliche Stimulation der Leber zu erreichen; Kontrolltiere (Kontr.) erhielten nur das Lösungsmittel. Am 5. Tag wurde bei einer der beiden Gruppen, die zuvor das C.p. erhalten hatten, die NO-Biosynthese durch Injektion von N-Monomethyl-L-Arginin (NMA) ge-hemmt, ebenso erhielt eine Kontrollgruppe NMA. Die beiden verbleibenden Gruppen erhielten NaCl-Injektionen als Placebo (Pla). Beim ABT wird ^{14}C-markiertes CO_2 gemessen, das von den Tieren nach vorausgegangener CPY-abhängiger N-Demethylierung abgeatmet wird. Der in vitro-Test (ATR) basiert auf dem Nachweis von Formaldehyd als direktem Parameter der CPY-abhängigen N-Demethylierung. Dazu werden 25mg Lebergewebe bei der Euthanasie der Tiere entnommen und homogenisiert. Nach Pufferung und Präinkubierung des Homogenisates wird die Reaktion mit Diaminopyrin gestartet und zu den Zeitpunkten 0, 4 und 8min die Formaldehydkonzentration spektralphotometrisch gemessen.

3. Ergebnisse

Der in vivo-ABT war bei den C.p.-Tieren ohne NMA (Gruppe 3) auf 42% der Ausgangsaktivität (Gruppe 1) reduziert (siehe Tabelle 1). Nach NMA-Gabe (Gruppe 4) erhöhte sich die Entgiftungskapazität für Aminopyrin wieder auf 76% im Vergleich mit den Kontrollen. Der in vitro-ATR, gemessen am Lebergewebe entsprechend behandelter Tiere, zeigt nach C.p.-Behandlung eine Reduktion des Aminopyrinumsatzes auf 12%. In vitro war eine Gabe von NMA in der Lage, den Umsatz wieder auf 47% zu erhöhen.

Tabelle 1

		CYP-Aktivität	
Gruppen	Behandlungen	Aminopyrine Breath Test (% der Radioaktivität)	Aminopyrine Turnover Rate (pmol/min/mg protein)
1	Kontr./Pla	3,56 ± 0,35	20,5 ± 6,8
2	Kontr./NMA	3,61 ± 0,38	25,9 ± 3,8
3	C.p./Pla	1,68 ± 0,52*	2,5 ± 2,9*
4	C.p./NMA	2,71 ± 0,37#	9,7 ± 3,6#

(* p = 0,01 gegenüber unbehandelte Tiere; # p = 0,05 gegenüber C.p. behandelte Tiere)

4. Diskussion

Der in vivo-ABT ist eine in der Klinik etablierte Methode zur Bestimmung der Leberfunktion (z. B. nach Lebertransplantation). Meßergebnisse des ABT zeigen zu den Ergebnissen der in vitro-Methode (ATR) eine gute Korrelation. Der Hemmeffekt auf die CYP-Entgiftungsenzyme nach paraentzündlicher Stimulation war *in vitro* deutlich stärker ausgeprägt, was sich wohl am ehesten mit Perfusionsveränderungen *in vivo* erklären läßt. Die Ergebnisse zeigen aber, daß für die Routinediagnostik der *in vitro*-Test ebenso wie der *in vivo*-Test einsetzbar ist.

Die Genehmigungspraxis von Tierversuchen im europäischen Vergleich - aus der Sicht der „betroffenen“ Forscher

T. Brill, J. Henke, W. Erhardt

Die mit der Antragstellung auf Genehmigung eines Tierversuches verbundenen Formalitäten werden von den Forschern als belastend empfunden. Oft wird die Frage gestellt, ob nicht die völlige Freigabe von Tierexperimenten die Effektivität der Forschung auf diesem Gebiet wesentlich steigern würde. Außerdem sind viele Forscher der Meinung, daß durch die restriktive Regulierung der Tierexperimente im eigenen Land ein Wettbewerbsnachteil gegenüber anderen Ländern besteht. Dabei ist das Hauptproblem die Zeit, die von der Konzeption des Tierexperiments durch den Forscher bis zum praktischen Beginn des Experiments verstreicht.

Um die Unterschiede in den einzelnen Ländern zu erfassen, wurde ein Fragebogen mit 10 Fragen zur jeweiligen Genehmigungspraxis entwickelt. Dieser Fragebogen wurde Forschern zu Beantwortung übersandt (38 Antworten aus 17 europäischen Ländern).

Die Auswertung ergab (EU-Staaten wiedergegeben in Tabelle 1), daß in nahezu allen europäischen Ländern ähnliche Regelungen bestehen. D.h., in der Regel muß jedes Einzelexperiment, nach vorheriger ethischer Abwägung genehmigt werden. Die Angaben zur Genehmigungszeit variieren allerdings stark. Während die meisten Forscher einen Zeitraum von einem bis zu drei Monaten angaben, führten Forscher aus vier europäischen Ländern (A, CH, D sowie I bei Experimenten mit den Spezies Hund, Katze oder Affe) Zeiträume von 6 bis 12 Monate auf. Außerdem gibt es in Frankreich, den Niederlanden (noch) und in Italien für bestimmte Experimente keine Wartezeiten.

Tabelle 1. NL[1] = altes Gesetz; NL[2] = neues Gesetz (voraussichtlich ab Ende 1996); I[1] = bei Versuchen mit Hunden, Katzen und Affen; I[2] = bei Versuchen mit anderen Spezies

Land	Muß jedes Experiment einzeln beantragt werden?	Ist die Tierzahl pro Experiment in der Genehmigung festgelegt?	Ist die Durchführung des Experiments zeitlich begrenzt?	Wird der Antrag nach ethischen Gesichtspunkten geprüft?	Wie lange dauert es gewöhnlich von der Antragstellung bis zur Genehmigung?
NL[1]	nein	nein	nein	nein	-
NL[2]	ja	ja	nein	ja	1 bis 2 Mo.
F	nein	nein	nein	nein	-
A	ja	ja	ja	ja	2-3 Mo. (bis 12)
I[1]	ja	ja	ja	ja	3-4 Mo. (bis 12)
I[2]	nein[1]	nein	ja	nein	-
N	ja	ja	ja	ja	1-3 Mo.
DK	ja	ja	ja	ja	1 bis max. 3 Mo.
FIN	ja	ja	ja	ja	1-3 Mo.
UK	ja	ja	ja	ja	2 Wo. - 2 Mo.
S	ja	ja	ja	ja	1-2 Mo.
GRE	ja	nein	nein	ja	1 Mo.
BL	ja	ja	ja	ja	2 Mo.
IRE	ja	ja	nein	ja	3-6 Mo.
E	ja	ja	nein	ja	2 Mo.
FRG	ja	ja	ja	ja	min. 1/max. 6 Mo.

Hochleistungsflüssigkeitschromatographische (HPLC) Bestimmung eines aus in vitro-Modellen freigesetzten Parameters für Entzündungen und Zellschädigung

M. Dal Trozzo, R. Wintersteiger, S. Diethart, S. Hammer, W. Sametz, H. Juan

Nach Beladen des Gefäßsystems eines isoliert perfundierten Kaninchenohres mit ^{14}C-Arachidonsäure mittels eines Recyclingverfahrens konnten durch verschiedene Stimulatoren (z.B. Ca^{++}-Ionophore A 23187, Histamin, Bradykinin etc.) oder durch Endothelschädigung neben ^{14}C-Prostaglandinen auch ^{14}C-Phospholipide (^{14}C-PL) freigesetzt werden. Diese ^{14}C-PL könnten als neuer Parameter für die Messung von Entzündung und Zellschädigung in vitro dienen (DIETHART S. et al., 1995a, 1995b; siehe auch Poster HAMMER S. et al., in diesem Band). Es ist daher von großer Wichtigkeit nicht nur die freigesetzten ^{14}C-markierten PL messen zu können, sondern vor allem die Gesamtmenge nicht markierter PL vor und nach einer Stimulation zu erfassen.

Aus diesem Grund entwickelten wir zusätzlich zur Densitometrie und Fluorimetrie (ANTINO et al., 1995; WINTERSTEIGER R. et al., 1996) eine HPLC-Methode, welche es ermöglicht, die PL, ohne zu derivatisieren, quantitativ zu bestimmen. Um die Empfindlichkeit der HPLC-Methode zu erhöhen, wurden - sowohl mittels einer enzymatischen Hydrolyse (Phospholipase A_2, PLA_2) als auch mittels einer alkalischen Hydrolyse - die PL zu Lysophospholipiden abgebaut.

Die HPLC-Bestimmung zeigte, daß die PLA_2 eine Esterspaltung nur an der Position 2 bewirkte, während bei einer milden alkalischen Hydrolyse Position 1 und 2 deacyliert wurde. Die korrespondierende alkoholische Hydroxylgruppe dieser Substanzklasse ermöglicht eine Derivatisierung durch Reagenzien, welche die UV-Absorptions- oder Fluoreszenzeigenschaften verbessern.

Untersuchungen von Ohrperfusaten nach Stimulierung mit dem Ca^{++}-Ionophore A 23187 zeigten eine erhöhte Freisetzung der unmarkierten PL im Vergleich zu basalfreigesetzten PL.

Diese Methode könnte für die Erfassung der gesamten PL besonders geeignet sein und daher für die quantitative Bestimmung dieses Parameters bei in vitro-Modellen von Entzündungen und Zellschädigung Bedeutung erlangen.

Literatur

DIETHART S. et al., 4. Österr. Internationaler Kongreß über Ersatz- und Ergänzungsmethoden zu Tierversuchen in der biomedizinischen Forschung, Linz, 1995a

DIETHART S. et al., 12. Wissenschaftliche Tagung der Österr. Pharmazeutischen Gesellschaft, Innsbruck, 1995b

ANTINO et al., 12. Wissenschaftliche Tagung der Österr. Pharmazeutischen Gesellschaft, Innsbruck, 1995

WINTERSTEIGER R. et al., 20th International Symposium on High Performance Liquid Phase Separation, San Francisco, USA, 1996

Entwicklung verträglicher Kosmetika mit Hilfe von *in vitro*-Tests

W. Diembeck, W. Pape, U. Pfannenbecker, U. Hoppe

In der kosmetischen Industrie werden aus Rohstoffen, deren toxikologische Unbedenklichkeit für den Einsatz in Kosmetika vom Lieferanten dokumentiert wurde, Fertigprodukte mit guter Verträglichkeit und hoher Wirksamkeit entwickelt. Da die Qualität der Rohstoffe einen entscheidenden Einfluß auf die Verträglichkeit und Wirksamkeit des Produkts hat, werden im Verlauf der Produktoptimierung mit Hilfe von leistungsfähigen *in vitro*-Tests geeignete Rohstoffe und Grundlagen ausgewählt. Hierdurch kann die Zahl der zeit- und kostenintensiven *in vivo*-Untersuchungen an freiwilligen Probanden auf einen möglichst geringen Umfang reduziert werden.

Zur Charakterisierung der Verträglichkeit von Rohstoffen und Formulierungen hat sich der hier beschriebene, strukturierte Angang bewährt. Die jeweilige Auswahl der Tests hängt insbesondere von der Art des Rohstoffs, der kosmetischen Grundlage und der vorgesehenen Anwendung ab.

Die wichtigsten zellulären (z.B. RBC = red blood cell, PRB = photo red blood cell), organotypischen (HET = Hühnerei-Chorioallantoismembran, PEN = in vitro-Penetration an exzidierter Schweinehaut) und physikalisch/analytischen (PDG = Photodegradation) in vitro-Tests werden hier beschrieben.

Zur weitergehenden Untersuchung der Verträglichkeit und der jeweils gewünschten Wirkung und Wirksamkeit von Rohstoffen und Formulierungen werden weitere biologische und biochemische in vitro-Tests durchgeführt.

Endbericht zur Studie: Tierversuche: Gentechnologie und Ersatz- und Ergänzungsmethoden

E. Falkner, H. Schöffl, H.A. Tritthart, Ch.A. Reinhardt, H. Appl

Diese Studie soll aufzeigen,

1. inwieweit bereits gentechnologische Methoden als Alternative erfolgreich zur Reduzierung, Verfeinerung und zum Ersatz von Tierversuchen im Sinne der 3R in den wichtigsten Bereichen der biomedizinischen Forschung, Entwicklung und biotechnologischen Produktion eingesetzt werden;
2. welche aktuellen Forschungsvorhaben in Industrie und Universitäten zur Zeit verfolgt werden;
3. welche erfolgversprechenden Methodenentwicklungen es für die Zukunft gibt;
4. welche Projekte, Methoden und Fachbereiche (im Sinne der 3R) in weiterer Zukunft speziell gefördert werden sollen;
5. die Problematik der transgenen Tiere in bezug auf Alternativen zu Tierversuchen.

Ausgehend von der Situation, daß Aufgaben und Problemstellung der Gentechnologie einen zunehmend höheren Stellenwert in der Wissenschaft haben und unter Bedachtnahme der kritischer werdenden Einstellung hierzu in der Bevölkerung einerseits und in Expertenkreisen andererseits, ist eine möglichst umfassende Erhebung, Dokumentation und Aufarbeitung von gentechnologischen Methoden, die im Sinne der 3R als Alternative zu Tierversuchen Verwendung finden, oder finden könnten, wünschenswert. Es sind hier nicht nur Ersatzmethoden von Bedeutung, sondern auch alle im deutschsprachigen Raum als Ergänzungsmethode definierten Verfahren zu betrachten. Die Entscheidung, ob eine gentechnische Methode einen Beitrag im Sinne der 3R zu leisten vermag, ist oft nur im Einzelfall und immer nur unter erheblichen Schwierigkeiten möglich, da u.a. eine Reihe derartiger Verfahren für Problemstellungen verwendbar sind, die im Tierversuch gar nicht erfaßt werden und somit eine Erweiterung des ursprünglichen Ansatzes darstellen.

Unsere Studie soll eine Darstellung der tierschutzrelevanten Möglichkeiten des Einsatzes gentechnologischer Methoden zur Reduzierung, Verfeinerung bzw. zum Ersatz von Tierversuchen im Sinne der 3R (reduce, refine, replace) sein. Es wurde der Versuch unternommen, gentechnologische Methoden und ihre Anwendungen im Sinne der 3R katalogmäßig darzustellen. Ergänzend dazu sollten auch die in Arbeit befindlichen Projekte und ihre Tierschutzrelevanz erfaßt werden.

Dieses Projekt wurde vom Österreichischen Bundesministerium für Gesundheit und Konsumentenschutz in Auftrag gegeben.

Literatur

FALKNER E., SCHÖFFL H., TRITTHART H.A., REINHARDT C.A., APPL H., Tierversuche: Gentechnologie und Ersatz- und Ergänzungsmethoden, Wien: Österreichisches Bundesministerium für Gesundheit, Sport und Konsumentenschutz, 1996

Vereinfachte Skalierung von Ergebnissen aus Draize-Tests zur Entwicklung von grundlegenden Regeln für ein Entscheidungsunterstützungssystem

G. Graetschel, I. Gerner, E. Schlede

1. Einleitung

Mit Hilfe der im Bundesinstitut für gesundheitlichen Verbraucherschutz und Veterinärmedizin (BgVV) vorliegenden Daten für etwa 1.000 Stoffe mit einem Reinheitsgrad von über 95% wird gegenwärtig ein EDV-gestütztes Entscheidungs-Unterstützungs-System (Decision Support System, DSS) entwickelt, das es gestatten soll, auf der Basis der physikalisch-chemischen Eigenschaften zu entscheiden, ob eine Substanz mit hoher Wahrscheinlichkeit eine starke lokale Reizwirkung oder Verätzung auslösen kann.

Dieser Lösungsansatz zur Reduzierung von Tierversuchen basiert auf den Ergebnissen aus Draize-Tests, die dem Fachbereich Chemikalienbewertung (nach ChemG) vorliegen. Die übermittelten Daten zur Reizwirkung wurden in numerischen Systemen stark vereinfacht dargestellt. Mit Hilfe eines dieser Systeme kann sehr leicht grafisch erkannt werden, ob zwischen den verschiedenen Stoffeigenschaften und den Reizwirkungen ein deutlicher Zusammenhang besteht. Hier werden am Beispiel eines Systems für die Haut unterschiedliche Reizeffekte in eine Skalierung gebracht. Die daraus resultierenden Erkenntnisse gehen in die Regeln des Entscheidungs-Unterstützungs-Systems ein.

Die Stoffe, deren Daten in die Datenbasis aufgenommen wurden, sind entsprechend ihrer chemischen Struktur chemischen Gruppen zugeordnet. Dabei bedeutet C (Kohlenstoff), daß es sich um eine organische Verbindung handelt (im Gegensatz zu anorganischen Verbindungen). Heteroatome sind N (Stickstoff), H (die Halogene Fluor, Chlor, Brom und Iod), S (Schwefel), P (Phosphor) und Si (Silizium).

Für diese Stoffe enthält die Datenbasis Meßwerte zu folgenden physikalisch-chemischen Stoffeigenschaften:

- *Löslichkeiteigenschaften*
  - Wasserlöslichkeit [g/l]
  - Fettlöslichkeit [g/kg]
  - Log Pow
- *physikalische und chemische Interaktionen mit Wasser*
  - Oberflächenspannung [mN/m]
  - pH-Wert
  - Hydrolyse
- *thermodynamische Eigenschaften*
  - Dampfdruck [Pa]
  - Schmelzpunkt [°C]
  - Siedepunkt [°C]

Zur Bewertung der lokalen Reiz-/Ätzwirkungen an Haut und Augen (Draize-Tests nach den EU-Prüfrichtlinien B.4 und B.5) werden die beobachteten Einzeleffekte an Haut und Augen (Auftreten von Erythemen, Ödemen, von Effekten an der Cornea u.s.w; Stärke und Dauer dieser Effekte, ihr Beitrag zur Gesamtbewertung) herangezogen.

Zur statistischen Auswertung der Angaben in den Prüfunterlagen über Haut- und Augenreiztests wurden Bewertungsskalen entwickelt und die als Ergebnis der toxikologischen Bewertung resultierende Kennzeichnung angegeben.

2. Strategien zur Auffindung von Zusammenhängen zwischen physikalisch-chemischen Stoffeigenschaften und lokalen Reiz-/Ätzwirkungen

Um Zusammenhänge zwischen physikalisch-chemischen Parametern (Löslichkeiten, Log-Pow, Molekulargewicht, Schmelz- und Siedepunkt, Dampfdruck, Oberflächenspannung) und der lokalen Reizwirkung (Stärke, Dauer, toxikologische Relevanz einzelner Reizeffekte) von Chemikalien zu erkennen, stehen folgende Möglichkeiten zur Verfügung:

1. Expertenwissen, basierend auf den langjährigen Erfahrungen im Fachbereich; Angaben aus der Fachliteratur
2. Informationen aus der EDV-gestützten Stoffdatenbasis, die z.B. folgende Fragen beantworten:
   - Gibt es bezüglich der Auslösung lokal reizender Wirkungen Unterschiede zwischen den einzelnen chemischen Gruppen?
   - Gibt es für die einzelnen physikalisch-chemischen Parameter Grenzwerte, ober- bzw. unterhalb derer keine einstufungsrelevanten Wirkungen mehr auftreten?
   - Treten in einzelnen chemischen Hauptgruppen bzw. deren Untergruppen starke Reizwirkungen gehäuft auf?
   - Gelten für hautätzende Substanzen andere biochemische Gesetzmäßigkeiten als für hautreizende oder augenreizende Stoffe?
3. Statistische Methoden: Für jede chemische Hauptgruppe werden separate Verknüpfungsregeln erarbeitet. Gegenwärtig werden Algorithmen entwickelt für die Gruppe der Stoffe, die außer Kohlenstoff und Wasserstoff nur noch Sauerstoff enthalten (Hauptgruppe C)

und für die Gruppe der stickstoffhaltigen Chemikalien (Hauptgruppe CN). Zu diesem Zweck werden bisher folgende statistischen Ansätze verfolgt:

- Korrelationsanalysen, um Abhängigkeiten zwischen den physikalisch-chemischen und den biologischen Parametern aufzudecken;
- Diskriminanzanalysen, um den Einfluß der einzelnen physikalisch-chemischen Parameter auf Stärke und Relevanz einzelner lokaler Reizwirkungen zu beurteilen;
- Clusteranalysen, um Denkanstöße für die Ausarbeitung von Regeln für ein Entscheidungs-Unterstützungs-System zu erhalten.

6 Jahre ZEBET-Dokumentations- und Informationsdienst

B. Grune-Wolff, S. Dörendahl, S. Skolik, M. Liebsch, H. Spielmann

Im Rahmen des Vollzugs des Tierschutzgesetzes nimmt ZEBET in strittigen Fällen gutachterlich Stellung zu Anträgen auf Genehmigung oder zu Anzeigen von Tierversuchen. Auf dem Wege der Amtshilfe werden diese Anfragen von den zuständigen Behörden der Bundesländer eingereicht. ZEBET beantwortet auch spezielle Anfragen von Wissenschaftlern und insbesondere Tierschutzbeauftragten zu Möglichkeiten der Anwendung von Ersatz- und Ergänzungsmethoden zu Tierversuchen. Häufig wird ZEBET in die wissenschaftliche Begutachtung von nationalen und internationalen Forschungsprojekten zur Entwicklung oder Validierung von Ersatz- und Ergänzungsmethoden eingebunden.

In der Zeit von 1989 bis 1995 wurden insgesamt 627 Anfragen beantwortet. 1995 hat ZEBET 182 Anfragen beantwortet. Gegenüber 1994 hat sich die Anzahl der Anfragen 1995 um 60 Anfragen erhöht. Es werden Anfragen von Ministerien und nachgeordneten Länderbehörden, von Genehmigungskommissionen, Wissenschaftlern, Tierschutzorganisationen sowie der interessierten Öffentlichkeit und Vertretern der Medien an ZEBET gerichtet. 88 Anfragen kamen aus dem Ausland, u.a. aus Australien, Belgien, Dänemark, England, Indien, Italien, Kanada, Neuseeland, den Niederlanden, Österreich, Polen, Rußland, Schweiz, Tschechien, Ungarn und den USA.

Am häufigsten nehmen Länderbehörden, Universitäten und Forschungszentren den ZEBET-Informationsdienst in Anspruch. Diese Anfragen machen insgesamt etwa die Hälfte aller Anfragen aus. Die Anfragen von Universitäten und Forschungszentren werden zum größten Teil von Tierschutzbeauftragten dieser Institutionen gestellt. Unsere Informationen für Tierschutzbeauftragte dienen der Unterstützung der Planung von Versuchsvorhaben. Nach dem geltenden Tierschutzgesetz haben Tierschutzbeauftragte zu jedem Antrag auf Genehmigung von Tierversuchen Stellung zu nehmen, und sie sind dazu verpflichtet, auf die Vermeidung oder Reduzierung von Tierversuchen hinzuwirken (§8b Abs. 3 Tierschutzgesetz).

Für den Informationsdienst greift ZEBET auf die eigene ZEBET-Datenbank zurück und hat darüber hinaus die Möglichkeit, über DIMDI, Deutsches Institut für Medizinische Dokumentation und Information, in nationalen und internationalen biomedizinischen Literatur- und Faktendatenbanken zu recherchieren.

Gluconeogenic renal epithelial cells in tissue culture: an in vitro-model to study normal and impaired renal proximal tubular function

G. Gstraunthaler, E. Troppmair, E. Feifel, W. Pfaller

The susceptibility of the kidney to toxic injury is clearly related to the organ's central role in body salt and water homeostasis. Especially cells lining the initial portions of the nephron, the proximal tubule, are the main site of damage within the kidney. Due to the high rates of reabsorption and secretion in this nephron segment, proximal tubular epithelial cells are extensively exposed to high concentrations of xenobiotics and their metabolites.

Renal epithelial cell cultures have emerged as powerful in vitro-tools to study mechanisms of drug induced proximal tubular injury and nephrotoxicity respectively. Modern cell and tissue culture techniques enable the cultivation of renal epithelial cells - primary cultures as well as continuous cell lines - at a state of differentiation, comparable to the tissue in vivo. In addition, for reliable *in vitro*-alternative test systems, cell lines must be available which maximally match the *in vivo et situ*-tissue of origin.

We recently succeeded in isolating a gluconeogenic strain from the porcine renal epithelial cell line LLC-PK_1, which was designated LLC-PK_1-$FBPase^+$ (fructose-1,6-bisphosphatase positive). LLC-PK_1-$FBPase^+$ cells also express significant activities of cytosolic and mitochondrial isoenzymes of phospho*enol*pyruvate carboxykinase (PEPCK), and metabolic flow through the gluconeogenic pathway could be clearly demonstrated. Under metabolic acidosis *in vitro*, the cytosolic PEPCK isoform (enzyme activity and mRNA) is increased. Further, LLC-PK_1-$FBPase^+$ cells exhibit a number of specific features of proximal tubular cells *in vivo*, like enhanced oxidative metabolism, increased mitochondrial volume density, and increased levels of phosphate-dependent glutaminase (PDG). Glycolytic enzyme activities are drastically decreased in LLC-PK_1-$FBPase^+$, even in the presence of glucose. Upon exposure to metabolic acidosis, LLC-PK_1-$FBPase^+$ cells clearly adapt with a gradual increase in ammonia and alanine production. When LLC-PK_1-$FBPase^+$ epithelial cultures were grown on permeable tissue culture inserts and acid media (pH 6,9) were applied to the apical and the basolateral sides of filter cultures, a 4,5 kb PDG mRNA significantly increased.

Thus, LLC-PK_1-$FBPase^+$ is a continuous renal cell strain, which exhibits in vitro the differentiated proximal tubular functions of metabolic adaptation to extracellular pH, and may therefore represent a valuable tissue culture model to study acid-base regulation of renal gluconeogenesis and ammoniagenesis, and molecular aspects of modulated gene expression in the kidney in response to acid-base changes.

LLC-PK_1-$FBPase^+$ epithelia grown on permeable filter supports generated an apical negative transepithelial potential difference (PD_{te}), in contrast to LLC-PK_1 wildtype epithelia, which exhibit an apical positive PD_{te}. Determination of the transepithelial sodium-over-chloride permeability ratio (P_{Na}/P_{Cl}) revealed a $P_{Na}/P_{Cl} > 1$ in LLC-PK_1-$FBPase^+$, and a $P_{Na}/P_{Cl} < 1$ in LLC-PK_1 epithelia. LLC-PK_1-$FBPase^+$ epithelia were used to determine basic parameter of epithelial permeability and integrity, respectively, for assessment of cultured renal proximal tubular epithelia in in vitro nephrotoxicity studies. Two types of functional parameters were chosen,

1. electrical epithelial resistance, and
2. apical-to-basolateral transepithelial fluxes of inulin, an epithelial impermeant fructose polymer.

Both parameters were compared with respect to their sensitivity to detect early changes in the epithelial integrity upon chemical damage of LLC-PK_1-FBPase$^+$ epithelia by cadmium chloride ($CdCl_2$). Treatment of LLC-PK_1-FBPase$^+$ epithelia with $CdCl_2$ (50-400µM) resulted in a decline in epithelial electrical resistance, detectable as early as 30min after intoxication, whereas first detectable transepithelial inulin fluxes were seen after 2-4h of $CdCl_2$ application. Thus, electrophysiological parameters of epithelial integritiy are more sensitive than biochemical measurements of epithelial barrier function, which is in good agreement with earlier findings in our studies on in vitro cephalosporin toxicity in LLC-PK_1 epithelial cultures.

In summary, a newly isolated pig renal proximal tubular cell strain is described. The altered phenotype of the gluconeogenic LLC-PK_1-FBPase$^+$ cells is pleiotropic, and is stable, since long term culture as well as maintaining the cells on glucose does not revert the cells to the (glycolytic) LLC-PK_1 wildtype. Thus, LLC-PK_1-FBPase$^+$ cultures may provide a useful in vitro alternative model to study normal and impaired renal proximal tubular function in tissue culture.

Supported by the Austrian Science Foundation, Project P11126, and by ECVAM, the European Centre for the Validation of Alternative Methods, Contract No. 11458-95-11-F1 ED ISP A.

The impact of growth conditions, culture media volume and glucose content on differentiation and metabolism of renal epithelial tissue cultures

G. Gstraunthaler, T. Seppi, C. Monteil, E. Healy, M.P. Ryan, J.-P. Morin, W. Pfaller

The major objectives of in vitro-alternatives in toxicity studies are to reduce, to refine or to replace animal testing. During the last decades renal epithelial cells in tissue culture have emerged as powerful tools for studying renal growth and differentiation, epithelial transport and its regulation by metabolism, hormones and drugs. Therefore, renal cell cultures may also be used as an in vitro-approach to investigate mechanisms of drug induced epithelial damage and nephrotoxicity, respectively. In order to establish well defined in vitro-testing methodologies with highest *intra*laboratory reproducibility and *inter*laboratory transferability, the installation and basic characterization of proper tissue culture procedures is of paramount significance. In the present multilaboratory study, the impact of growth conditions, culture media volume, and glucose content on the differentiation and carbohydrate metabolism of the continuous renal cell lines LLC-PK_1 (porcine kidney) and OK (opossum kidney) and of human and rabbit renal proximal tubule primary cultures was investigated.

To this end, renal proximal tubular primary cultures were initiated in static cultures, or were grown under permanent shaking of culture dishes. The impact of culture media volumes and glucose content respectively, was determined by overlaying confluent monolayer cultures of LLC-PK_1 and OK cells with increasing volumes of culture medium at either constant concentrations (and thus increasing amounts) of glucose or constant absolute amounts of glucose. In a series of experiments LLC-PK_1 cells were also cultured in roller bottles. Cell carbohydrate metabolism was assessed by measuring rates of glucose consumption and lactate production, respectively, and by determination of specific activities of the key glycolytic enzymes hexokinase, phosphofructokinase, pyruvate kinase, and lactate dehydrogenase (LDH).

Glucose consumption by LLC-PK_1 cells gradually increased with increasing amounts of culture media, which was paralleled by a concomitant increase in rates of lactate production. A similar behaviour in glucose metabolism was observed in OK cultures, although changes in absolute metabolic rates were less pronounced. When culture media volumes were increased, but amounts of glucose were kept constant by adding glucose-free media, rates of lactate production still strictly depended on culture media volumes used, indicating that the amount of glucose available as well as the height of culture media covering the cell monolayers increase rates of glycolysis. The same pattern of adaptation was observed with specific activities of glycolytic enzymes, which gradually increased either in response of increased glucose supply and/or enlarged culture media volumes. When LLC-PK_1 cells were grown in roller bottle cultures, LDH activity decreased, indicating enhanced oxygenation under these culture conditions.

Renal proximal tubular epithelial cells in primary culture revert from oxidative metabolism and gluconeo-genesis (GNG) to high rates of glycolysis. In order to determine possible factor(s) which could prevent this metabolic conversion, the impact of increasing oxygen availability and supply of glucose was assessed in rabbit and human proximal tubular primary cultures. Cultures were grown in hormonally defined, serum-free medium containing variable amounts of glucose and/or insulin. To increase oxygenation and to mitigate hypoxia at the cell/medium interface, respectively, in a parallel series of experiments rabbit primary cultures were maintained under permanent shaking in constant O_2 and CO_2 incubator atmosphere.

Gluconeogenic capacity as well as activities of phosphoenolpyruvate carboxykinase and fructose-1,6-bis-phosphatase fell markedly in primary cultures over time, regardless of the presence or absence of glucose. However, both glucose and insulin deprivation partially delayed the drop in GNG and prevented the rise in glycolysis. Thus, as seen with LLC-PK_1 and OK cultures before, glucose supply dramatically influenced the rate of glycolysis, expression of glycolytic enzyme activities, and lacate production, respectively. Also continuous shaking of rabbit primary cultures could partially prevent the induction of glycolysis, indicative for improved oxygenation under these culture conditions, compared to standard still cultures, which resulted in a measurable shift from glycolysis to oxidative metabolism, although GNG completely dropped.

Supported by the Austrian Science Foundation, Project P9259, and the BRIDGE Biotechnology Programme, Project PL890388, of the Commission of the European Communities.

Neue in vitro-Modelle für Entzündung, Zellschädigung und Entzündungshemmung

S. Hammer, S. Diethart, W. Sametz, H. Juan, R. Wintersteiger

Bei Entzündungen werden verschiedene Mediatoren wie z.B. Prostaglandine (PG) freigesetzt. Kürzlich fanden wir, daß Zellschäden und verschiedene Stimulatoren sowie entzündliche Vorgänge zur Freisetzung von verschiedenen Phospholipiden (PL) führten (DIETHART S. et al., 1995a, 1995b). Für die Messung dieser freigesetzten Substanzen dienten uns zwei in vitro-Modelle im Vergleich.

Als erstes, das langerprobte, bereits bewährte isoliert perfundierte Kaninchenohr, welches mittels Recyclingverfahren mit ^{14}C-Arachidonsäure (^{14}C-AA) beladen wurde. Dabei baut sich ^{14}C-AA in die Doppellipidschicht der Zellmembran ein. Durch Stimuli wie Calcium Ionophore A 23187, Bradykinin oder H_2O_2, als Radikalbildner, wird die ^{14}C-AA über Aktivierung der Phospholipase A_2 aus der Doppellipidschicht freigesetzt und durch Enzyme in PG und andere Eicosanoide weiter umgewandelt. Durch diese Stimuli wurden auch die PL freigesetzt.

Aus dem Ohrperfusat wurden die freigesetzten ^{14}C-PL, ^{14}C-Eicosanoide und die ^{14}C-AA extrahiert, mittels DC aufgetrennt und mit einem Szintillationszähler vermessen. (JUAN H. and SAMETZ W., 1980). Als zweites, völlig neues in vitro-Modell für diese Fragestellung diente die perfundierte Nabelschnur als Grundlage für menschliches Gewebe. Die Vene wurde kanüliert und ebenfalls mit ^{14}C-AA mittels Recyclingmethode beladen. Auch hier wurden die oben genannten Stimuli verwendet und die ^{14}C-markierten freigesetzten Stoffe aus dem Nabelschnurperfusat extrahiert und dünnschichtchromatographisch aufgetrennt. Die quantitative Bestimmung erfolgte mittels Szintillationszähler. Die Ergebnisse wurden mit den am Modell des Kaninchenohrs erhaltenen Resultaten verglichen.

Um eine Hemmung der induzierten Freisetzung von PG und PL zu erzielen, wurde an beiden Modellen die Wirkung der entzündungshemmenden Stoffe Indometazin und Myricetin-3β-D-glucuronid, eine hochpotente Wirkkomponente der Pflanze Epilobium angustifolium, untersucht (HIERMANN et al., 1991). Indometzin hemmte ausschließlich die Biosynthese der PG, wohingegen Myricetin-3β-D-glucuronid die PL-Freisetzung massiv zurückdrängte, jedoch eine geringere Hemmung der PG-Freisetzung zeigte. Calcium-Entzug durch Zugabe von EGTA hemmte sowohl die PG- als auch die PL-Freisetzung. Die Nabelschnur ist als menschliches Gewebe besonders interessant. Wie es aussieht, hatte diese Methode bisher die gleiche Aussagekraft in bezug auf Entzündung, Zellschädigung und Entzündungshemmung wie das isolierte Kaninchenohr.

Somit könnte die Nabelschnur neben dem perfundierten Kaninchenohr eine weitere neue Ersatzmethode darstellen. Eine Serie von zusätzlichen Versuchen soll diese Ergebnisse untermauern.

Literatur

DIETHART S. et al., 4. Österr. Internationaler Kongress über Ersatz- und Ergänzungsmethoden zu Tierversuchen in der biomedizinischen Forschung, Linz, 1995a

DIETHART S. et al., 12. Wissenschaftliche Tagung der Österr. Pharmazeutischen Gesellschaft, Innsbruck, 1995b

JUAN H. and SAMETZ W., Naunyn-Schmiedeberg's Arch. Pharmacol. 314, 183, 1980

HIERMANN et al., Planta Med, 57, 357, 1991

Das embryonierte Hühnerei: Eine realistische Alternative in der Infektiologie zur Erprobung neuer Chemotherapeutika

A. Härtl, U. Möllmann, W. Künkel

Gegenwärtig werden potentiell antiinfektive Chemotherapeutika an inmmunkompetenten oder immunsupprimierten Labornagern erprobt, also in genehmigungs- oder anzeigepflichtigen Tierversuchen. Der Gesetzgeber wird Tierversuche, insbesondere auch Infektionsversuche, bei denen Tiere starken Schmerzen und Belastungen ausgesetzt sind, einschränken oder sogar verbieten. Daraus resultiert die Forderung nach Etablierung aussagefähiger Alternativmethoden. Zell- und Gewebekulturen sind nur begrenzt nutzbar, da ihnen die für das Infektionsgeschehen erforderlichen komplexen Komponenten der Wirtsabwehr fehlen. Gegenstand des Posters ist die Etablierung einer genehmigungsfreien Basis-Screening-Infektions-Methode zur Erprobung neuer antiinfektiver Stoffe an einem unreif innervierten biologischen Modell, dem embryonierten Hühnerei (HE), das wie Säuger Wirtsresistenzfaktoren besitzt.

Die bakteriellen oder fungalen Infektionen im HE erfolgen über die Chorionallantoismembran (CAM). Auf die CAM wird eine definierte Zahl vitaler Pilzsporen oder Bakterien in einem Volumen von 0,1ml/Ei aufgebracht. Die Antimykotika oder Antibiotika, jeweils im Volumen von 0,1 oder 0,2ml/Ei, werden unmittelbar nach der Infektion in das Eiklar verabreicht. Die Dosierung bezieht sich auf mg/kg Eimasse. Alle Applikationen werden in einer Sicherheitswerkbank unter sterilen Bedingungen mit Injektionsspritze und Kanüle durchgeführt. Danach werden die Öffnungen in der Kalkschale abgedichtet und die Eier weiter bebrütet. Die Vitalität der HE wird täglich mit der Schierlampe geprüft. Diese Kontrolle erfolgt bis zum 18. Bruttag. Danach wird die Brut beendet.

Mit Standard-Antimyotika (Amphotericin B und Flouconazol) und Standard-Antibiotika (Azlocillin, Gentamycin, Vancomycin und Ciprofloxacin) ließen sich bei HE nach letalen fungalen oder bakteriellen Infektionen mit sensiblen Erregern Überlebensraten bis 80% nachweisen.

Die Ergebnisse der Virulenz- und Therapieversuche weisen das HE als realistische Alternative für die Infektiologie zur Erprobung potentieller Chemotherapeutika aus. Das HE ist ein geschlossenes System, das keine Kreuzinfektionen zuläßt und darüber hinaus keine Pathogene freisetzt. Das HE-Modell ist schnell, mit definiertem Endpunkt, technisch einfach, ökonomisch attraktiv und zeichnet sich durch gute Reproduzierbarkeit aus. Das HE-Modell ist ein Basis-Screening-Test; es kann die Zahl notwendiger Infektionsversuche an Labornagern reduzieren und vermindert somit Schmerzen und Leiden der Versuchstiere in der Infektionsforschung.

Keratinocyten auf zwei verschiedenen Typen von Mikrocarriern: Kulturbedingungen, Eigenschaften und Fähigkeit der Zellen, eine künstliche Dermis zu bilden

J. Hecht, S. Haraida, F. Staats, E. Hoefter, A. Nerlich, T. Brill, N. Dimoudis

1. Einleitung

Die Verwendung von kultivierten Keratinocytentransplantaten („cultured epithelial grafts“) bei der Behandlung von Verbrennungswunden ist mit einigen Problemen bei der Herstellung und der Applikation dieser Transplantate behaftet. Um diese Probleme zu lösen, untersuchten wir, ob sich Mikrocarrier (Mc) als flexible Trägersysteme für proliferierende Keratinozyten eignen. In dieser Studie wurde deshalb die Besiedlung von Mc durch Keratinocyten und deren Auswachsen von den Mc auf eine künstliche Dermis untersucht.

2. Methodik

Keratinocyten wurden aus humanen Vorhäuten isoliert und in serumfreiem Medium expandiert (37°C, 5% CO_2, 95% rH). Die Besiedlung der Mc durch die Keratinocyten erfolgte mit der Spinnerkultur-Technik (1x10^6 Mc + 1x10^7 Zellen in 30ml Medium, intermittierendes Rühren). Die verwendeten Mc bestanden entweder aus vernetztem Dextran mit Schweinekollagen Typ I (Cytodex 3, Pharmacia) oder aus Rinderkollagen Typ I (Cellgen, Koken Co.).

Die mit den Keratinocyten bewachsenen Mc wurden mikroskopisch charakterisiert und anschließend auf ein Kollagengel mit inkativierten Mäusefibroblasten (NIH 3T3) eingesät (NOSER F. and LIMAT A., 1987). Die bewachsenen Gele wurden bis zu drei Wochen kultiviert, dann mit Formalin fixiert und zur lichtmikroskopischen Auswertung mit Hämatoxilin-Eosin gefärbt.

3. Ergebnis

Keratinocyten adhärierten binnen weniger Stunden an beide Arten von Mc und bildeten nach 24h einen Monolayer auf ihnen. Der Anteil der adhärierten Keratinocyten war bei den Cytodex 3 geringer (42,5%) als bei den Cellgen (61,7%). Beide Arten von Mc neigten dazu, sich zusammenzulagern, wobei die Aggregate von den Keratinocyten zusammengehalten wurden. Das Verhalten der Keratinocyten beim Auswachsen von den Mc auf das Kollagengel war abhängig vom verwendeten Mc-Typ. Keratinocyten von Cytodex 3 wuchsen langsamer und bildeten nach drei Wochen einen vertikal geschichteten, oben verhornenden Multilayer. Bei Cellgen-Keratinocyten fand sich keine vertikale, sondern eine konzentrische Schichtung des Multilayers um die Mc herum. Die Verhornung war hier nicht nur auf den oberen Teil der Neo-Epidermis beschränkt.

4. Diskussion

Es konnte gezeigt werden, daß Keratinocyten von Mc auf eine geeignete Unterlage migrieren und einen Multilayer bilden können. Obwohl diese Daten nur die Situation in vitro darstellen, können besiedelte Mc doch als interessantes Trägersystem („flexible epithelial graft") und als mögliche Alternative zu den bisher üblichen „skin sheets" angesehen werden. Weitergehende Untersuchungen mit einem Tiermodell (Schwein) sind nötig, bevor eine klinische Studie durchgeführt werden kann.

Literatur

NOSER F. and LIMAT A., Organotypic culture of outer root sheath cells from human hair follicles using a new culture device, In vitro cellular & developmental biology, 23, 541-545, 1987

Perifundierte Rattenhepatocytenkulturen als Testsystem für Mitogene, Mitoinhibitoren und Tumorpromotern

S. Klein und R. Gebhardt

Normalerweise werden Hepatocyten unter stationären Bedingungen kultiviert, wobei das Medium in bestimmten Abständen gewechselt wird. Dabei werden Kulturbedingungen geschaffen, die sich in bezug auf die Versorgung mit Nährstoffen oder Hormonen und die Beseitigung toxischer Metabolite stark von den Verhältnissen in vivo unterscheiden. Eine bessere Anpassung von Hepatocytenkulturen an in vivo-Verhältnisse kann durch Perfusionskultursysteme (kontinuierlicher Mediumfluß) erreicht werden. Bei dieser Art der Kultivierung reagieren die Hepatocyten auf Hormone, Induktoren und Wachstumsfaktoren empfindlicher. Desweiteren werden im Perfusionssystem viele Biofunktionen stabilisiert (GEBHARDT et al., 1996).

Die vorliegende Arbeit beschreibt den Vergleich stationärer Hepatocytenkulturen mit perifundierten Kulturen in bezug auf Mitogene, Mitoinhibitoren und Tumorpromotoren.

Während in stationären Kulturen ein basaler Labeling Index (LI, BrdU-Markierung) von ca. 1-2% bestimmt wurde, ergab sich in der perifundierten Kultur ein etwa 5fach höherer LI. Bei Zugabe von Insulin und EGF in niedrigen Konzentrationen stieg der LI in den perifundierten Kulturen weitaus stärker an als in den stationären. Erst bei Zugabe von 100nM Insulin und 10ng/ml EGF fand eine Angleichung des LI beider Kulturen statt. Dabei ergab sich ein LI von ca. 40%, was dem Maximalwert, der mit diesen Mitogenen erreicht werden kann, entspricht. Dies zeigt, daß zwar die Sensitivität der Hepatocyten gegenüber diesen Wachstumsfaktoren in den perifundierten Kulturen gesteigert wird, der Mechanismus der Proliferationsstimulation in beiden Systemen aber vergleichbar ist.

Bei Zusatz von 3-Methylcholanthren (MC) zum Medium ergab sich in beiden Kultursystemen eine Abnahme des LI in Abhängigkeit der eingesetzten MC-Konzentration um mehr als 80%, jedoch war die Sensitivität der perifundierten Hepatocyten etwa 5fach größer. Bei 2-Acetylaminofluoren reagierten die Hepatocyten des Perifusionssystems sogar um den Faktor 50 sensitiver als die der LI. Die allgemeine Toxizität der Substanzen erhöhte sich in der Perifusion nicht, wie LDH-Verlust und morphologische Betrachtungen zeigten, sodaß ein verminderter BrdU-Einbau infolge einer Zellschädigung ausgeschlossen werden kann. Ausserdem war die Produktionsrate von Harmolglucuronid als Metabolit des eingesetzten Substrates Harmol (HPLC) trotz des verminderten LI in den perifundierten Kulturen etwa doppelt so hoch wie in stationären Kulturen.

In Anwesenheit von 10nM Insulin und 4ng/ml EGF führte der Zusatz von Cyproteronacetat (CPA) bereits bei der Konzentration von 1µM zu einer deutlichen Steigerung des LI in der perifundierten Kultur, während sich in der stationären Kultur kein Effekt feststellen ließ. Selbst bei einer weiteren Erhöhung der CPA-Konzentration auf 5µM wurden die stationären Kulturen kaum stimuliert, während sich in den perifundierten Hepatocyten ein 2,5fach höherer LI ergab. Bei höheren Konzentrationen an CPA bis 35µM traten die Unterschiede zwischen Hepatocyten, die in beiden Systemen kultiviert wurden, noch deutlicher hervor.

Auch der Zusatz von Lindan in einer Konzentration von 1µM erhöhte den LI in der perifundierten Kultur signifikant, während die stationären Kulturen keine Reaktion zeigten. Selbst eine Erhöhung der Lindankonzentration auf 10µM hatte in der stationären Kultur keinen Einfluß auf den LI, wohingegen die Proliferationsrate in den perifundierten Kulturen weiter anstieg. Ähnliche Unterschiede zeigten sich für 4-Chlor-1-Naphtol, Dieldrin und Clofibrate, während MNNG (5µM) in beiden Kultursystemen keinen Einfluß auf den LI hatte.

Diese Ergebnisse zeigen, daß das Perifusionssystem sowohl bei der Bestimmung von wachstumsstimulierenden als auch wachstumshemmenden Effekten viel geeigneter ist als herkömmliche, stationäre Kultursysteme und daher beim Screening von genotoxischen und tumorpromovierenden Substanzen einen entscheidenden Beitrag leisten kann.

Literatur

GEBHARDT R. et al., Cell Biol Toxicol., 1996

Vorhersage einer durch lokale Arzneistoffapplikation induzierbaren Irritation mit dem [^{3}H]Arachidonsäurefreisetzungstest und dem Tetrazoliumreduktionstest EZ4U

H.-P. Klöcking, D. Wangemann, A. Jelinek, R. Klöcking, U. Lindequist

Von den zur Thromboseprophylaxe verwendeten Pharmaka rufen unfraktioniertes Heparin und einige niedermolekulare Heparine bei lokaler Anwendung Irritationen hervor (KRAUS et. al., 1994). Dies veranlaßte uns, die therapeutisch eingesetzten Tagesdosen mit den in vitro bestimmten Zell- und Zellmembrantoxizitäten von unfraktioniertem Heparin und dem niedermolekularen Heparin Reviparin zu vergleichen. Die Zytotoxizität der Verbindungen wurde mit Hilfe des Tetrazoliumreduktionstestes EZ4U (Biomedica, Wien), die Zytomembrantoxizität mit dem [^{3}H]Arachidonsäurefreisetzungstest (KLÖCKING H.-P. et. al., 1994) an der promyelozytischen Zellinie U937 geprüft. Die halbmaximale zytotoxische Konzentration (CC_{50}) von Heparin beträgt 29mg/ml und ist somit niedriger als die empfohlene therapeutische Tagesdosis (100-150mg). Im Gegensatz dazu liegt der CC_{50}-Wert von Reviparin (37mg/ml) deutlich oberhalb der therapeutischen Tagesdosis (12mg). Ähnliche Befunde wurden durch Bestimmung der Zytomembrantoxizität mit dem Arachidonsäurefreisetzungstest erhalten. Hier verursacht Enoxaparin-Natrium eine 20fach höhere, Reviparin bei gleicher Konzentration nur eine doppelt so hohe [^{3}H]Arachidonsäurefreisetzung im Vergleich zur Kontrolle. Die Ergebnisse lassen vermuten, daß nach subkutaner Applikation auftretende lokale Irritationen von Thromboseprophy-laktika auf eine zell- bzw. zellmembrantoxische Wirkung der Arzneistoffe zurückzuführen sind. Die Bestimmung dieser Parameter erlaubt im Hinblick auf die vorgesehene therapeu-tische Anwendung und Dosierung die Vorhersage möglicherweise auftretender Irritationen.

Literatur

KRAUS et. al., Z. Geburtsh. Perinat. 198, 120, 1994
KLÖCKING H.-P. et. al., Toxic. in Vitro, 8, 775, 1994

Vergleich von in vitro- mit in vivo-Methoden zur Testung von Antiphlogistika

E. Krause und R. Hirschelmann

Wie wir in früheren Arbeiten festgestellt hatten, waren in vitro-Systeme praktisch nicht geeignet zur Auffindung von entzündungshemmenden Substanzen, aber Teilprozesse zum Wirkungsmechanismus der Antiphlogistika lassen sich auch in vitro untersuchen.

Die Prüfung der „Prostaglandin-H-Synthase-Hemmung" durch Substanzen in vitro wurde für das Screening von Antiphlogistika mit dem Ziel der Reduzierung von Tierversuchen empfohlen. Die Aussage ist jedoch problematisch. Eine erneute Überprüfung des Einsatzes dieser in vitro-Methode wurde jetzt, nach der Entdeckung der induzierbaren PG-H-Synthase, der COX_2, vorgenommen. Die Prüfung erfolgte mit Enantiomeren einiger Arylpropionsäuren

(Iboprofen, Naproxen, Flurbiprofen). Die Resultate sind aber ebenfalls mit diesem „COX_2-Hemmtest" nicht befriedigend; denn auch hier sind z.B. die R(-)-Enantiomeren wie an der COX_1 nahezu unwirksam im Gegensatz zu den S(+)-Enantiomeren. In vivo aber sind die Enantiomeren oft equieffektiv. Das eudismische Verhältnis (Verhältnis der Wirksamkeit von Eutomer zu Distomer, d.h. vom wirksameren zum weniger wirksamen Teil des Isomerenpaares) betrug zumeist ca. „1". Diese Aussagen erhielten wir mit den Methoden „Mausohrödem" (induziert durch Arachidonsäure, Phorbolmyristoylacetat oder Oxazolon), „Carrageenin-Rattenpfotenödem" und „Adjuvansödem" (Primärphase der Adjuvansarthritis) nach systemischer und/oder lokaler Applikation. Kombination der Methoden mit älteren in vitro-Tests, dem „Eiweiß-Hitzekoagulations-Test nach MIZUSHIMA und SUZUKI", dem „DTNB-Thiol-Austauschtest nach GERBER u.a." sowie dem „Membranstabilisierungs-Test" an Lysosomen nach DE DUVE ergab nach unseren Untersuchungen auch nicht die erhofften Resultate zur erheblichen Reduzierung des Tierverbrauches beim Antiphlogistika-Screening.

Als Zwischenbilanz ist festzustellen, daß für die Antiphlogistika-Testung die Suche nach **eindeutigen** in vitro-Methoden zur Reduzierung von Tierversuchen intensiviert werden muß. Die publizierten Methoden eignen sich eher für die Untersuchung des Wirkungsmechanismus als für das Screening von Antiphlogistika.

Kreislaufphysiologisches in vitro-Modell

F. Krug, C. Bruce Boye, G. Boos, L. v. Klitzing, H.-P. Bruch

1. Einleitung

Um für Untersuchungen am Kreislaufsystem reproduzierbare und nach Bedarf variierbare Versuchsbedingungen schaffen zu können, ohne auf Tierexperimente zurückgreifen zu müssen, wurde in einem gemeinsamen Projekt der Medizinischen Universität Lübeck und der Fachhochschule Lübeck ein Kreislaufmodell entwickelt, daß es ermöglicht, einen großen Teil dieser Experimente in vitro durchzuführen.

2. Material und Methoden

Angetrieben wird die Anlage durch eine Zentrifugalpumpe, die Flüssigkeit durch ein Schlauchsystem pumpt. Dieser primäre Flüssigkeitsstrom wird durch computergesteuerte Ventile so geregelt, daß beliebige, dem menschlichen Kreislauf ähnliche Druck- und Flußkurven resultieren. Die gewünschten Kreislaufparameter können in Form einer Sollkurve in den Computer eingegeben werden. Die Umsetzung dieser Vorgaben an den Ventilen erfolgt über Fuzzyregler als Feed-back Mechanismus.

3. Eigenschaften

- Gesamte physiologische Bandbreite bezüglich Herzfrequenz, systolischem und diastolischem Blutdruck, Druckanstieg und -abfall sowie Systolen-Diastolen-Zeitverhältnis
- Simulation unterschiedlicher Gefäßabschnitte (Aorta, Carotiden, Extremitätenarterien)
- Getrennte Steuerung von Druck und Flow durch Fuzzyregelung anhand vorgegebener Sollkurven
- Reproduzierbarkeit der Versuchskonstellation im Gegensatz zum Tiermodell
- Online Dokumentation und Speicherung der Daten

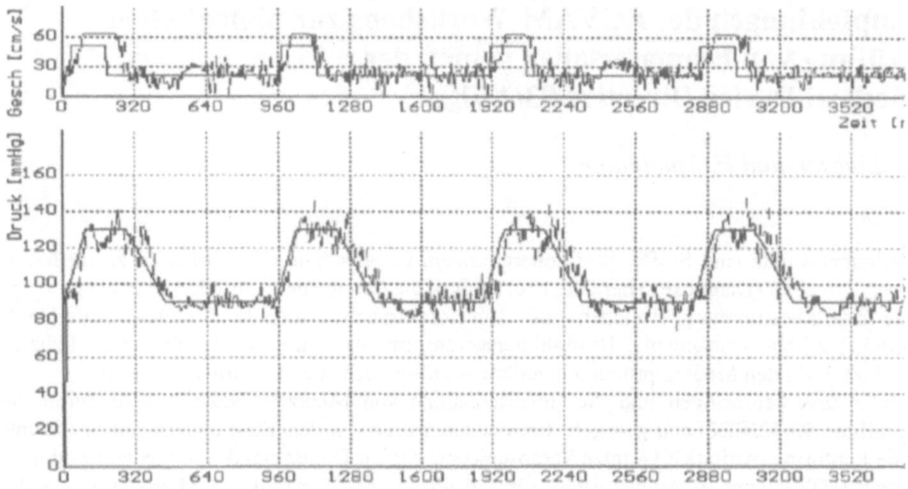

Abb. 1.

4. Anwendungen

- Kreislaufphysiologische Forschung und Lehre
- Gefäßchirurgische Forschung
- Entwicklung invasiver und nichtinvasiver Monitoringverfahren
- Entwicklung interventioneller Therapieverfahren

Etablierung eines Humanhaut in vivo-Modellsystems

K. Kunzi-Rapp, A. Rück, R. Steiner, R. Kaufmann

Durch Transplantation humaner Spalthaut auf die Chorioallantoismembran (CAM) des befruchteten Hühnereies konnte ein reproduzierbares in vivo-Humanhautmodell etabliert werden, das sich für Kurzzeituntersuchungen eignet. Die humane Haut wird nach 3 bis 4 Tagen in den Gewebeverband der CAM aufgenommen und an das Gefäßsystem angeschlossen. Anhand histologischer und immunhistologischer Untersuchungen konnte gezeigt werden, daß die Xenotransplantate über den gesamten Beobachtungszeitraum (5 Tage) ihre ursprünglichen Eigenschaften erhielten.

Empfehlungen des ECVAM-Workshops zur biologischen Prüfung von Biomaterialien gemäß der Medical Device Directive 93/42/EEC

M. Liebsch und H. Spielmann

Medizinprodukte sind Stoffe, Stoffzubereitungen, Gegenstände oder Software zu medizinischen Zwecken (Diagnose, Therapie, Prävention), die überwiegend auf physikalischem Wege ihre Zweckbestimmung erreichen (z.B. Herzschrittmacher, künstliche Gelenke, Verbandmittel, ärztliche Instrumente, Bestrahlungsgeräte, mit Arzneimitteln kombinierte Medizinprodukte). Zu den Medizinprodukten gehören künftig auch auch in vitro-Diagnostika.

Das Inverkehrbringen und die Inbetriebnahme von Medizinprodukten wird durch die Richtlinie **93/42/EEC** neu geregelt. Inzwischen wurden in den EU-Ländern mit der Richtlinie konforme, nationale Gesetze verabschiedet, z.B. in Deutschland das Medizinproduktegesetz (MPG) vom 9. August 1994. Gemäß §6 des MPG erfüllt ein Medizinprodukt die Bestimmungen des Gesetzes, wenn es den Anforderungen der jeweiligen, harmonisierten Europäischen Normen oder der diesen Normen gleichgestellten Monographien des Europäischen Arzneibuches entspricht.

Neue Medizinprodukte müssen klinisch am Menschen geprüft werden. Dies ist ethisch nur vertretbar, wenn eine Abschätzung des Risikos für die Probanden getroffen werden kann. Dazu können auch präklinische, biologische Prüfungen (in vitro und im Tierversuch) erforderlich sein. Normen, die diese biologischen Prüfungen für spezielle Medizinprodukte regeln (sog. Vertikal-Normen), existieren jedoch noch nicht oder sind nicht harmonisiert. Bisher wurden nur Teile der allgemeinen Horizontal-Norm **EN 30 933** „Biological Evaluation of Medical Devices“ für die Anwendung mit der Richtlinie 93/42/EEC harmonisiert. Es besteht daher Unsicherheit, welche biologischen Prüfungen für welches Medizinprodukt erforderlich sind.

Im November 1995 fand deshalb in Dänemark der ECVAM-Workshop „Alternatives to Animal Testing of Medical Devices“ statt. An dem Workshop beteiligten sich Vertreter der ISO-, CEN- und DIN-Gremien, Wissenschaftler, die in Prüfinstituten oder als zuständige Sachverständige (notified bodies) tätig sind, sowie ZEBET und die Akademie für Tierschutz des Deutschen Tierschutzbundes.

Neben einer ausführlichen Abwägung der Aussagekraft einzelner, typischerweise bei der biologischen Prüfung von Biomaterialien eingesetzter Tierversuche und der Möglichkeiten, diese durch in vitro-Methoden zu ersetzen, wurde vor allem festgestellt, daß der derzeitige **Teil 1** der EN 30 933 „Guidance for the Selection of Tests“ nicht deutlich darstellt, daß es unter bestimmten Rahmenbedingungen sinvoll ist, auf biologische Prüfungen ganz zu verzichten. Zur Vermeidung unnötiger Tierversuche wurde in dem Workshop die Erstellung einer Negativliste biologisch verträglicher Rohmaterialien und eine rasche Harmonisierung vertikaler Normen angeregt. Ständig wiederholte Tierversuche zur Chargenprüfung, insbesondere die Prüfung von Eluaten aus Biomaterialien auf anomale Toxizität lehnten die Teilnehmer des Workshops grundsätzlich ab. Da in der EU-Richtlinie 93/42/EEC Tierversuche nicht erwähnt sind, findet sich auch kein Verweis auf die anzuwendenden Bestimmungen des Tierschutzes (Richtlinie 86/609/EEC). Es wurde daher eine unverzügliche Harmonisierung des **Teils 2** der EN 30 933 („Animal Welfare Requirements“) gefordert.

Assessment of skin^2 ZK 1351, a test using a human cutaneous model for Photoirritancy testing

M. Liebsch, B. Döring, P. Logemann, J. Demetrulias, B. de Wever, H. Spielmann

In **Phase I** of an EU/COLIPA study on „In Vitro Photoirritation Testing" a new test using the human full cutaneous in vitro model Skin² ZK 1351 was developed in a co-operation between Advanced Tissue Sciences (ATS, La Jolla, USA) and ZEBET, which was funded by ECVAM.

During test development chemicals were topically applied to the epidermis of the tissue model either for 1 hour or 24 hours respectively, followed by 30 minutes exposure with a non-irritating dose of UVA+visible light (1,67mW/cm² UVA=3J/cm²) with a sun simulator (SOL 500, Dr. Hönle). After a period of 30 minutes post exposure, tissues were rinsed and phototoxicity was assessed 24h later by comparison of cytotoxicity of light-exposed and non-exposed tissues using the MTT assay. Each test material was tested in 3 concentrations on 3 replicate tissues per concentration. Out of 20 chemicals tested in Phase I of the study, 11 chemicals were phototoxins. Seven of 11 phototoxins were correctly detected with 1h incubation, whereas 8 of 11 phototoxins were correctly classified with 24h incubation. In addition, 6-methylcoumarin could be identified as a phototoxin when applied *through the medium to the dermis side of the skin model for 24h.* All of the nine chemicals that are not phototoxic *in vivo* were correctly classified negative with both, 1h and 24h exposure period.

In **Phase II** of the EU/COLIPA project ZEBET used an improved protocol of the ZK 1351 test under blind conditions:

a) all materials were tested using corn oil as vehicle, irrespective of their solubility.
b) each material was tested in 5 concentrations on 2 replicate tissues per concentration instead of 3 concentrations on 3 replicate tissues.

30 test materials were classified by using only 30 Skin² ZK 1351 kits at the first run without a preceding range finder experiment. Data analysis revealed, that all 5 chemicals that are *in vivo* non-phototoxic were correctly classified and that 19 of 25 in vivo phototoxins were correctly classified with Skin² ZK 1351. The six chemicals classified false negative were: ofloxacin, 6-methylcoumarin, fenofibrate, furosemide, bergamot oil and musk ambrette.

Ofloxacin was tested as an injection solution of low concentration (20mg/mL). 6-methylcoumarin can only be detected as phototoxin when applied „systemically" through the medium (see Phase I). The phototoxic potential of furosemide was not detected by any of the other *in vitro* tests evaluated in Phase II of the EU/COLIPA project. Moreover, the *in vivo* classification of furosemide may have to be re-evaluated. Thus, the phototoxic potential of 3 „false negative" chemicals could not be detected after topical application. It may, however, become evident, when the chemicals are applied through the culture medium.

Since the test is much easier to perform than a cell culture assay and since it does not require a cell culture laboratory, it is still a good candidate for a validated in vitro-test. ZEBET will therefore undertake repeat experiments to allow an evaluation of intralaboratory reproducibility of the ZK 1351 test, which will be funded by the Swiss FFVFF.

Einflüsse gasförmiger Anästhetika auf Zellkulturen

T. Marx, S. Bäder, M. Zwing, M. Georgieff, B. Liebl, H. Mückter

Die ersten orientierenden Vorversuche mit der von uns konstruierten Anlage zur Exposition von Zellkulturen wurden mit Lungen-, Leber- und Nierenzellen durchgeführt. Diese sind kommerziell verfügbar (ATCC = American Culture Collection, Rockville), leicht kultivierbar und hinsichtlich ihrer Herkunft hinreichend charakterisiert.

Lungenzellen kommen in direkten Kontakt mit den volatilen Anästhetika. Zur Untersuchung der Expositionswirkung stehen Alveolarepithelzellen Typ II (WI-38), fibroblastenartige Zellen (CCD-11Lu, CCD-16Lu) und entartete Zellen (A549), deren Ursprung Alveolarepithelzellen sind und die Phospholipide und ungesättigte Lecithine (Vorstufen des Surfactant) produzieren können.

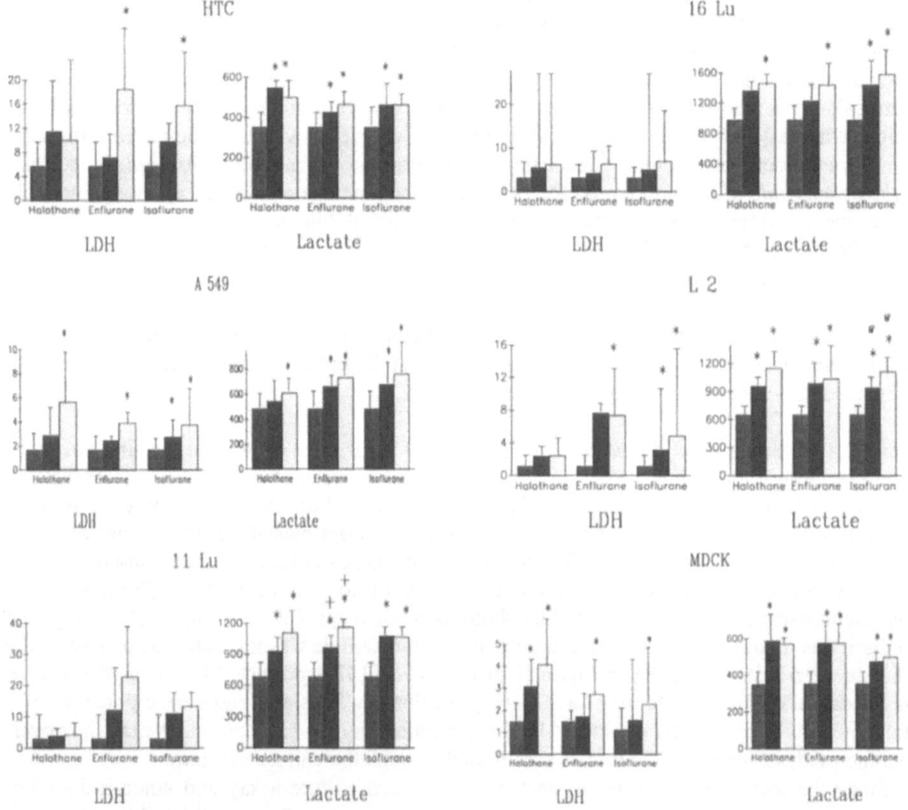

Abb. 1.-Abb. 6. **Ergebnisse**
Extrazelluläre LDH und Lactat-Konzentrationen nach Expositionszeit von 6h (schwarz), 24h (hellgrau), verglichen mit Kontrollen (dunkelgrau). *: signifikante Unterschiede zur Kontrollgruppe, +: signifikante Unterschiede zwischen 6h und 24h Expositionszeit

Leber und Niere sind als stoffwechselaktive Organe an der Biotransformation der volatilen Anästhetika beteiligt und sind Hauptzielorgane der bekannten Schädigungsmechanismen.

Versuche wurden mit den Zellinien HTC (Rattenhepatom), MDCK (distale Nierentubuluszellen, Hund) und LLCPK (proximale Nierentubuluszellen, Schwein) durchgeführt.

Durch Exposition mit volatilen Anästhetika kommt es zu Schädigungen der Zellmembran, die dadurch für Substanzen (LDH) durchlässig werden, die sich normalerweise nur im Zellinneren befinden. Die Schädigung ist abhängig von der Dauer und der Art der Exposition.

Versuchsaufbau zur Untersuchung toxischer Einflüsse gasförmiger Stoffe auf Zellkulturen

T. Marx, S. Bäder, M. Zwing, M. Georgieff, B Liebl, H. Mückter

Die bisher üblichen Narkosegase sind FCKWs bzw. FKWs. Auch das auf der ganzen Welt verwendete Lachgas ist Umwelt- und Arbeitsplatztoxisch. Neue Narkosegase, die eingeführt werden, müssen auf ihre Organtoxikologie untersucht werden. In den bisher weltweit durchgeführten Untersuchungen wurden im wesentlichen verschiedene Studienkonzepte benutzt, die auf Tierversuchen basieren.

Die Uniklinik für Anästhesiologie hat in einem Gemeinschaftsprojekt mit dem Walter-Straub-Institut für Pharmakologie und Toxikologie der FU München eine PC-gesteuerte Begasungsanlage für Zellkulturen entwickelt. Durch die extreme Dichtigkeit der Anlage und die Möglichkeit, Expositionsgase rezirkulieren zu lassen, kommt die Anlage mit sehr niedrigen Frischgasflows aus. Sämtliche Bauteile, Komponenten sowie die Software für die Steuerung und Regelung der Anlage wurden in Eigenproduktion hergestellt und sind kommerziell nicht erhältlich (technische Beschreibung der Apparaturskizzen s. Abb. 1-3).

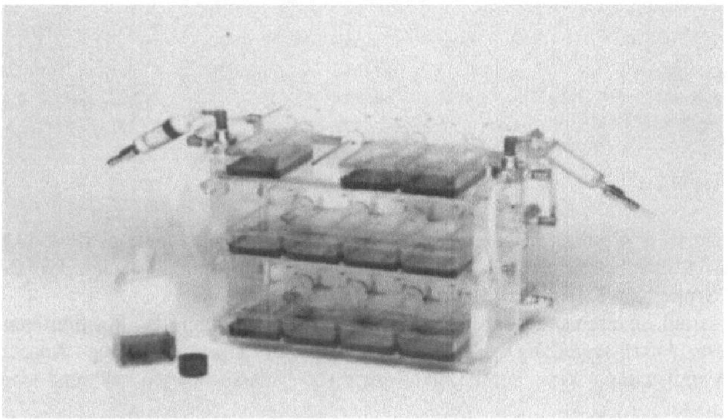

Abb. 1. **Versuchsanlage**
Alle Einheiten zur Mischung, Dosierung und Förderung der Gase sind als untrennbare Einheit auf einer Grundplatte für den Einschub in einen kommerziell erhältlichen Brutschrank ausgeführt.

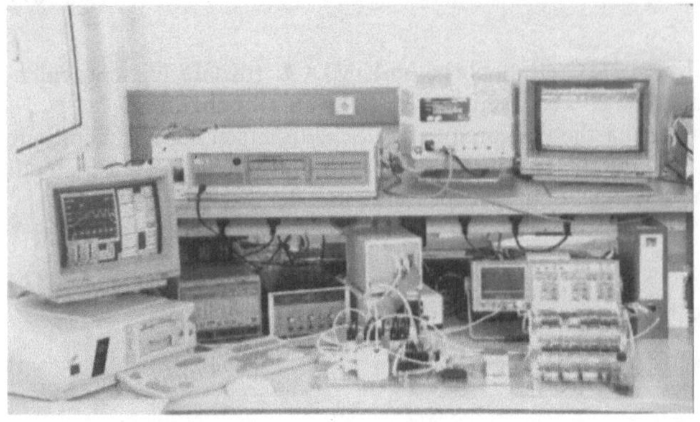

Abb. 2. **Förderung der Gase**

Durch zwei gasdichte Flügelzellenpumpen können laminare und pulsatile Strömungen zur Förderung des Expositionsgasgemisches eingestellt werden. Beide Pumpen sind dem Kultur-Ansatz vorgeschaltet und sorgen im Rezirkulationsbetrieb für einen kontinuierlichen Gasstrom durch die einzelnen Kulturansätze. Die beiden Pumpen sorgen hierbei für den kontinuierlichen Abtransport des Gasgemisches und für konstante Druckverhältnisse an den Mischventilen (V6, V3, V4).

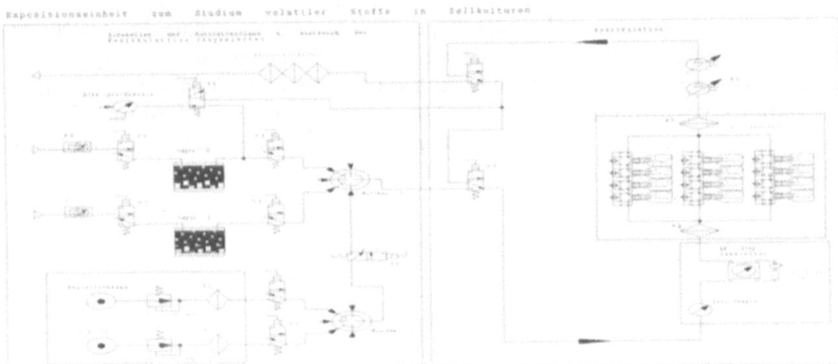

Abb. 3. **Kulturansatz**

Die 12 Kulturansätze sind in 3 Gruppen zu je 4 Ansätzen übereinander in einem Halter aus Plexiglas (PMMA) angeordnet. Jede Gruppe besteht aus 4 handbetätigten 4/2 Wegeventilen mit einem angeflanschten PTFE-Dichtkonus zur Konnektion von 50ml Schräghals-Zellkulturflaschen.

Die 4 Ansätze einer Gruppe sind seriell hintereinander in den Gasstrom geschaltet. Durch das Positionieren eines Ventilschiebers in die vordere Anschlagstellung kann der Gasweg für einen einzelnen Ansatz kurzgeschlossen werden. In dieser Ventilstellung kann somit ein Ansatz für Untersuchungen während der Exposition entfernt werden

Tierschutzaspekte transgener Versuchstiere

C. Mertens

1. Einleitung

Im Gegensatz zur rasanten Entwicklung transgener Techniken und zur beinahe exponentiellen Zunahme transgener Versuchstiere (Mäuse) in der Forschung, erhalten spezifisch tierschützerische Probleme dieses Bereiches nur verzögert Beachtung (BML, 1996; TRACHSEL B., 1996; VAN DER MEER and VAN ZUTPHEN., 1996).

2. Genetische Belastungen des Individuums und Qualzucht

Neben dem Effekt frühembryonaler Manipulation kommen folgende Ursachen genetischer Belastung in Frage: Funktion und Regulation eines integrierten Fremdgens, Anzahl eingebauter Gen-Kopien, fehlende Funktion eines inaktivierten Eigengens von vitaler Bedeutung, Wechselwirkungen zwischen eigenem und fremdem Erbgut bzw. epigenetische Effekte (MOORE C.J. and BEN MEPHAM T., 1995). Die Wahrscheinlichkeit besteht, daß ein Konstrukt gar nicht oder kaum lebensfähig ist; (homozygot-)transgene Tiere haben z.T. allgemeine Probleme: langsames Wachstum, Kleinwüchsigkeit, Streß- und Krankheitsanfälligkeit, reduzierte Vitalität, verkürzte Lebenserwartung. Spezifische anatomische, physiologische oder neurologische Schäden können dazukommen; transgene Mäuse sind vielfach Krankheitsmodelle und bewußt belastet. Wieviele der bereits existierenden Konstrukte (über 10.000) als Qualzucht zu bezeichnen sind, wissen wir nicht. Das Risiko einer Qualzucht ist mit jedem neuen Konstrukt hoch und läßt sich prospektiv nicht kalkulieren (POOLE T., 1995).

3. Tierverschleiß

Die heute noch mehrheitlich angewendete Mikroinjektionsmethode zur Herstellung transgener Tiere ist ineffizient: Tiere ohne Genintegration (75-100%) werden getötet; im Falle erfolgter Genintegration aber fehlender oder mangelhafter Genexpression, ist ein ganzes Konstrukt wertlos. In der (Erhaltungs-)Zucht transgener Linien fällt nicht-benötigter Nachwuchs an und die Zucht mit heterozygoten Tieren (im Falle homozygoter Letalität oder Sterilität) beinhaltet die wissentliche Produktion nicht-brauchbarer Tiere.

4. Aktueller Rechtschutz in der Schweiz

Die Herstellung eines Konstruktes gilt als bewilligungspflichtiger Tierversuch; die mutmaßliche Belastung transgener Nachkommen wird im Bewilligungsverfahren jedoch nicht berücksichtigt (prospektiv mittlerer Belastungsgrad 2, bezogen auf die nicht-transgenen Ammen). Die Zucht von Versuchstieren ist gesetzlich nur formal geregelt, das Züchten transgener Tiere daher grundsätzlich erlaubt. Qualzuchten sind in der Schweiz nicht gesetzlich verboten, die Würde der Kreatur ist zwar geschützt, verbindliche Kriterien für deren Verletzung fehlen jedoch. Transgene Tiere im Experiment gelten als gewöhnliche Versuchstiere, obwohl ihre Belastung tendentiell höher ist (genetisch + experimentell).

Literatur

Bundesministerium für Ernährung, Landwirtschaft und Forsten (BML), Die Erzeugung und Zucht transgener Mäuse und Ratten unter Tierschutzgesichtspunkten, Informationspapier für zuständige Behörden und Mitglieder der Kommissionen nach §15 des Tierschutzgesetzes, Bonn 1996

MOORE C.J. and BEN MEPHAM T., Transgenesis and Animal Welfare, ATLA, 23, 380-397, 1995
POOLE T., Welfare considerations with regards to transgenic animals, Animal Welfare, 4(4), 81-85, 1995
TRACHSEL B., Kritische Anmerkungen zur Herstellung von genmanipulierten Tieren, Swiss Vet, 13(7-8), 13-16, 1996
VAN DER MEER M. and VAN ZUTPHEN L.F.M., Use and welfare implications of transgenic animals. in: VAN ZUTPHEN L.F.M. and M. VAN DER MEER (eds.), Welfare aspects of transgenic animals, Proceedings of the EC-workshop „Welfare Aspects of Transgenic Animals", October 30th 1995, Utrecht University, 1996

Funktionelle in vitro-Assays zur Bestimmung des hormonellen/ antihormonellen Potentials von Xenobiotika

B. Mußler, D. Seng, G. Eisenbrand

In jüngster Zeit mehren sich die Hinweise auf bisher nicht erwartete hormonelle Wirkungen von unterschiedlichsten Verbindungsklassen auf Umweltkompartimente und Mensch. Viele Pflanzeninhaltsstoffe (Isoflavonoide, Coumestane, Mykoöstrogene etc.) aber auch Verbindungen anthropogenen Ursprungs stehen in Verdacht, Einfluß auf das endokrine System von Organismen zu nehmen. Dies gilt vor allem für verschiedene Pestizide, Detergentien, Kunststoffadditive, halogenierte Kohlenwasserstoffe etc. (COLBORN T. et al., 1993). Zur Erfassung und Klassifizierung von Substanzen und Substanzgemischen bedarf es eines funktionellen Testsystems (MCLACHLAN J., 1993), welches die instrumentelle Analytik um die Information des biologisch relevanten Effektes ergänzt. *In vivo*-Assays wie der „Uterotrophe Assay" erfordern einen hohen technischen und finanziellen Aufwand und benötigen meist hohe Tierzahlen. Hochempfindliche funktionelle *in vitro*-Assays bieten hier eine vielversprechende Alternative.

Der Einsatz eines Proliferationsassays mit endokrinabhängig wachsenden humanen Zelllinien, der sogenannte E-screen-Assay, erlaubt die sensitive Erfassung von estrogenaktiven Verbindungen. Ebenso ermöglicht die Transfektion steroidhormon-rezeptorhaltiger Zellen mit Reportergenplasmiden die Erfassung der hormonellen Aktivität von Verbindungen auf zellulärer Ebene. Die ligandinduzierte Expression eines Reportergenproteins (Luciferase, Chloramphenicol-Acetyl-Transferase), unter der Kontrolle eines Steroidhormonrezeptor induzierbaren Promotors, wird mittels Luminometer (Luciferase) oder ELISA (Chloramphenicol-Acetyl-Transferase) gemessen. Die von uns eingesetzten Zellinien erlauben eine hochempfindliche Detektion von Östrogenen bis in den subphysiologischen Bereich.

Ergänzend werden Gel-Mobility-Shift-Assays zu mechanistischen Untersuchung eingesetzt. Hierbei dient die Wanderung einer Ligand-Rezeptor-Oligonukleotidbande innerhalb eines nativen Gels als Maß für die ligandenabhängige Bindung des Ligand-Rezeptor-Komplex an das responsive Element.

Die drei Testsysteme ermöglichen eine weitgehende Charakterisierung und Bewertung der hormonellen Aktivität von verschiedenen Verbindungen auf zellulärer Ebene. Alle Systeme sind mittels Agonisten und Antagonisten weitgehend evaluiert. Darüberhinaus kann die transiente Transfektion unterschiedlicher Rezeptoren und entsprechender Reportergenvektoren in eukaryontischen Zellen maßgeschneiderte zelluläre Detektionssysteme zur Bearbeitung spezieller Fragestellungen zugänglich machen.

Literatur

COLBORN T., VOM SAAL F., SOTO A., Environm. Health Perspectives, 101(5), 378-384, 1993
MCLACHLAN J., Environm. Health Perspectives, 101(5), 386-387, 1993

Type I interferons increase paracellular permeability of renal epithelial cells *in vitro*

W. Pfaller, M. Krall, H. Schramek, M.P. Ryan

Interferon α 2b (IFN), a cytokine released from leucocytes and currently used in clinical trials as an anti-cancer therapeutic, sometimes induces „capillary leak syndrom" and acute renal failure. The mechanisms behind this serious side efffect are not yet known. In order to answer this question, we exposed confluent renal epithelial cells of proximal tubular origin ($LLC\text{-}PK_1$), grown on microporous supports, to increasing concentrations of type I IFN's and monitored the intactness of the epithelial barrier by morphologic and electrophysiologic techniques.

$LLC\text{-}PK_1$ cells were grown on either solid or microporous supports and incubated in increasing concentrations of α- and ω- IFN for up to 48 hours. Epithelial barrier function was assessed by quantitation of domes, which are considered an indicator for intact unidirectional fluid and solute transport in epithelial monolayers grown on solid supports, and by measuring the epithelial electrical resistance on monolayers grown on microporous supports. Most interestingly, type I IFN's decrease transepithelial resistance when applied from either the apical or the basolateral side of cells.

Since type I IFN's are known to exert their action upon cells via receptor tyrosine kinase mediated mechanisms, we tried in addition to asses whether or not $LLC\text{-}PK_1$ cells express type I IFN receptors sensitive to human recombinant IFN α 2b and IFN ω. Since trials to directly determine number and localisation of type I IFN receptors using radiolabelled ligands, we checked if the observed effects of IFN's upon epithelial permeability can be blocked by tyrosin kinase inhibitors. The inhibitor tyrphostin (10^{-6}M) indeed prevented the IFN induced decrease in epithelial resistance, which indicates the existance of receptors on both membrane domains of LLC-PK1 epithelial cells. This observations points towards involvement of protein phosphorylation in the regulation of epithelial resistance. Changes in the phosphorylation state of ZO-1 protein, which is part of the complex defining the occluding region has been considered to be related to the permeabiltiy properties of thight junctions in MDCK renal epithelial cells and its elevated phosphorylation has been assumed to increase paracellular permeability and to decrease epithelial resistance.

For this reason the homogenate of $LLC\text{-}PK_1$ cells was assayed for phosphotyrosine moieties by western blotting the homogenate with anti-phosphotyrosine antibodies and to identify ZO-1 phosphorylation with an appropriate antibody.

Type I IFNs clearly decrease epithelial „tightness" of $LLC\text{-}PK_1$ monolayers grown on solid supports as can be seen from the dose dependent reduction of both number and area of domes. For monolayers grown on microporous supports, a dose dependent decline in epithelial resistance can be measured, which is more pronounced for α- then for ω-IFN. The observed effects are reversible except for the highest concentration of IFN-α (10^4U/ml) used. Electron-microscopically no alteration in the structural appearance of junctional complexes could be detected.

No difference in the resistance changes was found when IFN has been applied from either the luminal or the basolateral side of the monolayer indicating that receptors appear not be arranged in a polarized mode.

Simultaneous administration of IFN-α together with the tyrosine kinase inhibitor tyrphostin could completely prevent the decrease in resistance or the increase in monolayer permeability, respectively.

The decreases in LLC-PK_1 monolayer resistance are accompanied by an enhanced phosphorylation of the ZO-1 protein. This result is in line with an earlier report (STEVENSON et al., 1989) demonstrating that ZO-1 protein in high resistance MDCK I cells is less phosphorylated than in the low resistance MDCK wildtype strain. We therefore conclude that type I IFNs represent signal molecules, which seem to be involved in the regulation and control of epithelial paracellular permeability and may therefore be responsible for the „capillary leak syndrom" observed in human therapeutic application.

Literatur

STEVENSON et al., Biochem. J., 263, 597-599, 1989

In vitro side effects of two peptidic drugs assessed on a permanent renal proximal tubular cell line (LLC-PK_1)

W. Pfaller, A. Netzer, G. Gstraunthaler, M. Joannidis

LLC-PK_1 cells, derived from pig kidney, were used as a model system for assessment of nephrotoxic side effects of two peptidic drugs: alpha-interferone 2b (IFNα-2b) and streptokinase (STK). Both substances are successfully used in cancer therapy (IFNα-2b) and myocardial infarction (STK). IFNα-2b induces deterioration of renal function. Up to now, it is unclear whether or not this is a result of a direct nephrotoxicity or if renal dysfunction results from damage triggered by IFNα-2b activated immune cells. Recent reports for STK state that during treatment of acute myocardial infarction this compound may be responsible for markedly enhanced proteinuria.

Toxic effects of IF-2b were monitored on confluent monolayers in petri-dishes by light and electron microscopy and by the release of cellular marker enzyme activities into the culture medium. In addition, LLC-PK_1 cells were grown on microporous supports, and IFNα-2b induced alteration of epithelial functional integrity was monitored by two different electrophysiological approaches. For approach one, an Ussing chamber-like experimental setup was used. The dose dependent effects of IFNα-2b on transepithelial ionic permselectivity were monitored under conditions under which defined fractions of the apical culture medium NaCl contents were replaced isoosmotically by mannitol. The dilution potentials measured were found to be as sensitive or, under specific circumstances, even more sensitive than monitoring cell injury by means of morphology or measurement of enzyme release. For approach two, a newly designed electrode setup with an extremely low impedance (Voltohm, World Precision Instruments, Inc.) to directly determine transepithelial resistances was utilized.

IFNα-2b leads to an apical release of ß-NAG already at a dose of $5x10^1$U/ml culture medium following an incubation period of 12h. After 24h additionally medium LDH activities start to increase. This may, however, be due to the observed decrease in cell number per unit area of culture dish as well as the decrease in area occupied by domes for solid support grown monolayers.

A decline in cation over anion permeability ratio (dilution potentials) occured after 24h incubation with $5x10^4$U/ml IFNα-2b of filter grown monolayers and was enhanced with time. Decreased transepithelial resistance could be found at concentrations of $5x10^2$ U/ml after 30h and for $5x10^3$U/ml after 12h. Cells with an initially lower transepithelial resistance seem to respond with a delayed reduction in resistance. Incubation of monolayers grown on microporous supports and exposed to IFNα-2b concentrations higher than $5x10^3$ U/ml over 48h were irreversibly damaged since they did not show any recovery of transepithelial resistance over an observation period of 5 days. Asides from the effects on cell and dome number, morphological damage of LLC-PK_1 cells could be detected only after application of the highest IFNα-2b dose at the electron microscopic level of investigation. The changes observed are dilatation of the intercellular spaces, enormous vacuolization and the enhanced occurance of exocytotic processes at the basolateral side of filter grown monolayers. These findings may be indicative for an increased transcytotic activity and perhaps an increased leakyness of the transcellular pathway. The detailed mechanism of the direct IFNα-2b toxicity observed for renal epithelial cells in vitro remains to be elucidated.

Streptokinase effects upon LLC-PK_1 cells currently studied in our laboratory are related to a clear cut release of ß-NAG both in patients and in solid support grown epithelial monolayers at concentrations used to treat myocardial infarction. The fact that ß-NAG is released selectively without a parallel release of cytosolic marker enzymes, like LDH, indicates a specific mechanism of cellular damage and needs further investigation.

From the results obtained we conclude that cell culture systems may be used for screening of toxic xenobiotics to replace animal experiments. This is substantiated by the following points:

1. The observed and monitored nephrotoxic effects result from a well defined homogeneous population of cells;
2. the substance to be screened is the only parameter varied;
3. cell function is uninfluenced by higher order regulation systems like in whole animal experiments;
4. cell damage can easily be assessed without complicated experimental setups by measuring the release of enzyme activities;
5. epithelial transport properties can be analyzed with reliable sensitivity and efficiency even when leaky epithelia like LLC-PK_1 monolayer cultures are used as a screening system by application of dilution potentials or transepithelial resistance if appropriate electrode systems are used.

The experimental system presented, further ensures the investigation of adverse drug effects with high temporal resolution at fixed or variable time points and may in addition represent a valuable complementation to gain access to mechanistic aspects of nephrotoxicity at the cellular level in the future.

Der Einsatz von in vitro-Toxizitätsprüfungen (Bovine Udder Skin Model, „isolierte Rindercornea“) bei Henkel

W. Pittermann, C. Molitor, M.Kietzmann, F. Sterl

Ersatzmethodenkonzepte unter Verwendung von Hautgewebszellen und abiotischen Systemen zur Beurteilung der Hautverträglichkeit wurden in den letzten Jahren mit unterschiedlichem Erfolg entwickelt. Eine besondere Schwierigkeit liegt einerseits in den komplexen Strukturen des stratum corneum und seiner differenzierten Penetrationsfähigkeit, aber auch im pathophysiologischen Ablauf von Hautreizungen. Eine Voraussetzung für den Start jeder Hautreaktion stellt bis zu einem gewissen Grad die Keratolyse, d.h. eine oberflächliche Veränderung des stratum corneum, dar. Das Endergebnis der topischen Einwirkung von Fremdsubstanzen auf die Haut wird jedoch in unterschiedlichem Umfang sowohl von physikochemischen Substanzeigenschaften, der Einsatzkonzentration sowie der lokalen Bereitstellung von Mediatorsubstanzen im betroffenen Gewebe bestimmt.

Unter den bekannten in vitro-Modellen verfügen das „isolierte perfundierte Rindereuter“ (Bovine Udder Skin - BUS-Modell) als natürliches Hautmodell und die „isolierte Rindercornea“ (oder Corneabildungen anderer Tierspezies) über echte bzw. modellhafte Hornschichtstrukturen.

Im BUS-Modell laufen die toxischen Hautreaktionen komplex und unter Beteiligung verschiedener Zellsysteme quasi unter in vivo-Bedingungen ab. Das Modell der „isolierten Rindercornea“ basiert hingegen, wie viele andere in vitro-Tests, auf einem phänomenologischen Ansatz, ist also nicht „mechanistisch“. Diese Untersuchung ist bisher als Ersatzmethode für die Beurteilung der Schleimhautverträglichkeit bekannt.

Beurteilt wird jedoch nicht - wie in den Ringversuchen „isolierte Rindercornea“ - allein die Corneatrübung, sondern bevorzugt die oberflächlichen Cornealstrukturen. Die Bewertung wird zunächst in klinischer Adspektion unter Verwendung von Fluoreszeinlösung und anschließend mit histologisch präparierten (H&E-gefärbten) Schnitten durchgeführt. Der Vorteil dieser Vorgangsweise liegt in einer möglichen Differenzierung der Corneaveränderung, der Dokumentation sowie der Vergleichbarkeit der einzelnen Ergebnisse unter verschiedenen Applikationsbedingungen. Im Vortrag (nicht veröffentlicht) werden das BUS-Modell und sein Einsatz zur Bestimmung der Hautverträglichkeit, wie auch die Biologie und Morphologie der Reaktionen der „isolierten Rindercornea“ als organische Zellsysteme im Zusammenhang mit Substanzprüfungen vorgestellt.

Dreidimensionale neuronale Gewebekultur zur Untersuchung des Einflusses exogener Faktoren auf das Neuritenwachstum

H. Rösner und G. Vacun

1. Prinzip

Von 7tägigen Hühnerembryonen wird nach Dekapitation das Rückenmark (Thorakal- bis Lumbalbereich) präpariert und längs durchtrennt. Die Halbstränge werden in möglichst gleich große Abschnitte von 1mm Länge zerlegt. Pro Embryo können auf diese Weise 15-20 Rückenmarksstückchen gewonnen werden. Die Proben werden in eine Fibrinogenlösung überführt, die mit Thrombin aktiviert wird. Nach mehrmaligem Waschen mit Kulturmedium beginnen aus den Explantaten binnen 20 Stunden Neuriten (dendritische und überwiegend axonale Nervenzellfortsätze) auszuwachsen, die nach ca. 5 Tagen die umgebende dreidimensionale Fibrinmatrix mehr oder weniger gleichmäßig und dicht ausfüllen und Längen von 3.000µm und mehr erreichen. Unter optimierten Bedingungen (mit Muskelextrakt) wachsen die Neuriten noch einige Tage verlangsamt weiter und beginnen ab Tag 12 (je nach Kulturbedingungen) allmählich zu degenerieren.

2. Einsatzmöglichkeiten

Das System bietet die Möglichkeit, den Einfluß exogener Faktoren auf das Auswachsen der Neuriten (Tag 0 bis 8) und die Degeneration der Neuriten (ab Tag 12) zu untersuchen.

- **Das Auswachsen der Neuriten**
  - Quantitative Kriterien
    Als quantitative Kriterien des Auswachsens können nach Fixierung und Immunfärbung Neuritendichten und -längen mit computerunterstützter Bildanalyse und nach radioaktiver Pulsmarkierung und Trennung von Explantatzentren und Neuriten der anterograde neuritische Proteintransport gemessen werden.
  - Qualitative Kriterien
    Als qualitative Kriterien dienen Grad der Faszikulierung, Ausprägung von growth cones (nach Acitinfärbung), neuritische Anschwellungen sowie Immunexpression von wachstumsassoziierten Proteinen (Tubulin, Acitin, GAP-43, NCAM-PSA).
- **Die Degeneration der Neuriten**
  - Quantitatives Kriterium
    Als quantitatives Kriterium der Degeneration kann die Einbaurate von tritierten Aminosäuren in Proteine bestimmt werden.
  - Qualitative Kriterien
    Als qualitative Kriterien können wiederum morphologische Veränderung sowie die Immunexpression von wachstumsassoziierten Proteinen dienen (s.o.).

Als exogene Faktoren kommen sowohl potentiell neurotoxische oder -schädigende wie auch neuroprotektive oder -fördernde Substanzen oder physikalische Umweltparameter in Frage.

Beispiele für die dosisabhängige Wirkung des Oxidantienerzeugers Paraquat sowie die Effekte von Organo-Blei, Nocodazol und einer Kalium-induzierten Dauerdepolarisierung werden vorgestellt.

Therapiekontrolle entzündlicher Darmerkrankungen des Menschen durch funktionelle in vitro-Untersuchungen

D. Schäfer, J. Breinbauer, H. Adler, H.-W. Baenkler

Das Krankheitsbild der Colitis Ulcerosa wird der Gruppe der Entzündlichen Darmerkrankungen zugeteilt, deren Ätiologie nach wie vor ungeklärt ist. Es ist gekennzeichnet durch einen chronischen Verlauf mit wechselnden Remissionen und Exazerbation. Eine kausale Therapie ist nicht bekannt, jedoch werden unter anderem unspezifische antiinflammatorische Medikamente (z.B. mit 5-Aminosalicylsäure als Wirkstoff) therapeutisch eingesetzt. Für die

Überprüfung der Wirksamkeit dieser Medikamente sowie der Therapie an Hand objektiver Meßparameter besteht noch Handlungsbedarf.

Daher wurden in dieser Studie sechs nicht therapierte Patienten und neun Patienten, die mit Medikamenten therapiert wurden, die 5-Aminosalicylsäure als Wirkstoff enthielten, untersucht. Hierzu wurden Biopsien, die aus dem Rektum während Routineuntersuchungen gewonnen wurden, einem funktionellen Test zugeführt. Es wurden die basale und Arachidonsäure-induzierte peptido-Leukotrien- und Prostaglandin E2-Freisetzung bestimmt. Diese Eicosanoide dienten als Entzündungsmarker.

Biopsien nicht therapierter Patienten zeigten deutlich höhere Stimulierbarkeit der peptido-Leukotrienfreisetzung als die therapierten Patienten. Die basale Prostaglandin E2-Freisetzung wurde durch die Therapie nicht beeinflußt, während die Arachidonsäure-induzierte Prostaglandin E2-Freisetzung signifikant höher und vergleichbar mit unauffälligen Rektum-Biopsien einer Kontrollgruppe war.

Diese Ergebnisse unterstützen zum einen die Hypothese der protektiven Eigenschaften von Prostaglandin E2 und weisen zum anderen auf die Beteiligung von peptido-Leukotrien bei Collitis Ulcerosa hin. Weiterhin eröffnet dieser funktionelle in vitro-Test die Möglichkeit einer objektivierbaren Therapiekontrolle für diese Patientengruppe durch Messung von Entzündungsmarkern, die möglicherweise in einem kausalen Zusammenhang mit dem Krankheitsbild stehen. Dies stellt eine Ergänzung bestehender beschreibender histologisch-morphologischer Methoden dar. Eine weitere Anwendung dieses funktionellen in vitro-Tests könnte die ex vivo-Testung neu entwickelter Medikamente an betroffenem humanen Probematerial sein.

Reperfusion von Schlachttierherzen mit Perfluorkarbon Emulsion FC43 - Eine ^{31}PMRS-Studie zur Vermeidung von Tierversuchen

A.M. Scheule, A. Bohl, M. Heinemann, G. Ziemer, E. Henze

1. Problemstellung

Ziel der koronaren Reperfusion nach Myokardischämie ist es, den myokardialen Gehalt energiereicher Phosphate wiederherzustellen. Wie wir bereits zeigen konnten, ist hierfür die Reperfusion mit dem artifiziellen Sauerstoffträger Perfluorkarbon Emulsion FC43 einer oxygenierten Blutmischung überlegen. Mit dieser Studie untersuchten wir, inwieweit die Synthese energiereicher Phosphate von der Temperatur der Perfluorkarbon-Emulsion FC43 abhängt.

2. Material und Methoden

Mit einem 4,7 Tesla MR-Spektroskop (MRS) wurden die Änderungen der Energiephosphatmetaboliten von 29 isolierten Schweineherzen dokumentiert, wobei alle Organe von Schlachttieren gewonnen wurden. Nach einer kardioplegischen Ischämiezeit von 45min wurden diese Herzen entweder mit 11°C oder 25°C hypothermer, oxygenierter FC43 Emulsion unter kontinuierlicher Spektroskopie reperfundiert. Mit der MRS ist es möglich, Phosphorkreatin (PCr) wie auch anorganisches Phosphat direkt zu messen. Ihr Verhältnis PCr/Pi gilt als Marker des myokardialen Energiegehaltes.

3. Ergebnis

Die Reperfusion mit 11°C hypothermer FC43 bewirkte eine Steigerung von PCr/Pi um den Faktor 9, wogegen PCr/Pi bei der Reperfusion mit der 25°C Emulsion lediglich um den Faktor 4 stieg ($p<0,05$). Die Perfusionsraten waren in beiden Gruppen gleich und konstant.

4. Schlußfolgerung

Die Reperfusion mit 11°C hypothermer, oxygenierter FC43 Emulsion führte verglichen mit der 25°C hypothermen Emulsion zu einer deutlichen Steigerung von PCr/Pi. Die Korrelation zwischen der Synthese von myokardialen energiereichen Phosphaten mit der postkardioplegischen Ventrikelfunktion ist fraglich. Falls weitere Studien eine Verbesserung der postkardioplegischen myokardialen Funktion nach Reperfusion mit 11°C hypothermer, oxygenierter FC43 Emulsion zeigen, könnte diese Lösung zur Konservierung von Transplantationsherzen während des Transportes zum Empfänger klinische Anwendung finden.

Das Erlernen und Training von mikrochirurgischen Techniken für Gefäß- und Nervenchirurgie ohne die Verwendung von lebenden Tieren

H. Schöffl, J. Neureiter, H. Hertz, P. Steindorfer

Durch die Verwendung von Operationsmikroskopen können Gefäße und Nerven, die einen Durchmesser von weniger als 1mm haben, chirurgisch angegangen werden. Während früher dafür das narkotisierte Versuchstier zum Erlernen und zum Üben der mikrogefäß- und mikroneurochirurgischen Grundtechniken das Standardmodell war, so setzen sich in den letzten Jahren zunehmend Modelle unter Verwendung von Schlachthoforganen durch. Am Unfallkrankenhaus Salzburg werden für die mikrogefäßchirurgische Ausbildung und für das mikrogefäßchirurgische Training ungeöffnete Schweineherzen aus dem Schlachthof verwendet. Die Herzen werden an eine Minipumpe angeschlossen. Hierbei wird eine Kanüle vom Ostium der Aorta ascendens in eine Koronararterie eingebracht, mittels einer Haltenaht fixiert und anschließend mit Wasser oder handelsüblichen Elektrolyten, die eingefärbt werden, pulsierend perfundiert. An diesem Übungsmodell können alle mikrogefäßchirurgischen Anastomosetechniken, wie End-zu-End-Anastomose, End-zu-Seit-Anastomose und Gefäßinterponate erlernt und geübt werden. Ferner dient gerade das Freipräparieren der Koronararterien und der Seitenäste dazu, mikrogefäßchirurgisches Operieren zu erlernen.

Für das Erlernen von mikroneurochirurgischen Techniken empfehlen sich der Hühnerschenkel sowie der Schweinevorderlauf. Beim Hühnerschenkel kann über eine Strecke von etwa 10cm das Gefäß-Nerven-Bündel makroskopisch und mikroskopisch freipräpariert werden, und es können sodann der N. ischiadicus und der N. peroneus communis verwendet werden. Der Vorderlauf des Schweines ist aufgrund seiner zahlreichen mono-, oligo- und polyfaszikulären Nerven das bessere Trainingsmodell. Es können an beiden Schlachthofpräparaten mikroneurochirurgische Techniken wie Nervennaht, Neurolyse und Nerventransplantation erlernt und geübt werden.

Durch die Verwendung dieser Ersatzmethoden können die Tierversuchszahlen drastisch reduziert werden, ferner entfällt das Ansuchs- und Genehmigungsverfahren. Diese Möglichkeiten stellen eine außerordentlich kostengünstige und effiziente Alternative zur Verwendung von Versuchstieren dar.

Entwicklung eines interaktiven in vitro-Modells für destruktive Gelenkserkrankungen

O. Schultz, G. Keyßer, W. Minuth, J. Golla, G.R. Burmester, M. Sittinger

Bei der Rheumatoiden Arthritis (RA), einer chronisch entzündlichen Gelenkserkrankung unbekannter Genese, zerstören aktivierte synoviale mononukleäre Zellen und Fibroblasten aus einer strukturell veränderten, hyperplastischen Synovialmembran artikuläre Bindegewebsstrukturen. Dieser erosive Prozeß vollzieht sich über eine Kaskade proinflammatorischer Zytokine, Wachstumsfaktoren und Protoonkogene, die letztlich über die Freisetzung von proteolytischen Enzymen zur Destruktion von Knorpel und Knochen führt.

Bislang existiert kein repräsentatives experimentelles Modellsystem für diese komplexen pathogenetischen zellulären Wechselwirkungen, wobei eine Vielzahl unterschiedlicher Tiermodelle erprobt wurden. Andererseits bieten konventionelle in vitro-Kulturbedingungen ohne das komplexe Netzwerk von Zell-Zell und Zell-Matrixinteraktionen nur unzureichende Voraussetzungen für einen differenzierten morphologisch-funktionellen Status der beteiligten Zellen. Experimentelle Daten dieser in vitro-Systeme sind deshalb nur bedingt verwertbar.

Unser Anliegen war es daher, ein dreidimensionales interaktives Kultursystem zu etablieren, um die pathogenetisch relevanten destruktiven Prozesse bei der RA unter in vitro-Bedingungen zu simulieren. Die Erzeugung einer extrazellulären Matrix in dreidimensionalen Zell- und Gewebekulturen in einem Langzeit-Kultursystem eröffnet neue Möglichkeiten für die Untersuchung bestimmter zellulärer Interaktionen von Chondrozyten, Fibroblasten und mononukleären Zellen.

Wir testeten verschiedene Kulturmodelle auf ihre Verwendbarkeit in Langzeitkultursystemen. Neben Explantatkulturen mit nativen Knorpel- und Synovialmembran-Proben arbeiteten wir mit dreidimensionalen Chondrozytenkulturen. Als Kulturmatrix wurden Fibrin-Gele verwendet oder resorbierbare Polymervliese, welche zur Verbesserung der Zell-Adhärenz mit Poly-L-Lysin beschichtet wurden. Die Zellkulturen wurden zur Simulation der in vitro-Nutrition in geschlossenen Kammern kontinuierlich perfundiert. Messungen von Glucose- und pH-Werten des Kulturmediums zeigten, daß die Anwendung dieser Perfusionskammern die Kulturbedingungen langfristig stabilisiert. Die Chondrozytenkulturen produzierten nach einem Zeitraum von 3 Wochen knorpeltypische Matrixproteine wie Kollagen II und Aggrecan. Diese künstliche Knorpelmatrix wurde anschließend mit Synovialgewebe oder mit Synovialzellen aus Primärkulturen co-kultivert, wobei die Kulturen bis zu einem Zeitraum von mindestens 8 Wochen vital blieben. In den Explantatkulturen und den interaktiven Gelkulturen konnte eine Invasion synovialer Fibroblasten und Makrophagen in die Knorpelmatrix nachgewiesen werden. Immun-histochemische Untersuchungen bestätigten sowohl die Expression von Fibroblasten- und Makrophagenmarkern in der Synovialkultur als auch die Expression von proteolytischen Enzymen und das Vorhandensein von Degradationsprodukten der Knorpelmatrix an der Grenzzone von Synovialzellen und Chondrozytenkultur.

Das vorgestellte Modell bietet zahlreiche Ansätze zur Untersuchung bestimmter Aspekte destruktiver Gelenkserkrankungen, es läßt sich darüberhinaus aber auch auf andere pathologische Prozesse und Vorgänge von Wachstum, Morphogenese und Differenzierung von Zellen und Geweben anwenden. Die entwickelten Techniken, die auf Methoden des Tissue Engineering basieren, besitzen spezifische Vorteile der humanen *in vivo*-Umgebung unter definierten *in vitro*-Bedingungen und könnten Tierexperimente in Bereichen der Grundlagenforschung und Arzneimitteltestung ersetzen.

A strategy for the implementation of pre-validation in in vitro-test developement

J.A. Southee, R.D. Curren, H. Spielmann, M. Liebsch, J.H. Fentem, M. Balls

Experience of both large and small scale validation programmes has shown that the submission of inadequately prepared protocols to a formal validation study increases the complexity of management of the study and limits the usefulness of the data obtained. Despite recent attempts to standardize protocols in more closely controlled validation programmes, it has become apparent that the assays do not always perform as expected in different laboratories. The success of even the best managed multilaboratory validation programmes has been limited by the poor perfomance and transferability of both well established and newly developed in vitro-test systems.

The 3 phases of prevalidation - Protocol Refinement, Protocol Transferability and Protocol Performance - intended to define and demonstrate robust in vitro-test protocols, that can be reproduced between competent laboratories, will be outlined.

The strategy will provide a fully detailed GLP compliant protocol, define inter- and intra-laboratory variation, establish the assay's success in predicting specific in vivo-endpoints, provide data to confirm the prediction model and optimize the information derived from the expensive, large scale, multi-lab validations.

A statistical report would be prepared on the performance of the assay, and a decision could be made on the strenght of the information as wether to submit the assay for full validation.

The process would ensure that any assay submitted for validation is adequately prepared and ready for validation. This approach is now part of ECVAM's overall strategy and several prevalidation projects have been identified for initiation in 1996.

The embryonic stem cell test (EST), an in vitro embryotoxicity test using two permanent mouse cell lines: 3T3 fibroblasts and embryonic stem cells

H. Spielmann, I. Pohl, B. Döring, M. Liebsch, F. Moldenhauer

The embryonic stem cell test (EST) was developed as a new in vitro embryotoxicity test which does not use embryonic tissues from pregnant animals but only two permanent mouse cell lines, 3T3 fibroblasts and embryonic stem (ES) cells of the D3 line. In the EST cytotoxicity was determined in the two cell lines for differentiation of ES cells into contracting myocardial cells. 16 carefully selected test chemicals with different embryotoxic properties were tested in the EST. Out of 12 endpoints and ratios of endpoints determined in the EST with the two cell lines, three endpoints were selected by stepwise discriminant analysis which showed a better correlation to the embryotoxic properties of the test chemicals than the other endpoints. Using the three endpoints and linear discriminant functions a classification scheme was developed for the EST in which test chemicals are assigned to three classes of in vivo embryotoxicity, not embryotoxic, moderate and strong embryotoxic. Using this classification model, all 16 test chemicals were correctly assigned in the EST to their in vivo classes of embryotoxicity. Such a promising result is usually not obtained in in vitro embryotoxicity tests most of which are still using embryonic tissues taken from pregnant animals rather than permanent cell lines in the EST. The EST ist therefore redy to undergo validation in other laboratories.

This study was supported by DG XII of the EU and by ECVAM.

Neonatale Ratten-Hepatozyten und ihre metabolischen Funktionen in Primär- und Subkulturen

E. Staboulidou, H.P. Metzger, Ch. Mund, Ch. Karre

Eine Methode für Hepatozyten-Isolierung aus neonatalen Ratten (2 Tage post partum) ist optimiert worden.

Die Dissoziation der Zellen erfolgte mit Collagenase. Die beste Zellausbeute wurde bei einer Collagenase-Konzentration von nur 2mg/g Lebergewebe und einer Gewebeexpositionszeit von 15 Minuten erhalten.

Die Zellvitalität betrug 95%. Die Zellen wurden zwischen dem sechsten und achten Tag subkultiviert. Spezifische Funktionen wie Albumin- und Protein C-Sekretion waren erhalten worden, sowohl in Primär- und Subkultur als auch nach Auftauen der Zellen aus dem flüssigen Stickstoff.

GOT- und LDH-Messungen im Zellkulturmedium waren ein Maß für die Zellmembranintegrität. Die Bestimmung der Cytochrom P-450-spezifischen Aktivität in den Hepatozyten war ein Maß für die Proteinsynthese.

Neonatale Rattenhepatozyten brauchen weder beschichtete Gewebeschalen noch komplexe Medien.

Nach früh angelegten Passagen in einem protein- und serumfreien Medium behalten die Zellen ihre Morphologie, Vitalität und Funktionalität.

Eine Methode, die Tierexperimente einspart und ersetzt.

In vitro-Methode zur substanzspezifischen Refraktärzeitmessung am AV-Knoten

G. Stark, K. Kasper, Ch. Schulze-Bauer, U. Stark, M. Decrinis, M. Hartbauer, H.A. Tritthart

Wie man AV-Knoten-Refraktärzeiten in der Gegenwart von Verapamil und Diltiazem mißt. Calcium Antagonisten wie Verapamil oder Diltiazem wurden seit vielen Jahren bei Patienten mit supraventrikulärer Tachykardie verwendet (ELLENBOGEN K.A. et al., 1991; SALERNO D.M. et al., 1989). Beim AV-Knoten ist die negative dromotrope Wirkung von Verapamil und Diltiazem (WIT A.L. and CRANEFIELD P.F., 1974; ATWOOD J.E. et al., 1988) als frequenzabhängig bekannt. Die effektive Refraktärperiode des AV-Knotens (AV-ERP) bei einer bestimmten Zykluslänge hängt von der AV-Leitungszeit bei dieser Zykluslänge ab (DENES P. et al., 1974). In früheren Arbeiten (STARK G. et al., 1993) konnte bereits gezeigt werden, daß nach einer abrupten Erhöhung der Stimulationsrate 10 konditionierende Stimuli zu wenig sind, um stabile AV-Leitungszeiten zu erreichen. Wir haben die Anzahl der Stimulationen beim Konditionieren (S_1) (während der Messung der Refraktärzeit bei einer hohen Stimulationsrate [Stimulationsintervall = 180ms]) untersucht auf ihren Einfluß auf die AV-ERP beim isolierten Meerschweinchenherz an einer Langendorffpräparation. Die Anzahl der Stimuli, die für die Konditionierung verwendet wurden, war bei Verapamil 75, 150, 225und 300, bei Diltiazem waren es 25, 50, 100, 200 und 300 Stimuli. Verapamil (10nM) und Diltiazem (30nM) verursachten eine vergleichsweise Verlängerung der AV-Leitungszeit (AVCT). Beide Substanzen verursachten eine signifikante Verlängerung der AV-ERP, wenn man ein Standard Stimulationsprotokoll mit 10 konditionierenden Stimuli (10 S_1) verwendet bei einem Stimulationsintervall von 180ms und einem darauffolgenden Teststimuli (S_2). Bei einer Erhöhung der Zahl der konditionierenden Stimuli (>10 S_1) bis die Verlängerung der AVCT nicht mehr anstieg, sondern stabil blieb, stieg die AV-ERP bei Verapamil von 132 ± 4 auf bis zu 141 ± 3ms ($P < 0{,}05$, mean ± S.E.M.) und bei Diltiazem von 143 ± 3 auf bis zu 151 ± 3 ms ($P < 0{,}05$) signifikant an. Die Ergebnisse zeigen, daß der substanzspezifische Effekt auf die AV-ERP mit einem modifizierten Stimulationsprotokoll gemessen werden sollte, wobei die Anzahl der Stimuli vergleichbar ist mit der Zeitkonstante, die die Verlängerung der AVCT bei hoher Stimulationsrate widerspiegelt.

Literatur

ELLENBOGEN K.A., DIAS V.C., PLUMB V.J. et al., A placebo-controlled trial of continuous intravenous diltiazem infusion for 24 hour heart rate control during atrial fibrillation and atrial flutter: A multicenter study, Journal of Am. Coll. Cardiol, 18, 891-897, 1991

SALERNO D.M., DIAS V.C., KLEIGER R. E. et al., Efficacy and safety of intravenous diltiazem for treatment of atrial fibrillation and atrial flutter: The Diltiazem-Atrial Fibrillation /Flutter Study Group, American Journal of Cardiology, 63, 1046-1051, 1989

WIT A. L. and CRANEFIELD P.F., Effect of verapamil on the sinoatrial and atrioventricular nodes of the rabbit and the mechanism by which it arrests reentrant atrioventricular nodal tachycardia, Circulation Research, 35, 413-425,1974

ATWOOD J.E., MYERS J.N., SULLIVAN M.J. et al., Diltiazem and exercise performance in patients with chronic atrial fibrillation, Chest, 93, 20-25, 1988

DENES P., WU D., DHINGRA R. et al., The effects of cycle length on cardiac refractory periods in man, Circulation, 49, 32-41, 1974

STARK G., STERZ F., STARK U. et al. Frequency-dependent effects of adenosine and verapamil on atrioventricular conduction of isolated guinea pig hearts, Journal of Cardiovascular Pharmacology, 21, 955-959, 1993

Estimation of cancer cell motility (stationary and translocative) by computer-assisted image analysis

H.A. Tritthart, R. Hofmann-Wellenhof, J. Smolle, C. Helige, T. DeVaney, G. Gottlieb, M. Hartbauer, H. Kerl

Time-lapse micro-cinematography was combined with computer-assisted image analysis to study the speed of translocation, the degree of stationary motility, of membrane ruffling and of intracellular organelle transport. Highly metastatic mouse melanoma cells (K1735-M2) seeded at low density in a special temperature- and CO_2-controlled micro-incubator on glass or type I collagen- or laminin-coated surfaces were studied every 20s (stationary motility) or every 10min (translocation). The centre of gravity of each cell was assessed subsequently and the velocity of translocative movements was calculated. Fast plasma membrane movements and shape changes were calculated by subtraction of subsequent images. Thus, we measured the change of density, the area of change, the perimeter of area of change, the area of ruffling, the number of ruffling sites, the area of change of intracellular organelles and the number of changing organelles. The microtubulus inhibitor nocodazole (0,5µg/ml) as well as the actin filament inhibitor cytochalasin A (1µg/ml) stopped migration almost completely (95% inhibition). However, cytochalasin A, which significantly reduced all parameters of translocation and stationary motility had no effect on parameters of intracellular organelle transport. The Ca^{2+}-antagonists Verapamil and Devapamil (10µM) were without any effect on translocation, whereas the calmodulin-antagonist Flunarizine (20µM) significantly reduced all parameters of translocation and of stationary motility, however, showed no effect on parameters of organelle transport.

Danksagung

Unterstützt wurde dieser Kongreß von:

Bundesministerium für Gesundheit und Konsumentenschutz
Bundesministerium für Land- und Forstwirtschaft
Bundesministerium für Umwelt, Jugend und Familie
Bundesministerium für wirtschaftliche Angelegenheiten
Bundesministerium für Wissenschaft, Verkehr und Kunst
Land Oberösterreich

ECVAM - European Centre for Alternatives to Animal Testing, I-Ispra
FFVFF - Fonds zur Förderung versuchstierfreier Forschung, CH-Zürich
set - Stiftung zur Förderung der Entwicklung von Ersatz- und Ergänzungsmethoden zu Tierversuchen, D-Mainz

Dipl. Ing. Fritz Gatt, A-Innsbruck
Dustcontrol Ges.m.b.H., A-Mondsee
Heraeus Ges.m.b.H., A-Wien
ICT Handels Ges.m.b.H., A-Wien
Oberbank, A-Linz
Optimist GmbH, A-Bregenz
Sarstedt GmbH, A-Wr. Neudorf
Springer-Verlag Wien New York, A-Wien
Ciba Geigy AG, CH-Basel
Pentapharm LTD, CH-Basel
Sandoz AG, CH-Basel
ANAWA Bioservice Scientific Laboratories GmbH, D-Planegg/München
BASF AG, D-Ludwigshafen
CTL Cell Technologie GmbH, D-Böhlitz-Ehrenberg
Hoechst AG, D-Frankfurt/Main
Kuck Medizin-Elektronik GmbH, D-Rosenheim
pab productions, D-Hebertshausen
Pharmbiodyn, D-Denzlingen
Sension GmbH, D.Diedorf
Wella AG. D-Darmstadt
ECACC - European Collection of Cell Cultures, UK-Salisbury

Redaktion

Helmut Appl

zet - Zentrum für Ersatz- und Ergänzungsmethoden zu Tierversuchen
Marketing & Öffentlichkeitsarbeit
Postfach 39
A-1123 Wien

Tel.: +43 1 8151023
Fax: +43 1 8179404
e-mail zet@bartl.net

*Auch darf nicht geleugnet werden,
daß wir persönlich einem Buch gar
manchen Druckfehler verzeihen,
indem wir uns durch dessen Entdeckung geschmeichelt fühlen.*

Goethe

MEGAT

Mitteleuropäische Gesellschaft für Alternativmethoden zu Tierversuchen
Postfach 748
A-4021 Linz

Sind Sie schon MEGAT-Mitglied?

MEGAT steht für...

- **Verbreitung und Validierung** neuer Methoden, die alternativ zu Tierversuchen eingesetzt werden können,
- **Forschungsförderung**, die dem 3R-Konzept dient (reduce, refine, replace),
- **Reduktion des Tierverbrauches** für Versuche in Aus- und Weiterbildung,
- **Leidens- und Belastungsminderung** für Versuchstiere durch bessere Zucht, Haltung, Versuchsplanung und andere begleitende Maßnahmen,
- **sachverständige Beratung** und gutachterliche Stellungnahme für öffentliche und private Einrichtungen, Behörden, Firmen, Universitäten und
- **sachgerechte Information** der Öffentlichkeit, der Presse und des Fernsehens...

MEGAT bietet Ihnen...

☞ Als Mitglied erhalten Sie die **Fachzeitschrift ALTEX - Alternativen zu Tierexperimenten 4 x jährlich kostenlos**. ALTEX ist zugleich unser offizielles Organ. (Fordern Sie umgehend ein Probeheft bei uns an!)

...weiters erhalten Sie als MEGAT-Mitglied

☞ **Ermäßigungen für die Österreichischen internationalen Kongresse über Ersatz- und Ergänzungsmethoden zu Tierversuchen in der biomedizinischen Forschung** (zugleich Jahrestagung der Gesellschaft) und andere von der MEGAT mitveranstaltete Tagungen.

Wenn Sie mehr über MEGAT wissen wollen, rufen Sie uns an:

Präsident der Gesellschaft

Prof. Dr. Horst SPIELMANN
Zentralstelle zur Erfassung und Bewertung von Ersatz- und Ergänzungsmethoden zu Tierversuchen
Bundesinstitut für gesundheitlichen Verbraucherschutz und Veterinärmedizin
Diedersdorfer Weg 1
D-12277 Berlin
Tel.: +49 30 8412 2270 - Fax: +49 30 8412 2958

SpringerMedizin

H. Schöffl et al. (Hrsg.)

Forschung ohne Tierversuche 1996

1997. 90 z. T. farbige Abbildungen. XVIII, 453 Seiten.
Broschiert DM 140,–, öS 980,–
ISBN 3-211-82869-9
Ersatz- und Ergänzungsmethoden zu Tierversuchen

Der vierte Band der Reihe bietet eine interdisziplinäre Darstellung des aktuellen Standes der Wissenschaft auf dem Gebiet der Ersatz- und Ergänzungsmethoden zu Tierversuchen. Die Schwerpunkte dieses Buches sind die Gebiete Neuro- und Reproduktionstoxikologie ebenso wie die Onkologie, Biometrie, Immunisierung und Adjuvantien. Aufgrund der bevorstehenden, gravierenden Rechtsänderungen auf europäischer Ebene verdient das Kapitel toxikologische Prüfungen von Kosmetika in der EU besondere Beachtung. Ein abschließendes Kapitel ist auch wieder dem Bereich Recht und Ethik gewidmet. Gerichtsverfahren in Deutschland, Diskussionen über nationales und EU-Recht und die stärker werdende Sensibilisierung für ethische Belange haben neue Fragen aufgeworfen.

SpringerWienNewYork

Sachsenplatz 4-6, P.O.Box 89, A-1201 Wien, Fax +43-1-330 24 26
e-mail: order@springer.at, Internet: http://www.springer.at
New York, NY 10010, 175 Fifth Avenue • D-14197 Berlin, Heidelberger Platz 3
Tokyo 113, 3-13, Hongo 3-chome, Bunkyo-ku

Springer-Verlag und Umwelt

Als INTERNATIONALER WISSENSCHAFTLICHER VERLAG sind wir uns unserer besonderen Verpflichtung der Umwelt gegenüber bewußt und beziehen umweltorientierte Grundsätze in Unternehmensentscheidungen mit ein.

VON UNSEREN GESCHÄFTSPARTNERN (DRUCKEREIEN, Papierfabriken, Verpackungsherstellern usw.) verlangen wir, daß sie sowohl beim Herstellungsprozeß selbst als auch beim Einsatz der zur Verwendung kommenden Materialien ökologische Gesichtspunkte berücksichtigen.

DAS FÜR DIESES BUCH VERWENDETE PAPIER IST AUS chlorfrei hergestelltem Zellstoff gefertigt und im pH-Wert neutral.